"十四五"国家重点图书出版规划项目
核能与核技术出版工程

先进核反应堆技术丛书（第一期）
主编 于俊崇

小型压水反应堆智能控制

Intelligent Control of Small Pressurized Water Reactor

陈 智 王鹏飞 廖龙涛 等 编著

内容提要

本书为先进核反应堆技术丛书”之一。小型反应堆在结构、系统设置上都存在许多创新性的设计，其运行控制较商用大型核电厂反应堆有较多不同之处，因此需要满足一些新的要求。智能控制作为一种新的控制手段，正适应了小型反应堆研发的需求。本书以小型反应堆中研究数量最多的小型压水堆为研究对象，从其运行控制特点和控制需求入手，介绍反应堆智能运行控制发展现状、反应堆智能控制研究方向、小型压水反应堆控制器设计概况、控制器智能优化算法设计、控制对象和控制系统智能仿真建模、小型反应堆自主控制系统设计等方面的内容。

本书是国内首本针对小型压水堆系统地阐述如何应用智能控制技术解决相关控制问题的著作，适合核反应堆工程及科研人员在进行工程设计时参考，也可供高校及科研院所相关专业研究生学习使用。

图书在版编目(CIP)数据

小型压水反应堆智能控制／陈智等编著．—上海：上海交通大学出版社，2022.7

(先进核反应堆技术丛书)

ISBN 978-7-313-26969-0

Ⅰ．①小…　Ⅱ．①陈…　Ⅲ．①压水型堆—智能控制　Ⅳ．①TL421

中国版本图书馆CIP数据核字(2022)第104893号

小型压水反应堆智能控制

XIAOXING YASHUIFANYINGDUI ZHINENG KONGZHI

编　　著：陈　智　王鹏飞　廖龙涛 等

出版发行：上海交通大学出版社　　地　　址：上海市番禺路951号

邮政编码：200030　　电　　话：021-64071208

印　　制：苏州市越洋印刷有限公司　　经　　销：全国新华书店

开　　本：710mm×1000mm　1/16　　印　　张：24.5

字　　数：412千字

版　　次：2022年7月第1版　　印　　次：2022年7月第1次印刷

书　　号：ISBN 978-7-313-26969-0

定　　价：198.00元

先进核反应堆技术丛书

编　委　会

序

人类利用核能的历史始于 20 世纪 40 年代。实现核能利用的主要装置——核反应堆诞生于 1942 年。意大利著名物理学家恩里科·费米领导的研究小组在美国芝加哥大学体育场,用石墨和金属铀"堆"成了世界上第一座用于试验可实现可控链式反应的"堆砌体",史称"芝加哥一号堆",于 1942 年 12 月 2 日成功实现人类历史上第一个可控的铀核裂变链式反应。后人将可实现核裂变链式反应的装置称为核反应堆。

核反应堆的用途很广,主要分为两大类:一类是利用核能,另一类是利用裂变中子。核能利用又分军用与民用。军用核能主要用于原子武器和推进动力;民用核能主要用于发电,在居民供暖、海水淡化、石油开采、冶炼钢铁等方面也具有广阔的应用前景。通过核裂变中子参与核反应可生产钚-239、聚变材料氚以及广泛应用于工业、农业、医疗、卫生等诸多领域的各种放射性同位素。核反应堆产生的中子还可用于中子照相、活化分析以及材料改性、性能测试和中子治癌等方面。

人类发现核裂变反应能够释放巨大能量的现象以后,首先研究将其应用于军事领域。1945 年,美国成功研制原子弹,1952 年又成功研制核动力潜艇。由于原子弹和核动力潜艇的巨大威力,世界各国竞相开展相关研发,核军备竞赛持续至今。另外,由于核裂变能的能量密度极高且近零碳排放,这一天然优势使其成为人类解决能源问题与应对环境污染的重要手段,因而核能和平利用也同步展开。1954 年,苏联建成了世界上第一座向工业电网送电的核电站。随后,各国纷纷建立自己的核电站,装机容量不断提升,从开始的 5 000 千瓦到目前最大的 175 万千瓦。截至 2021 年底,全球在运行核电机组共计 436 台,总装机容量约为 3.96 亿千瓦。

核能在我国的研究与应用已有 60 多年的历史,取得了举世瞩目的成就。

1958 年，我国第一座核反应堆建成，开启了我国核能利用的大门。随后我国于 1964 年、1967 年与 1971 年分别研制成功原子弹、氢弹与核动力潜艇。1991 年，我国大陆第一座自主研制的核电站——秦山核电站首次并网发电，被誉为"国之光荣"。进入 21 世纪，我国在研发先进核能系统方面不断取得突破性成果，如研发出具有完整自主知识产权的第三代压水堆核电品牌 ACP1000、ACPR1000 和 ACP1400。其中，以 ACP1000 和 ACPR1000 技术融合而成的"华龙一号"全球首堆已于 2020 年 11 月 27 日首次并网成功，其先进性、经济性、成熟性、可靠性均已处于世界第三代核电技术水平，标志着我国已进入掌握先进核能技术的国家之列。截至 2022 年 7 月，我国大陆投入运行核电机组达 53 台，总装机容量达 55 590 兆瓦。在建机组有 23 台，装机容量达 24 190 兆瓦，位居世界第一。

2002 年，第四代核能系统国际论坛（Generation Ⅳ International Forum, GIF）确立了 6 种待开发的经济性和安全性更高的第四代先进的核反应堆系统，分别为气冷快堆、铅合金液态金属冷却快堆、液态钠冷却快堆、熔盐反应堆、超高温气冷堆和超临界水冷堆。目前我国在第四代核能系统关键技术方面也取得了引领世界的进展：2021 年 12 月，具有第四代核反应堆某些特征的全球首座球床模块式高温气冷堆核电站——华能石岛湾核电高温气冷堆示范工程送电成功。此外，在号称人类终极能源——聚变能方面，2021 年 12 月，中国"人造太阳"——全超导托卡马克核聚变实验装置（Experimental and Advanced Superconducting Tokamak, EAST）实现了 1 056 秒的长脉冲高参数等离子体运行，再一次刷新了世界纪录。经过 60 多年的发展，我国已建立起完整的科研、设计、实（试）验、制造等核工业体系，专业涉及核工业各个领域。科研设施门类齐全，为试验研究先后建成了各种反应堆，如重水研究堆、小型压水堆、微型中子源堆、快中子反应堆、低温供热实验堆、高温气冷实验堆、高通量工程试验堆、铀-氢化锆脉冲堆、先进游泳池式轻水研究堆等。近年来，为了适应国民经济发展的需要，我国在多种新型核反应堆技术的科研攻关方面也取得了不俗的成绩，如各种小型反应堆技术、先进快中子堆技术、新型嬗变反应堆技术、热管反应堆技术、钍基熔盐反应堆技术、铅铋反应堆技术、数字反应堆技术以及聚变堆技术等。

在我国，核能技术已应用到多个领域，为国民经济的发展做出了并将进一步做出重要贡献。以核电为例，根据中国核能行业协会数据，2021 年中国核能发电 4 071.41 亿千瓦时，相当于减少燃烧标准煤 11 558.05 万吨，减少排放二氧化碳 30 282.09 万吨、二氧化硫 98.24 万吨、氮氧化物 85.53 万吨，相当于造林 91.50 万公顷(9 150 平方千米)。在未来实现“碳达峰、碳中和”国家重大战略和国民经济高质量发展过程中，核能发电作为以清洁能源为基础的新型电力系统的稳定电源和节能减排的保障将起到不可替代的作用。也可以说，研发先进核反应堆为我国实现能源独立与保障能源安全、贯彻“碳达峰、碳中和”国家重大战略部署提供了重要保障。

随着核动力和核技术应用的不断扩展，我国积累了大量核领域的科研成果与实践经验，因此很有必要系统总结并出版，以更好地指导实践，促进技术进步与可持续发展。鉴于此，上海交通大学出版社与国内核动力领域相关专家多次沟通、研讨，拟定书目大纲，最终组织国内相关单位，如中国原子能科学研究院、中国核动力研究设计院、中国科学院上海应用物理研究所、中国科学院近代物理研究所、中国科学院等离子体物理研究所、清华大学、中国工程物理研究院、核工业西南物理研究院等，编写了这套“先进核反应堆技术丛书”。本丛书聚集了一批国内知名核动力和核技术应用专家的最新研究成果，可以说代表了我国核反应堆研制的先进水平。

本丛书规划以 6 种第四代核反应堆型及三个五年规划(2021—2035 年)中我国科技重大专项——小型反应堆为主要内容，同时也包含了相关先进核能技术(如气冷快堆、先进快中子反应堆、铅合金液态金属冷却快堆、液态钠冷却快堆、重水反应堆、熔盐反应堆、超临界水冷堆、超高温气冷堆、新型嬗变反应堆、科学研究用反应堆、数字反应堆)、各种小型堆(如低温供热堆、海上浮动核能动力装置等)技术及核聚变反应堆设计，并引进经典著作《热核反应堆氚工艺》等，内容较为全面。

本丛书系统总结了先进核反应堆技术及其应用成果，是我国核动力和核技术应用领域优秀专家的精心力作，可作为核能工作者的科研与设计参考，也可作为高校核专业的教辅材料，为促进核能和核技术应用的进一步发展及人才的培养提供支撑。本丛书必将为我国由核能大国向核能强国迈进、推动我国核科技事业的发展做出一定的贡献。

于俊崇

2022 年 7 月

前　言

小型压水堆是目前国际核反应堆领域的研究热点之一，小型压水堆特有的技术特征和控制要求，使得其控制问题较为复杂，并越来越受到关注。与此同时，随着智能控制技术的发展，国内外学者针对智能控制技术在核反应堆领域的应用问题开展了大量的研究工作，并取得了相当多的成果，为智能控制技术在小型压水堆方面的理论研究和实际应用奠定了基础。

本书作者一直从事核反应堆仪表与控制领域的科研和教学工作，深感有必要结合智能控制在核反应堆领域的研究成果，针对小型压水堆控制需求，基于智能控制技术应用方面的问题编写一本系统地阐述如何应用智能控制技术解决小型压水堆控制问题的著作，为核反应堆工程技术人员及科研工作者提供参考。

本书作者在编写过程中，通过对目前国际上小型压水堆相关科研资料的分析，总结了小型压水堆关键技术特征，查阅了许多国内外学者围绕反应堆智能控制技术发表的研究文献，对智能控制技术的发展趋势进行了分析。在此基础上，以作者所在的研究设计院以及相关高校近年来在小型压水堆智能控制方面开展的研究工作为背景，从控制对象智能建模、控制器参数智能优化、智能控制系统设计等多个维度展开论述，给出了不同应用场景下相关智能控制技术的基本原理，以及智能控制技术应用到该场景下的具体实现过程、设计方法，并进一步以典型小型压水堆控制对象为例，给出了应用效果。本书作者希望通过上述论述方式，理论结合实际，为小型压水反应堆仪表与控制系统科研人员在解决实际问题的过程中提供参考，进一步推动智能化控制在小型压水堆的应用，提高小型反应堆的经济性和运行安全裕量。

全书编写人员主要包括中国核动力研究设计院的陈智、廖龙涛、赵梦薇和西安交通大学的王鹏飞、万甲双、吴世发。本书第 1 章由陈智编写，第 2 章由廖龙涛、吴世发编写，第 3 章由陈智、万甲双编写，第 4 章由王鹏飞、廖龙涛编写，第 5 章由王鹏飞、万甲双、吴世发编写，第 6 章由陈智、王鹏飞、赵梦薇编写，第 7 章由王鹏飞、万甲双编写，第 8 章由廖龙涛编写。中国核动力研究设计院张英、李羿良以及西安交通大学核反应堆动力学与控制研究室的学生姜庆丰、解景尧、梁文龙、祝泽、吴振东等也参与了部分公式和计算结果的整理。全书由陈智统稿。

本书由于俊崇院士主审。于俊崇院士对书稿提出了许多宝贵意见和建议，在此谨表示衷心的感谢。

由于作者理论水平有限以及研究工作的局限性，而智能控制技术和小型压水堆技术又处于不断的发展之中，书中难免会存在一些不足之处，恳请广大读者批评指正。

目　　录

第 1 章 小型压水堆及控制系统

能源是社会和经济发展的基础，随着工业技术的发展和人民生活水平的提高，人类对能源的需求日益增加。目前能源的来源主要是化石能源，包括煤、石油、天然气等，而这些资源在短时间内不可再生，无法满足长远的能源需求。在这种情况下，核能成了解决能源问题的主要途径之一。此外，从电网容量、投资效益和基础设施发展程度等多种因素考虑，小型压水反应堆（简称小型压水堆）的研发越来越受到关注，而小型压水堆在目前世界各国的研发中处于优势地位。在小型压水堆仪表与控制系统（以下简称“仪控系统”）设计中，需要结合小型压水堆控制对象的技术特征、运行需求等考虑仪控系统采用的技术路线，并最终形成仪控系统方案。本章介绍小型压水堆的基本情况、小型压水堆对仪控系统的设计要求、小型压水堆仪控系统设计准则及小型压水堆采用智能控制的必要性等内容。

1.1 小型压水堆概况

反应堆可按照用途、中子能谱、慢化剂、冷却剂的不同进行分类。其中，按慢化剂和冷却剂分为水冷堆、气冷堆、钠冷堆等。目前世界上已建成的用于能源供给的反应堆绝大多数是水冷堆，包括轻水堆和重水堆两种。

轻水堆以普通高纯水作为慢化剂和冷却剂，按照运行状况的不同，分为压水堆和沸水堆。压水堆中作为冷却剂的水始终保持在整体过冷的状态，同时为了把反应堆出口的水温提高到 300 ℃左右，需要把压力维持在 14～16 MPa，以防止水沸腾。由于这种类型的反应堆需要对水进行加压，因此称为加压轻水慢化冷却反应堆，也是“压水堆”名词的由来。以下主要介绍小型压水堆及其控制系统技术特征。

1.1.1 小型压水堆技术特征

压水堆在世界范围内经历了先军用后民用，由船用到陆用的发展道路。在此发展过程中，作为民用的压水堆核电厂为了与采用化石燃料的电厂进行成本上的竞争，一直在追求提升反应堆功率，近些年来在建核电厂或正在设计的核电厂的电功率已达到百万千瓦级，其中以 1 000 ～1 600 MW 最为常见，以减少设计和建造费用。军用压水堆由于用户功率需求的实际情况和使用空间的限制，其功率水平一般远小于民用压水堆。虽然压水堆核电厂一直在追求实现大的反应堆功率，但在全世界范围内，由于经济发展的缓慢和石油、天然气价格的下降，加上 2011 年福岛核事故的发生，相关专家和决策者重新考虑将核电厂向大型化发展的方向是否正确。在这种情况下，小型压水堆的研发就越来越受到关注。本书即围绕小型压水堆的控制问题展开论述。

按照国际原子能机构(International Atomic Energy Agency, IAEA)的定义[1-2]，小型反应堆一般指等效电功率小于 300 MW 等级的反应堆，近年来处于研究热潮的小型模块化反应堆(small modular reactors, SMRs)也属于小型反应堆范畴，其电功率一般小于 125 MW[3]。截至 2020 年，处于建造和研发的小型反应堆型号超过 70 个[4]，其中小型压水堆占了近一半，其余为沸水堆、气冷堆、熔盐堆等堆型。表 1－1 给出了截至 2020 年国内外小型压水堆的研发情况，主要数据来源于 IAEA 的有关统计[4]。

表 1－1　国内外小型压水堆研发情况

序号	反应堆型号	国家/组织	设 计 者	输出电功率/MW	设 计 阶 段
1	CAREM－25	阿根廷	国家原子能委员会	30	建造阶段
2	ACP100	中国	中核集团①	128	详细设计
3	ACP100S	中国	中核集团①	125	用于海上浮动堆，初步设计
4	CAP200	中国	国电投②	200	概念设计

（续表）

序号	反应堆型号	国家/组织	设 计 者	输出电功率/MW	设 计 阶 段
5	HAPPY200	中国	国电投[②]	用于低温供热，热功率为 200 MW	概念设计
6	ACPR50S	中国	中广核集团[③]	60	用于海上浮动堆，初步设计
7	ACPR100	中国	中广核集团[③]	100	方案设计
8	HHP25	中国	中船集团[④]	25	初步设计
9	NUWARD	法国	电力公司及法国原子能委员会联盟	170	概念设计
10	IRIS	国际 IRIS 联盟	IRIS	335	初步设计
11	IMR	日本	Mitsubishi 重工业	350	概念设计
12	SMART	韩国	韩国原子能研究所	107	完成设计取证
13	RITM-200	俄罗斯	OKBM Afrikantov	53	详细设计
14	RITM-200M	俄罗斯	OKBM Afrikantov	50	用于破冰船并已实现商运
15	UNITHERM	俄罗斯	NIKIET	6.6	概念设计
16	RUTA-70	俄罗斯	NIKIET	用于供热，热功率为 70 MW	概念设计
17	ELENA	俄罗斯	“Kurchatov Institute”国家研究中心	0.068	概念设计
18	KLT-40S	俄罗斯	OKBM Afrikantov	35	用于海上浮动堆，已实现商运

（续表）

序号	反应堆型号	国家/组织	设计者	输出电功率/MW	设计阶段
19	ABV - 6E	俄罗斯	OKBM Afrikantov	6～9	用于海上浮动堆，详细设计
20	VBER - 300	俄罗斯	OKBM Afrikantov	325	用于海上浮动堆，执照申请阶段
21	SHELF	俄罗斯	NIKIET	6.6	用于海上浮动堆，详细设计
22	VVER - 300	俄罗斯	OKBM Afrikantov	300	概念设计
23	UK SMR	英国	Rolls-Royce 公司	443	概念设计
24	mPower	美国	B&W 公司	195	概念设计
25	NuScale	美国	NuScale 公司	60	执照申请中
26	W - SMR	美国	西屋电力公司	225	概念设计
27	SMR - 160	美国	Hotltec 公司	160	初步设计
28	Flexblue	法国	法国国防部和海军舰船建造机构 DCNS	165	用于海上浮动堆，概念设计
29	MRX	日本	原子能研究所 JAERI	30～100	详细设计

① 全称为中国核工业集团有限公司。
② 全称为国家电力投资集团。
③ 全称为中国广核集团。
④ 全称为中国船舶集团。

相对于大型反应堆而言，小型反应堆主要具有如下优势：

（1）更适用于电网容量较小的区域或国家。

（2）更适合部分或专门用于非电力应用的方向，如提供工业蒸汽、制氢、海水淡化及区域供热等。上述几种用途的混合使用将会显著提高小型反应堆热能转换效率，并获得更好的投资回报。

(3) 可在特殊场合应用,在海岛或偏远地区代替柴油发电机提供能源。

(4) 小型反应堆更容易实现主设备在工厂内的模块化制造和组装,从而缩短现场建造周期,提高经济性。

(5) 小型反应堆更容易实现设计简化,通过更多的固有安全设计措施提高其安全性,提升其竞争优势。

(6) 具有更小的源项,更容易达到简化或取消厂外应急的目标,增加其部署的灵活性。

在小型压水反应堆研发过程中,各国开发者普遍参考了美国用户要求文件(Utility Requirements Document, URD)或欧洲用户要求文件(European Utility Requirements Document, EURD)的相关要求。如在美国用户要求文件中对先进小型压水堆提出了如下典型要求[5]:

(1) 电厂可利用率应达到 95%;

(2) 需采用基于性能和风险指引的评价方法;

(3) 仪控系统应尽可能提高自动化程度,减少操纵员干预,并需考虑反应堆模块化后的相关影响;

(4) 需提高对事故后应对时间的要求;

(5) 应从设计上降低对厂外电的要求;

(6) 堆芯损坏频率(core damage frequency, CDF)不应高于大型先进压水堆;

(7) 换料周期为 24~48 个月;

(8) 技术上支持将厂区边界作为应急计划区边界;

(9) 应增强负荷跟踪能力。

基于上述相关要求,目前新开发的小型压水堆普遍具有以下主要技术特征。

(1) 相比传统的分散布置式压水堆,采用革新性布置方式,包括一体化布置反应堆和紧凑式布置反应堆。

采用一体化布置设计的小型压水堆,将蒸汽发生器内置于压力容器内,典型代表如表 1-1 中的 SMART、ACP100、IRIS、mPower、NuScale 等。在这些反应堆中,有一部分进行了进一步简化,包括取消外置稳压器,如 IRIS;采用内置式驱动机构,如 mPower;采用全自然循环方式,取消了反应堆冷却剂泵,如 NuScale。一体化布置设计的小型压水堆如图 1-1 所示[4]。

采用紧凑式布置设计的小型压水堆,反应堆压力容器、稳压器、蒸汽发生器、反应堆冷却剂泵间通过短管相连，紧凑布置。典型代表如表 1-1 中的 KLT-40S、VBER-300。紧凑式布置设计的小型压水堆如图 1-2 所示[4]。

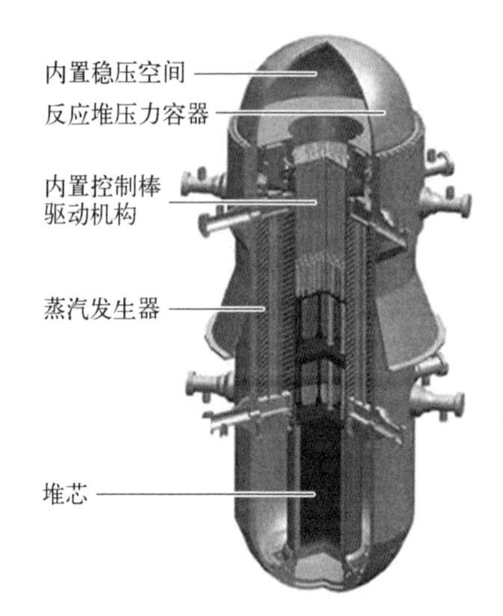

图 1-1　一体化布置小型压水堆设计实例——IRIS 反应堆

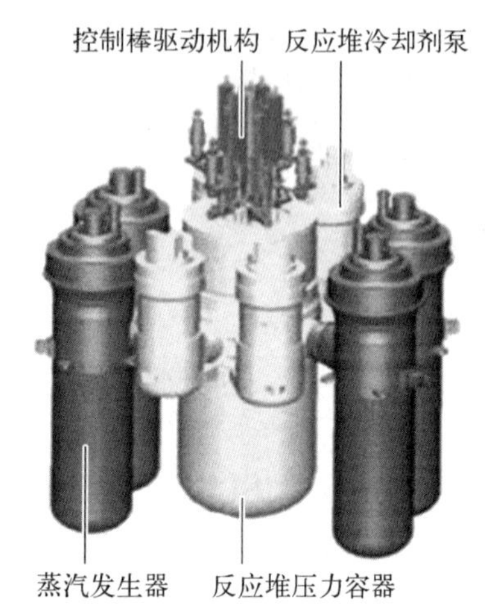

图 1-2　紧凑式布置小型压水堆设计实例——KLT-40S 反应堆

(2) 采用直流蒸汽发生器技术。大多数先进小型压水堆采用了内置的直流蒸汽发生器(once-through steam generator, OTSG)，直流蒸汽发生器具有换热效率高、结构紧凑的特点。此外，OTSG 二次侧水装量比较小，在发生传热管破裂事故时，对反应堆的影响相对较小。

(3) 采用"固有安全+非能动安全"的设计理念。在固有安全设计上，小型压水堆采取的主要措施如下：① 采用内置蒸汽发生器及内置稳压的一体化布置，减少大尺寸的管道和反应堆压力容器开孔，从而消除大破口事故；② 采用自然循环方式，去除反应堆冷却剂泵，预防失流事故；③ 采用内置式控制棒驱动机构，消除弹棒事故，预防反应堆超功率，同时也减少了反应堆压力容器开孔数量；④ 采用紧凑式的模块化布置方式减少管道以及反应堆一回路和辅助系统间的连接；⑤ 采用高可靠性、高智能化的仪控系统提高监测异常工况以及预防事故发生和缓解事故的能力。

在非能动安全设计上，小型压水堆采用了非能动应急堆芯冷却、非能动应急余热排出、非能动可燃气体控制等措施，简化了安全系统，减少了故障。

(4) 具备水电热联产等多种用途。小型压水堆可作为分布式能源，满足海水淡化、供电及供热等多种联产需求。

(5) 实现更高程度的模块化。先进小型压水堆可将反应堆及冷却剂系统集成为反应堆模块，实现在工厂的模块化制造、模块化运输及工程现场的快速装配。

1.1.2　小型压水堆对仪控系统设计的要求

基于前面所述的 URD 对小型压水堆的相关要求及小型压水堆的技术特征，小型压水堆仪表与控制系统的设计需要考虑多方面的因素和要求。

1.1.2.1　采用系统工程的方法

由于小型压水堆的运行方式和运行特性与传统的核电厂压水堆有着较大的区别，因此既有的设计方法并不完全适用于小型压水堆。在设计小型压水堆仪控系统时，应采用系统工程的方法，从小型压水堆研发、生产制造、运行、维护及退役等方面进行全生命周期的考虑。对小型压水堆仪控系统来说，从系统工程的角度出发应该首先考虑小型压水堆的最终用途，如反应堆是用来发电、生产工业蒸汽或者是用于海水淡化等，因为这会直接影响反应堆控制保护系统的设计、运行和维护。仪控设计人员如果能够尽早了解小型压水堆其他系统的设计原则和设计需求，就有可能使得仪控系统在不同运行工况下整体最优，并减少在仪控系统集成时的风险。

具体来说，系统工程方法应用到小型压水堆仪控系统上有如下一些要求。

(1) 需要平衡简化系统、提高可靠性及获得更多现场信息三者之间的关系。小型压水堆业主通常希望通过减少现场运行和维护人员从而降低运维成本，但现场运行和维护人员的减少就意味着电厂操纵员和维修人员必须获得更多的现场信息以做出合适的操作和维护动作。该需求可以通过提高电厂整个系统的自动化程度来实现，仪控系统需要增加更多的设备(包括传感器、变送器、执行器和过程控制系统设备等)来实现传统上由人工来执行的任务。

显而易见的是，引入过多的自动化设备不仅增加了系统的复杂性，还存在产生新故障模式的潜在风险，这些风险往往不易探测或不易通过安全分析发现。而仪控系统可靠性的降低将直接影响电厂的可用性和安全性。

因此，小型压水堆自动化水平的提高不能仅仅从降低核电厂维护成本的角度考虑，必须作为与核电厂安全性和经济性有关的整个可靠性工作的一部分加以考虑。在一些低功率的用于偏远地区的小型压水堆概念设计中，业主希望不需要现场运维人员。尽管这在技术上是可行的，但是可能会面临公众的反对，这就需要小型压水堆仪控系统具有足够的鲁棒性和可靠性，特别是在远程监测和控制手段失效期间。

(2) 从全局角度考虑仪控设备的布置。如前所述，提高小型压水堆自动化水平就需要在现场安装大量的传感器和执行器，以获取更多的现场信息和必要的控制反馈。对于核电厂的故障诊断系统来说，其目标是尽早发现故障征兆并给出故障发生的原因。整个核电厂传感器的布局对于故障诊断系统有效探测和区分故障模式、发现异常工况来说是决定性因素之一，尤其是对于空间尺寸和环境条件有较多限制的小型压水堆来说更为重要。因此，采用系统工程方法优化小型压水堆仪控设备布置非常重要。这些方法如下：① 减小仪控设备尺寸；② 从设计上考虑延长仪控设备寿期；③ 在允许的情况下采用多功能的传感器；④ 采用适合不同安装位置的仪控设备；⑤ 为避免由于小型压水堆空间的限制而无法有效地对仪控设备进行检修和维护，需要开发新型检修工具。

(3) 保证仪控设备在恶劣环境下降级(退化)后的可用性。由于小型压水堆运行环境比较恶劣，仪控设备在预期工况下保持功能完整性就显得尤为重要。仪控设备应以能够预测、识别和减轻设备在恶劣环境下降级后带来的后果为设计目标，使其自身在最小化维修甚至无维护的情况下能够长期安全可靠地工作。

小型压水堆一个很重要的特征是其换料周期一般较长，这就更需要仪控系统相关设备或部件(如探测器、传感器和执行器)，特别是与安全有关的设备，应该在各种运行工况和恶劣环境(如高温、高压、高辐射、腐蚀和化学物沉积)下保持较高的稳定性。尽管在长时间运行后仪控设备往往会降级，但仍然需要保持其功能完整性及足够的可接受精度。因为安装位置的限制，使得运维人员不容易或无法接近，这就要求在缺乏维护的情况下对仪控设备在寿期内的性能进行有效的预测。

(4) 需要在仪控系统设计时进行有效的验证和确认。设计和验证工具对小型压水堆仪控系统设计是非常重要的。小型压水堆和传统的大型核电厂压水堆在设计上的差异(如反应堆堆芯和一回路系统布置的差异)，将使得小型压水堆具有不一样的运行特性，因此一些适用于大型核电厂压水堆设计的特定分析程序将不一定有效。作为一个最低的要求，应考虑小型压水堆仪控系统设计时能够充分有效地开展建模分析工作，从而较为准确地模拟小型压水堆的稳态和动态行为，使得仪控系统的设计得以验证和确认。这个工作应贯彻到仪控系统的整个设计过程中，包括仪控系统的结构设计。

另一个需要重视的要求是，一旦某个小型压水堆的特性通过建模方式已模拟出来，则应在该小型压水堆实际运行后，利用现场实际反馈数据对此建模进行修正或者采用数据驱动方式进行优化，这种将建模分析与现场数据进行相互验证的过程可能需要进行多次迭代，并在仪控系统全寿期范围内进行充分的验证。

1.1.2.2　重视仪控系统人机接口（控制室）的设计

某些小型压水堆在设计时会考虑多个机组联合运行，并且共用一个控制室或者由一位操纵员（或一个运行值班人员）同时监控多个机组运行。在设计这种多机组运行的小型压水堆时，人因工程将成为安全上的主导因素，从而使得仪控系统人机接口设计成为关键问题。在其他工业领域，一些基于运行要求和人机要素的较好的设计理念和框架已经付诸实施，其中包括一些先进的智能方法。设计小型压水堆仪控系统时可以考虑如何把这些方法应用到多机组的控制室设计和人机接口设计上，并以优化运行成本和保证电厂安全为目标。以下的一些设计考虑可以作为参考：

（1）优化控制室布局，使得操纵员能够同时观察到多个机组的主要运行参数。

（2）优化报警系统管理，使其能对一个机组发出的报警信息与其他机组发出的报警信息加以区分，以避免操纵员在紧急情况下的人因失误风险。

（3）提供更为智能的运行支持系统，使得操纵员在视觉、听觉等各方面获得较好的实时支持，特别是在发生故障或者事故时能够给操纵员提供更为明确、简洁的指引，避免其误操作。

（4）采用模拟系统帮助设计者更好地理解和设计人机接口，以优化系统在人因工程上的设计。

1.1.2.3　利用仪控系统智能手段完善实体保卫措施

小型压水堆设计时的一个重要目标是在实现可靠的实体保卫的同时减少安保人员，这是小型压水堆提高经济性的显著因素之一。因此，与实体保卫有关的仪控系统在设计时应考虑如下要求：

（1）以更高效、准确的方式提醒操纵员、安保人员有潜在的或正在发生的入侵行为，以便启动相关响应。

（2）采用自动化的手段启动保护响应（如自动门禁、自动防御等），使得对电厂系统的入侵无法或者延迟实现。

(3) 采用先进的探测和预防措施使得核材料无法通过非授权手段被带离核电厂,如采用非法接近的探测报警,采用无线定位方式探测材料的非正常移动等。

1.1.2.4 可移动式小型压水堆对仪控系统的附加要求

一些小型压水堆考虑船用设计或者其他一些可移动的设计,因此仪控系统需要考虑如下典型的附加影响:

(1) 振动、摇摆和冲击条件的影响;

(2) 极端温度条件、温度和湿度变化条件的影响;

(3) 腐蚀环境的影响;

(4) 复杂电磁环境的影响。

设计者应该充分考虑可移动式小型压水堆由于部署环境、运行方式带来的各种可能的限制条件及其影响。可以采用建模分析或者型式试验的方法充分评估仪控系统设备对上述附加影响的适应性。

1.2 小型压水堆仪控系统

小型压水堆仪控系统的主要功能是在小型压水堆运行时提供信息功能、控制保护功能和辅助功能[6],从而为小型压水堆各工艺设备和系统提供控制、保护手段及监测信息,保证小型压水堆的安全、可靠运行。在设计上除应考虑系统设计的一般准则外,还应充分考虑小型压水堆对仪控系统的特殊要求,在系统总体结构、系统设置、设备布置等多方面予以体现。

1.2.1 小型压水堆仪控系统设计的一般准则

与大型压水堆核电厂类似,小型压水堆仪控系统的设计仍然需要遵循纵深防御准则、单一故障准则、多样性准则、控制的优先与切换原则及可靠性与可用性原则。

1) 纵深防御准则

(1) 正常运行时,由电厂控制系统进行调节,实现机组的正常启停和稳定运行,并将工艺系统或设备的运行参数维持在规定限值内,避免触发安全系统动作。

(2) 当发生预计运行事件时,由保护系统来触发执行安全功能,防止预计运行事件演化为事故。

（3）在设计基准事故下，由保护系统触发专设安全设施动作和紧急停堆动作，使电厂达到安全可控状态。

（4）在设计扩展工况下，提供堆芯熔化事故预防与缓解的监控功能。

2）单一故障准则

采用冗余设计手段用于满足单一故障准则，并用来提高系统的可靠性，避免仪控系统丧失其功能后影响电厂的运行和安全。典型的应用如反应堆保护系统仪表通道以及反应堆紧急停堆逻辑采用四个独立的序列，同时其相应的支持系统也要求采用冗余的设计。

3）多样性准则

通过仪控系统、部件及结构的多样化设计，来降低产生共模故障的风险。

（1）采用不同的软硬件平台，分别用于实现安全级和非安全级仪控系统功能。

（2）保护系统采用功能多样性设计，对保护变量进行合理分组，每个事故的触发事件尽量采用不同测量原理的变量，防止应用软件共模故障造成的影响。

（3）设置多样性的驱动系统，应对数字化保护系统由于共模故障而导致失效的情况。

（4）设置手动触发停堆和专设安全设施动作的系统级命令，该手动触发尽可能减少与自动触发路径共用部件。

4）控制的优先与切换原则

对于接受多个控制命令的执行机构，较高优先级的命令将闭锁来自较低优先级的相反命令。

自动控制系统保留手动控制手段，并可在自动控制状态下切换回手动，两者切换时的扰动要尽可能小。

5）可靠性与可用性原则

仪控系统的设计必须满足可靠性与可用性原则。安全级仪控系统应满足单一故障准则，保证系统运行的可靠性。如应通过系统及设备配置，使保护系统的误停堆率和系统拒动概率满足设计要求。

非安全级仪控系统通过采用功能分组、有条件的情况下采用冗余配置以及容错设计等措施，减少单个故障对系统的影响，提高系统的可用性。在人机接口设计上，为提高系统可用性，人机接口设备的配置尽可能考虑采用冗余配置。

1.2.2 小型压水堆仪控系统设计要素

基于小型压水堆相关的技术特征，为满足其运行控制要求，仪控系统在设计时还有若干应关注的问题，需要在设计过程中得以解决。

1) 系统结构设计的简化

一般来说，用于大型核电厂仪控系统结构设计的方法及设计过程也适用于小型压水堆仪控系统。通常情况下，小型压水堆仪控系统仍然可以采用分层分步式的数字化仪控系统结构。但是在实践中，应根据所设计的小型压水堆功率大小、系统配置、设备布置、运行方式等因素对系统结构采用适当的简化措施。如对于功率非常小的小型压水堆，由于其布置较为紧凑，现场探测器、执行器和处理器之间的距离较小，可以考虑把汽机和二回路控制系统自带的控制模块和核岛控制模块集成为一个统一的控制模块，从而简化系统结构。实际上，系统结构的简化意味着系统可靠性的提高，减小了安全分析和人因评估的复杂性，将对整个小型压水堆的安全做出贡献。

2) 多机组时的控制策略设计

小型压水堆采用多个机组时，对于仪控系统总体控制策略而言，存在三种典型的系统架构。

(1) 独立控制策略。采用多个主控制室，每一个主控制室控制一个核蒸汽供应系统(nuclear steam supply system, NSSS)及其相应的二回路系统、辅助系统(balance of plant, BOP)。这种控制策略是目前大多数核电厂所采用的。

(2) 共用主控制室控制策略。在同一个主控制室内控制多个机组，但每一个机组有着自己独立的仪控系统。

(3) 共用主控制室及辅助工艺系统控制策略。这种控制模式在同一个主控制室内控制多个机组。每一个机组的核蒸汽供应系统的仪控系统相对独立，但是都与同一个共用的二回路系统及辅助工艺系统的控制系统进行接口。

上述三种典型的系统架构如图 1-3 所示(以小型压水堆核电厂由三个机组组成为例)。

在图 1-3 所示的典型系统架构中，共用 BOP 可以减少投资成本和人员运行成本，给经济上带来的好处是显而易见的。此外，采用这种运行方式，将使得反应堆 NSSS 与二回路及 BOP 之间存在较强的耦合关系，而反应堆的负

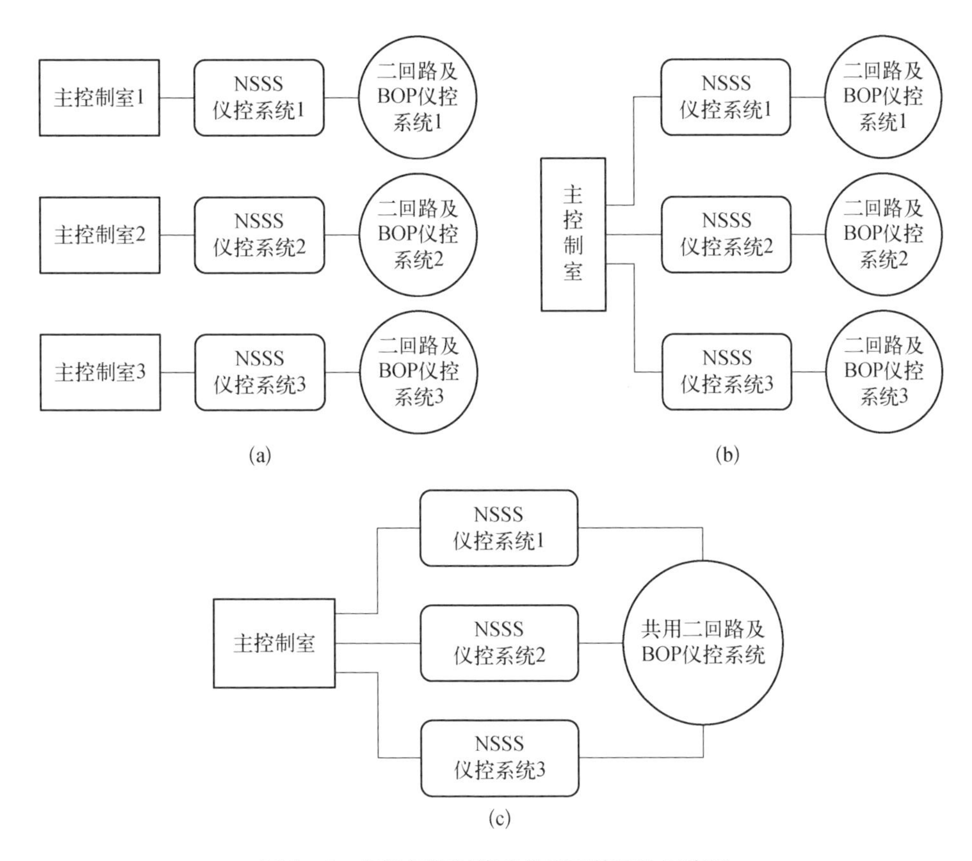

图 1－3　多机组控制策略典型系统架构示意图

(a) 独立控制策略;(b) 共用主控制室控制策略;(c) 共用主控制室及辅助工艺系统控制策略

荷不一定是完全平衡的，因此在一定程度上将影响反应堆能否安全平稳地运行。为减少小型压水堆多机组在多种使用用途和负荷不平衡时的耦合影响，可考虑采用一些先进或智能控制的算法来解决该问题。这些控制算法包括协调控制、最优化控制、非线性自适应控制及其他一些智能方法，控制目标都是在负荷变化情况下提供更稳定的控制效果，减少对反应堆的运行影响，使多机组小型压水堆核电厂获得更好的控制性能。

在采用多机组共用主控制室及 BOP 的控制策略时，设计仪控系统的另一个应引起关注的问题是保证操纵员能够及时获取电厂信息，并在需要的情况下迅速和方便地下达控制指令。面对多机组同时运行的情况，在主控制室设计中应考虑采用智能化的运行支持和实时信息系统，以使操纵员获得正确、有序、有效的实时信息，并在一些特殊工况下辅助操纵员做出有关决策。

3）多用途小型压水堆的控制策略设计

与大型核电厂主要用于发电的目的不同，小型压水堆通常用于其他目的，如产生工业蒸汽、供热和局域性供电等，有时还需要多用途联产。在这种情况下，小型压水堆将面临与大型核电厂不一样的负荷特性，如小型压水堆采用孤岛运行方式单独给矿山或者钻井平台供电时，采矿设备或钻井设备需要快速地启动或停止，这就使得负荷功率在短时间内有一个急剧的波动，小型压水堆控制系统必须适应这种负荷快速变化的运行模式，并提供良好的控制性能。又如小型压水堆工作在同时供电和产生工业蒸汽的多用途联产模式时，当电网侧发生瞬态需要脱离运行时，仪控系统应该能及时探测到瞬态的发生，并通过控制系统将多余的蒸汽转到工业蒸汽生产上，避免给反应堆造成大的瞬态冲击。从这些应用可以看出，在多用途小型压水堆控制系统设计时，应注意关注控制系统的鲁棒性，采用一些新的控制算法使得控制系统能够更好地适应各种工况下的控制要求。

4）特殊运行环境下小型压水堆仪控系统的远程信息通信设计和控制设计

一些特殊用途的小型压水堆的运行环境与大型核电厂存在一定的差异，如运行在偏远地区、海上或水下等，因此小型压水堆仪控系统应考虑远程控制设计及相关的通信设计。

在系统通信设计上，应考虑多种通信方式，包括有线电缆通信、无线通信及保密卫星通信等。在通信系统的设计上，需要考虑纵深防御原则，充分利用多样性和冗余性措施，以降低通信故障带来的影响。近年来，随着无线通信技术的发展，越来越多的工业领域开始利用无线通信技术在现场内部进行信息传输，国内外核行业也针对此开展了较多的研究。国际电工委员会（International Electrotechnical Commission，IEC）针对无线通信技术在核设施的应用发布了有关文献[7]，指导核电厂无线通信系统的设计工作，这对于在小型压水堆控制系统内部采用无线通信设计提供了参考。

在远程控制设计上，可利用计算机进行自动化判断决策，系统利用现场传感器（或执行器状态）的远程传输信号（这些传输信号通常也应考虑纵深防御原则，采用多重冗余）进行逻辑判断和控制表决，通过表决结果判断核电厂现场情况，做出是否进行远程干预的决策。需要关注的是，由于采用无线通信和远程控制的设计，在系统设计上应该充分考虑信息安全问题，避免信息由入侵带来的安全隐患。针对该问题，IAEA 也发布了相关文献[8]，对于核设施的信息安全问题及相关设计提供了指导意见。

然而，尽管在通信设计或者远程控制设计上考虑了较多的冗余措施，仍有可能出现信息短时中断或者控制命令无法远程下达的情况。因此对于运行在特殊环境下的小型压水堆，在设计控制系统时需要考虑采用更多的智能化手段，以实现系统的自主智能控制。

5）从仪控系统总体结构上考虑对运行维护的支持

很多工业领域正在把先进控制的有关技术应用于可靠性要求非常高的运维活动中，主要目的是在减少非计划故障的同时降低维护费用，这也正是小型压水堆研发追求的目标。在小型压水堆仪控系统总体架构设计时应考虑对运行维护的支持，运维系统所需信息应尽可能共用控制保护系统提供的信息，仅增加少量现场仪表。在设计小型压水堆人机接口时可以把运维有关的实时信息与操纵运行有关实时信息分开处理和显示，同时配套设置相关的软件和硬件，对有关运维信息根据不同预期工况进行分析，以识别是否存在潜在的安全风险，设计时应考虑采用智能预测及健康管理技术，减少运维费用。

6）针对小型压水堆特有设备和特有动态特性开展仪控系统设计

如本书前文所述，在小型压水堆采用多用途设计时应考虑控制系统的鲁棒性。此外，由于很多小型压水堆采用了一体化设计和其他一些先进的系统设计思路，并使用了一些非常规的系统设备（如内置式直流蒸汽发生器、内置式蒸汽稳压器等），这不仅要求设计仪控系统时应采用一些革新性的测量和诊断方法以对工艺系统在不同工况下的性能进行监控和评估，而且有必要对小型压水堆特有的动态响应特性采用更为先进的控制策略。

1.2.3 典型的小型压水堆仪控系统简介

基于上述小型压水堆仪控系统的一般设计原则和仪控系统设计中需要重点关注的一些要素，本书以中国核工业集团有限公司研发的模块式小型堆ACP100为例，对小型压水堆仪控系统设计进行简述，主要包括ACP100仪控系统总体技术方案及其核蒸汽供应系统仪控系统的方案。

1.2.3.1 ACP100仪控系统总体技术方案

ACP100仪控系统采用成熟和先进的数字化技术，并充分借鉴了国内外先进大型商用核电厂数字化仪控系统的设计理念，以满足模块式小型堆总体运行目标为要求，将提高仪控系统可用性、可维护性、可操作性和设计灵活性的设计理念融入系统总体设计中。与中国国内二代加核电厂相比，ACP100仪控系统主要技术特点如下。

(1) 根据 ACP100 采用一体化布置和模块化的设计特点，针对性地设置合理的监测手段，对包括反应堆出口温度、屏蔽泵转速在内的相关参数进行有效测量。

(2) 配合 ACP100 完全非能动专设安全系统设计，对非能动安全系统正常及事故条件下的运行设置完备的监测手段。

(3) 针对采用内置式直流蒸汽发生器，核蒸汽供应系统一、二回路耦合特性强的特点，采用变参数控制等控制策略优化相关控制方案，满足系统的控制要求。

(4) 堆芯中子注量率测量采用固定式堆芯自给能探测器，实时在线监测堆芯中子注量率，并在满足测量需求的前提下简化设备数量。

(5) 根据在役核电厂相关系统及设备运行经验反馈，优化部分专用仪控系统的设计(如棒电源系统的设计)，以降低设备成本和提高电厂可维护性。

(6) 基于人因工程进行人机接口设计，在满足运行控制要求的基础上为提高经济性尽量简化主控制室设计。

(7) 在现场局部采用智能型仪表和执行器，提升小型堆的智能化水平。

ACP100 仪表控制系统采用全数字化的控制方式，以分布式控制系统(distributed control system, DCS)作为系统核心，由 DCS 完成系统的数据采集和处理、过程控制、信息显示和操作功能。从安全分级上，把 ACP100 仪控系统划分为安全级和非安全级。安全级仪控系统主要包括堆芯仪表系统、核仪表系统、反应堆保护系统、事故后监测系统等。除上述系统外的仪控系统为非安全级系统，主要包括核岛及常规岛的控制系统、多样性保护系统、BOP 控制系统等。

ACP100 仪控系统总体结构如图 1-4 所示，该图只体现功能及接口关系，并不表示实际的物理结构。从图 1-4 可见，ACP100 仪控系统仍然采用了典型 DCS 的三层结构，包括现场层、控制和保护层以及操作和信息管理层。

(1) 现场层。该层为仪控系统与工艺系统的接口。核仪表系统、过程仪表系统等监测中子注量率，工艺过程中的温度、压力、液位等信号，将其送入控制和保护层中计算机化的处理单元，进行相应的计算处理。同时，该层接收控制与保护命令，驱动执行器动作。

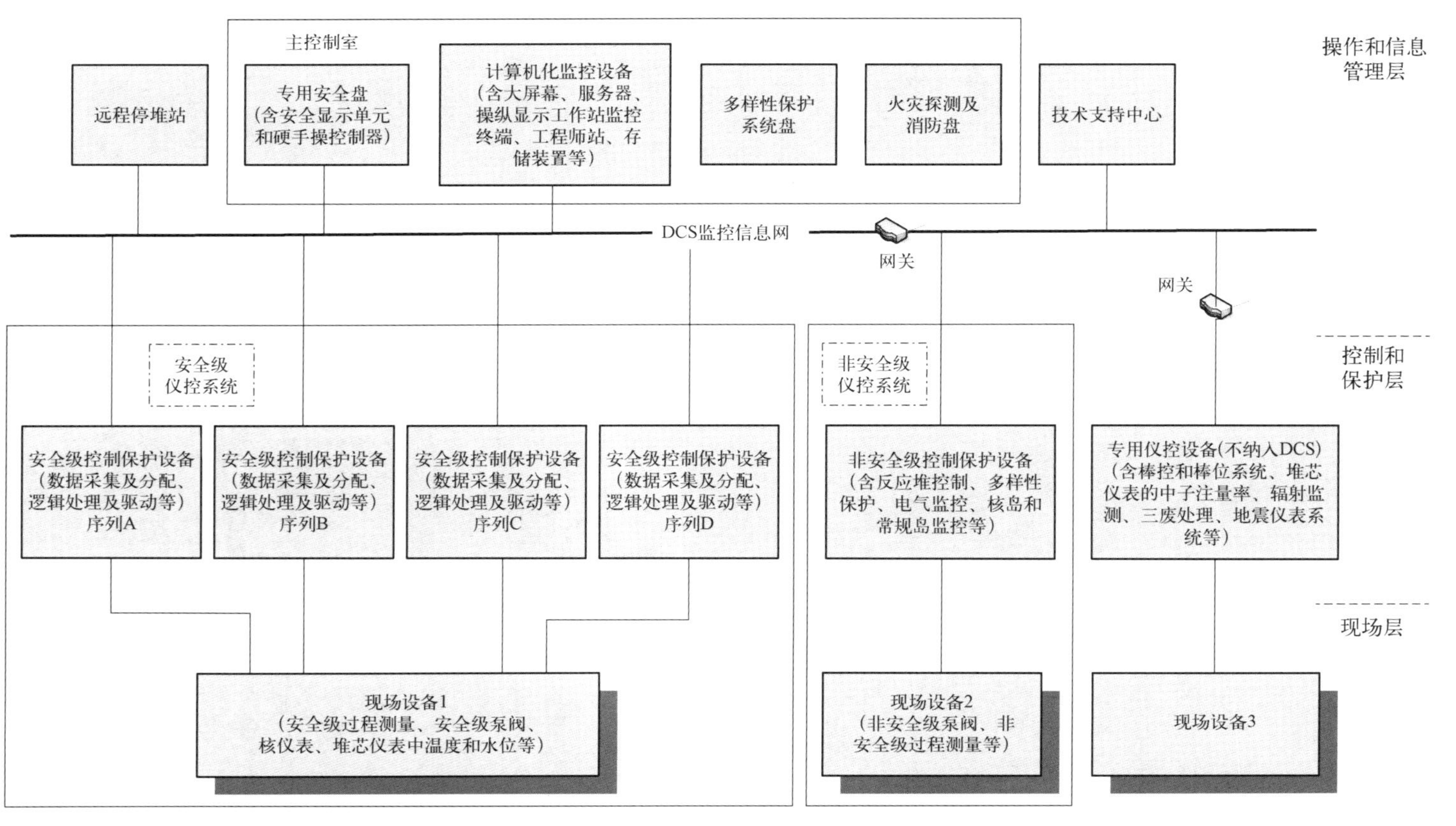

图 1－4　ACP100 仪控系统总体结构

(2) 控制和保护层。该层由非安全级数字化仪控系统、安全级数字化仪控系统、专用仪控系统等的控制和保护机柜组成,并包括它们各自的通信和网络设备,主要执行数据采集、信号预处理、逻辑处理、控制算法运算、通信等功能。

(3) 操作和信息管理层。该层主要功能为通过通信服务器、人机接口等设备完成核电厂系统信息监控、运行支持、参数诊断和操纵员动作记录,主要包括主控制室、技术支持中心、远程停堆站等处的仪控设备。

1.2.3.2　核蒸汽供应系统的仪控系统

ACP100 核蒸汽供应系统(NSSS)的仪表与控制系统作为全厂仪控系统的重要组成部分,监测反应堆冷却剂及其相关系统(化学和容积控制、正常余热排出、非能动余热排出、非能动堆芯冷却、自动卸压等系统)、主蒸汽系统、给水流量控制系统等系统及其设备的运行状态,并提供运行控制和保护,向其他仪表与控制系统传送核蒸汽供应系统的状态,接受操纵运行人员发出的操控指令并执行控制保护动作。

NSSS 仪表与控制系统在控制系统运行模式上采用了手动控制与自动控制相结合的方式:反应堆功率在 20%以下时,反应堆功率和蒸汽发生器给水采用手动控制,其余系统采用自动控制方式;反应堆功率在 20%以上时,采用自动控制模式。控制系统采用双恒定跟踪模式,即通过控制系统保持主蒸汽压力及反应堆冷却剂平均温度的恒定。反应堆功率调节系统跟踪负荷需求,按照平均温度控制策略调节控制棒速度来改变反应性的引入,蒸汽发生器给水控制系统监测主蒸汽压力,根据蒸汽压力控制策略调整主给水流量。

NSSS 仪表与控制系统主要子系统方案分述如下。

1) 核仪表系统

核仪表系统的主要功能是连续监测反应堆功率、功率水平和功率分布的变化,并在中子注量率高和中子注量率快速变化时触发反应堆停堆。

ACP100 核仪表系统具有记录高达 200%满功率(full power, FP)的超功率偏离能力。核仪表系统设置 3 个量程上相互搭接的测量区段,即源量程、中间量程和功率量程。按照冗余配置原则,考虑实际运行需求和经济性需求,源量程和中间量程分别由两个相同且独立的通道组成,功率量程由 4 个相同而独立的通道组成。核仪表系统在反应堆压力容器周边的探测器布置如图 1-5 所示。

2) 过程仪表系统

ACP100 过程仪表系统的功能是监测核蒸汽供应系统相关工艺系统的各种过程热工参数,包括压力、温度、液位等,用于实现相关仪控系统的控制、保护和信息功能。

该系统主要由相关工艺系统所设置的仪表及其信号处理机柜组成。这些工艺系统包括反应堆冷却剂系统、主蒸汽系统、给水流量控制系统、化学和容积控制系统、非能动堆芯冷却系统、非能动余热排出系统、正常余热排出系统、自动卸压系统等。

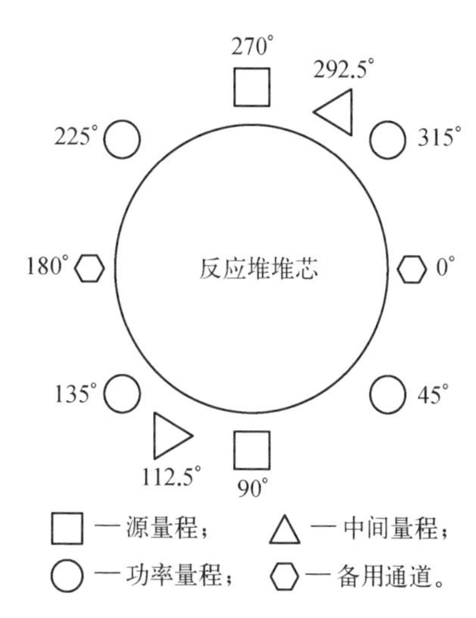

图 1-5　ACP100 核仪表系统探测器布置示意图

3) 堆芯仪表系统

堆芯仪表系统由堆芯中子通量测量子系统、堆芯温度测量子系统和反应堆压力容器水位测量子系统组成。

堆芯中子通量测量子系统完成以下功能:采集自给能中子探测器的电流信号,实时测量堆芯中子注量率,绘制通量图;将探测器的信号转换为标准信号,为堆芯在线监测系统和其他数据处理系统提供必要的输入;结合反应堆其他的工况数据,通过计算为堆外核仪表系统提供功率量程校准参数。

堆芯温度测量子系统能够提供反应堆燃料组件出口反应堆冷却剂的温度,并与相关参数共同计算得出反应堆冷却剂的最高温度、平均温度和最低过冷裕度。堆芯温度测量子系统按冗余设计,将包括堆芯冷却监测机柜在内的所有设备分为 B 序列和 C 序列。

反应堆压力容器水位测量子系统提供反应堆压力容器内关键点是否被冷却剂淹没的信息,当水位低于一些关键点时向操纵员提供相应的提示信息。反应堆压力容器水位测量子系统按冗余设计,设备分为 B 序列和 C 序列,它们在电气上和实体上均是隔离的。

图 1-6 为堆芯仪表系统探测器在反应堆堆芯中的径向布置示意图。从图 1-6 可见,如总体方案中所述,ACP100 堆芯中子探测器在满足测量需求的前提下简化了设备数量,在堆芯内布置 57 组燃料组件的情况下,采用 10 个中子探测器组件即可实现对堆芯中子注量率的测量。

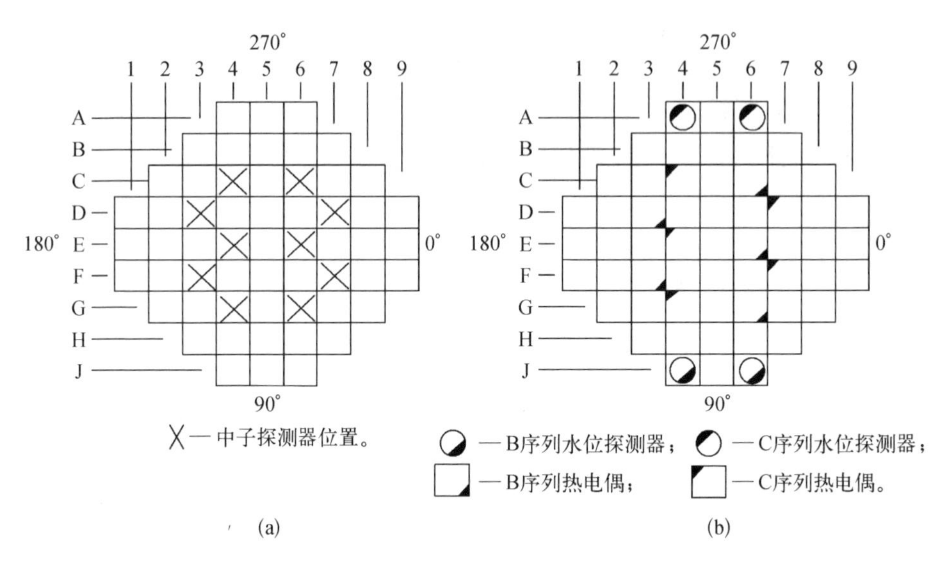

图 1-6 ACP100 堆芯仪表系统探测器布置

(a) 中子探测器布置;(b) 热电偶和水位探测器布置

4) 反应堆保护系统

ACP100 的反应堆保护系统由 A、B、C、D 4 个冗余序列构成。紧急停堆和专设安全设施驱动功能由四重冗余的保护序列完成。

反应堆紧急停堆系统的每个停堆变量都设置了多重测量通道,每个通道采用独立的传感器。如果一个通道的测量值超过预设的整定值时,将产生“局部脱扣”信号。保护系统 4 个序列对停堆变量的处理是相同的。每个序列通过经隔离的数据链路向其他 3 个序列发出自身的“局部脱扣”信号。对于某个参数如果有两个或两个以上通道处于局部脱扣状态,则每个序列都可以产生停堆信号。

对于每个保护变量,专设的安全设施驱动通常采用 4 个传感器监测,当测量值超过整定值时,产生通道“局部脱扣”信号,局部脱扣信号送到专设符合逻辑用于产生专设驱动信号。每个序列的专设符合逻辑信号组合后产生系统级动作信号。

5) 多样性保护系统

ACP100 多样性保护系统是采用与反应堆保护系统不同的软件和硬件平台构建的多样化系统。这种不同体现在 3 个方面:第一,多样性保护系统所采用的仪控平台与反应堆保护系统所采用的仪控平台不相同。第二,多样性保护系统监测相关参数所使用的传感器与反应堆保护系统所使用的传感器是各自独立的。第三,多样性保护系统和现场安全驱动器的接口与反应堆保护系统和现场安全驱动器的接口不同。这三方面的不同保证了当反应堆保护系统发生共因故障时,多样化保护系统仍然能够对反应堆的安全提供保护。

6）棒控和棒位系统

棒控和棒位系统用于提升、插入和保持控制棒束,并监视每一束控制棒束的位置。棒控和棒位系统的主要组成如下。

(1) 用于控制棒束运行的设备包括控制棒驱动机构和驱动杆、驱动机构电子控制设备、用于手动操作和运行监视的控制室设备、产生控制棒束自动运行命令的控制装置、产生棒束提升联锁信号的控制装置等。

(2) 用于棒位监测的设备包括棒位探测器、棒位位置的测量和处理设备、控制室监视设备等。

7）棒电源系统

棒电源系统的主要功能是确保对控制棒驱动机构(control rod drive mechanism, CRDM)的线圈连续供电。

与目前国内大多数在役核电厂棒电源系统采用由两台电动发电机组并联且经可控硅整流后给控制棒驱动机构线圈供电的设计方案不同,ACP100 棒电源系统采用静态棒电源方案,将静态棒电源系统设计为独立的双并联回路结构,每个回路包含一台整流装置、一台储能柜、一台控制柜。每个回路可以承受 100%的负荷需求,系统由两台整流装置及相应的储能柜和控制柜组成,去掉了旋转的部件。

在反应堆正常运行期间,两台整流装置分别将核电厂供电系统提供的 380 V 交流电源整流为 220 V 直流电源,在输出端并联后,一方面给储能柜充电,另一方面给控制棒驱动机构的磁力线圈供电。当一台整流装置失去一路 380 V 交流电源或发生故障时,由另一台整流装置独立给控制棒驱动机构的磁力线圈供电。在 380 V 交流电源失电瞬态期间(时间小于 1.2 s),由储能柜确保给控制棒驱动机构的磁力线圈供电。ACP100 棒电源系统结构如图 1-7 所示。

相比于大型核电厂电动发电机组方案,ACP100 模块式小型堆静态棒电源系统采用整流装置代替原有的电动发电机组,采用储能柜代替发电机飞轮,大大简化了系统结构和保护设计,具有体积小、重量轻、运行噪声小、占地面积小的特点,同时提高了供电的可靠性和可维修性。

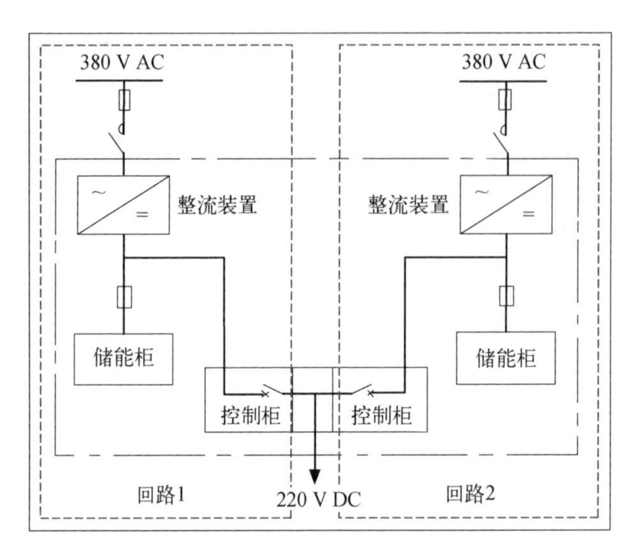

图 1-7　ACP100 棒电源系统结构

8）反应堆控制系统

ACP100 反应堆控制系统包括 4 个子系统：反应堆冷却剂平均温度控制系统、稳压器压力和水位控制系统、蒸汽发生器给水控制系统以及蒸汽排放控制系统。

（1）反应堆冷却剂平均温度控制系统。反应堆冷却剂平均温度控制系统的功能是在稳态运行期间保持反应堆冷却剂平均温度为恒定值；在瞬态工况下，实现在规定范围内负荷变化的自动控制，不会引起反应堆保护停堆或引起蒸汽排放系统的动作。

反应堆冷却剂平均温度控制系统主要包括两个调节通道：一个是冷却剂平均温度调节通道，一个是反应堆功率调节通道。冷却剂平均温度调节通道利用反应堆出口和入口温度信号经选择和计算处理后得到平均温度信号，与平均温度定值进行比较，得到平均温度调节通道的误差信号。反应堆功率调节通道为前馈通道，接收核功率信号和二回路负荷信号，分别对信号进行选择和处理后，将两者的差值通过一个非线性单元进行处理，将得到的功率调节通道输出信号与平均温度调节通道的误差信号叠加，再通过棒速程序单元进行处理，最终得到控制棒移动的速度和方向信号。图 1-8 为 ACP100 反应堆冷却剂平均温度控制系统原理图。

（2）稳压器压力和水位控制系统。稳压器压力控制系统利用来自过程仪表系统的稳压器压力测量信号，经信号选择和预处理后与压力设定值比较，将

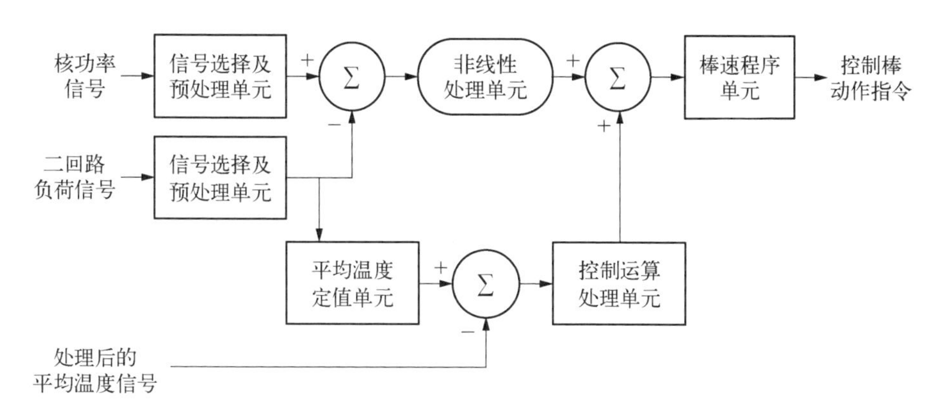

图1-8 ACP100反应堆冷却剂平均温度控制系统原理图

两者的差值送入控制器进行逻辑运算后形成控制信号。控制信号送到稳压器喷雾阀和电加热器以控制其运行,从而调整稳压器压力,使之与设定值保持一致。

稳压器水位控制系统接收稳压器水位测量信号,将其与一系列水位定值进行比较,若实际水位达到相应的水位定值点,则按预先设定的程序发出相关执行机构动作信号,使相关执行机构动作。执行机构包括泵、阀和稳压器电加热器等。ACP100稳压器压力和稳压器水位控制系统原理如图1-9所示。

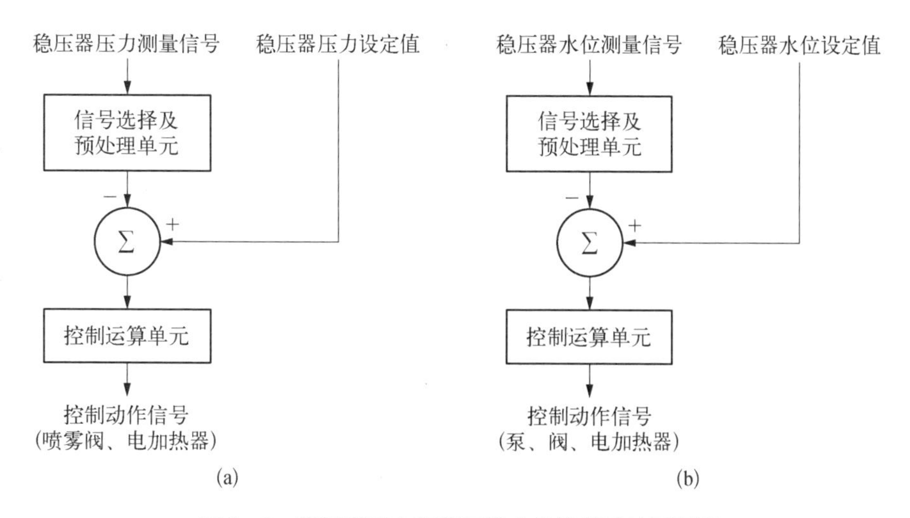

图1-9 稳压器压力和稳压器水位控制系统原理图

(a) 稳压器压力控制系统;(b) 稳压器水位控制系统

(3) 蒸汽发生器给水控制系统。由于ACP100采用了内置式直流蒸汽发生器,与传统压水堆核电厂不同,没有蒸汽发生器水位控制系统,其给水控制系统包括主给水调节阀控制和主给水泵转速控制两部分。

主给水调节阀控制包括蒸汽压力差控制、负荷前馈控制两个控制通道。蒸汽压力差控制通道将蒸汽压力测量值与蒸汽压力设定值进行比较,所得偏差信号经控制运算产生调节阀开度的主调节信号;蒸汽流量测量信号与给水流量测量信号比较,产生副调节信号,用于快速反映给水流量与蒸汽流量的失配情况。

主给水泵转速控制通过对给水调节阀前后压差设定值和实测值的比较,产生主给水泵转速控制信号,使主给水调节阀前后压差维持在设定值。蒸汽发生器给水控制系统原理如图 1-10 所示。

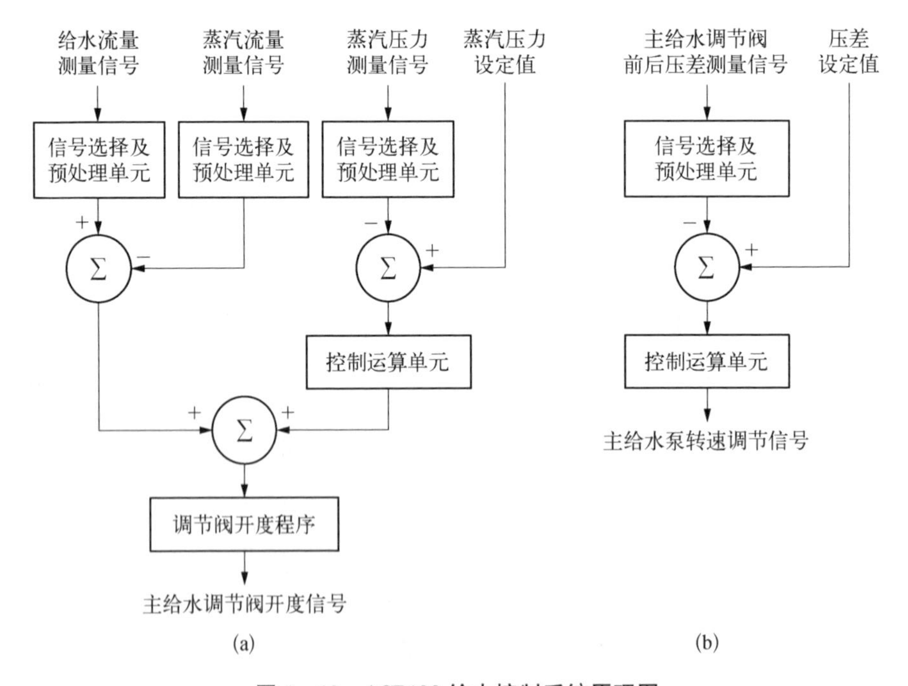

图 1-10 ACP100 给水控制系统原理图

(a) 主给水调节阀控制;(b) 主给水泵转速控制

(4) 蒸汽排放控制系统。ACP100 蒸汽排放控制系统分为蒸汽压力高排放通道和一、二回路功率差排放通道。蒸汽压力高排放控制通道根据蒸汽压力实测信号与蒸汽压力高限设定值的偏差进行蒸汽排放,一、二回路功率差排放控制通道根据核功率测量信号与二回路负荷信号的差值实施蒸汽排放,其控制系统原理如图 1-11 所示。

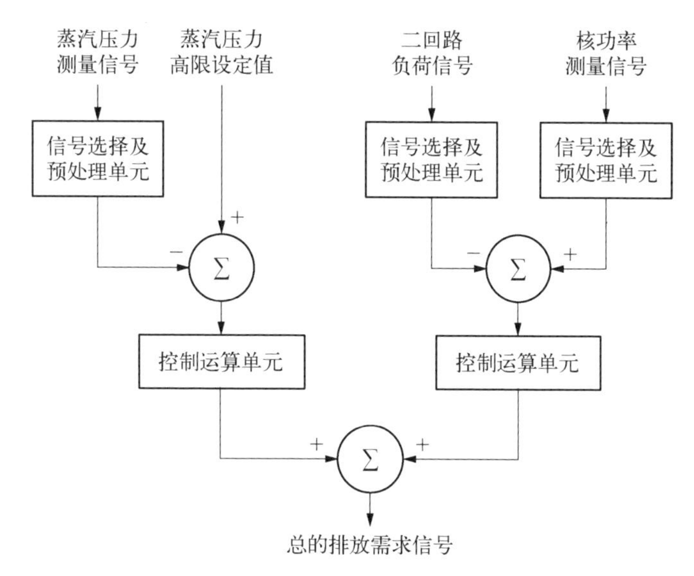

图 1-11　ACP100 蒸汽排放控制系统原理图

由于 ACP100 采用了一体化布置和直流蒸汽发生器，一、二回路使用平均温度恒定和蒸汽压力恒定的双恒定方案，使其在正常运行和瞬态运行工况下的运行特性和已有的大型压水堆核电厂存在较为显著的差别。直流蒸汽发生器的使用进一步使核蒸汽供应系统一、二回路间的耦合关系更为紧密，控制系统仿真研究分析表明，控制系统采用传统的定参数 PID(proportional integral derivative)控制方式，在满足相关验收准则上存在一定难度。为保证不同工况转换过程的平稳性，提高安全性和经济性，有必要在 ACP100 控制系统的细节设计上开展进一步研究，将先进控制(包括智能控制)的相关理论应用到其设计中来。

1.3　小型压水堆与智能控制

从小型压水堆相关技术特征及其运行特性可以看出，对仪控系统来说，小型压水堆的控制对象与大型核电厂存在较多差别。核蒸汽供应系统一、二回路控制对象是一个高度非线性、各控制对象间存在较强耦合关系的大系统，基于传统经典控制理论，采用 PID 控制方式的控制系统策略在核电厂及核动力装置上虽然已有多年的应用经验，但这是受当时技术所限而对控制对象特性进行了线性化的简单处理，以牺牲局部指标换取总体最优的结果。随着科学技术的发展，一方面，对自动控制系统在控制精度、响应速度、系统稳定性和自适应能力方面的要求越来越高，另一方面，对核电厂经济性和安全性的要求也在提高，更迫切需要控制系统能够有更好的贡献。基于此，随着控制理论、计算机技术和信息技术的发展，核工业领域的研究者们也一直致力于将新的控制理论和核领域控制对象相结合，研究先进的控制系统方案，其中一些控制方法（如模糊控制、自适应控制）在实际核电厂或研究堆部分控制系统上得到了实际的应用或实堆验证[9-10]。小型压水堆的出现及其广泛的应用前景，将给包括智能控制在内的先进控制策略用于小型压水堆提供新的动力。

1.3.1 智能控制概述

本节介绍智能控制的基本情况，智能控制在反应堆运行控制中的运用现状将在第 2 章阐述。

1.3.1.1 智能控制的提出及其发展

20 世纪 60 年代，随着计算机技术及人工智能技术的发展，为提高控制系统的自学习能力，控制界学者开始尝试将人工智能相关技术应用于控制系统。1966 年，美国门德尔（Mendel）首先将人工智能（artificial intelligence, AI）用于飞船控制系统设计，提出了“人工智能控制”的概念；1967 年，美国利昂德斯（Lenodes）和门德尔首次正式使用了“智能控制”这一词汇；1965 年，美国傅京孙（Fu Kingsun）从学习控制的角度正式提出了创建“智能控制”这个新兴的学科[11]，从此一个新兴的交叉领域——智能控制得以创立和发展。

根据傅京孙的归纳，智能控制系统有如下三种类型[12]。

（1）人作为控制器的控制系统。系统具有自学习、自适应和自组织的能力。

（2）人机结合作为控制器的控制系统。机器完成需要连续和快速计算的控制任务，人完成任务分配、决策及监控等。

（3）无人参与的自主控制系统。系统为多层的智能控制系统，需要完成问题求解和规划、环境建模、传感器信息分析和低层的反馈控制任务，即无须人的干预就能自主驱动智能机器实现其目标的自动控制系统。

智能控制从 20 世纪 60 年代启蒙，在 20 世纪 70 年代得到了初步应用。1974 年，英国曼德尼（Mamdani）将模糊集合及模糊语言用于蒸汽机的控制，开发了世界上第一台采用模糊控制的蒸汽机。20 世纪 80 年代后，随着计算机技术的进一步发展以及专家系统技术的逐渐成熟，智能控制的研究及应用领域逐步扩大。20 世纪 80 年代中期相关研究者提出了具有良好非线性逼近特性、自学习特性和容错特性的神经网络控制方法，极大地促进了智能控制的研究。1985 年，国际电气与电子工程师协会（Institute of Electrical and Electronics Engineers, IEEE）在美国召开了第一届智能控制学术研讨会，对智能控制原理及其系统结构进行了讨论，这标志着智能控制作为一门新兴学科得到了广泛认同。从 20 世纪 90 年代至今，智能控制技术的研发更加迅猛，各国政府和企业投入的专项研究经费不断增加。1994 年，IEEE 在美国召开了世界计算智能大会，将模糊系统、神经网络、进化算法这三个作为智能控制重要基础的新学科内容综合在一起，引发了国际学术界的广泛关注。近些年来，随着智能控制方法和技术的发展，智能控制的研究和应用涉及了众多领域，应用于各类复杂被控对象的控制问题，包括工业过程控制系统、现代生产制造系统、日用家电产品、机器人系统等。

1.3.1.2　智能控制的特点及研究对象

智能控制以控制理论、计算机科学、人工智能、运筹学等学科理论为基础，其研究对象和控制性能与传统控制方法有较大的不同。智能控制的基本特点如下。

（1）智能控制不依赖于被控对象的数学模型，适合非线性、时变及复杂不定的被控对象。

（2）智能控制可从系统功能和整体优化角度进行系统的全局控制，具有变结构特点，能够实现总体自寻优。

（3）智能控制具有自组织、自适应和自协调能力，当多控制目标发生冲突时，可在任务范围内自行决策，主动行动。

（4）智能控制具有自学习功能，可在已有人的知识、被控对象和环境知识的基础上通过学习积累新的知识，进一步改善控制系统性能。

智能控制作为控制理论发展的高级阶段，主要解决用传统控制方法难以解决或者解决效果不佳的复杂系统控制问题，其研究对象的特点如下。

（1）研究对象模型具有不确定性。对象模型不确定性包括以下两方面：模型完全未知或者知之甚少，模型的结构和参数可能在很大范围内变化。

（2）研究对象高度非线性。虽然针对高度非线性的控制对象也有一些非线性控制方法，但是方法往往过于复杂。采用智能控制方法可以很好地解决高度非线性系统的控制问题。

（3）研究对象的任务要求较为复杂。传统控制系统的控制任务要求比较单一，但智能控制系统的任务要求往往比较复杂。如在复杂工业控制系统中，除实现选定量的定值调节外，还要求控制系统实现整个系统的自动启停、故障诊断和其他复杂工况，特别是紧急情况下的自动处理。

1.3.1.3 智能控制的主要分支

模糊系统、神经网络、智能算法是智能控制的重要基础，同时智能控制作为一门交叉学科，随着新理论和技术的发展也在快速发展之中，按其发展历史和当前研究方向而言，主要有以下几种研究分支。

1）模糊控制

1965年，美国扎德（Zadeh）教授提出模糊集理论，模糊控制就此开始。模糊控制系统包括模糊规则、模糊化、模糊推理和去模糊化四部分，即先将输入信息模糊化，再把模糊化后的输入信息按模糊规则进行模糊推理得到模糊输出，最后将模糊输出去模糊化后得到控制输出。由于在输入信息模糊化过程中对信息的简单处理可能导致系统控制精度的降低或者动态品质变差，这就需要增加模糊量化等级，但又会导致模糊规则库过于庞大，模糊推理过程复杂，因此目前实际应用中经常将模糊控制与其他控制方法结合，如模糊专家系统、模糊PID控制器等。

2）神经网络控制

神经网络控制是对人脑神经中枢系统智能活动进行简单结构模拟的一种控制方法。神经网络具有自学习、非线性映射、并行计算和强鲁棒性等特点，广泛用于控制领域中。神经网络在控制系统中主要有三个应用场合：一是在控制结构中作为被控对象模型，二是直接作为非线性控制器，三是在控制系统中作为优化计算方法。

3）智能计算

目前用于智能控制的智能计算方法主要包括群体智能（swarm intelligence，SI）和进化计算（evolutionary computation，EC）。

群体智能是研究自然和人工系统的学科，是由简单个体组成的群体所产生的集体智慧[13]。目前较为成功的群体智能算法包括粒子群优化、蚁群优化、萤火虫算法、人工蜂群算法等。其中较为常用的是粒子群优化和蚁群优化算法。

进化计算的灵感来源于生物进化，主要用于求解优化问题。进化计算主要包括遗传算法、遗传规划、进化规划和进化策略等，其中遗传算法比较成熟，已得到广泛应用。

4）复合智能控制

在面对一些大型系统的复杂控制问题时，一种单一的智能控制算法可能无法完成复杂控制任务或者控制效果有进一步提高的空间，因此近年来在智能控制领域往往将几种智能控制算法结合使用，这也成为智能控制的发展趋势。这种把几种不同智能控制方法结合起来形成的控制可称为复合智能控制，如模糊神经网络控制、遗传神经控制、进化模糊控制以及进化学习控制等。

1.3.2　小型压水堆智能控制的必要性

本书在 1.1 节和 1.2 节中对小型压水堆有关技术特征及由此带来的对仪控系统的设计要求、仪控系统设计应遵循的一般准则及在小型压水堆上需考虑的设计要素进行了阐述，从中可以看出小型压水堆仪控系统的设计面临与大型核电厂的很多不同和需要关注的要素，以下将再集中对小型压水堆仪控系统设计中面临的诸多问题和挑战进行分析。这些问题和挑战表明，有必要将智能控制技术应用于小型压水堆，提高其自动化和智能化水平，从而保证小型压水堆的安全性、经济性，提高其竞争能力。

1.3.2.1　小型压水堆设计特性带来的挑战

尽管很多小型压水堆的设计参考了已有的大型压水堆核电厂一部分类似的技术和研发经验，但是从提高小型堆经济性、运行灵活性和多用途使用等方面考虑，仍然采用了许多新的设计理念，与大型核电厂有着明显的区别。实际上，在反应堆设计上细微的设计变化就有可能导致其运行特性上发生显著的变化，已有压水堆核电厂的运行经验就有可能无法适用。此外，由于很多小型压水堆的运行缺乏原型堆的经验反馈，需要对其运行特性开展深入的研究。

在仪控系统设计中，对于反应堆运行特性的了解是至关重要的，将直接影响其总体技术方案的确定。同时，反应堆仪控系统的设计是一个反复迭代的过程，需要根据核电厂运行反馈不断地对系统进行改进优化，以更好地满足安全性和经济性要求。另外，出于降低运行成本和减少操纵员压力的目的，应着力提高小型压水堆仪控系统的自动化控制水平，新控制技术的采用也需要利用反应堆运行特性来加以验证。一方面是小型压水堆实际运行经验的缺乏，另一方面是仪控系统设计上需要反应堆的运行特性作为支撑，在这种情况下，仿真分析验证就成为重要的设计手段。但是，仿真分析的准确性依赖于对象特性建模的准确性，因此，小型压水堆设计特性给仪控系统带来的挑战在一定程度上可归结为如何有效模拟反应堆运行特性的问题。

1.3.2.2 小型压水堆参数测量带来的挑战

现有的用于核工业领域的基于传统测量技术的传感器和变送器技术已经有上百年的历史,这些传感器实现了对大型压水反应堆温度、流量、水位等参数的测量。目前的一些测量技术,如光纤传感器、超声波流量计、无线传感器等已经在工业领域得到了广泛应用,其中部分技术已有限地应用于核工业领域。在小型压水堆研发过程中,参数测量面临的最大挑战是如何在维护可达性极其有限的情况下,在狭小、不易接近的空间条件下实施测量过程。在目前已有的小型压水堆设计中,一体化布置的压水堆占了大多数,内置式蒸汽发生器、内置式控制棒驱动机构、内置式稳压器的应用使得在常规大型压水堆测量中采用的一些测量方法往往无法实施,而传统控制策略的实现需要输入大量参数,因此也引出了一些新的问题。

以采用螺线管型直流蒸汽发生器的一体化小型堆为例,由于蒸汽发生器的水装量较小,蒸汽发生器中的水位和气液两相的变化难以测量。另外,由于设备结构的限制,基于压差法测量蒸汽发生器蒸汽流量和给水流量的传统方法难以实现。一方面是参数测量自身的困难,另一方面蒸汽发生器的结构特点使得核反应堆功率的小变化就有可能引起蒸汽发生器传热管中较快的动态响应,为避免蒸汽传热管干烧,要求给水流量控制系统必须快速响应此动态行为,而传统控制过程又依赖于对控制输入参数的准确测量。这两方面的问题交织在一起,使得小型压水堆的控制更加困难。

1.3.2.3 小型压水堆运行需求带来的挑战

小型压水堆在应用场合和用途上与大型压水堆有区别,为提高其竞争力,人们针对小型压水堆提出了可在偏远地区布置、采用多机组集中操纵和多用途配置等一些新的运行需求,这些运行需求给仪控系统带来的挑战如下。

1) 多机组集中操纵需要提高系统的自动化水平和智能化水平

不同于传统的多机组核电厂采用多个控制室,多机组小型压水堆的设计倾向于使用共用的辅助系统和同一个控制室,运行时面临的控制问题包括在不同独立动力单元间的负荷分配、单个动力单元内部的参数监控等。为提高经济性,小型压水堆的目标是通过提高系统自动化水平、减少人的干预从而减少对操纵员的需求。控制系统的高度自动化和智能化意味着控制系统能够按预先设定的运行策略和功能配置自动实施常规功率需求变化下的控制,并且能够不依赖人的动作实现自主探测、自主决策、系统结构自适应变化等。

2）多用途配置需要提高系统的自适应控制能力

小型压水堆具有热、电、水、蒸汽联产等功能，这就要求控制系统的设计与之相匹配。例如，在小型压水堆按多用途方式运行时，在电力需求不饱满情况下除进行发电外，高温热能可用于产氢，而后端的低温蒸汽可用于区域供热、淡化海水及供应要求不高的工业蒸汽等。显然，随着用户侧需求的变化，要求反应堆能及时响应，这就需要提高控制系统的自适应能力，使得控制系统能够预测反应堆下游需求的扰动、响应不同生产系统间的动态耦合变化，并使辅助工艺系统能够自动匹配需求的变化。

3）偏远地区布置需要系统具备自主控制能力

小型压水堆可能布置在远离城市的陆地偏远地区，也可能长期布置在深海环境或者太空环境中。在这种情况下，现场缺乏操纵人员，而远程控制有通信信息安全风险或者可能失去作用，因此需要实现小型压水堆的自主控制，包括自适应、自学习和自决策。通过小型压水堆的自主控制实现以下目标：小型压水堆长期稳定运行，在不可达、不可修、通信延迟或中断、极端环境下尽量不停堆，在控制系统有关设备性能退化及不确定下自适应调节。

1.3.2.4　小型压水堆设备维护需求带来的挑战

实施有效的运行维护是保证小型压水堆可用性和经济竞争能力的关键因素。对于小型压水堆来说，其运行维护的实施面临如下问题。

(1) 反应堆连续运行时间较长。大型压水堆在正常运行条件下其连续运行时间为 12 个月到 18 个月，而小型压水堆设计的连续运行时间为 24 个月甚至更长。

(2) 设备或部件不可达。如一体化压水堆有很多内置设备，使得设备可达性较差，并且设备长期处于高温、高压和高辐射环境中。

(3) 现场缺乏维修人员或者远离维修资源。如反应堆在偏远地区、深海或者太空环境下运行。

基于小型压水堆在设备维护方面的上述问题，仪控系统需要具备如下能力：① 在线诊断和故障预测能力；② 较好的容错控制能力；③ 先进的运行支持和健康管理能力。

1.3.2.5　快速负荷跟踪能力需求带来的挑战

小型压水堆在电网容量比较小的国家或地区使用时，由于这些国家或地区的电网往往是多源电网（电力由多种能源或者多种方式产生，并汇入一个总的电力网络），要求在负荷快速波动时提供电能的装置能够快速跟踪。另外，当小型压水堆应用在可移动场合(如浮动核电厂)时,将会面临"孤网"状态,更需要能够快速响应负荷需求。

此外,由于压水反应堆热惯性特点和反应堆设计时其他技术指标的约束,为保护反应堆,对负荷快速变化过程中造成的反应堆参数的变化程度需要做出限制。因此为了满足小型压水堆负荷跟踪能力,往往需要在控制方案中采用可选择性的多目标控制策略,从而根据负荷需求快速达到其设定点又同时满足安全要求。例如,在负荷跟踪模式下限制相关热参数的变化,采用多输入/多输出的控制策略,并同时以反应堆功率输出和温度范围限值为控制目标。传统的PID控制方法往往基于单输入/单输出系统设计控制策略,使得控制系统具有多个控制目标,并且各控制系统有耦合作用时无法实现良好的控制效果,需要采用先进的控制算法解决这一控制问题。

综上所述,小型压水堆在设计特性、参数测量、功能定位、运行需求等多方面与大型压水堆有区别,给仪控系统的设计带来了诸多挑战。采用高度自动化的智能控制系统可以有效地应对小型压水堆在控制鲁棒性、自适应性、设备降级退化、全范围的故障诊断和故障预测等方面的实际问题,提高小型压水堆的可用性、经济性和安全性。智能控制技术在小型压水堆上的应用势在必行,正如国际上小型堆领域有关专家所说[14]:小型堆高可用性依赖于避免不必要的停堆和减少换料维修时间,这需要具有足够容错性、鲁棒性的高可靠自动化控制系统来支持,这种需求特性将由基于知识的智能控制系统来满足;自动化、智能化的控制系统可以通过紧密和快速的控制动作跟踪负荷需求,提高核能生产的效率。

1.3.3 智能控制技术在小型压水堆控制领域的应用方向

核反应堆系统是一个具有高度非线性、强耦合的复杂系统,将智能控制技术用于小型压水堆可以解决控制系统设计、运行控制、运行支持、小型堆自主控制等方面的诸多问题,本书后续章节将围绕以下的主要应用方向对智能控制技术的使用进行论述:① 控制对象的智能建模;② 控制系统参数的智能优化;③ 智能控制系统的整体设计;④ 反应堆运行支持的智能化;⑤ 小型压水堆自主控制设计。

参考文献

[1] International Atomic Energy Agency. Introduction to small and medium reactors in

developing countries, IAEA - TECDOC - 999[R]. Vienna: IAEA, 1997.

[2] International Atomic Energy Agency. Innovative small and medium sized reactors: design features, safety approaches and R&D trends, IAEA - TECDOC - 1451[R]. Vienna: IAEA, 2005.

[3] Organization of Economic Cooperation and Development. Current status, technical feasibility and economics of small nuclear reactors[R]. Paris: OECD, 2011.

[4] International Atomic Energy Agency. Advanced in small modular reactor technology developments[R]. Vienna: IAEA, 2020.

[5] Electric Power Research Institute. Advanced nuclear technology: advanced water reactors utility requirements document small modular reactors inclusion summary [R]. Palo Alto: EPRI, 2014.

[6] 于俊崇.船用核动力[M].上海：上海交通大学出版社,2016：175 - 176.

[7] International Electrotechnical Commission. Nuclear power plants: Instrumentation and control important to safety-use and selection of wireless devices to be integrated into systems important to safety, IEC TR 62918[R]. Gevena: IEC, 2014.

[8] International Atomic Energy Agency. Computer security at nuclear facilities, IAEA Nuclear Security Series NO,17[R]. Vienna: IAEA, 2011.

[9] Iijima T, Nakajima Y, Nishiwaki Y. Application of fuzzy logic control system for reactor feed-water control[J]. Fuzzy Sets and Systems, 1995, 74: 61 - 72.

[10] Ruan D, van der Wal A J. Controlling the power output of a nuclear reactor with fuzzy logic[J]. Information Sciences, 1998, 110(3 - 4): 151 - 177.

[11] 罗兵,甘俊英,张建民.智能控制技术[M].北京：清华大学出版社,2011.

[12] 刘金琨.智能控制[M].4版.北京：电子工业出版社,2017.

[13] Bonabeau E, Dorigo M, Theraulaz G. Swarm intelligence: from natural to artificial system [M]. London: Oxford University Press, 1999.

[14] Clayton D A, Wood R T. The role of instrumentation and control technology in enabling deployment of small modular reactors[C]//7th American Nuclear Society International Topic Meeting, Las Vegas, 2010.

第2章 反应堆智能运行控制现状

为更好地论述智能控制应用于小型压水堆的研究过程，本章将对反应堆智能运行控制发展及现状进行概述，包括核反应堆控制技术沿革、反应堆状态监测、核反应堆故障诊断及核反应堆智能控制四个方面。

2.1 技术沿革

随着科学技术的发展和社会的不断进步，自动控制理论已经渗透到工业、农业、国防等各个领域，并且发挥着越来越重要的作用，尤其在一些精密度要求高或具有安全风险的领域，如核动力运行方面，自动控制更是起着不可替代的作用。同时，科学技术的不断进步，对自动控制提出了更高的要求，进一步促进了控制理论的完善和发展。

然而，控制理论的形成远远晚于控制技术的应用。古代，罗马人将按照反馈原理构建的简单水位控制装置应用于水管系统中；早在3 000年前，中国就发明了用于自动计时的“铜壶滴漏”装置；中国北宋初年成功研制了反馈调节装置——水运仪象台；在1788年，英国机械师詹姆斯·瓦特制造蒸汽离心调速器后，人们开始广泛采用自动调节装置解决生产、生活及军事方面的各种问题，而之后英国物理学家詹姆斯·克拉克·麦克斯韦提出的稳定性代数判据、英国数学家爱德华·约翰·劳斯提出的劳斯判据及德国数学家阿道夫·赫尔维茨提出的赫尔维茨判据更是极大地推动了控制理论的形成。直到20世纪中叶，科学家们将自动控制技术在工程实践中的一些规律加以总结提高，并以此来指导和推进工程实践，形成了所谓的自动控制理论，自动控制理论开始作为一门独立学科存在和发展。

控制理论自诞生伊始，经过一代一代人的努力，不断进行自我完善和发展。而今国内外学术界公认控制理论经历了三个发展阶段：经典控制理论、现代控制理论和智能控制理论。控制理论的三个阶段体现了从简到繁、由量变到质变的发展过程。需要注意的是，三个阶段并非相互排斥而是相互补充、共同发展的关系，并已共同应用于如今生产和生活的各个方面。

2.1.1 基于经典控制理论的反应堆运行控制

经典控制理论以传递函数为基础，以单输入、单输出系统为研究对象，其中又以线性定常系统的分析为主。经典控制理论的主要分析方法有时域法、频域法和根轨迹法，其基本研究内容为系统的稳定性，在给定系统输入和期望输出的情况下，可以解决大多数的控制问题。但经典控制理论也有其固有的局限性，其控制对象一般为单输入、单输出的线性定常系统，在多输入、多输出系统和非线性系统的分析中，经典控制理论往往无能为力。

2.1.1.1 经典控制理论的发展过程

自动控制装置的应用在几千年前就已开始，然而真正形成控制理论学科却是在20世纪20年代之后。而后，随着基于状态空间的现代控制理论的产生，20世纪60年代前发展的控制理论均被称为经典控制理论。经典控制理论的快速发展得益于1788年英国人瓦特将离心调速器应用于蒸汽机上，使速度控制难题得以解决。随后，这种离心调速器得到广泛应用，但其存在着蒸汽机的速度可能自发地产生剧烈振荡的问题，这促使科学家对控制理论进行深入的探索研究。

1868年，麦克斯韦建立并分析了调速系统线性常微分方程，对瓦特蒸汽机速度控制系统中出现剧烈振荡的不稳定性问题做出了解释，指出振荡现象的出现与由系统导出的一个代数方程根的分布形态有密切关系，并提出简单的稳定性代数判据，开创了用数学方法研究控制系统中运动现象的先河。之后，劳斯和赫尔维茨将麦克斯韦的思想扩展到需用高阶微分方程描述的更复杂的系统中，分别在1877年和1895年提出直接根据代数方程系数判别系统稳定性的稳定性判据——劳斯判据和赫尔维茨判据(现称为劳斯-赫尔维茨判据)，为经典控制理论中时域分析法的发展奠定了基础。

1932年，美国物理学家哈利·奈奎斯特运用复变函数理论的方法建立了根据频率响应判断反馈系统稳定性的判据——奈奎斯特稳定判据，该方法便于设计反馈控制系统，为需要高标准、高要求的军用控制系统提供了分析工具，为频率响应法的建立奠定了基础。随后，韦德·波德和迈克·尼科尔斯在

20世纪30年代末和40年代进一步丰富了频率响应法，形成了经典控制理论的频域分析法。

1948年，沃尔特·理查德·埃文斯提出了用作图的方法分析特征方程的根与系统某一参数的变化关系，即根轨迹法。当这一参数取特定值时，对应的特征根可在上述关系图中找到。该方法研究系统参数(如增益)对反馈控制系统的稳定性和运行动态的影响，且由于其具有直观的表现特点，可用于分析结构和参数已知的闭环系统的稳定性和瞬态响应特性，还可分析参数变化对系统性能的影响。

同年，美国数学家诺伯特·维纳将基于控制理论发展起来的自动化技术与第二次产业革命联系起来，并出版《控制论：关于动物和机器的控制与传播科学》一书，该书论述了控制理论的一般方法，推广了反馈的概念，为控制理论学科的发展奠定了基础。1954年，我国科学家钱学森发表了《工程控制论》，并引起了控制科学在20世纪50年代和60年代的研究高潮[1]。

2.1.1.2　经典控制理论的主要分析方法

经典控制理论的主要分析方法包括时域分析法、频域分析法、根轨迹法。

1) 时域分析法

时域分析法通过拉氏反变换求出系统输出量的表达式，进而提供系统时间响应的全部信息，表现形式直观并且结果比较准确。以下从几个方面介绍时域分析法。

(1) 典型试验信号。大多数情况下，控制系统的实际输入信号随时间随机变化，为对不同系统的性能进行比较和评价，必须设定一个基准输入信号，典型的试验信号如表2-1所示。

表2-1　典型试验信号

信号名称	信号关系式
阶跃信号	$r(t)=\begin{cases}0, & t<0\\ A, & t\geqslant 0,\ A\text{ 为常量}\end{cases}$
斜坡信号	$r(t)=\begin{cases}0, & t<0\\ vt, & t\geqslant 0,\ v\text{ 为常量}\end{cases}$
等加速度信号	$r(t)=\begin{cases}0, & t<0\\ \frac{1}{2}at^2, & t\geqslant 0,\ a\text{ 为常量}\end{cases}$

（续表）

信 号 名 称	信号关系式
脉冲信号	$r(t)=\begin{cases}0, & t<0,\ t>\varepsilon \\ \dfrac{1}{\varepsilon}, & 0\leqslant t<\varepsilon\end{cases}$，ε 为脉冲宽度
正弦信号	$r(t)=A\sin\omega t$，A 为振幅，ω 为角频率

（2）时域响应构成。控制系统的时间响应由暂态响应和稳态响应两部分组成，可表示为

$$y(t)=y_{\mathrm{t}}(t)+y_{\mathrm{ss}}(t) \tag{2-1}$$

式中，y_{t} 为暂态响应，又称自由分量；y_{ss} 为稳态响应，又称强迫分量。对于稳定的线性控制系统，有

$$\lim_{t\to\infty} y_{\mathrm{t}}(t)=0 \tag{2-2}$$

而稳态响应是暂态响应为 0 后仍然存在的时间响应。对于稳定的系统，稳态响应指控制系统在输入信号作用下，经过一段时间后的输出信号变化规律。

（3）一阶系统的时域分析。下面以单位阶跃输入信号下的一阶系统为例，对时域响应方法进行介绍。设某一阶系统的闭环传递函数为

$$W(s)=\frac{Y(s)}{R(s)}=\frac{1}{Ts+1} \tag{2-3}$$

式中，s 为拉普拉斯算子；T 为时间常数(s)；根据单位阶跃信号的拉氏变换，即 $R(s)=\dfrac{1}{s}$，有

$$Y(s)=R(s)W(s)=\frac{1}{s(Ts+1)}=\frac{1}{s}-\frac{T}{Ts+1} \tag{2-4}$$

对式(2-4)进行拉氏反变换有

$$y(t)=1-\mathrm{e}^{-\frac{1}{T}t} \tag{2-5}$$

比较式(2-4)与式(2-5)可知，输入信号的极点形成系统响应的稳态分量，传递函数的极点产生系统响应的暂态分量，系统的单位阶跃响应为单调上升的指数曲线，输出的终值为 1，因而阶跃输入下系统的稳态误差为 0[2]。

(4) 稳定性分析。稳定性是控制系统的重要性能，也是系统能够正常工作的前提条件。稳定性的定义如下：设一线性定常系统原处于某一平衡状态，若瞬间受到某一扰动而偏离原平衡状态，当扰动消失后，如果系统能重新回到原有的平衡状态则称系统是稳定的，否则为不稳定的。稳定性体现系统在扰动消失后自身的恢复能力，是系统的一种固有属性。根据劳斯-赫尔维茨稳定性判据，可以在不求解特征方程的情况下，只根据特征方程式系数做代数运算，从而判定系统是否稳定。

2) 频域分析法

运用频域法分析系统性能时，无须求解系统的微分方程，只要先做出系统频率特性的图形，再通过频域与时域间的对应关系分析系统的性能。频率特性不仅可反映系统的性能，还可反映系统的参数和结构与系统性能的关系。本节从频率特性表示方法及稳定性分析两方面进行介绍。

(1) 系统频率特性表示方法。系统频率特性常用以下三种图形来表示[2]。

对数坐标图或伯德图：由对数幅频特性和对数相频特性两张图组成，设 $G(s)$ 为系统的传递函数，对数幅频特性指 $G(\mathrm{j}\omega)$ 的对数值 $20\lg A(\omega)$ 和频率 ω 的关系曲线，频率采用对数分度，对数幅值采用线性分度。相频特性横坐标与对数幅频特性横坐标相同，采用对数刻度。纵坐标为相角 $\varphi(\omega)$，采用线性刻度。

极坐标图或幅相频率特性：设系统的频率特性为 $G(\mathrm{j}\omega)=A(\omega)\mathrm{e}^{\mathrm{j}\varphi(\omega)}$，用向量的方式表示某一频率 ω 下的 $G(\mathrm{j}\omega)$，向量相对极坐标轴的转角为 $\varphi(\omega)$，取逆时针为相角正方向。通常将极坐标重合到直角坐标中，极点取直角坐标原点，极坐标轴取直角坐标轴实轴。此向量在实轴上的投影为其实部，在虚轴上的投影为其虚部。当 ω 从 0 变到 ∞ 时，向量端点描绘的曲线即为极坐标图。

对数幅相图：以角频率 ω 为参数绘制，将对数幅频特性和相频特性组合为一张图，纵坐标为对数幅值，横坐标表示相应的相角。

(2) 稳定性分析。奈奎斯特稳定判据不仅能判断系统的绝对稳定性，还可以确定系统的稳定程度，并指出不稳定系统的改进方法。奈奎斯特稳定判据可根据系统开环频率特性判断系统闭环稳定性。设系统开环传递函数为 $G_0(s)=G(s)H(s)$，则闭环特征方程为

$$F(s)=1+G(s)H(s)=\frac{\prod_{i=1}^{n}(s+P_i)+K\prod_{j=1}^{m}(s+Z_j)}{\prod_{i=1}^{n}(s+P_i)}=0 \quad (2-6)$$

式中，K 为增益；由式(2-6)可知，$F(s)$的零点为闭环特征方程式的根或闭环极点；$F(s)$的极点为系统开环极点；奈氏判据的内容可描述如下：闭环系统稳定的条件是 C_F 逆时针包围原点的次数等于系统的开环右极点数。C_F 指当 s 沿顺时针运动一周时，s 映射到 F 平面上的轨迹。

3) 根轨迹法

根轨迹法指当系统某个参数由零连续变化到无穷大时，闭环特征方程的特征根在 s 平面上形成的若干条曲线。通过该方法，可在已知开环系统极点、零点分布的基础上，通过分析一个或某些系统参数的变化，绘制闭环极点变动的轨迹，进而研究闭环系统极点分布变化的规律。绘制根轨迹的规则见文献[2]，此处不再赘述。

2.1.1.3 经典控制理论在反应堆中的应用

以具有等效单组缓发中子的核反应堆系统为例，采用根轨迹法分析核反应堆运行的稳定性。对于具有温度反馈的核反应堆系统，其传递函数如图 2-1 所示[3]。图中，$\Delta\rho_{ex}(s)$ 表示输入反应性变化量，$\Delta\rho(s)$ 为输入反应性与反馈反应性的偏差值，$\Delta P(s)$ 为功率变化量，$K_R G_R(s)$ 为前馈通路传递函数，$H(s)$表示反馈回路传递函数。

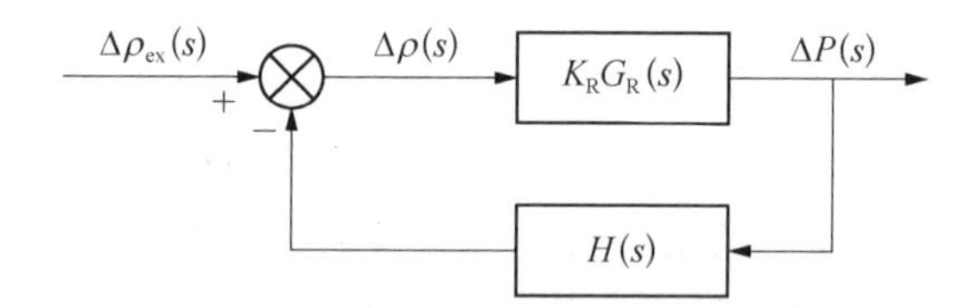

图 2-1 具有温度反馈的核反应堆系统传递函数图

设温度反馈回路的传递函数为

$$H(s)=\frac{aK_0}{s+\gamma} \tag{2-7}$$

式中，a 为反应性温度系数；K_0 为热容量倒数；γ 为传热时间常数的倒数。具有等效单组缓发中子的零功率核反应堆的传递函数为

$$K_R G_R(s)=\frac{n_0}{\Lambda}\frac{s+\lambda}{s(s+\beta/\Lambda)}，\Lambda \text{ 为中子代时间} \tag{2-8}$$

则核反应堆系统的开环传递函数可表示为

$$K_R G_R(s) H(s) = \frac{aK_0 n_0 (s+\lambda)}{\Lambda s(s+\gamma)(s+\beta/\Lambda)} \tag{2-9}$$

令系统增益 $K = aK_0 n_0/\Lambda$，有

$$K_R G_R(s) H(s) = \frac{K(s+\lambda)}{s(s+\gamma)(s+\beta/\Lambda)} \tag{2-10}$$

其特征方程为

$$s(s+\gamma)(s+\beta/\Lambda) + K(s+\lambda) = 0 \tag{2-11}$$

K 值的正负由反应性温度系数的正负决定，其他参数均为正值。以具有负温度反馈($K>0$)的核反应堆系统为例，运用根轨迹法分析其稳定性。在开环增益 K 由 0 变化到∞的过程中，根轨迹只在左半 s 平面，表明具有负温度反馈时核反应堆系统始终是稳定的。

2.1.2　基于现代控制理论的反应堆运行控制

20 世纪 50 年代末和 60 年代初，导弹制导、数控技术、核能技术尤其是空间技术的发展对自动控制提出了更高的要求。面对火箭和人造卫星运行到预定轨道所需的燃料和时间最优化问题，经典控制理论显得捉襟见肘，科学家们在深入探索更加有效的控制理论的过程中，产生了现代控制理论。

现代控制理论是建立在状态空间法基础上的一种控制理论。状态空间法本质上是一种时域分析方法，不仅能描述系统的外部特征，还能揭示系统的内部状态性能。运用现代控制理论进行系统分析的目标是在解释系统内在规律的基础上，实现其最优控制，同时使控制系统结构不再局限于单纯的闭环形式。现代控制理论能处理的控制问题比经典控制理论广泛许多，涉及线性系统和非线性系统、定常系统和时变系统、单变量系统和多变量系统。现代控制理论主要包括线性系统理论、最优控制理论、系统辨识、自适应控制、鲁棒控制和预测控制六个分支。

2.1.2.1　现代控制理论的发展过程

亚历山大·米哈伊洛维奇·李雅普诺夫在其 1892 年完成的博士学位论文中首次提出求解非线性常微分方程的李雅普诺夫函数法，奠定了常微分方程稳定性理论的基础。美国学者贝尔曼在 1953—1957 年创立“动态规划”，并在 1956 年运用该理论解决了空间技术中出现的复杂控制问题。1958 年，苏联科学家列夫·庞特里亚金提出极大值原理的综合控制系统的新方法。1960—

1961年,美国学者鲁道夫·卡尔曼建立卡尔曼滤波理论,将控制问题中随机噪声的影响考虑在内,扩大了控制理论的研究范围。几乎同时,贝尔曼、卡尔曼等人将状态空间法系统地引入控制理论中。状态空间法对揭示和认识控制系统的许多重要特征具有关键作用,其中,能控性和能观测性成为控制理论的两个最基本的概念。到20世纪60年代初,一套以状态空间法、极大值原理、动态规划、卡尔曼滤波为基础的分析和设计控制系统的新原理和方法确立,标志着现代控制理论的形成。

2.1.2.2 现代控制理论的主要分析方法

下面从状态空间分析方法、能控性与能观测性以及李雅普诺夫第二法等方面对现代控制理论进行介绍。

1) 状态空间分析法

状态空间模型不仅能描述系统的外部特性,也能给出系统的内部信息,描述了输入变量对内部状态变量的影响以及输入变量和内部状态变量对输出变量的影响。下面介绍状态空间模型的基本概念[3]。

(1) 状态变量。状态变量是指能够完整地、确定地描述系统时域行为的最小变量组。所谓完整、确定的具体含义:在任意给定时刻 $t=t_0$,一组变量的值已知,在 $t \geqslant t_0$ 时输入时间函数给定值,那么系统在之后任何瞬时的行为完全确定,这样的一组变量称为状态变量。

(2) 状态向量。以状态变量为元素组成的向量称为状态向量,如 $x_1(t)$, $x_2(t)$, $x_3(t)$, …, $x_n(t)$ 为一个系统的 n 个彼此独立的状态变量,则它们组成的向量即为状态向量,可表示为

$$\boldsymbol{x}(t)=\begin{bmatrix} x_1(t) \\ x_2(t) \\ \vdots \\ x_n(t) \end{bmatrix},\text{或}\ \boldsymbol{x}^{\mathrm{T}}(t)=[x_1(t),\ x_2(t),\ \cdots,\ x_n(t)] \tag{2-12}$$

(3) 状态空间。以一组状态变量 x_1, x_2, …, x_n 为坐标轴组成的 n 维正交空间称为状态空间。状态空间的每一点都代表状态变量唯一确定的一组值。

(4) 状态方程。将系统的状态变量与输入变量间的关系用一组一阶微分方程描述,称为系统的状态方程,即

$$\frac{\mathrm{d}x_1(t)}{\mathrm{d}t}=\dot{x}_1(t)=f_1[x_1(t),x_2(t),\cdots,x_n(t);u_1(t),u_2(t),\cdots,u_r(t);t]$$
$$\frac{\mathrm{d}x_2(t)}{\mathrm{d}t}=\dot{x}_2(t)=f_2[x_1(t),x_2(t),\cdots,x_n(t);u_1(t),u_2(t),\cdots,u_r(t);t]$$
$$\vdots$$
$$\frac{\mathrm{d}x_m(t)}{\mathrm{d}t}=\dot{x}_m(t)=f_3[x_1(t),x_2(t),\cdots,x_n(t);u_1(t),u_2(t),\cdots,u_r(t);t]$$
$$(2-13)$$

向量矩阵表示为 $\dot{\boldsymbol{x}}(t)=f[\boldsymbol{x}(t),\boldsymbol{u}(t),t]$,其中 $\boldsymbol{x}(t)$ 为 n 维状态向量,$\boldsymbol{u}(t)$ 为 r 维输入变量。

状态方程还可表示为

$$\dot{\boldsymbol{x}}=\boldsymbol{A}(t)\boldsymbol{x}+\boldsymbol{B}(t)\boldsymbol{u} \tag{2-14}$$

式中,

$\boldsymbol{x}=\begin{bmatrix}x_1\\x_2\\\vdots\\x_n\end{bmatrix}$,为 n 维状态变量,n 为系统的阶数;

$\boldsymbol{u}=\begin{bmatrix}u_1\\u_2\\\vdots\\u_r\end{bmatrix}$,为 r 维输入变量,r 为系统输入变量的个数;

$\boldsymbol{A}(t)=\begin{bmatrix}a_{11}(t) & a_{12}(t) & \cdots & a_{1n}(t)\\a_{21}(t) & a_{22}(t) & \cdots & a_{2n}(t)\\\vdots & \vdots & \ddots & \vdots\\a_{n1}(t) & a_{n2}(t) & \cdots & a_{nn}(t)\end{bmatrix}$,为 $n\times n$ 维矩阵,表明系统状态变量之间的关系;

$\boldsymbol{B}(t)=\begin{bmatrix}b_{11}(t) & b_{12}(t) & \cdots & b_{1r}(t)\\b_{21}(t) & b_{22}(t) & \cdots & b_{2r}(t)\\\vdots & \vdots & \ddots & \vdots\\b_{n1}(t) & b_{n2}(t) & \cdots & b_{nr}(t)\end{bmatrix}$,为 $n\times r$ 维矩阵,称为输入矩阵,表明输入变量对状态变量的影响。

（5）输出方程。描述系统状态变量与输入变量对输出变量的影响关系，可表示为

$$\boldsymbol{y}=\boldsymbol{C}(t)\boldsymbol{x}+\boldsymbol{D}(t)\boldsymbol{u} \tag{2-15}$$

式中，

$\boldsymbol{y}=\begin{bmatrix} y_1 \\ y_2 \\ \vdots \\ y_m \end{bmatrix}$，为 m 维输出变量，m 为系统输出变量的个数；

$\boldsymbol{C}(t)=\begin{bmatrix} c_{11}(t) & c_{12}(t) & \cdots & c_{1n}(t) \\ c_{21}(t) & c_{22}(t) & \cdots & c_{2n}(t) \\ \vdots & \vdots & \ddots & \vdots \\ c_{m1}(t) & c_{m2}(t) & \cdots & c_{mn}(t) \end{bmatrix}$，为 $m\times n$ 维矩阵，称为输出矩阵，表明系统状态变量对输出变量的影响；

$\boldsymbol{D}(t)=\begin{bmatrix} d_{11}(t) & d_{12}(t) & \cdots & d_{1r}(t) \\ d_{21}(t) & d_{22}(t) & \cdots & d_{2r}(t) \\ \vdots & \vdots & \ddots & \vdots \\ d_{m1}(t) & d_{m2}(t) & \cdots & d_{mr}(t) \end{bmatrix}$，为 $m\times r$ 维矩阵，称为前馈矩阵，表明系统输入变量对输出变量的影响。

2）能控性与能观测性

能控性和能观测性是系统结构的两个基本属性，深刻揭示了系统的内部结构关系。能控性描述系统输入对状态的控制能力，能观测性描述系统输出对状态的反应能力。

（1）能控性。设线性定常系统为 $\dot{\boldsymbol{x}}=\boldsymbol{A}\boldsymbol{x}+\boldsymbol{B}\boldsymbol{u}$，若存在一个输入 $\boldsymbol{u}(t)$，使系统从任意初始状态 $\boldsymbol{x}(t_0)$ 在有限时间内可以转移到任意状态 $\boldsymbol{x}(t_f)$，则称此状态是能控的。若系统的所有状态都为能控的，则称此系统的状态是完全能控的。这里，存在两条能控性判据：① 能控性判据一，能控性矩阵秩判据，定义线性定常系统的能控性矩阵 $\boldsymbol{Q}_c=[\boldsymbol{B},\ \boldsymbol{A}\boldsymbol{B},\ \boldsymbol{A}^2\boldsymbol{B},\ \cdots,\ \boldsymbol{A}^{n-1}\boldsymbol{B}]$，系统状态完全能控的充要条件为 $\mathrm{rank}[\boldsymbol{Q}_c]=n$，式中 $\boldsymbol{Q}_c$ 为 $n\times nr$ 维矩阵。② 能控性判据二，格拉姆能控性判据，线性定常系统完全可控的充要条件为式(2-16)所示的能控性格拉姆矩阵非奇异。

$$G_c(t_0,\ t_1)=\int_{t_0}^{t_1}\mathrm{e}^{-\boldsymbol{A}t}\boldsymbol{B}\boldsymbol{B}^{\mathrm{T}}\mathrm{e}^{-\boldsymbol{A}^{\mathrm{T}}t}\mathrm{d}t,\ t_1>t_0 \tag{2-16}$$

（2）能观测性。设线性定常系统的状态空间表达式为

$$\begin{cases}\dot{\boldsymbol{x}}=\boldsymbol{A}\boldsymbol{x}+\boldsymbol{B}\boldsymbol{u}\\ \boldsymbol{y}=\boldsymbol{C}\boldsymbol{x}\end{cases} \tag{2-17}$$

如果对任意给定输入，都存在一有限时间 $t_f > t_0$，能根据$[t_0, t_f]$期间的输出唯一确定系统在初始时刻的状态 $\boldsymbol{x}(t_0)$，则称状态为能观测的。若系统的每个状态向量都为能观测的，则称此系统的状态完全能观测。同样，这里有两条判据：① 能观测性判据一，系统状态能够完全观测的充要条件为能观测性矩阵 $\boldsymbol{Q}_0=[\boldsymbol{C}, \boldsymbol{CA}, \boldsymbol{CA}^2, \cdots, \boldsymbol{CA}^{n-1}]^{\mathrm{T}}$ 满秩，式中，$\boldsymbol{Q}_0$ 为 $nm\times n$ 维矩阵。② 能观测性判据二，先将系统状态空间表达式变换为对角线标准型或约当标准型，即

$$\begin{cases}\dot{\bar{\boldsymbol{x}}}=\bar{\boldsymbol{A}}\bar{\boldsymbol{x}}+\bar{\boldsymbol{B}}\boldsymbol{u}\\ \boldsymbol{y}=\bar{\boldsymbol{C}}\bar{\boldsymbol{x}}\end{cases} \tag{2-18}$$

状态完全能观测的充要条件为 $\bar{\boldsymbol{C}}$ 矩阵不包含元素全为零的列。

3）李雅普诺夫第二法

李雅普诺夫第二法可以在不求解状态方程解的情况下确定系统的稳定性，当所需求解的系统状态方程比较复杂时，该方法具有极大的优越性。

由经典力学可知，对于一个稳定的振动系统，系统总能量总是连续减小直至达到平衡状态为止。或者说如果一个系统有一个渐近稳定的平衡状态，则随系统的运动，其储存的能量随时间增长而衰减，直至趋于平衡状态而能量趋于最小值。而这也是李雅普诺夫第二法的主要内容。纯数学系统往往没有所谓的“能量函数”，李雅普诺夫提出一个虚构的能量函数，即李雅普诺夫函数来解决这个问题。李雅普诺夫函数与 $x_1, x_2, \cdots, x_n$ 和时间 t 有关，表示为 $V(x_1, x_2, \cdots, x_n, t)$。对于一个稳定系统，存在 $V(x_1, x_2, \cdots, x_n, t)$。对任意非平衡状态，$V(x)>0$，$\dot{V}(x)=\mathrm{d}V(x)/\mathrm{d}t<0$；仅在平衡状态 $x=x_0$ 时，才有 $V(x)=\dot{V}(x)=0$。李雅普诺夫函数在很多情况下可取为二次型[3]。

n 个变量 $x_1, x_2, \cdots, x_n$ 的二次多项式可表示为

$$\begin{aligned}V(x_1, x_2, \cdots, x_n, t)=&p_{11}x_1^2+p_{12}x_1x_2+\cdots+p_{1n}x_1x_n\\&+p_{21}x_1x_2+p_{22}x_2^2+\cdots+p_{nn}x_n^2\end{aligned} \tag{2-19}$$

式中，$p_{ij}(i, j=1, 2, \cdots, n)$ 为二次型系数，$p_{ij}=p_{ji}$，p_{ij} 和 p_{ji} 为相互对称的实数。将其表示为矩阵形式，有

$$V(x)=\boldsymbol{x}^{\mathrm{T}}\boldsymbol{P}\boldsymbol{x}=[x_1 \quad x_2 \quad \cdots \quad x_n]\begin{bmatrix} p_{11} & p_{12} & \cdots & p_{1n} \\ p_{21} & p_{22} & \cdots & p_{2n} \\ \vdots & \vdots & & \vdots \\ p_{n1} & p_{n2} & \cdots & p_{nn} \end{bmatrix}\begin{bmatrix} x_1 \\ x_2 \\ \vdots \\ x_n \end{bmatrix} \tag{2-20}$$

式中，$\boldsymbol{x}$ 为实向量，$\boldsymbol{P}$ 为实对称矩阵。

其中，二次型 $V(x)=\boldsymbol{x}^{\mathrm{T}}\boldsymbol{P}\boldsymbol{x}$ 为正定的充要条件是矩阵 $\boldsymbol{P}$ 的所有主子行列式为正值，即塞尔维斯特准则；而其为负定的充要条件是矩阵 $\boldsymbol{P}$ 的所有主子行列式满足奇数主子行列式小于 0，偶数主子行列式大于 0。

对任意非零状态 $x \neq 0$，恒有 $V(x)>0$，且只有在 $x=0$ 时有 $V(x)=0$，则李雅普诺夫函数为正定函数。若 $V(x)$ 为正定函数，对任意非零状态 $x \neq 0$，恒有 $V(x)<0$，则李雅普诺夫函数为负定函数。

2.1.2.3　现代控制理论在反应堆中的应用

以核反应堆系统的李雅普诺夫稳定性分析为例，对现代控制理论在反应堆稳定性分析中的应用做简要介绍。

设线性定常系统状态方程为 $\dot{\boldsymbol{x}}=\boldsymbol{A}\boldsymbol{x}$，其在平衡点 $x=0$ 处渐近稳定的充要条件为，若给定一个正定赫米特矩阵 $\boldsymbol{Q}$（通常取 $\boldsymbol{Q}=\boldsymbol{I}$ 简化，其中 $\boldsymbol{I}$ 为单位矩阵），能找到一个正定赫米特矩阵 $\boldsymbol{P}$，满足如下李雅普诺夫方程：

$$\boldsymbol{A}^{\mathrm{T}}\boldsymbol{P}+\boldsymbol{P}\boldsymbol{A}=-\boldsymbol{Q} \tag{2-21}$$

考虑具有温度反馈的等效单组缓发中子核反应堆系统，系统增量方程可表示为[4]

$$\begin{cases} \delta\dot{N}=\dfrac{N_0}{\Lambda}\delta\rho-\dfrac{\beta}{\Lambda}\delta N+\dfrac{\beta}{\Lambda}\delta C \\ \delta\dot{C}=\lambda\delta N-\lambda\delta C \\ \delta\dot{T}_{\mathrm{f}}=\dfrac{fP_0}{\mu_{\mathrm{f}}}\delta N-\dfrac{\Omega}{\mu_{\mathrm{f}}}\left(\delta T_{\mathrm{f}}-\dfrac{\delta T_{\mathrm{ci}}+\delta T_{\mathrm{co}}}{2}\right) \\ \delta\dot{T}_{\mathrm{c}}=\dfrac{1}{\mu_{\mathrm{c}}}\left[(1-f)P_0\delta N+\Omega\left(\delta T_{\mathrm{f}}-\dfrac{\delta T_{\mathrm{ci}}+\delta T_{\mathrm{co}}}{2}\right)\right]+\dfrac{M_{\mathrm{c}}}{\mu_{\mathrm{c}}}(\delta T_{\mathrm{ci}}-\delta T_{\mathrm{co}}) \\ \delta\rho=\delta\rho_{\mathrm{r}}+\alpha_{\mathrm{f}}\delta T_{\mathrm{f}}+\dfrac{\alpha_{\mathrm{c}}\delta T_{\mathrm{ci}}}{2}+\dfrac{\alpha_{\mathrm{c}}\delta T_{\mathrm{co}}}{2} \end{cases} \tag{2-22}$$

式中，δ 表示微小扰动量；N 为相对中子密度；N_0 为 N 的初始稳态值；C 为缓发中子先驱核的相对密度；β 为缓发中子份额；λ 为缓发中子先驱核衰变常数(s^{-1})；Λ 为中子代时间(s)；T_f 为燃料平均温度(℃)；T_{ci} 为堆芯入口冷却剂温度(℃)；T_{co} 为堆芯出口冷却剂温度(℃)；P_0 为反应堆满功率值(W)；μ_f 为堆芯燃料的总热容量($J \cdot ℃^{-1}$)，$\mu_f = m_f C_{p,f}$，m_f 为堆芯燃料质量(kg)，$C_{p,f}$ 为堆芯燃料的定压比热容($J \cdot kg^{-1} \cdot ℃^{-1}$)；$\mu_c$ 为堆芯冷却剂的总热容量($J \cdot ℃^{-1}$)，$\mu_c = m_c C_{p,c}$，m_c 为堆芯冷却剂质量(kg)，$C_{p,c}$ 为堆芯冷却剂的定压比热容($J \cdot kg^{-1} \cdot ℃^{-1}$)；$f$ 为燃料中产生的热量占总功率的份额；Ω 为燃料和冷却剂间的换热系数($W \cdot ℃^{-1}$)；$M_c = W_c C_{p,c}$，W_c 为堆芯冷却剂流量($kg \cdot s^{-1}$)；ρ 为总反应性；ρ_r 为控制棒引入的反应性；α_f 为燃料反应性温度系数($℃^{-1}$)；α_c 为冷却剂反应性温度系数($℃^{-1}$)。

将式(2-22)整理成矩阵形式，并考虑到研究系统稳定性时输入作用为零(即 $\delta\rho_r = 0$，$\delta T_{ci} = 0$)，得到如下矩阵：

$$\begin{bmatrix} \delta\dot{N} \\ \delta\dot{C} \\ \delta\dot{T}_f \\ \delta\dot{T}_{co} \end{bmatrix} = \begin{bmatrix} -\frac{\beta}{\Lambda} & \frac{\beta}{\Lambda} & \frac{N_0\alpha_f}{\Lambda} & \frac{N_0\alpha_c}{2\Lambda} \\ \lambda & -\lambda & 0 & 0 \\ \frac{fP_0}{\mu_f} & 0 & -\frac{\Omega}{\mu_f} & \frac{\Omega}{2\mu_f} \\ \frac{(1-f)P_0}{\mu_c} & 0 & \frac{\Omega}{\mu_c} & -\frac{2M_c+\Omega}{\mu_c} \end{bmatrix} \begin{bmatrix} \delta N \\ \delta C \\ \delta T_f \\ \delta T_{co} \end{bmatrix} \tag{2-23}$$

将系统运行参数代入式(2-23)，再根据式(2-21)，找出实对称矩阵 $\boldsymbol{P}$，即可以判断具有温度反馈的核反应堆系统在某工况点是否稳定。

2.1.3 基于智能控制理论的反应堆运行控制

在实际应用中，许多复杂多变的系统难以建立有效的数学模型，经典和现代控制方法不再适用。人们在生产实践中发现，许多复杂控制问题可以通过人的经验与控制理论相结合的方式去解决，由此产生了智能控制。智能控制采取全新的思路，它利用人的思维方式建立逻辑模型，通过类似人脑的控制方法来进行控制。智能控制是具有智能信息处理、智能信息反馈和智能控制决策的控制方式，是控制理论发展的高级阶段，主要用于解决那些传统控制方法难以解决的复杂控制问题。智能控制研究对象的主要特点是具有不确定性的数学模型、高度的非线性和复杂的任务要求[5]。

2.1.3.1 智能控制理论的发展过程[6]

智能控制的思想出现于20世纪60年代，当时学习控制的研究十分活跃，并获得了较好的应用。1965年，美国普渡大学的美籍华人傅京孙教授最早提出了智能控制的概念，他在论文中首先提出把人工智能的启发式推理规则用于学习系统，为控制技术迈向智能化打开了新局面。接着，美国学者门德尔于1966年提出了“人工智能控制”的新概念。1967年，美国学者利昂德斯等人首次正式使用“智能控制”一词，并把记忆、目标分解等技术应用于学习控制系统。1971年，傅京孙教授论述了人工智能(artificial intelligence, AI)与自动控制的交叉关系，即二元论。自此，自动控制与AI开始碰撞出火花，一个新兴的交叉领域——智能控制得到建立和发展。

早期的智能控制系统采用比较初级的智能方法，如模式识别和学习方法等，而且发展速度十分缓慢。1965年，扎德(Zadeh)发表了著名论文*Fuzzy Sets*[7]，开辟了以模糊逻辑为基础的数学新领域——模糊数学。1974年，英国学者曼德尼成功地将模糊逻辑与模糊关系应用于蒸汽机控制，提出了能处理模糊不确定性、模拟人的操作经验规则的模糊控制方法。此后，在模糊控制的理论和应用两个方面，控制专家们进行了大量研究，并取得了一些创新性的研究成果，模糊控制被视为最具发展前景的智能控制方法之一。

1977年，萨利迪斯(Saridis)在二元论的基础上引入运筹学，提出了三元论的智能控制概念。20世纪80年代，智能控制的研究进入了迅速发展时期。1984年，阿斯特罗姆(Astrom)直接将人工智能的专家系统技术引入控制系统，明确地提出了专家控制的新概念。同年，约翰·约瑟夫·霍普菲尔德提出的Hopfield网络及大卫·鲁梅尔哈特提出的反向传播(back propagation, BP)算法为人工神经网络的研究注入了新的活力，并迅速得到了广泛的应用，控制领域的研究者们提出并迅速发展了充分利用人工神经网络良好的非线性逼近特性、自学习特性和容错特性的神经网络控制方法。随着研究的展开和深入，形成智能控制新学科的条件逐渐成熟。

近年来，神经网络、模糊数学、专家系统、进化论等各门学科的发展给智能控制注入了巨大活力，由此产生了各种智能控制方法。随着智能控制方法和技术的发展，智能控制迅速走向各种专业领域，被应用于各类复杂被控对象的控制问题，如工业过程控制系统、机器人系统、现代生产制造系统、交通控制系统等。

2.1.3.2　智能控制理论主要分析方法

1）专家系统方法

专家控制是基于专家系统的智能控制方法。专家系统是将行业内控制领域的专家经验和知识体系实现数据化发展，将其导入控制系统的知识库中，继而由推理机制、解析机制和知识获取系统共同作用于专家系统，完成智能控制。专家控制系统能灵活地选取控制律，通过调整控制器参数来适应环境和对象特性，同时专家系统鲁棒性强，可在非线性、大偏差的情况下可靠地工作。目前，专家控制系统已在机器人控制等方面得到了成功应用，但依然存在以下"瓶颈"：一是如何获取有用的专家知识，并形成可行的方式输入专家控制系统；二是世界发展速度加快，如何使专家控制系统自动更新和扩充有用的知识，保证其保持快速、最优、准确的实时控制。

2）神经网络方法

神经网络的发展已有几十年的历史。1943 年，麦卡洛克（McCulloch）和皮茨（Pitts）提出了神经元数学模型[8]。1950—1980 年为神经网络的形成期，有少量成果，如 1975 年阿不思（Albus）提出的基于神经生理学的小脑神经网络、1976 年格罗斯伯格（Grossberg）提出的用于无监督条件下模式分类的自组织网络。1980 年以后为神经网络的发展期，1982 年霍普菲尔德提出了 Hopfield 网络，解决了回归网络的学习问题；1986 年，鲁梅尔哈特等人提出了 BP 网络，该网络是一种基于误差逆向传播算法的多层前馈神经网络，为神经网络的应用开辟了广阔的发展前景。

将神经网络引入控制领域就形成了神经网络控制。神经网络控制是智能控制的一个重要分支，它是为了解决一些非线性、不确定、复杂的系统控制问题所产生的一种新的控制技术，主要依托于人工神经网络理论和控制理论。通过模拟人脑神经元的活动，神经网络控制系统可将数学、生物学、计算机科学、自动控制等学科理论通过神经元实现融合，从而确定信息的特征含义，并且通过不断地修正神经元间的连接权值完成智能控制。

3）模糊控制方法

1965 年，美国加州大学自动控制系的扎德提出了模糊集合理论，奠定了模糊控制的理论基础[7]。1974 年，伦敦大学的曼德尼博士利用模糊逻辑，开发了世界上第一台基于模糊控制的蒸汽机，首次实现了模糊控制的工程应用[9]。1983年，日本富士电机开创了模糊控制在日本的第一项应用——水净化处理；之后，富士电机致力于模糊逻辑元件的开发与研究，于1987年在仙台地铁线上成功地应用了模糊控制技术。1989年，日本又将模糊控制应用于电冰箱、洗衣机、微波炉等消费品，将模糊控制的应用推向了高潮，使日本成为模糊控制技术的主导国家。模糊控制的发展主要可以分为以下三个阶段：

(1) 1965—1974年为模糊控制发展的第一阶段，即模糊数学的形成和发展阶段；

(2) 1974—1979年为模糊控制发展的第二阶段，产生了简单的模糊控制器；

(3) 1979年至今为模糊控制发展的第三阶段，即高性能模糊控制阶段。

模糊控制的理论基础是模糊集合论、逻辑推理以及语言变量，其实质上是一种非线性控制技术。模糊控制是一种基于自然语言描述规则的控制方法，依据操作人员控制经验和操作数据建立数学模型，其鲁棒性强，可解决控制非线性、时变及纯滞后系统的复杂控制问题。模糊控制方法目前已取得了丰硕的研究成果，但仍有以下待研究解决的问题：信息简单的模糊处理将导致系统的控制精度降低和动态品质变差；模糊控制设计尚缺乏系统性，无法定义控制目标等。

4) 智能优化方法

随着优化理论的发展，智能算法得到了迅速发展和广泛使用，成为解决搜索问题的新方法，如遗传算法、粒子群算法等。

遗传算法(genetic algorithm, GA)是由美国密歇根大学的约翰·霍兰德教授于1975年首次提出的[10]。随后，高柏(Goldberg)在1989年对遗传算法的一些相关工作进行了总结，包含了遗传算法在这一时期的主要研究成果，从理论和实际应用方面对遗传算法进行了详细论述，使得遗传算法的基本框架得以形成。遗传算法遵循达尔文进化论及孟德尔遗传学说，在数学优化算法的基础上，加入自然界的遗传和自然进化选择机制，具有全局优化能力，是一种模仿生物进化的随机搜索算法，在解决复杂非线性问题方面具有显著优势。

粒子群优化算法(partical swarm optimization, PSO)是由美国埃伯哈特(Eberhart)和肯尼迪(Kennedy)受鸟群觅食行为的启发于1995年提出的一种基于群体协作的随机搜索算法[11]。与遗传算法类似，粒子群优化算法也是一种基于迭代的优化算法，但是它没有遗传算法的交叉和变异操作，而是通过粒子在解空间中追随最优的粒子进行搜索。与遗传算法相比，粒子群算法需要调整的参数更少，更易实现，目前已广泛应用于函数优化、神经网络训练、模糊系统控制以及其他遗传算法的应用领域。

5）复合智能控制方法

复合智能控制是近年来控制领域中的研究热点之一，它融合了多种智能控制方法和机理，将综合经验知识的专家系统、模糊控制的逻辑推理和人工神经网络的控制等方法相互交叉融合，取长补短，在工程实际中取得了良好的控制效果。

2.1.3.3　智能控制理论在反应堆中的应用

目前，智能控制理论在核反应堆系统中的应用主要以具有相对成熟理论基础的神经网络控制、模糊控制，以及基于粒子群算法、遗传算法等优化方法的智能优化控制为主，专家控制在核反应堆系统中的应用较少。通过文献调研，许多学者提出了反应堆功率、稳压器压力和水位、蒸汽发生器水位等核反应堆系统对象的模糊控制、神经网络控制、模糊神经网络控制和智能优化控制方法，对智能控制方法在核反应堆系统中的应用展开了广泛的研究。这些有益探索极大地丰富了反应堆智能控制的研究内容，为核反应堆智能控制学科方向的发展积累了宝贵的经验并指明了后续发展的方向。本书后续章节将从方法和实例等方面详述智能控制理论在反应堆中的应用，此处不再赘述。

2.2　状态监测

被监测对象的状况或模式称为状态，而反映被监测对象状态的参量即为状态参量，如速度、湿度、温度等。状态监测是通过测量及检测被监测对象的状态参量，从而分析、判断监测对象的信息，并结合被监测对象的特性及历史数据对系统工作状态给出评价的过程。

2.2.1　概述

一般来说，状态监测可以分为三步：数据采集、数据分析及特征提取、状态评估。首先，通过布置在系统内的传感器及各种测量装置采集有关系统运行状态的数据；其次，进行数据预处理，如对不完整的数据进行插值补充、剔除异常数据、提取整合信号等，并针对不同信号类型其各自的特点进行信号特征提取，如统计特征分析、小波分解、经验模态分解等；最后，将信号特征与期望值或阈值进行比较或归纳，获得所需运行状态的状态指示并进行评估。

状态监测系统实时采集核反应堆系统运行期间的重要设备数据并进行处理，在线监测核反应堆系统的工作状态，是故障诊断、故障预测、容错控制和维修管理的表达者，同时智能人机交互的功能通过状态监测界面进行显示，控制策略的效果通过状态监测界面向操纵员反映。

2.2.2 国内外研究现状

状态监测是一项多学科交叉且不断发展的技术。20 世纪美国政府开始阿波罗计划后，就从工程实践的经验教训中深刻认识到状态监测技术的重要性，并由美国国家宇航局倡导发展起来。此后，随着测量传感技术、信号处理技术、数字化信息技术和人工智能技术的发展，状态监测技术也不断发展，在航空、航天、航海、化工及核电等行业领域获得了广泛而成功的应用。

目前，对状态监测技术的研究主要集中在图 2-2 所示的两个方面。一种是"硬方案"，它以硬件革新为研究基础，主要是对现有传感器的改进和新型传感器的研发，通过在被监测对象上不断增加测点数量，对之前不可测和不易测的状态进行直接测量。另一种是以机理模型和数据驱动模型为基础的"软方案"，通过研究系统和设备的物理机理模型与信号的特征及其相互关系，利用模型对状态参数进行软测量或重构得到估计[12]。

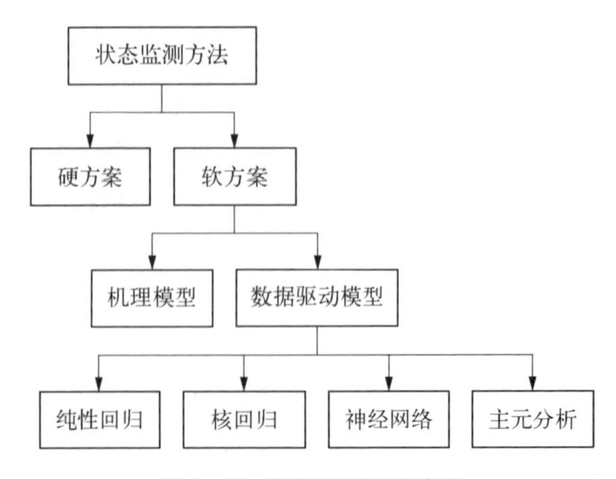

图 2-2　状态监测研究方法

“硬方案”通过提高传感器的数量来提高监测的覆盖率和准确度，该方法简单直接有效，但也存在以下固有的缺点。

对现有传感器的改进和新型传感器的研发与材料学等相关测量机理的最新进展息息相关，并且开发周期漫长，新的测量需求在短时间内难以得到满足。新型传感器往往会影响设备的外壳、框架或内部结构，会降低设备的安全性和可靠性。新型传感器的采购成本较高，而不能够在短时间内得到技术收益，因此限制了“硬方案”的应用。

因此，本节将重点放在基于物理机理模型、数据驱动模型的“软方案”上。以机理分析、数据挖掘为基础的“软方案”，已经得益于基础理论研究以及计算机技术的进步，成为非常具有发展前景的技术路线。

2.2.2.1　基于机理模型的状态监测

基于机理模型的状态监测方法能够深入监测系统和设备物理过程的内在变化和转化，且随着对物理过程理解的加深，其模型还能够被逐渐修正以提高监测精度。

崔大龙等[13]建立了核电汽轮机电力系统故障诊断系统，引入反映设备运行性能的特性参数，考虑特性参数随其影响因素的变化关系，从而建立了核电厂热力系统的机理模型，来对该系统的状态进行监测和诊断。唐虎等[14]基于质量、动量、能量的守恒关系，通过定性推理以确定模型中故障源所在的控制体，对 10 MW 高温气冷堆中的两个典型事故进行了测试验证。郭钰锋等[15]建立了适用于甩负荷工况的汽轮机组动态机理模型，考虑了甩负荷时的强扰动引入机组的非线性，以及火电机组超速保护系统(over speed protect controller, OPC)和回热加热器对汽轮机性能的影响。徐非[16]以秦山一期核电厂一回路重要的主辅系统为研究对象，基于主元分析法开发了分布式状态监测系统，能够有效识别和重构异常传感器，实现了对系统和设备的有效监测。Ono[17]研究了动力装置的质能平衡方程，并建立起过程监测机理模型，当设备出现异常时，通过监测质能平衡关系式的变化实现监测。

基于机理模型进行状态监测可以从内在物理规律上描述设备的运行状态，但在实际工程应用中，通常需要较高精度的状态监测机理模型，且该模型所需要的状态参数均可测，这两者在通常情况下均难以实现。

2.2.2.2　基于数据驱动的状态监测

状态监测“软方案”的另一个技术路径是数据驱动模型，该方法可采用多种多样的数据驱动模型，例如神经网络方法(artificial neural network,

ANN)、多变量状态估计技术(multivariate state estimation technique, MSET)、主元分析法(principal component analysis, PCA)、自联想核回归方法(auto-associative kernel regression, AAKR)、偏最小二乘法(partial least squares, PLS)、独立主元分析法(independent component analysis, ICA)等,这些方法在仪表的校准监测、设备监测、瞬态识别等领域应用广泛。在这些方法中,简单灵活的主元分析法成为应用最为广泛的方法之一。除主元分析方法外,多变量状态估计和神经网络的应用也较多[18]。

马贺贺[19]提出了一种基于多变量统计方法的状态监测思路和策略,以适应复杂工业过程,提高对工业过程的监控性能。熊丽[20]在工艺过程的监控和诊断中应用优化的主元分析法以及偏最小二乘法,使工艺流程监控通过数据流的连接在逻辑上成为一个统一的闭合回路系统。郭铁波[21]在纯仿真平台和混合仿真平台上分别验证了基于反向传播神经网络的故障检测方法与基于主元分析法的故障检测方法,并基于对验证结果的对比分析,提出了这两种故障检测方法的改进方案。Hines 等[22]在核电传感器的校准监测中采用了自联想核回归方法。Ajami 和 Daneshvar[23]在热力动能装置的汽轮机监测中应用了独立主元分析方法。

综上所述,状态监测技术在各个领域均得到了有效的运用,与众多学科紧密联系,且各种监测方法的综合运用可更好地提升监测效果。

2.2.3 关键技术

核反应堆系统是运行特性非常复杂的非线性时变系统。在其正常运行过程中,一方面受不同的输入和扰动的作用,各运行参数会按照系统固有的动态特性发生变化;另一方面,随着运行的时间、功率水平及停堆时间、停堆深度的变化,部分参数也会随之改变(如反应性温度反馈系数和剩余反应性等),从而影响核反应堆系统的动态特性。在异常运行状态下,各运行参数会偏离正常运行范围,因此异常运行状态的监测可以通过判断状态参数是否偏离上述两项正常变化来实现。

通常的异常状态在线监测是通过建立一个与实际系统同时运行的模型来实现的。该模型能够反映实际系统的正常动态特性,并接受与实际系统一样的输入,因此就可以通过此模型预测系统输出,并与实际系统的输出进行比较,当两者的差值大于设定阈值时,即可认为实际系统出现了故障。为达到上述目的,该系统模型应满足两个条件:一是能够反映在某一工况下实际系统的正常动态特性，二是能够跟踪因工况变化而导致的实际系统的正常动态特性的变化。通过上述两个条件保证在全工况范围内模型能够正确地反映实际系统的正常动态特性，确保模型输出与实际系统正常状态下的输出一致。为此，必须建立根据实际系统的输入和输出随时校核模型的机制。

物理过程的建模方法主要包含机理建模、基于数据的建模和混合建模。目前，反应堆的模拟仿真主要采用机理建模法，通过分析过程内部机理知识，运用质量守恒、能量守恒、动量守恒以及反应堆动力学原理来建立过程的机理模型。机理模型可以清晰地描述反应堆物理过程的本质，但与实际过程之间存在偏差，且难以消除。机理模型的建模误差主要包括不准确的模型参数引起的参数误差以及模型简化导致的结构误差。利用参数估计修正机理模型中的参数可以减小参数误差；而建立机理模型的补偿模型可以补偿结构误差，其中补偿模型通常为基于过程的实际输入、输出数据建立的辨识模型。将辨识模型作为机理补偿模型的建模方法称为混合建模法。利用参数估计和基于智能辨识的混合建模技术可以提高核反应堆系统机理模型的整体性能，有效消除机理模型与实际过程间的仿真误差。

利用人工智能方法的关键技术为基于神经网络混合模型的状态监测技术，主要包括以下两个方面。

2.2.3.1 基于神经网络的混合模型建模

在化学工程、生物工程、控制工程、过程监控以及过程优化等众多领域，神经网络混合模型因为具有建模速度快、成本低、模型精度高、泛化能力强等众多优点，目前已经被广泛应用。其包括如图 2－3 所示的三种基本结构，图中 $x_{m,k+1}$ 和 x_{k+1} 分别为实际测量值和混合模型输出值，$x_{k+1}=f(x_k, u_k, p_k)$ 为机理模型的离散形式。图 2－3(a)中的结构是混合模型的并联结构，主要应用于过程机理模型已知但模型预测性能较差的情况，其常见形式是利用神经网络来预测机理模型的输出与系统实际测量值之间的误差，然后将神经网络和机理模型的输出结果相加，得到混合模型的输出值，从而提高机理模型的预测准确性。图 2－3(b)中的结构是最常用的串联结构，其原理是先用神经网络来估计未知的状态参数(如模型中的参数)，然后将神经网络得到的估计值代入机理模型中，再以机理模型作为整个混合模型的基础模型来计算系统的输出。图 2－3(c)中的另一种串联结构可视为并联结构的一种替代，在这种结构中机理模型更多地被用来建立状态参数与特性参数之间的关联关系模型。

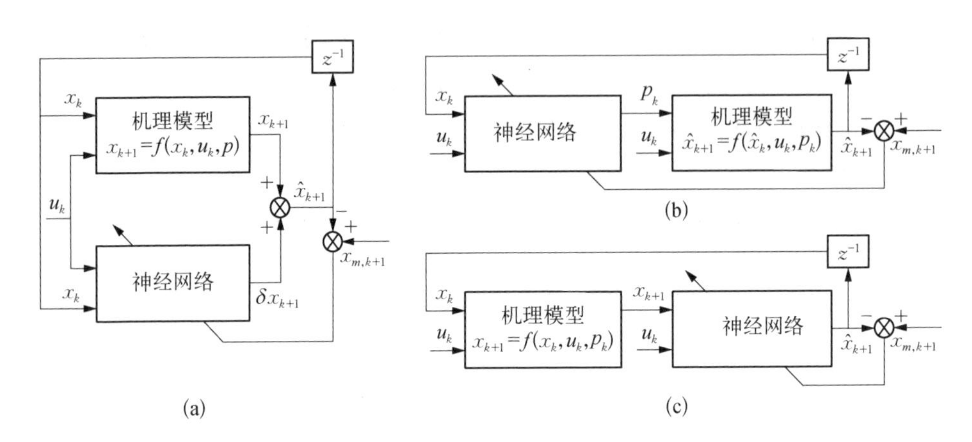

图 2-3　混合模型的三种基本结构方式示意图

(a) 并联结构；(b) 串联结构；(c) 可替代并联结构的串联结构

基于以上分析，可构建核反应堆系统的神经网络混合模型系统，对实际运行核反应堆系统的动态特性进行实时的高保真模拟，实现对核反应堆系统的在线状态监测。核反应堆系统机理模型存在参数和结构的不确定性，对于其中随运行状态而改变的参数，可采用神经网络建立这些参数的校正模型，即设计串联结构的混合模型；而对于机理模型中的结构不确定性，可以直接采用常见的并联结构混合模型来校正。根据以上分析，可采用图 2-3 混合模型中的(a)和(b)两种基本结构实现对核反应堆系统模型参数的预测和模型不确定性的补偿，即如图 2-4 所示的基于机理模型和神经网络串并混联的混合模型。

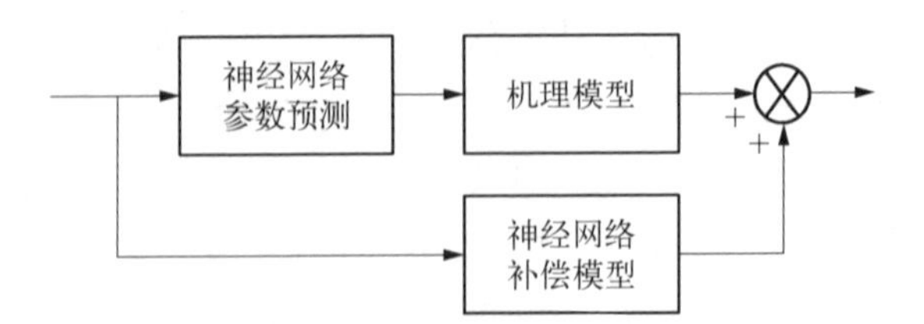

图 2-4　基于机理模型和神经网络串并混联的混合模型示意图

在构建混合模型的过程中，至关重要的是神经网络类型、结构和参数的选取。理论上已证明多层前向神经网络可逼近任意连续有界非线性函数，在模型识别与分类、图像处理等许多领域得到了应用，但它一般是一种静态的神经网络，难以描述动态特性。而反馈神经网络（如 Hopfield 网络）的显著特点是其输出端信号通过带延时环节的反馈机构连接到输入端，因此是动态的。但

Hopfield 网络是单层网络，虽可逼近一类非线性系统，但还不能逼近任意映射的非线性动态系统。因此，可结合多层前向神经网络能够实现任意非线性映射与反馈神经网络可描述动态系统这两个优点，建立多层动态前向神经网络用于描述非线性系统的动态特性，实现对核反应堆系统动态特性的模拟，并跟踪因其运行工况的变化而导致的系统动态特性的变化。

2.2.3.2 异常运行状态监测的过程

基于混合模型的核反应堆系统异常运行状态监测包括动态特性跟踪过程与异常状态检测过程。

1）动态特性跟踪过程

在这一过程中，训练混合模型中的神经网络模型跟踪系统动态特性的变化。系统输入信号同时作用在混合模型和实际系统上，混合模型所需的输出历史值采用实际系统的历史输出值，经过对混合模型输出和实际装置输出的比较，当两者的误差小于某设定的阈值(跟踪阈值，反映的是核反应堆系统动态特性因工况变化而发生的变化)时，认为混合模型仍能很好地与实际装置的动态特性相符，无须调整；当两者的误差大于某设定的阈值但小于异常状态检测阈值时，认为混合模型与实际系统的动态特性出现了一定的偏离，则以上次训练时间点之后系统的实际输入、输出值对混合模型中的神经网络模型进行再次训练，并动态调整神经网络参数，从而在核反应堆系统动态特性因运行工况改变而发生变化时，保证混合模型对系统动态状态的有效跟踪，并保证在任何情况下混合模型都能真实地反映核反应堆系统的实际状态。

2）异常状态检测过程

从选定的诊断时间点开始，预测一段时间内(监测时间窗口)的系统输出。此时，系统输入信号仍然同时加在混合模型和实际系统上。计算混合模型的输出，并与实际系统输出进行比较，如果两者偏差过大，则认为系统出现了异常状态。此时，停止利用实际输出值对混合模型中神经网络的训练，使其维持在异常出现前的状态，其预测输出值可作为核反应堆系统在正常状态下应有的输出值。

在实际系统参数的测量中，有可能因为干扰而导致个别或多个时刻上的测量数据发生跳变等异常，因此通过直接比较混合模型的预测输出和实际系统输出参数的测量值有可能造成误检测。鉴于此，需适当选择误差的特征值以进行异常状态的检测。例如，可采用实际输出和预测输出的加权均方差来估计两者的偏离程度。

2.2.4 未来发展趋势及关键问题

本节针对核反应堆系统的状态监测需求，根据目前技术的发展，分析了其发展趋势和存在的关键问题。

2.2.4.1 未来发展趋势

在核反应堆系统状态监测方面，未来需要重点解决状态监测优化设计与状态感知传感器最优布置的问题，建立基于智能传感网络的状态监测体系。状态监测传感器及数据采集硬件将向标准化、系列化、模块化方向发展，状态监测优化设计软件与集成软件平台将达到实用化，状态监测系统集成将采用即插即用组合模式，为故障诊断和故障预测奠定技术基础。

2.2.4.2 关键问题

1）状态监测与测试性设计

需要对设备状态监测点最优布置问题开展研究，解决以最优的资源、成本和技术，准确获得设备完备的实时运行数据的问题。目前主要利用非电量传感器及信号调理技术，获取系统结构、能量传递、机电系统等的实际运行特性的实时监测数据；同时利用电子设备的嵌入式测试技术，获取电子设备实际运行状态的监测数据，为设备的故障诊断、故障预测及操纵控制等提供真实有效的数据支撑。

2）数据融合与数据挖掘

需要对状态监测数据预处理技术开展研究，对传感器信号及嵌入式测试数据进行数字化处理，主要应解决“数据格式统一”“数据交换”与“数据融合”等问题。重点研究模数转换、噪声抑制与滤波、数据压缩等技术；研究数据融合和数据挖掘方法，以标准化的数据格式进行数据交换与数据存储，实现从“数据”到“信息”的过滤。对于能量转化和动力传动系统，收集来自系统结构、能量传递、机电系统等大量传感器的数据，对大量的传感器监测数据进行处理和分析，以标准化格式实现信息获取和信息融合；对于电子设备，收集来自电路板与模块、设备、分系统和系统的嵌入式测试(built in test, BIT)数据，以标准化格式建立层次化的 BIT 信息数据库，为故障诊断、故障预测、控制和维修管理提供必要的信息支持。

2.3 故障诊断

运行安全对于任何核反应堆系统来说都是至关重要的。然而对于核反应堆系统这样复杂庞大的系统，其包含了众多子系统和设备，发生故障是不可避免的。通过故障诊断技术发现故障并促进故障的解决，对避免核反应堆系统进一步偏离安全运行区间导致事故来说非常有价值，最终将保障核反应堆系统的安全运行，同时提高系统的运行效率。

故障诊断的目的是实时分析判断系统和设备的故障状态，确定故障位置、类型、程度和成因，并给出对应的故障修复措施。故障诊断的主要技术途径是首先建立系统状态的诊断模型，然后采用相应故障诊断算法，对系统的实时监测数据、历史数据以及专家知识库等进行综合运算分析和判断。故障诊断技术可以辅助操纵人员进行故障排查，并缩减故障排查时间，提高故障修复效率，有效降低某单一设备故障对全系统的影响程度。故障诊断算法是故障诊断技术的核心，也是研究的重点。

2.3.1　国内外研究现状

20 世纪 80 年代，美国设计研制了反应堆故障诊断和处理系统(REACTOR)，日本原子能研究所研制了基于知识库的专家系统(DISKET)，这两个系统均通过对运行参数和报警信号的分析来诊断故障[24-25]。随着智能技术的快速发展，国内外研究者开始对核反应堆系统的智能诊断技术展开广泛的研究，并取得了丰硕的研究成果[26]。当前应用在核反应堆系统上的智能故障诊断方法主要有人工神经网络(artificial neural network, ANN)、专家系统(expert system, ES)、支持向量机(support vector machine, SVM)、模糊逻辑和故障树分析(fault tree analysis, FTA)等。

Kim 等[27]提出在核反应堆系统故障诊断上应用人工神经网络，并用 10 种典型基准事故数据验证了其可行性。文献[28]阐述了神经网络在核电机组热力系统、蒸汽发生器等设备的故障诊断中的应用。文献[29]～[31]分别提出了将专家系统用于核电厂的汽轮发电机组的故障诊断、蒸汽发生器的故障诊断、安注系统的故障诊断以及高压加热器的故障诊断。文献[32]提出基于模糊逻辑的核电厂仪表故障诊断方法。文献[33]将支持向量机用于主冷却剂泵的故障诊断、核探测器电路的故障诊断。夏虹等[34]针对主冷却剂管道小破口和蒸汽发生器传热管破裂等典型故障，用两种不同核函数的支持向量机分析证明了核函数的不同对故障诊断的结果是有影响的。Mu 等[35]提出基于决策树的核反应堆系统故障诊断方法，经过与支持向量机的对比发现，决策树具有精度高和训练速度快的优点。Bae 等[36]同时将神经网络和模糊逻辑应用在核电厂汽轮机阀门的故障诊断中，模糊逻辑诊断采用压力信号特征值，神经网络诊断采用经过傅里叶变换后的压力信号，通过对比两者的故障诊断结果来评估系统性能。混合智能诊断方法也取得很多成果，例如神经网络与专家系统集成诊断方法[37]、故障树与专家系统结合[38]、模糊神经网络诊断方法[39]等。

上述研究大多局限于单一故障诊断方法在核反应堆系统故障诊断中的应用，如“神经网络”“专家系统”等方法，这些方法可以诊断特定的故障，但难以诊断出海洋、空间等特殊用途核反应堆众多的故障模式，在多故障并发的复合故障模式下容易发生漏诊、误诊现象。针对核反应堆系统的复合故障诊断问题，蔡猛等分别开展了基于遗传神经网络[40]和模糊神经推理[41]的核反应堆系统故障诊断技术研究，通过设计单一故障模式与复合故障模式相协调的系统故障诊断机制，可以解决单一故障诊断模式对已训练故障模式识别精度高、对未训练故障模式误诊率高的问题。Liu 等[42]提出了一种基于模糊神经网络的智能故障诊断方法，针对系统单一故障和复合故障的诊断问题，设计了核反应堆系统的分布式故障检测与诊断系统。

综上所述，当前国内外在核反应堆系统故障诊断方面已经取得了许多研究成果，部分技术已经在实践中得到应用，但当前的智能故障诊断研究大多基于 SVM、ANN 等浅层机器学习方法。这些方法均存在明显的缺陷，其中，SVM 需要大量的标签样本，并且很难处理数据不平衡问题；ANN 收敛速度慢、易发生振荡。随着智能故障诊断技术的不断进步，深度学习理论在解决复杂系统故障诊断问题中已展现出明显的优势，得到了国内外学者的广泛关注。深度学习神经网络采用的是无监督机器学习方法，可以利用大量无标签样本完成模型的预训练过程，优化模型参数，进而提高模型分类的准确率。而核反应堆系统作为典型的高安全复杂系统，应用深度学习理论和方法来解决其故障诊断难题具有重要的研究意义。深度学习作为一种新的人工智能网络，拥有强大的特征学习能力，在模式识别领域取得了一系列的成果。因为故障诊断问题可视为模式识别问题中的一种，国内外学者已经开始利用深度学习理论和方法解决复杂核反应堆系统的故障诊断问题。彭彬森[43]建立了基于深度学习的复杂系统智能故障诊断模型，并将其应用于核反应堆系统的故障诊断研究。Mandal 等[44]基于深度信念网络和广义似然比检测开展了核反应堆系统热电偶传感器故障的在线检测与分类研究。Peng 等[45]提出了一种基于相关性分析和深度信念网络的核反应堆系统智能故障诊断方法，并与传统的基于 BP 神经网络和支持向量机的智能故障诊断方法进行对比分析。Calivá

等[46]基于卷积神经网络和K均值聚类算法开发了一种用于核反应堆故障检测与诊断的深度学习方法。虽然目前深度学习理论还存在一些尚未解决的难题，例如对网络性能有很大影响，一些关键参数（包括网络层数、各层的节点数和相关参数）的设置还没有系统成熟的理论，但与传统的智能学习方法相比，深度学习具有明显的优势，并且已经在一些前沿的研究领域显现出了巨大的应用价值。然而，目前深度学习在复杂系统尤其是核反应堆系统故障诊断方面的应用研究尚处于起步阶段，亟须开展深入的研究。

2.3.2　关键技术

针对核反应堆系统的结构和运行特点，并结合其故障诊断难点，本节在对国内外相关技术进行系统分析的基础上，归纳出以下故障诊断关键技术的发展路径。

2.3.2.1　基于数据融合的模糊神经网络故障诊断方法

由于单一故障诊断方法具有在多维故障诊断问题上精度低、误诊率高的缺点，因此，可基于模糊神经网络建立由单一故障模式诊断与复合故障模式诊断相协调的协同故障推理机制，实现对多维复合故障模式的有效诊断。受特征参数噪声以及相近故障模式干扰的影响，采用模糊神经网络进行故障诊断可能难以获得准确稳定的故障诊断结果，因此，可基于D-S(Dempster-Shafer)证据理论对各种故障度进行融合，构建时间和空间相结合的时空融合诊断机制，通过对诊断结果进行时空融合，获得准确而稳定的故障诊断输出。综合上述研究，从而建立基于多传感器数据融合的模糊神经网络故障诊断系统，该系统由特征参数提取与预处理单元、模糊神经网络故障推理系统和D-S诊断决策单元三部分构成，如图2-5所示。

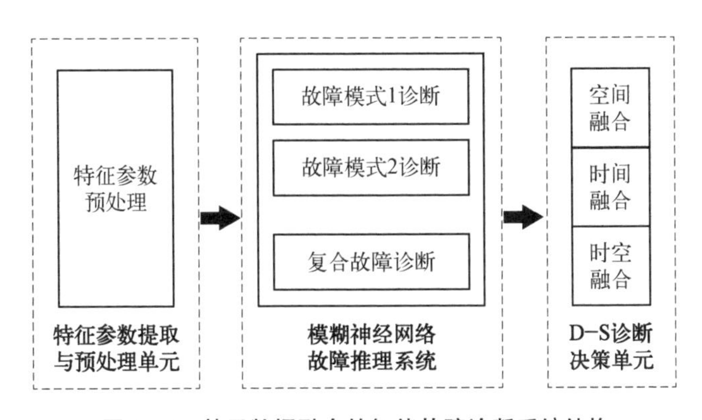

图2-5　基于数据融合的智能故障诊断系统结构

1）特征参数的提取及预处理

（1）特征参数的提取。特征参数提取采用如下原则：故障发生时对相应的特征参数必须有所影响。考虑到核反应堆系统故障的传播特性以及复合故障的耦合特性，在选取特征参数时，可基于以下故障传播特性和耦合机理研究。

故障传播特性研究。基于所开发的仿真平台，分别引入核反应堆系统的典型故障，研究故障下系统的多时间尺度动态特性；从检测到的故障信息中提取征兆，分析关键参数在故障发展初期、中期和晚期的时域和频域响应特性，并将本地参数（发生故障系统的参数）与传播参数（受故障影响的其他系统的参数）的时域和频域指标相比较，分析系统结构参数（如管道尺寸、设备体积）、性能参数（如传感器灵敏度、执行器响应速度）等对故障传播速度、波及范围和强度的影响。通过对故障传播特性的研究，选取能够完整、准确地描述各故障特征的最佳征兆组合，为合理选取故障检测与诊断模型的输入征兆提供理论依据。

复合故障耦合机理研究。引入并发多故障，研究复合故障下系统的多时间尺度动态特性，并提取多故障征兆，分析关键参数的时域和频域响应特性；将这些参数的时域和频域响应指标与组成多故障的各单故障的相应指标及其线性叠加量进行对比分析，研究多故障对系统动态响应频度和幅度的影响；利用灰色关联分析法评价多故障的耦合关联特性，并基于阈值评价准则定量分析多故障与各单故障的耦合关联程度。通过以上分析，可对多故障中的各单故障按照严重程度排序，从而为制订合理的多故障控制策略和维修决策提供指导。

（2）特征参数的预处理。将特征参数实测值输入故障诊断输入模块，然后将参数实测值与参数稳态运行值进行比较得到参数变化量，最后进行归一化处理。

2）模糊神经网络故障推理

模糊神经网络故障推理系统完成对单一故障以及复合故障的诊断，完成对决策基本可信度的赋值，如图 2－6 所示。

模糊神经网络故障推理单元由单一故障模式诊断单元与复合故障模式诊断单元构成，实现对单一故障以及复合故障的诊断，并将诊断结果输出给 D－S 诊断决策单元。

模糊神经网络推理单元由 4 层神经网络构成，图 2－7 以复合故障诊断模糊神经网络推理单元为例进行说明，第 1 层神经元计算特征参数相对其语言标识的隶属度值，a_1，…，a_M 为输入向量的分量，A，B，C，…，X 为隶属度函数；第 2 层神经元计算每条规则的激励强度，Π 为激励强度算子；第 3 层神经元计算

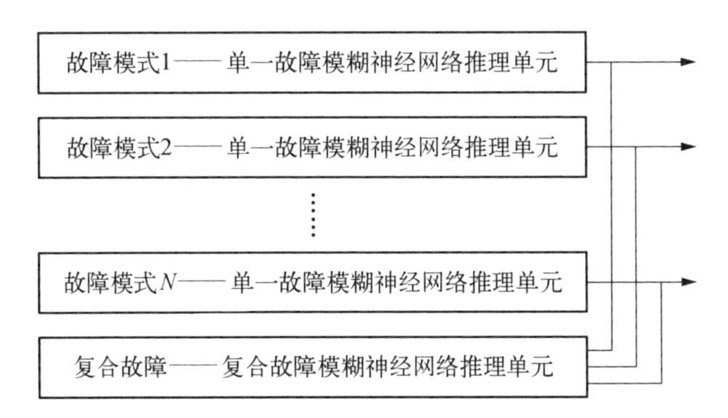

图 2-6　模糊神经网络故障推理系统构成

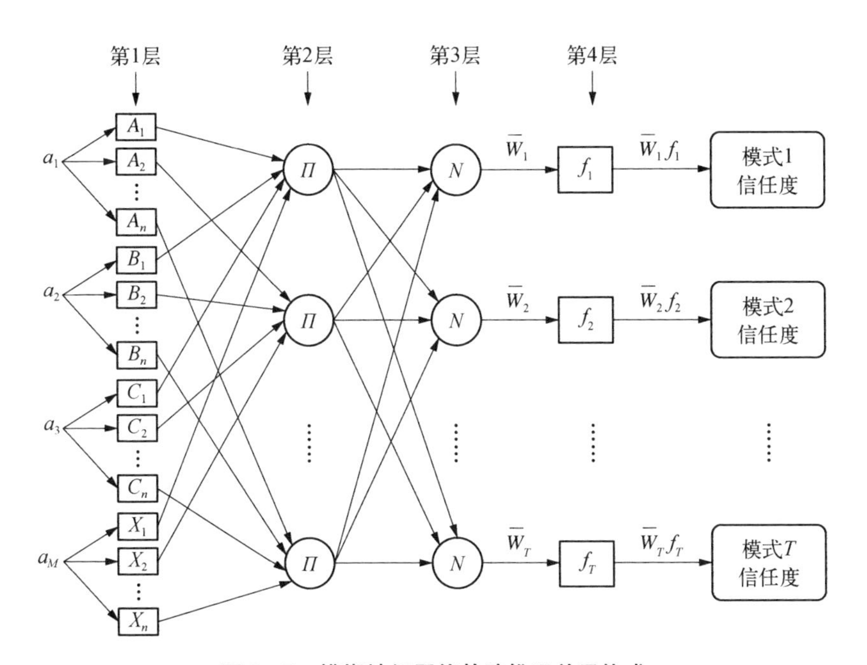

图 2-7　模糊神经网络故障推理单元构成

每条规则的归一化激励强度，N 为归一化算子，$\overline{W}$ 为每个神经元的权值；第 4 层神经元将归一化强度与节点函数相乘计算故障模式的信任度，f 为信任度算子。

3）故障诊断决策单元

D-S 诊断决策单元完成对单一以及复合故障诊断输出结果的空间、时间融合，并最终给出诊断结论，D-S 证据理论如下。

(1) 识别框架。识别框架是 D-S 证据理论中最基本的概念之一，识别框架包含了待解决问题的所有答案的集合，它既可以是数值型，也可以是非数值型,这取决于待判断对象。由全部可诊断的故障模式构成的框架为识别框架,可表示为Θ={故障/事故1,故障/事故2,…,故障/事故n},由识别框架生成的超幂集G^{Θ}为D-S信息融合的融合空间。

(2) 基本可信度分配函数。假设Bel_1和Bel_2为同一识别框架Θ的两个信任度函数,m_1和m_2分别为其对应的基本可信度分配值,若$A \in \Theta$且$m(A) > 0$,则A是焦元。假设$\sum_{A_i \cap B_j = \phi} m_1(A_i)m_2(B_i) < 1$,式中$A_i$和$B_j$为焦元。基本可信度分配函数$m$的合成规则为

$$m(A)=\begin{cases} 0, & A=\phi \\ \dfrac{\sum\limits_{A_i \cap B_j=\phi} m_1(A_i)m_2(B_j)}{1-\sum\limits_{A_i \cap B_j=\phi} m_1(A_i)m_2(B_j)}, & A \neq \phi \end{cases}$$

D-S时空决策的原理是在同一识别框架下,采用D-S证据理论,将单一故障模式诊断单元的基本可信度分配值与复合故障模式诊断单元的基本可信度分配值进行信息融合,融合决策如下。

(1) 空间融合。第i时刻的单一故障模式故障诊断单元的可信度分配值与第i时刻的复合故障模式故障诊断单元对应可信度分配值进行D-S信息融合,得到空间融合可信度值。

(2) 时间融合。第i时刻的空间融合可信度分配值与第$i-1$时刻的空间融合可信度分配值进行D-S融合,形成时间融合可信度值。

(3) 时空融合。第i时刻的单一故障模式故障诊断单元的可信度分配值与第i时刻时间融合可信度分配值进行D-S融合,形成时空融合可信度值。

2.3.2.2 深度学习在核反应堆系统故障诊断中的应用

深度学习是一种新的机器学习方法,可以通过多个非线性变换自适应地从原始数据中学习有用的特征,具有浅层学习不可比拟的优势。经过近10年的发展,深度学习已经在图像处理、语音识别、文本识别等领域广泛应用,在故障诊断领域的研究也初见端倪。通过对核反应堆系统的运行状态监测实时掌握其技术状态信息,及时发现异常状况,再应用深度学习来实现系统的故障诊断,对保证系统良好的运行有积极意义。深度学习在核反应堆系统智能故障诊断中的应用研究尚处于起步阶段,下面对深度学习的模型及其在故障诊断中的研究方法进行分析总结,介绍现有应用成果及未来发展方向。

1）典型深度学习模型

深度学习与传统浅层学习方法的故障诊断过程对比如图 2－8 所示。深度学习消除了传统浅层学习方法（图 2－8 中虚线框内部）中对信号处理技术和诊断经验的依赖，能够从原始测量数据中自适应地提取故障特征并识别故障状态。目前常用的深度学习模型有三种，即卷积神经网络（convolutional neural network，CNN）、深度信念网络（deep belief network，DBN）和堆栈自编码机（stacked autoencoder，SAE）。

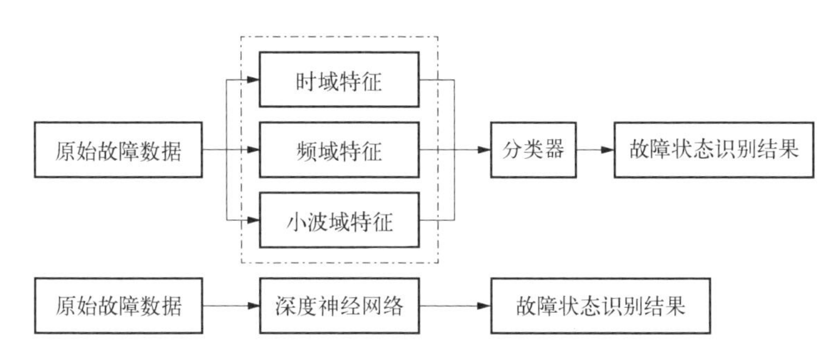

图 2－8　深度学习与传统浅层学习方法的故障诊断过程对比

卷积神经网络是一种有监督的深度学习模型架构，如图 2－9 所示，主要包括卷积部分和全连接部分。卷积部分包括卷积层、激活层和采样层，卷积部分逐层抽象生成高维故障特征；全连接部分连接特征提取和输出，可有效实现故障诊断。CNN 非常适合于识别计算机视觉的二维（2D）数据，但它也可以用于识别自然语言处理的一维（1D）数据和语音。在故障诊断领域，CNN 可接收 2D 的频谱图像输入或 1D 的时间序列信号输入等。

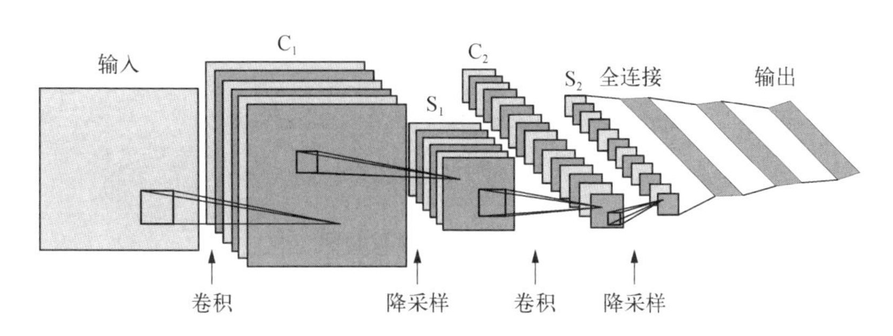

图 2－9　CNN 的结构示意图

深度信念网络在一定程度上解决了深度学习训练难的问题。DBN 使用贪心逐层预训练算法，通过逐层构建高斯受限玻尔兹曼机（Gauss restricted

Boltzmann machine，GRBM)进行无监督的预训练，可有效挖掘设备运行状态信号中的故障特征，并通过反向有监督微调来提升模型的故障识别能力(见图2-10)。DBN 作为深度学习的经典算法之一，能够在逐层的网络结构中从原始输入数据中提取高维特征，进而通过分类器给出分类结果。

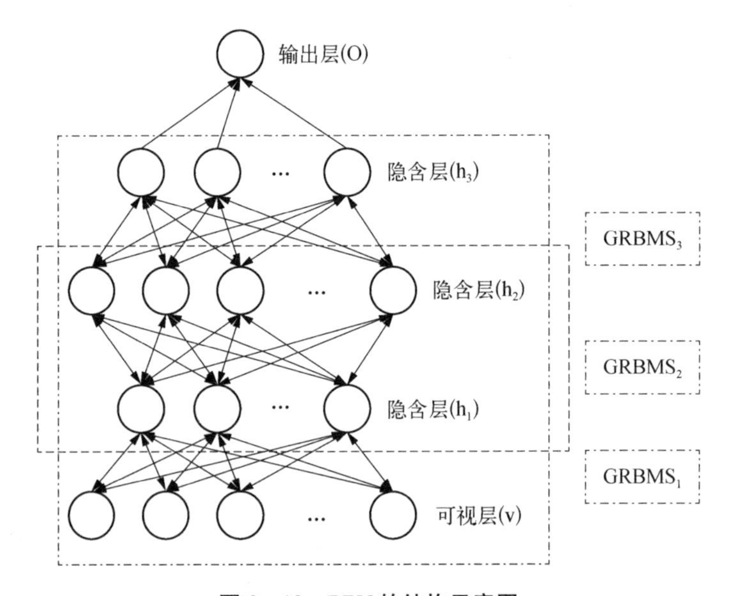

图 2-10　DBN 的结构示意图

堆栈自编码机是在研究 DBN 模型的基础上提出来的以自编码机(autoencoder，AE)为基本结构单元，使用贪心逐层算法进行训练的深度学习模型(见图 2-11)。用 AE 替代了 DBN 中的 GRBM，有效提高了深度网络的训练效率。

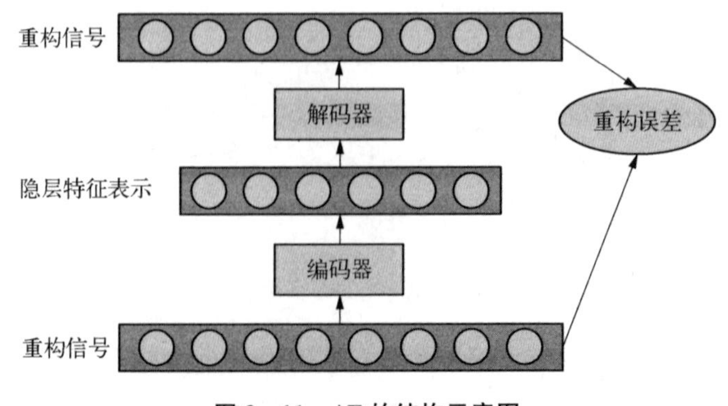

图 2-11　AE 的结构示意图

2）基于云计算和深度学习的核反应堆系统故障融合诊断方法

基于深度学习的核反应堆系统故障融合诊断模型结合了DBN模型和决策融合模型，将故障样本的参数特征通过DBN模型提取后，再对故障分类结果进行决策融合，其具体诊断流程如图2-12所示。

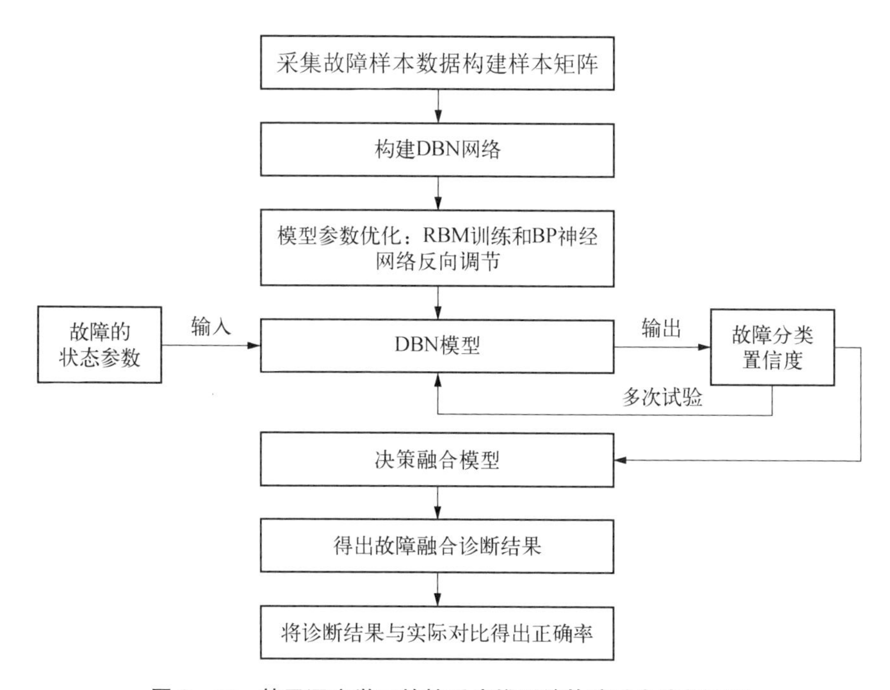

图2-12　基于深度学习的核反应堆系统故障融合诊断流程

步骤1：采集故障样本数据，构建训练样本矩阵、样本标签矩阵和测试样本矩阵。样本是$m \times n$矩阵，其中n为状态参数个数。

步骤2：构建DBN网络，设置网络层数和节点个数，其中节点数最大值为$2\sqrt{mn}+n$，初始状态参数设为极小值。

步骤3：模型参数优化，把训练样本输入DBN网络中，从高层到底层训练DBN中的所有RBM，得出权值w和各参数。把训练得到的参数输入BP神经网络中进行反向优化训练，得到最终的DBN网络模型。

步骤4：输入测试样本的故障状态参数得出故障分类置信度。

步骤5：重复步骤4进行多次实验，把得出的故障分类置信度结果输入决策融合模型中。

步骤6：根据决策融合结果得出故障融合诊断结果。

步骤 7：分析故障融合诊断结果，与实际故障情况对比并统计正确率。

在此基础上，还可将云计算引入 DBN 深度学习网络，通过分布式处理以提高 DBN 深度学习网络执行故障诊断的速率和准确性。云计算是由 Google 提出的一种商业计算模型，可建立基于 MapReduce 的分布式云计算 DBN 实现核反应堆系统故障诊断和识别。另外，Apache 基金会发布了由 MapReduce 框架和分布式文件系统组成的 Hadoop 云计算平台这一开源软件工程。MapReduce 是一个程序模型，可以用来在集群中处理海量数据集，适合解决分布式运算和存储问题。可以将 MapReduce 框架抽象为两个函数，分别为 Map 和 Reduce 函数，这两个函数的功能均可由用户自己编写完成。MapReduce 模型的运行机制如图 2-13 所示。

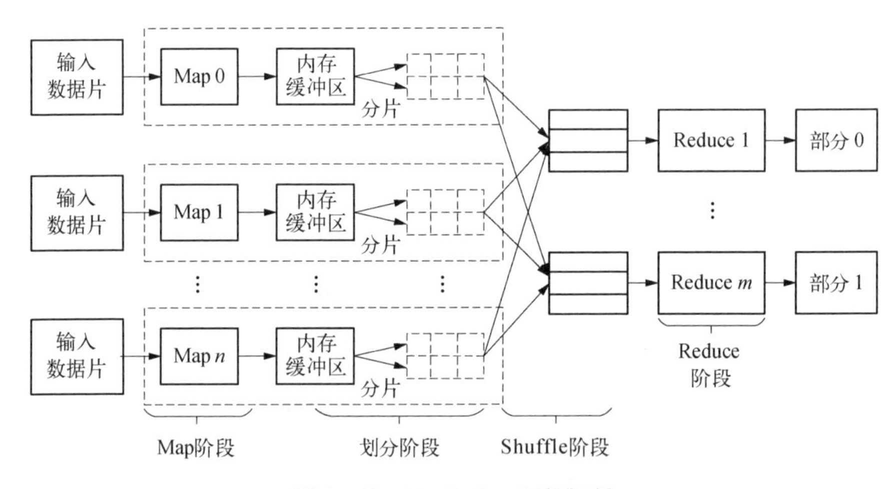

图 2-13 MapReduce 运行机制

MapReduce 模型具体流程如下。

(1) Input。读取分布式文件系统中的输入数据，将数据切分为数据片。MapReduce 框架中每一个 Map 函数可以分配一个数据片。

(2) Map。将数据片当作一组键值对，根据 Map 函数程序逻辑，运行、处理 MapReduce 框架分配的键值对，最后产生新的中间键值对。

(3) Shuffle。该阶段将中间键值对从 Map 节点转移到 Reduce 节点中，同时合并相同的中间键值对，形成中间键链和键值排序等工作。

(4) Reduce。执行 Reduce 函数。

(5) Output。输出 Reduce 函数的处理结果，将结果保存在指定的分布式文件系统中。

2.3.2.3　大数据分析在核反应堆系统故障诊断中的应用

针对核反应堆系统结构复杂、运行数据量大、变量类型多样、数据价值密度低等特点，以大数据分析技术为手段，利用数据挖掘、机器学习、深度学习等理论，结合核反应堆系统实测变量之间的基于平衡关系的耦合性和基于时间关系的关联性，开展核反应堆系统故障检测方法的研究，实现对系统状态的在线监测，预测运行过程中可能出现的故障或风险，指导操纵员提前维护或维修，降低事故发生的概率，提高系统运行的经济性和安全性。

核反应堆系统的状态监测具有监测位置多、采样频率高、在线监测时间长等特点，将产生海量监测数据，这意味着核反应堆系统的状态监测和诊断技术是面向大数据的。在核反应堆系统的故障预测诊断中应用大数据分析与机器学习技术，在复杂的系统运行特征大数据中挖掘出故障信息来实现故障诊断，是未来大数据在核反应堆系统领域的重要应用方向之一。首先基于采集到的大量运行特征数据，运用数据挖掘算法对这些运行特征数据进行重组、挖掘，从而构建故障诊断专家知识库，获得与故障有关的诊断规则。随后基于故障诊断专家知识库以及诊断规则，对实时监测数据进行诊断，并逐步更新专家知识库，以便得到更为准确的诊断结论和建议对策。基于知识库的系统故障诊断流程如图 2-14 所示。

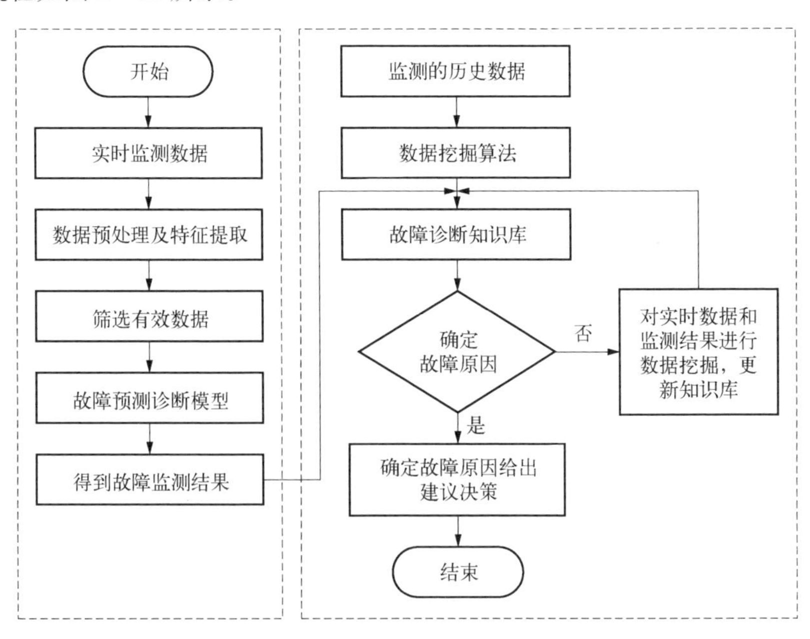

图 2-14　基于知识库的核反应堆系统故障诊断流程图

利用核反应堆系统的大数据分析技术,根据状态监测、故障诊断分析的结果,在故障将要发生时对系统进行维护,将会是一种主动、积极的维护方式。基于运行大数据分析的核反应堆系统状态监测诊断流程如图 2-15 所示。将大数据驱动识别和专家知识库识别相结合,再综合失效模式、失效机理分析,形成故障诊断记录,从而作为故障解决方案的基础。

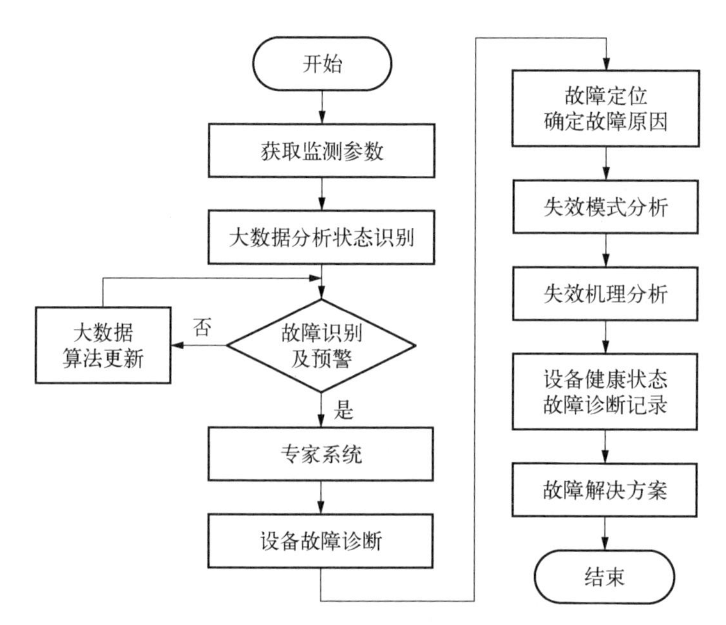

图 2-15　基于运行大数据分析的核反应堆系统状态监测诊断流程图

2.3.2.4　物联网技术在核反应堆系统故障诊断中的应用

物联网的出现也给核反应堆系统的状态监测、故障诊断等提供了新的模式和思路。物联网能够将信息感知技术、网络技术、智能运算技术融为一体,完成健康状态信息的实时同步采集、智能分析处理、同步反馈等功能;通过建立包含感知层、网络层和应用层的 3 层系统框架,可实现集远程监控、远程诊断、在线诊断、故障预测、人工智能为一体的智能协同监测诊断模式。基于物联网架构的监测诊断系统如图 2-16 所示。

利用安装于核反应堆系统各处的传感器节点,感知层得以实现对核反应堆系统温度、压力、水位、负载等状态监测信息的采集;再利用总线通信技术将采集的数据传输至现场网关,可实现感知层数据的汇总和传输。

网络层将上述数据传输至各分布服务器,再通过专用工业总线网络与应

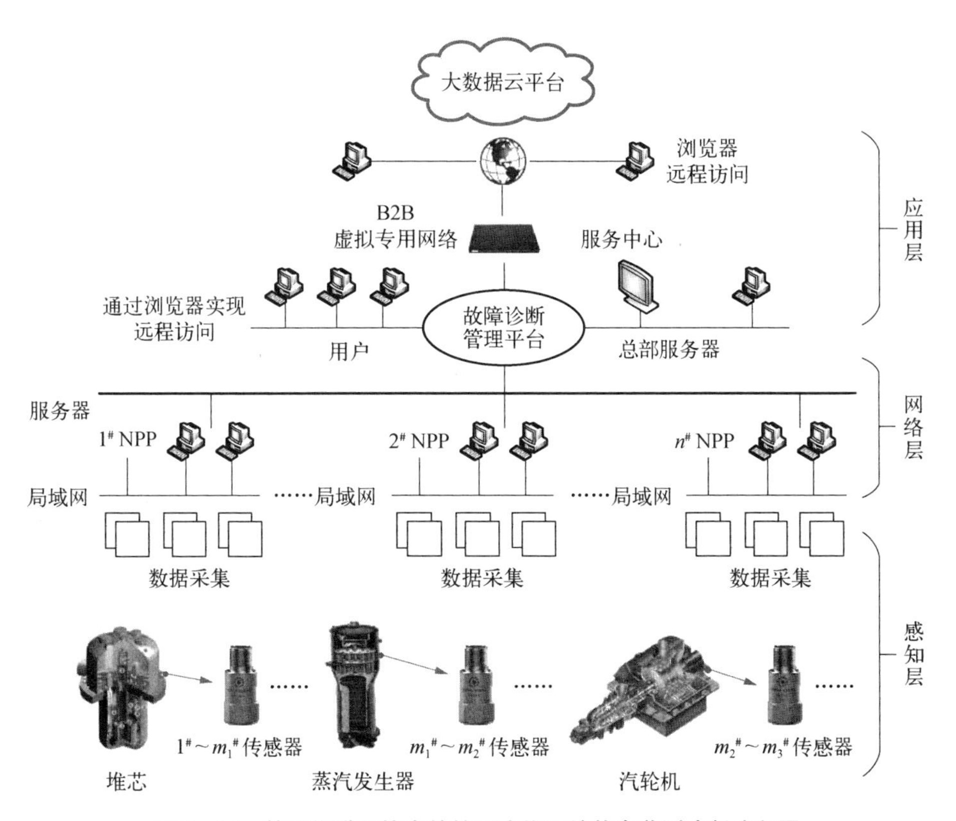

图2-16　基于物联网技术的核反应堆系统状态监测诊断流程图

用层部署的集控中心、云服务平台、监测诊断平台、移动终端等进行数据、图像以及报警事件等信息通信，实现健康状态信息的集中存储、远程管理和移动办公。

应用层部署有可扩展、可重构、柔性开放、实时交互的健康信息数据库，用于实现监测信号分析、故障特征提取、故障诊断及预测功能。基于丰富、成熟的数据预处理算法对数据进行重组、挖掘和推理，为核反应堆系统的安全运行、计划检修、主动维护和技术管理等提供辅助决策信息；最后通过人机交互界面把相关诊断结论、决策信息展示给操纵管理人员，从而完成状态监测诊断功能的闭环。

2.3.3　未来发展趋势及关键问题

本节针对核反应堆系统的智能诊断需求，根据目前技术的发展，对其发展趋势和存在的关键问题进行分析。

2.3.3.1 未来发展趋势

在核反应堆故障诊断方面，未来需重点解决故障隔离与定位的准确性、故障诊断覆盖性等问题，充分利用状态监测获得的大数据及人工智能方法的研究成果，将故障诊断算法标准化和程序化，实现多算法联合诊断与智能诊断，提高故障诊断技术水平，实现故障自诊断与自修复。

2.3.3.2 关键问题

1）故障建模技术

故障建模是故障诊断、预测及剩余寿命预测的关键环节，故障模型的准确性决定了故障诊断和预测的准确程度。需要重点突破核反应堆系统关键零部件和模块、设备的故障建模问题，首先研究关键零部件的故障机理与失效模式，通过积累数据和专项试验验证，获得基础零部件可靠工作的寿命曲线，然后在系统层级上研究故障传播、演化与发展规律，建立系统级故障诊断与预测模型，为核反应堆系统故障诊断、预测与剩余寿命预测提供方法支撑。

2）故障诊断技术

故障诊断以设备失效模型和故障失效机理分析为基础，利用状态监测数据，借助智能诊断算法，对已出现故障的设备进行诊断，为故障隔离与故障检修奠定基础，解决“故障定位”问题。由于核反应堆系统是复杂的非线性时变系统，运行工况复杂多变，其故障诊断存在以下难点。

（1）复合故障模式众多且具有很强的耦合性和非线性。受狭小的建造空间限制，海洋、宇宙空间等特殊用途核反应堆系统结构紧凑且复杂，各模块之间耦合作用强，任一模块发生故障都可能经过层层传播被放大，并引起其他模块的故障，造成复杂的多故障并发情形，并且复合故障之间往往也相互耦合，导致其诊断难度大增，目前普遍采用的单一故障模式诊断方法对多维复合故障模式的诊断精度低、误诊率高。

（2）在线故障诊断的快速性和准确性相互矛盾。故障诊断算法的准确度与采样个数密切相关。而在一定采样频率条件下，采样个数决定了诊断算法的时效性。因此，需要在设计诊断算法的同时考虑时效性和准确性的平衡。

（3）难以得到稳定准确的故障诊断结果。受到特征参数噪声和相似故障模式的干扰，模糊神经网络等智能故障推理系统难以获得稳定准确的故障诊断结果，即诊断输出值难以稳定在诊断阈值之上，这样就会出现诊断结果时有时无、难以利用的情况。

2.4 智能控制

核反应堆系统的控制是关系核反应堆系统运行的稳定性、可靠性及安全性的关键技术问题。20世纪80年代以来,先进控制理论、智能控制理论和数字技术、计算机技术及网络技术的发展,大力推动了核反应堆系统控制理论与技术的研究进展,为新型核反应堆控制系统的研发提供了丰富的技术手段和广阔的发展空间。

智能控制是在人工智能与自动控制等多学科基础上发展起来的交叉学科,主要用于解决传统控制方法(经典反馈控制、现代控制技术)难以解决的复杂系统的控制问题。智能控制主要包括专家控制、神经网络控制、模糊控制、分层递阶控制、学习控制、仿人智能控制以及各种混合型控制。另外,也有学者将群智能优化算法和进化计算纳入智能控制的范畴。

2.4.1 国内外研究现状

鉴于核反应堆系统控制对象的特点,智能控制在该领域的应用研究主要包括具有相对成熟理论基础的模糊控制和神经网络控制以及遗传算法、粒子群优化及蚁群优化算法等智能优化算法,及其与传统或现代控制技术的结合。

2.4.1.1 反应堆功率的智能控制

1) 反应堆功率的模糊控制

20世纪80年代以来,模糊控制的研究进展及其在其他领域的成功应用引起了核动力控制领域学者的重视,从而促进了模糊技术在核动力系统控制中的应用研究。核反应堆功率控制是模糊控制在核动力系统控制中应用研究较多的方面。

文献[47]提出了用于核电厂反应堆功率控制的模糊逻辑控制器,并通过仿真将该控制器与罗宾逊核电厂使用的最优控制器的性能进行了比较,仿真结果表明模糊逻辑控制器的鲁棒性良好。由于PID控制器的增益是固定的,仅较好适用于线性控制系统,因而从系统线性分析中所获得PID控制器的初始增益往往不适用于大范围时变系统的控制。为此,文献[48]报道了增益模糊调节的PI控制器,对反应堆平均温度和功率控制的仿真结果表明,该控制器的性能优于经典PI控制器。文献[49]报道了在核反应堆功率控制中的模糊逻辑控制方法，并与比利时 BR1 堆的经典理论控制器的控制效果进行了比较。文献[50]报道了通过研究反应堆实际操纵经验和多种最优控制方案，设计了反应堆控制棒和硼浓度的模糊控制规则表；结合模糊控制器与常规控制器，采用的控制输出与反应堆功率成比例，设计了反应堆负荷控制系统，在仿真试验中获得了良好的稳态精度和动态性能。文献[51]报道了针对压水堆棒位与轴向功率偏差不易控制的问题，研究者提出了棒位与轴向功率偏差的模糊控制方法，并设计了模糊控制器，试验结果表明，模糊逻辑控制方法可以灵活方便地改变控制策略。文献[52]报道了研究者利用并行分布补偿技术和模糊鲁棒控制方法，基于点堆中子动力学模型设计了核反应堆功率的模糊鲁棒控制器，并采用线性矩阵不等式方法分析了该系统的稳定性。文献[53]报道了研究者在多用途重水研究堆上研究了反应堆功率调节系统的模糊控制技术，并设计了 Mamdani 型二维模糊功率控制器，结果显示其反应堆功率调节系统在采用该模糊控制器后是稳定的，并且负荷跟随特性良好，其控制性能优于经典 PID 控制器。

上述研究中提出的核反应堆功率模糊控制器不具备自学习能力，依赖设计者的专业经验才能确定其隶属度函数和模糊规则，且不能自动调整，控制性能难以维持最佳状态，无法保证在全工况内获得满意的控制效果。为了解决该问题，部分学者对模糊控制器的模糊规则和隶属函数的自动生成与调整方法进行了研究，并应用于核反应堆功率控制。文献[54]提出了一种简易、优化的模糊逻辑控制器设计方法，利用卡尔曼滤波器观测最优控制器的响应以追踪参考轨迹，并自动生成模糊控制规则，最终利用一系列的控制规则和推理机制来确定控制动作。文献[55]提出了一种用于核反应堆温度反馈的自适应模糊控制器，通过跟踪一个合适的参考轨迹自动地决定并调整模糊控制规则，该参考轨迹是在线性最优控制器作用下系统的动态响应，不依赖设计者的经验。研究结果表明，所设计的模糊控制器在一个较宽功率运行范围内表现出了较好的动态响应特性和控制鲁棒性。文献[56]报道了将模糊控制与自适应控制算法结合，提出了一种可实现控制器参数在线调整的核反应堆功率控制算法，能够用于大范围功率跟踪过程。文献[57]提出了一种反应堆功率的模糊跟踪控制方法，即在确定的自适应率下修改模糊规则库中的规则，使控制器自动跟踪期望的参考轨迹。文献[58]报道了基于模糊集合并利用在线数据实现核反应堆系统动态模型的在线辨识，并基于该辨识模型设计了模糊模型预测控制律。文献[59]报道了基于自适应控制理论和模糊控制理论设计了一种压水堆功率自适应模糊控制器，其主要特点是可在线调节模糊参数，且具有较小的超调量和较快的跟踪速度。

2）反应堆功率的神经网络控制

文献[60]提出了利用神经网络进行核反应堆功率自校正的控制方法，并在 KMRR(Korea multipurpose research reactor)的仿真模型上对该方法进行仿真验证研究，仿真结果表明该自校正控制器具有良好的功率跟踪性能和鲁棒性。文献[61]提出了一种核反应堆功率的神经元 PID 控制器，对控制过程的仿真模拟结果表明，神经元 PID 控制器能将自身参数自动调整至理想状态，并在核反应堆功率的控制过程中实现良好的控制效果。文献[62]提出了一种神经网络监督控制系统用于船用一体化压水堆功率控制，其中 PID 控制器作为反馈控制器，神经网络作为前馈控制器，如图 2-17 所示。对压水堆功率控制的仿真结果表明，与传统的 PID 控制相比，神经网络监督控制具有较强的鲁棒性和自适应能力，有效地提高了控制精度。

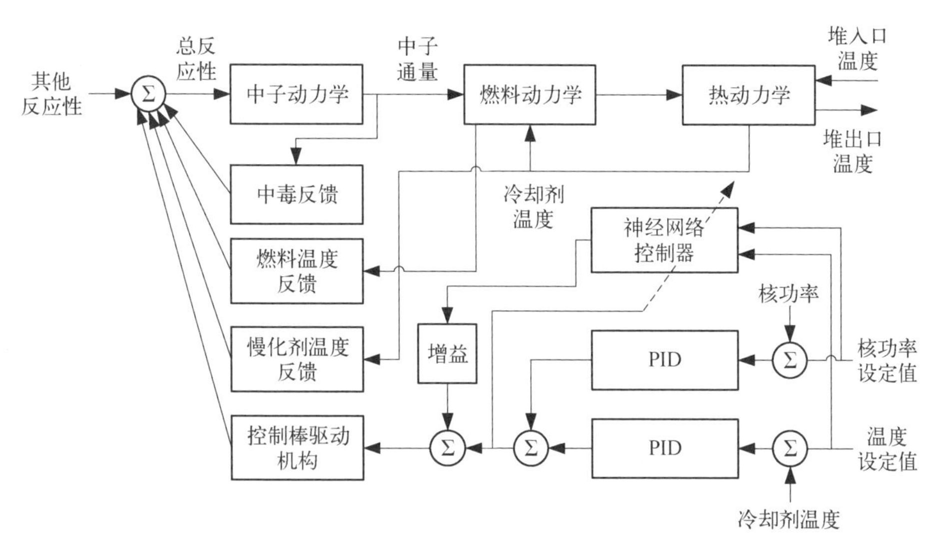

图 2-17　船用一体化压水堆功率的神经网络监督控制系统原理图

在上述研究中，神经网络的参数是经由离线训练得到的，无法实现在线自动更新，属于静态神经网络的范畴；而静态神经网络控制器若要满足非线性复杂系统的控制要求，其网络结构往往非常复杂，并且需要大量的训练样本数据。由于核反应堆是复杂的非线性系统，应用场景负荷的变化可能较为频繁和剧烈，且运行工况灵活多样，基于静态神经网络设计的控制器难以保证全工况内反应堆功率的良好控制效果。因此，有些学者开展了基于动态神经网络的反应堆功率控制方法研究。文献[63]报道了在压水堆负荷跟踪温度控制问题中采用对角递归神经网络(diagonal recurrent neural networks, DRNN)，所提出的 DRNN 控制器包括神经网络辨识器和神经网络控制器两个模块(见图 2-18)，采用具有自适应学习能力的动态 BP 算法进行训练。研究结果表明，相比常规前馈神经网络，DRNN 结构更为简单，且所需的训练样本较少，所设计的 DRNN 控制器能够显著提高反应堆温度控制的性能。文献[64]提出了一种反应堆功率神经网络控制器(neural network controller, NNC，见图 2-19)，为了确定神经网络控制器反馈、前馈和观测器的增益，将一个鲁棒最优自校正调节器(robust optimal self-tuning regulator, ROSTR)的响应作为参考轨迹，仿真结果表明与模糊自适应鲁棒逻辑控制器和鲁棒最优自校正调节器相比，在反应堆宽范围功率运行区域内 NNC 在功率控制中具有良好的稳定性和控制性能，且计算时间短。文献[65]报道了利用多层前馈神经网络逼近非线性压水堆堆芯的逆过程，建立了压水堆功率的神经网络自适应逆控制器，其中用于神经网络训练的控制器误差样本通过一种在线两步算法获得，其实现过程如图 2-20 所示。

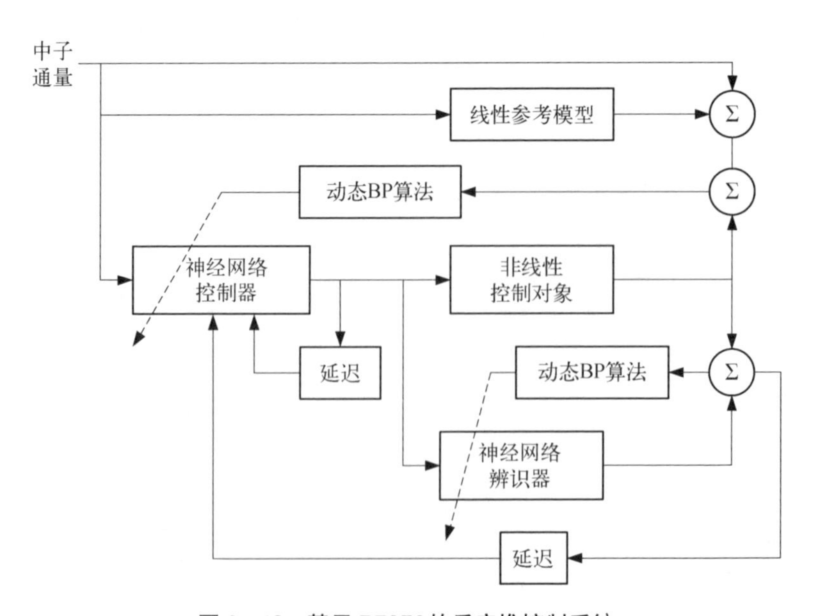

图 2-18　基于 DRNN 的反应堆控制系统

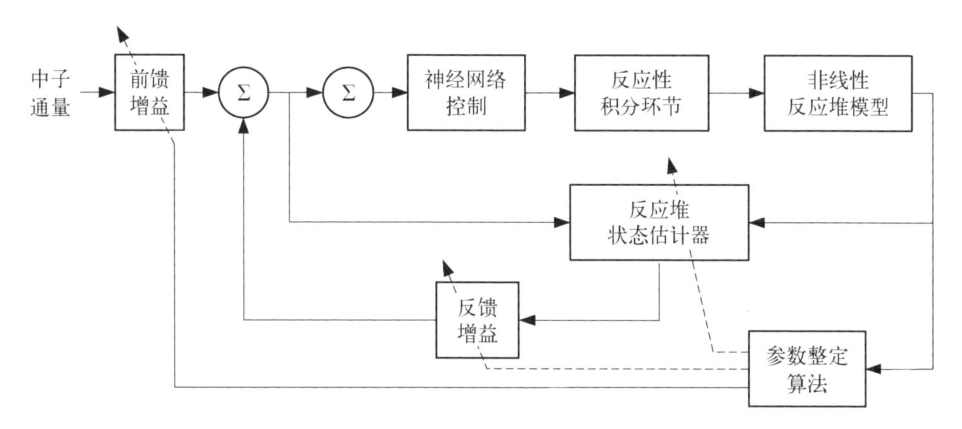

图 2-19　NNC 结构图

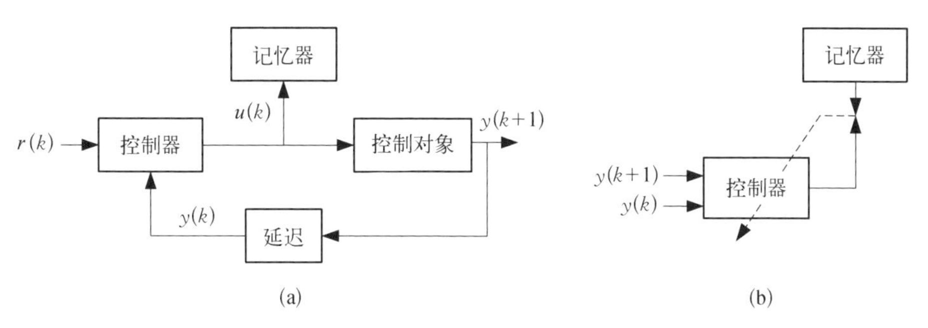

(a)　(b)

图 2-20　神经网络自适应逆控制器的在线两步实现过程

(a) 控制过程;(b) 自适应过程

3) 反应堆功率的模糊神经网络控制

文献[66]报道了构造一种模糊神经预测控制系统(见图 2-21),解决了核电厂负荷跟踪过程中功率和功率分布控制的耦合问题。该控制系统用一个三层的径向基函数(radial basis function, RBF)神经网络来拟合系统的预测模型,采用专家知识提取模糊规则来产生决策。负荷跟踪控制过程被分为学习期和运行期两个环节:在学习期,系统从反应堆运行中获取输入、输出数据,通过离线训练获得预测 RBF 模型;在运行期,将 PI 控制用设计好的模糊控制器进行替代,并在整个功率运行区间执行控制功能,包括没有进行训练的功率运行区间。仿真结果表明,这种基于模糊规则与神经网络结合的预测控制方法可不依赖于模型,不仅提高了系统的动态特性,还实现了较高的稳态精度和抗干扰能力,大大提高了核电厂对负荷跟踪控制的控制水平。

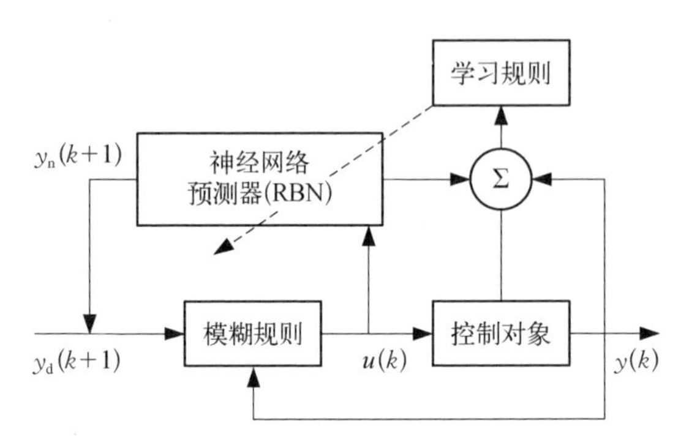

图 2-21　模糊神经预测控制系统结构示意图

文献[67]提出了一种用于压水堆堆芯功率分布控制的模糊神经控制算法,实现对轴向功率偏差在阶跃及线性变化响应下的快速控制,且不会在堆芯上下段之间引起功率振荡。该方法将来自堆芯各区块的数据作为模糊神经系统的输入,依靠过程的输入、输出数据自动学习产生控制规则,通过解耦方法来解决堆芯各区块间的耦合作用,解耦后的每个区块都由一个模糊神经控制器来分别控制,如图 2-22 所示。基于两节点氙振荡模型的仿真研究表明,该模糊神经控制系统的控制性能良好,对阶跃及斜坡输入响应快速,而且堆芯的上下段没有残余的功率振荡。

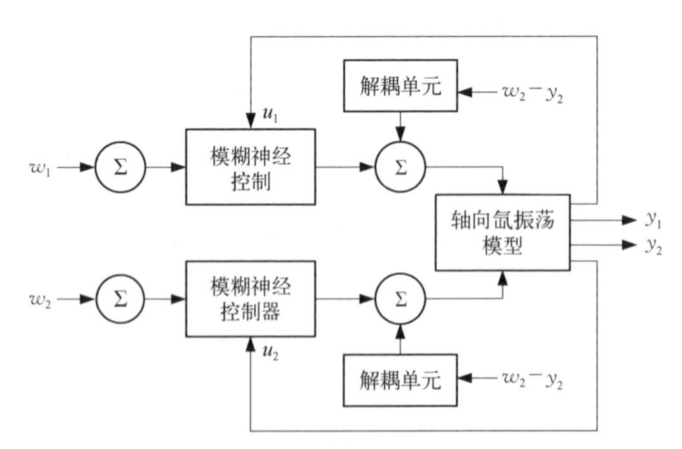

图 2-22　压水堆轴向功率分布的模糊神经控制系统结构示意图

文献[68]报道了结合递归神经网络与模糊系统,设计了一种核反应堆堆芯功率智能控制器,仿真结果表明,与其他控制方法相比,该控制方法简单可靠,并可有效提高控制响应的效果。文献[69]提出了一种基于情绪学习的反应堆功率智能控制方法，首先结合模糊逻辑和神经网络建立反应堆功率控制器，然后基于一种模糊评判机制评估系统当前运行控制状况，并给出情感压力信号，在此基础上对模糊神经控制器进行在线修正以降低情感压力。研究结果表明，所建立的基于情绪学习的模糊神经控制器（见图 2-23）在较宽功率运行区间具有良好的控制性能和鲁棒性。

4）反应堆功率的智能优化控制

（1）模糊优化控制。文献[70]提出了一种基于模糊逻辑和粒子群优化（particle swarm optimization，PSO）算法的反应堆功率控制器设计方法，首先利用堆芯仿真动态计算数据和操纵员的经验建立模糊控制器的模糊规则，再利用 PSO 算法对这些模糊规则进行优化，进而构建基于 PSO 的反应堆功率控制系统，其结构如图 2-24 所示。在 ITUTRIGA Mark-II 研究堆的应用研究结果表明，所建立的控制器在全工况范围内具有满意的控制性能，在很低的功率水平下能够保证反应堆的安全稳定运行。

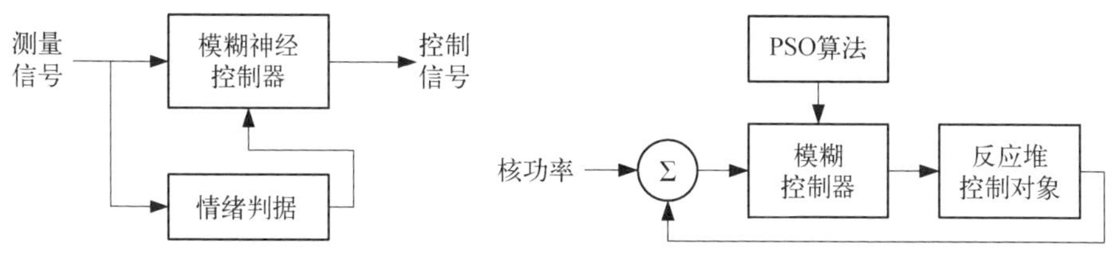

图 2-23　基于情绪学习的模糊神经控制器结构示意图

图 2-24　基于 PSO 的反应堆功率模糊控制系统结构示意图

（2）神经网络优化控制。文献[71]报道了将多反馈层神经网络（multifeeback-layer neural network，MFLNN）与 PSO 算法相结合，设计 ITUTRIGA Mark-II 实验堆堆芯功率的 MFLNN-PSO 控制器，其训练和测试流程如图 2-25 所示。MFLNN 是一种最新提出的递归神经网络，具有一个输入层、一个输出层和四个隐含层，如图 2-26 所示。文献[71]采用 PSO 算法对 MFLNN 的连接权重系数进行离线优化训练，避免了传统神经网络控制设计时求解系统逆过程的难题。仿真结果表明，所设计的 MFLNN-PSO 控制器具有满意的控制性能。

（3）单纯依靠优化方法的智能优化控制。文献[72]报道了一种反应堆平均温度线性自抗扰控制器，并采用遗传算法优化控制器参数，解决了自抗扰控制器参数不易整定的问题。仿真结果表明，利用寿期初模型进行优化的控制

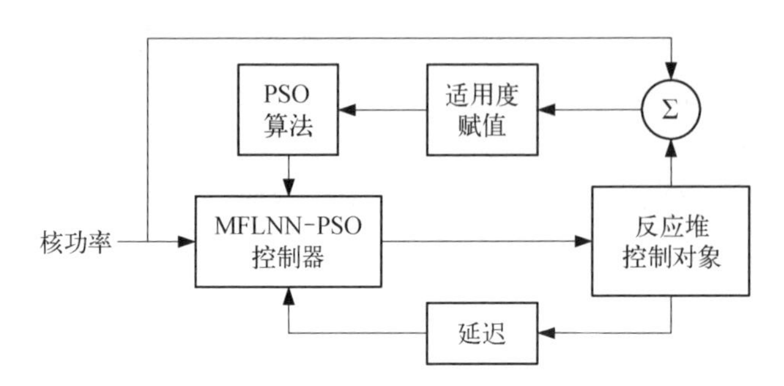

图 2-25　MFLNN-PSO 控制器的训练流程

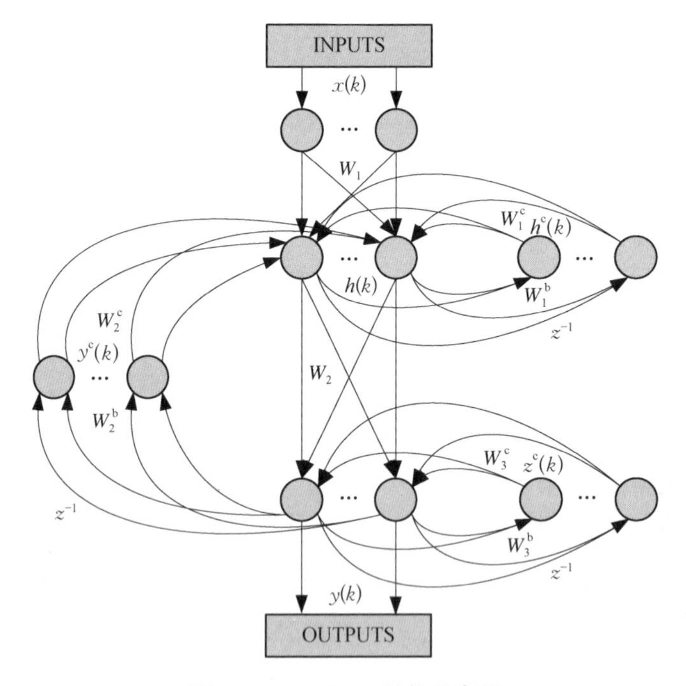

图 2-26　MFLNN 结构示意图

器在寿期中和寿期末都取得了较好的控制效果，表明了该优化方法对控制器参数进行优化的有效性，以及对控制器有良好的鲁棒性。文献[73]报道了采用带精英策略的非支配排序遗传算法（NSGA-II，见图 2-27）对 AP1000 反应堆轴向功率分步控制系统中冷却剂平均温度（T_{avg}）通道的超前/滞后时间常数和功率偏差通道的非线性增益进行了多目标优化，优化目标为阶跃瞬态中反应堆功率超调量和 T_{avg} 超调量最小，结果表明，优化后反应堆功率和 T_{avg} 控制效果能够得到明显改善。文献[74]报道了采用 NSGA-II 算法对所提出的不调硼运行模式下 CPR1000 反应堆功率控制系统的参数进行了多目标优化，优化目标为 10%阶跃降负荷瞬态过程中堆芯功率和 T_{avg} 的时间乘绝对误差积分指标最小。结果表明，经过优化后堆芯功率控制和轴向功率偏差控制的效果得到明显改善。

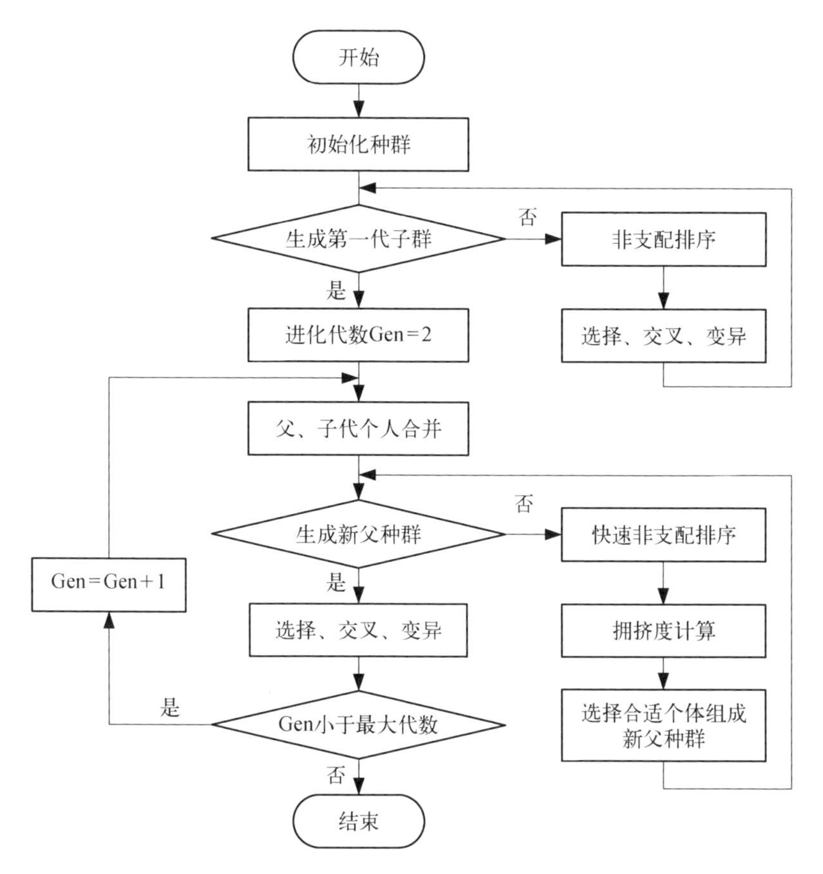

图 2-27　NSGA-II 算法的计算流程

文献[75]报道了采用惯性权重线性递减的粒子群优化(linear decreasing inertia weight particle swarm optimization, LDIW-PSO)算法(见图 2-28)对 AP1000 反应堆轴向功率分布控制系统进行了参数优化，优化过程以 T_{avg} 控制回路中的超前/滞后时间常数和磁滞回环区间域的上下限为优化变量，以减小核功率偏差和减少 M 棒组(平均温度控制棒组)移动步数为目标构建目标函数，同时在目标函数中增加罚函数功能，保证在优化过程中所选取的优化变量满足约束条件，并使 AO 棒组(轴向功率偏差控制棒组)始终在其目标控制带之内。结果表明，优化后反应堆功率和轴向功率偏差在瞬态过程中的超调量减少、响应速度加快。文献[76]报道了采用 LDIW－PSO 算法对加速器驱动次临界系统堆芯平均温度控制系统的参数进行优化，结果表明，优化后控制系统的性能得到了明显提升，并且控制棒组总的移动步数减少，降低了瞬态过程中控制棒的机械磨损。文献[77]报道了一种基于字典序优化的压水反应堆功率非线性模型预测控制器(nonlinear model predictive controller, NMPC)，将压水堆功率控制问题转化为具有不同目标优先级的字典序优化问题，并采用 PSO 算法高效求解 NMPC。结果表明，该控制器在保证约束的前提下，能够快速跟踪负荷变化，满足反应堆功率快速控制的要求。

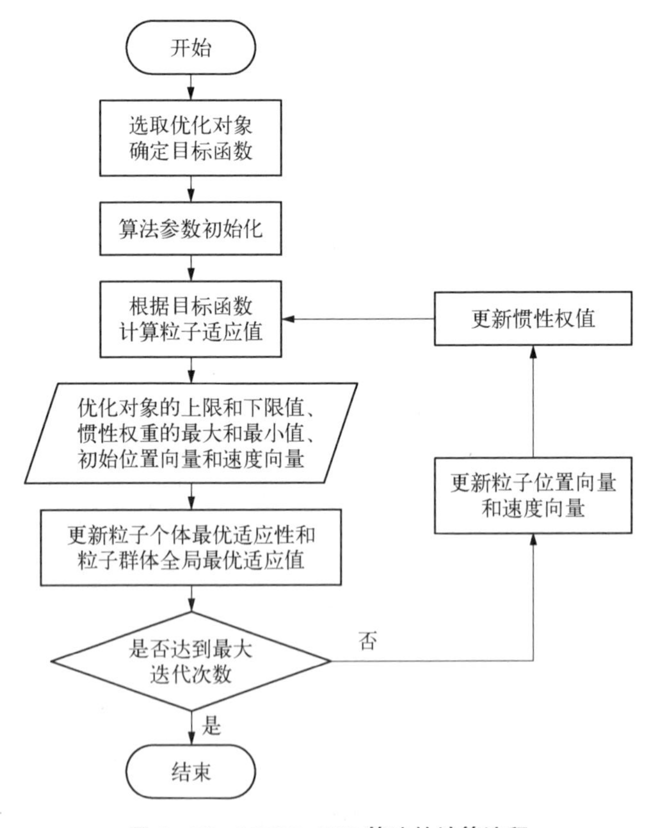

图 2－28 LDIW－PSO 算法的计算流程

2.4.1.2 稳压器压力和水位智能控制

压水堆稳压器压力和水位的良好控制是保证反应堆及一回路冷却剂系统安全、可靠和稳定运行的前提条件。然而，由于稳压器热惯性、参数分层分布带来的大滞后、非线性、时变等特性，使得稳压器的压力和水位控制难度较高。因此，国内外专家学者对稳压器的压力和水位控制开展了广泛研究，基于智能控制的相关研究也是其中的重要方面。

1）稳压器压力、水位的模糊控制

自20世纪90年代，采用模糊控制方法开展稳压器的压力和水位控制的研究已经取得了很多成果。文献[78]报道了运用模糊控制理论，针对稳压器压力控制对象的特点，为解决核反应堆系统折中稳态运行方案下低工况运行时一回路压力随负荷变化波动较大的问题，设计了压力模糊控制器；仿真结果表明，该控制器在对原系统不做大改动的前提下，能有效地抑制一回路压力波动，比原有调节系统具有好得多的调节品质。文献[79]报道了针对稳压器压力控制问题，提出了一种自适应模糊控制器（见图2-29），可以在线学习调整模糊控制规则并实现参数校正，对稳压器压力控制的仿真研究表明，自适应模糊控制器的控制性能良好，并具备了优化和智能特征。文献[80]报道了对大亚湾一期工程反应堆控制系统的稳压器水位控制问题进行研究，将原有常规PI控制器用智能模糊控制器替代，提高了控制系统的响应能力和抗扰动能力。文献[81]报道了通过仿真试验证明在提高稳压器压力、水位控制系统的动态和稳态性能方面模糊控制具有明显的优势。文献[82]阐述了在稳压器水位控制系统中模糊控制方法的应用，仿真结果表明，与传统控制方法相比，模糊控制具有明显的优越性。针对大型压水堆稳压器大滞后、非线性且难以建立动态特性的准确机理模型的特点，文献[83]报道了结合模糊控制与传统PID控制，对稳压器的动态过程进行仿真研究，仿真结果表明，结合模糊控制和PID控制后，能够系统地减少稳态误差并改善系统的动态响应特性。文献[84]介绍了基于模糊自适应PID的稳压器控制，实现PID参数的在线整定，既保持了常规控制器原理简单、成熟可靠、鲁棒性较强等优点，又提高了控制系统的控制性能及其灵活性、适应性。文献[85]报道了针对压水堆核电厂稳压器升压和降压时控制特性的不同，设计基于模糊PID的稳压器压力控制器（见图2-30）。仿真研究表明，所建立的模糊PID控制器能显著提高瞬态过程中稳压器压力的控制性能。区间二型模糊模型相比传统模糊控制方法能更有效地处理控制系统的不确定性，已被用于稳压器控制研究，区间二型模糊控制器的一般结构如图2-31所示，该控制器参数较多且整定过程比较复杂，因此文献[86]报道了利用人类学习优化(human learning optimization, HLO)算法对区间二型模糊控制器的参数进行全局优化，以获得最优的稳压器压力控制器的控制性能。仿真结果表明，基于 HLO 算法的区间二型模糊控制系统基本没有超调且响应速度快，相比传统二型模糊控制方法及其他优化算法，具有更好的控制性能。

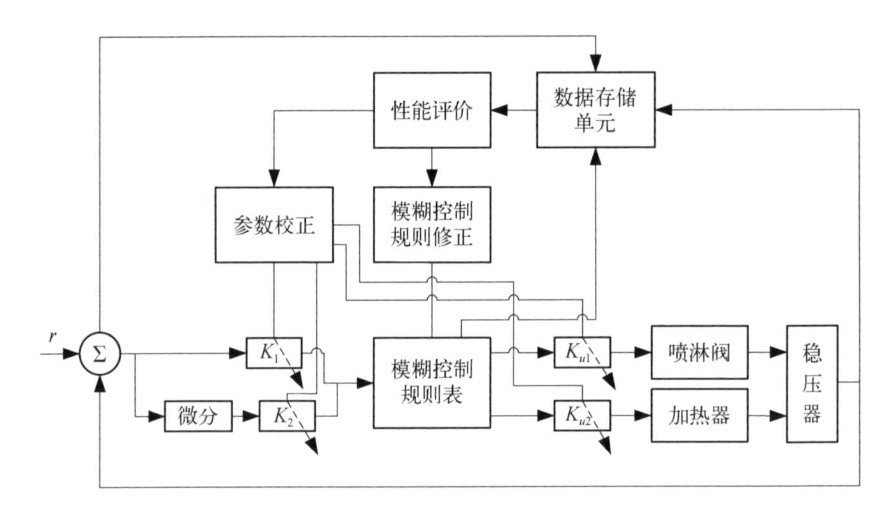

图 2-29　稳压器压力自适应模糊控制系统结构框图

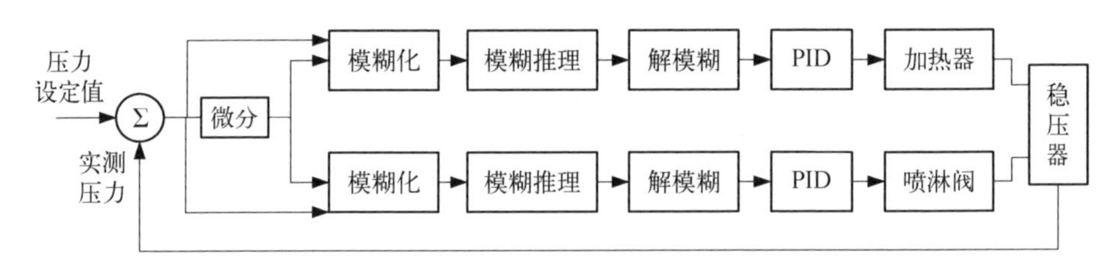

图 2-30　基于模糊 PID 的稳压器压力控制系统结构框图

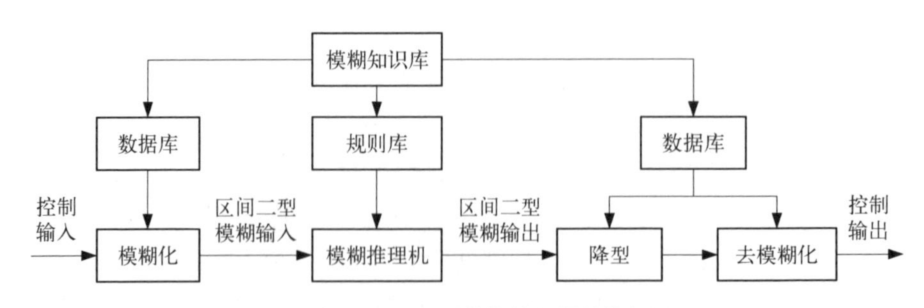

图 2-31　区间二型模糊控制器结构框图

上述研究主要针对稳压器压力或水位控制分别开展，而实际过程中稳压器的压力和水位紧密相关，因此有必要研究考虑压力和水位耦合作用的稳压器综合控制系统(见图 2-32)。文献[87]提出了一种稳压器压力和水位的模糊综合控制方案,通过合理地确定模糊集、隶属度函数和模糊控制规则等,初步建立了稳压器压力和水位的模糊综合控制器。仿真结果表明,与传统的PID控制器相比,该模糊控制器在提高稳压器压力和水位控制系统的稳态和动态性能方面具有较强优势,但是其模糊控制器的设计参数是根据经验选择的。因此,文献[88]又报道了采用遗传算法(genetic algorithm, GA)自动生成稳压器压力模糊控制器的参数,但是GA算法的实时性较差。文献[89]提出了一种稳压器压力和水位的新型模糊综合控制方案,采用3个典型模糊控制器分别对喷淋阀、比例式电加热器和上充阀进行控制,在稳压器压力模糊控制器中采用了积分分离方法;对汽轮机负荷阶跃变化、线性变化、甩负荷3种工况的控制仿真研究结果表明,该方法可较大提高稳压器压力和水位的稳态和动态控制性能,明显优于基于GA算法的PID控制方案和模糊控制方案。

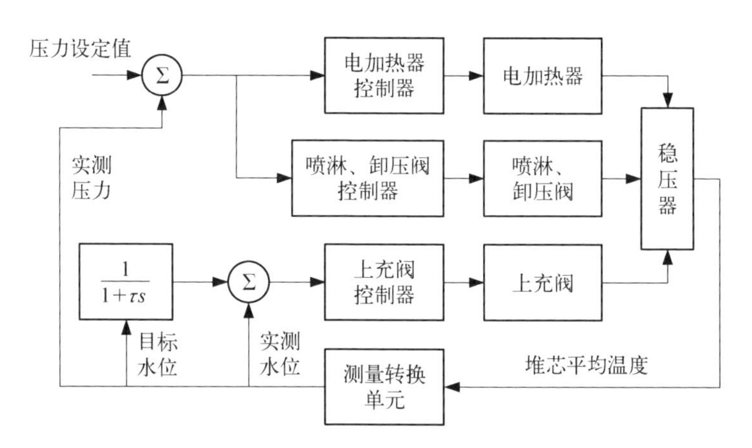

图 2-32 稳压器压力和水位的综合控制系统结构

2) 稳压器水位的神经网络控制

文献[90]报道了将PID控制器与小脑模型控制器(cerebellar model articulation controller, CMAC)神经网络相结合来实现核反应堆的稳压器水位控制。通过实验仿真可以得到如下结论:传统PID控制参数的整定依赖于控制对象的精确数学模型,难以准确整定且适应性较差,对复杂过程不能保证其控制精度,不能获得满意的控制效果;基于RBF神经网络结合PID控制或CMAC神经网络结合PID控制的控制方法可以增强系统的鲁棒性和适应性,并且可以实现更为准确的控制性能。

3）稳压器的模糊神经网络控制

文献[91]报道了在生物神经内分泌腺体激素调节的原理上，设计一种包含超短反馈和长反馈的双层控制器，在内模和滑模复合控制系统中（见图 2－33），内模控制器即内分泌单神经元 PID 主要影响控制系统的跟踪性能，滑模控制器则主要负责消除系统的扰动，此外还引入模糊控制来整定单神经元 PID 的输出增益。仿真结果表明，相较于传统 PID 控制器，内分泌变增益单神经元滑模控制器使控制响应得到了有效的改善。

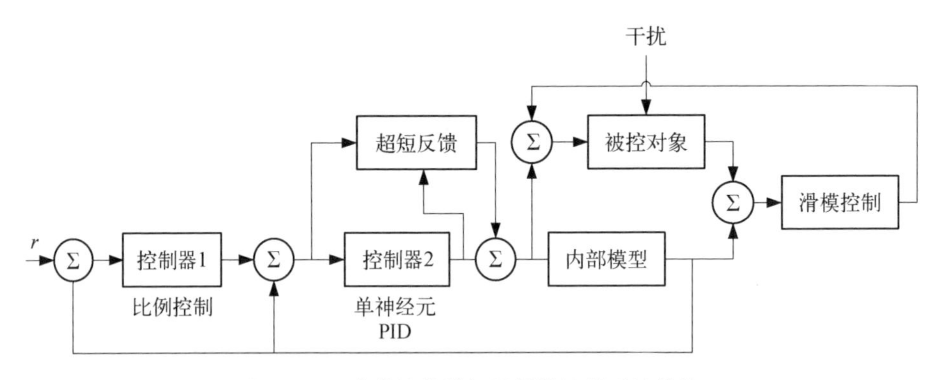

图 2－33　内分泌单神经元滑模控制系统结构

4）稳压器的智能优化控制

（1）模糊优化控制。文献[92]报道了在稳压器压力控制研究中利用遗传算法自动生成模糊规则库，建立模糊控制器。仿真结果表明，采用遗传算法自动生成规则库的模糊控制器相比传统 PID 控制器具有更小的超调量、更快的响应速度且瞬态过程也更为平稳。

（2）单纯依靠优化方法的智能优化控制。文献[93]报道了采用多目标 NSGA－II 算法对一个小型压水堆稳压器压力和水位控制系统的关键参数分别进行了优化，所建立的优化目标函数同时包含对压力或水位控制效果的评价指标以及相应控制代价（相应控制执行机构的动作）的量化指标，最终优化结果的选取综合考虑了控制效果和控制代价之间的平衡。仿真结果表明，进行多目标优化后，瞬态过程中稳压器压力和水位的控制效果能够得到明显改善，并且执行机构的动作频率也能有效降低。文献[94]报道了基于粒子群优化的灰色预测 PID 控制方法（见图 2－34），利用灰色预测模型的预测值取代当前值反馈至控制器，然后运用粒子群优化算法在线整定和优化 PID 控制参数。仿真结果表明，采用粒子群优化后的灰色预测 PID 控制方法相比传统 PID 控

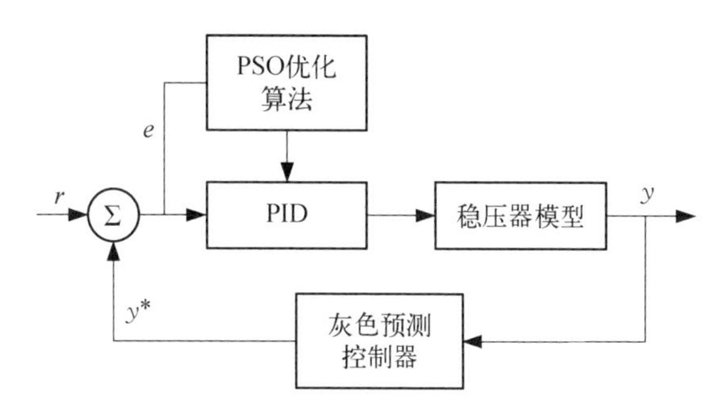

图 2－34　基于 PSO 优化的灰色预测控制系统结构

制方法有效减少了系统超调量，提高了响应速度，从而改善了控制品质。

2.4.1.3　蒸汽发生器水位智能控制

为使压水堆核电厂可靠、经济、安全运行，其饱和式蒸汽发生器（steam generator，SG）的水位要求控制在一定范围内。由于蒸汽发生器是一个非线性、时变的复杂系统，还存在非最小相位、虚假水位现象，且稳定裕度小，其水位控制比较困难。虽然最优控制、预测控制、鲁棒控制等多种线性或非线性控制方法被用于 SG 水位控制研究，研究结果表明可获得较好的控制效果，但其算法复杂，尤其依赖于 SG 水位特性的精确数据模型。而智能控制不依赖于对象模型，可实现非线性复杂系统的良好控制，被广泛应用于 SG 水位控制研究。

1）蒸汽发生器水位的模糊控制

模糊技术在 SG 水位控制中的应用已经较为广泛和深入，且取得了相当大的进展。文献[95]报道了模糊逻辑在 SG 水位控制中的应用问题，研究结果显示，在 SG 水位控制问题中，模糊逻辑控制器的性能优于传统 PI(D)控制器和最优控制器。文献[96]报道了基于模糊理论解决 SG 的水位控制问题。文献[97]报道了设计 SG 水位的模糊逻辑控制系统，并将其成功应用到 Fugen 反应堆的 SG 给水控制中，其 SG 水位模糊控制流程（低流量）如图 2－35 所示，这是模糊控制在核电厂实际应用中的少数成功范例之一。文献[98]中提出了一种具有模糊逻辑滤波功能的模糊控制器，减少了在功率初始变化和剧烈的蒸汽流量扰动情况下 SG 内的膨胀和收缩现象对水位控制的影响。仿真结果表明，该模糊控制器在整个功率动态范围内可使水位的瞬态超调量小、动态响应快，控制性能良好。文献[99]中提出了一种实时的、具有转换因子调整功能的 SG 水位自调节模糊控制器。文献[100]报道了采用一种无须初始规则即可完成控制任务的自组织模糊控制器，提高了 SG 水位控制效果。文献[101]设计了自组织模糊逻辑 SG 水位控制器。文献[102]提出了分级自适应模糊 SG 水位控制方案，有效减少了模糊规则数和可调参数，在此基础上又采用了粗调/细调的在线调整方法，进一步加快了在线学习的速度。仿真结果表明，此模糊控制器的控制效果相比可变增益 PD 调节器更好。文献[103]设计了 SG 水位模糊自适应 PID 控制器，该控制器能够根据水位误差与误差变化率对 PID 参数基于模糊推理系统进行在线整定。结果表明，与常规 PID 控制相比，模糊自适应 PID 控制的超调量减小了约 35%，调节时间缩短了约 50%，提高了水位控制系统的控制品质。

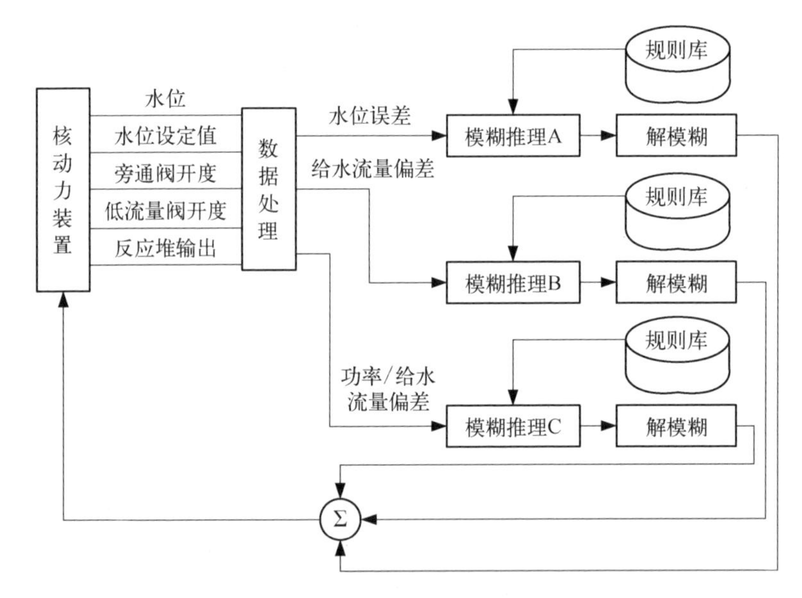

图 2-35　Fugen 堆 SG 水位模糊控制推理框图(低流量)

2) 蒸汽发生器水位的神经网络控制

文献[104]报道了将递归神经网络应用于 SG 水位的预测控制中，首先利用递归神经网络构造多步神经网络预测器，并用于 SG 水位动态过程的建模；然后结合传统的 PI 控制器，采用了梯度下降算法和并行学习结构设计了自适应 PI 控制器(见图 2-36)。仿真试验表明，通过在线自适应调节增益，自适应 PI 控制器能够成功地对 SG 水位进行控制。文献[105]报道了结合 PID 控制的结构与神经网络方法，提出了蒸汽发生器水位的神经网络自适应 PID 控制方法，该方法采用 BP 学习算法调整控制器神经网络的连接权值，可实现控制器参数的在线整定。仿真结果表明，该控制器具有良好的控制性能，且结构简单，易于工程实现。该文献基于对角递归神经网络设计了神经网络辨识器(neural networks identifier, NNI)和神经网络控制器(neural networks controller, NNC)(见图 2-37)，分别辨识和控制 SG 水位的变化率，从而通过对水位变化率的快速稳定辨识进行自适应控制，具有较好的控制效果。

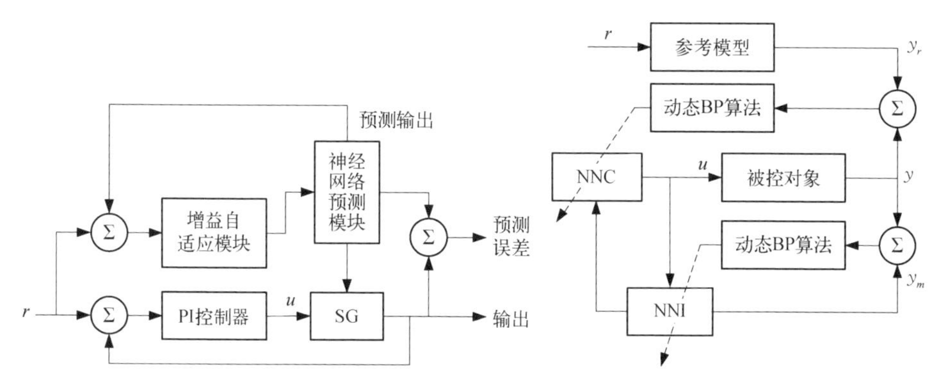

图 2-36　SG 水位神经网络预测控制　　**图 2-37　基于 DRNN 的控制系统框图**

3) 蒸汽发生器水位的模糊神经网络控制

将神经网络与模糊控制相结合是 SG 水位智能控制研究的热点。文献[106]中将神经网络与模糊控制相结合提出了稳定模糊神经网络水位控制器(neuro-fuzzy level controller, NFLC)(见图 2-38)，其特点是将任意的双输入、单输出线性控制器映射为特殊的控制规则集。作者利用李雅普诺夫稳定性准则取得稳定向量，应用反传算法自动更新 NFLC 规则表用于设计稳定的控制器。仿真研究表明，该控制器在水位与蒸汽流量的扰动下能够减小“收缩-膨胀”的不良影响。此外，NFLC 能够满足多变量控制对象对渐近稳定性和优良控制响应的要求。文献[107]提出了一种模糊神经逻辑 SG 水位控制器，保证了控制器的稳定性。文献[108]设计了蒸汽发生器水位的自适应模糊神经控制器。文献[109]设计了基于自适应评判的蒸汽发生器水位模糊神经控制器(adaptive critic neuro-fuzzy controller, ACNFC)，ACNFC 原理如图 2-39 所示。该控制器的特点是将神经网络、模糊逻辑和先进的自适应评判方法结合起来，在抗扰动、鲁棒性和不确定模型系统的控制方面具有良好的性能。针对常规模糊神经网络在设计过程中存在的优选模糊隶属函数的难题，文献[110]报道了将一种补偿模糊神经网络(compensation fuzzy neural network, CFNN)用于 SG 水位控制，通过引入补偿神经元提高了神经网络的容错性，同时在神经网络学习中动态优化补偿模糊运算。CFNN 控制系统能够在运行中不断优化自身的参数，其程序流程如图 2-40 所示。

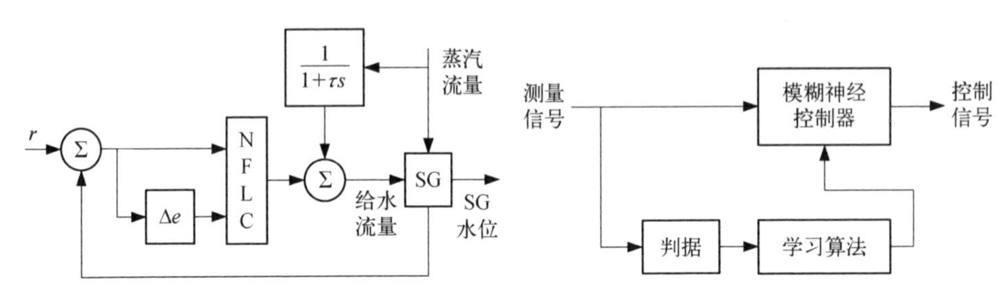

图 2-38　模糊神经网络 SG 水位控制器　　图 2-39　自适应评判模糊控制器原理

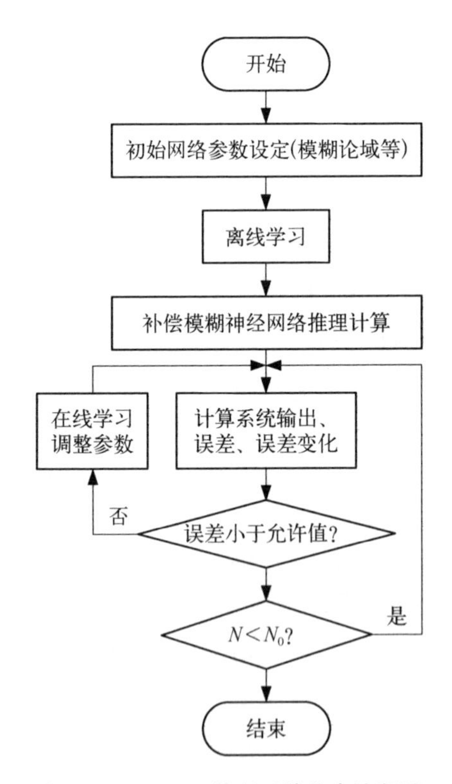

图 2-40　CFNN 控制系统仿真流程图

4）蒸汽发生器水位的智能优化控制

（1）模糊优化控制。文献[107]报道了研究 SG 水位的鲁棒模糊控制器设计，从实际运行数据中利用 GA 算法自动产生隶属函数和控制规则库。仿真试验表明，在 SG 参数变化和蒸汽流量大扰动下该模糊控制器也能保证控制系统的稳定性和优良的性能指标。文献[111]提出采用经典的遗传算法优化 SG 水位模糊控制器的参数，并证明了遗传算法在模糊控制器设计过程中良好的优化作用。文献[112]中利用模拟退火算法来确定 SG 水位模糊控制器的隶属度函数的参数。

(2) 单纯依靠优化方法的智能优化控制。文献[113]报道了基于 SG 水位控制特性的机理模型，用遗传算法优化给水流量控制器的参数，其结果反映出与传统参数整定方法相比，遗传算法具有一定的优越性，但是该方法在仿真过程中只是选取了给水流量传递函数进行参数优化，所以该方法具有一定的局限性。文献[114]报道了在分析蒸汽发生器运行特性的基础上，根据蒸汽发生器的简化机理模型，设计一种整定 PID 控制器的遗传算法，仿真研究表明，其水位控制效果良好。文献[115]报道了在蒸汽发生器水位的串级控制系统中引入自抗扰控制方法，解决传统 PID 控制器在快速性和超调量这两方面的矛盾，还能够对控制对象模型的内扰和外扰进行动态补偿，在自抗扰控制器参数的优化上采用了基于混沌搜索的粒子群混合优化算法，为自抗扰控制器参数众多、难以整定的问题提供了有利的方法支持。仿真试验结果表明，该控制方法的鲁棒性和控制品质均好于传统的串级 PID 控制方法。

2.4.1.4　其他系统的智能控制

1）核动力系统二回路及其他辅助系统的智能控制

文献[116]提出了在负荷跟踪过程中汽轮机的分级优化控制策略，该策略采用启发式控制规则来提高汽轮机的运行效率。文献[117]报道了设计汽轮发电机系统的自适应模糊控制器，提出了一种新颖并全局收敛的在线训练算法进行模糊规则库调整，可实现对任一运行点上的干扰进行预期调整，仿真结果证明了在实际工程中采用这一算法的可行性。文献[118]设计了一种用于压水堆负荷跟踪运行的硼浓度三维模糊控制系统（见图 2－41），模糊控制器的主信号是反应堆平均温度与其设定值的偏差及偏差变化率，辅助信号是平均

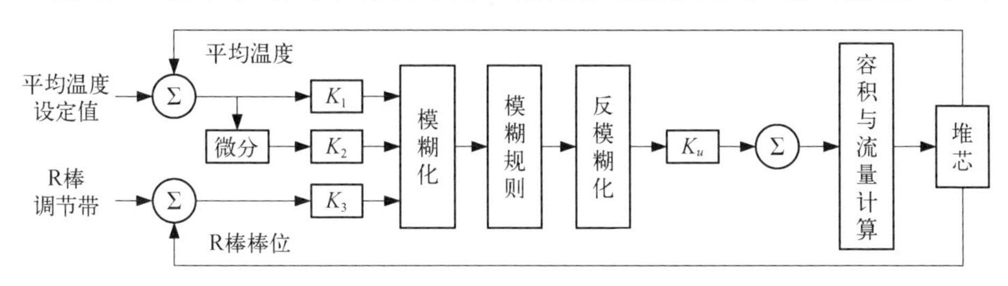

图 2－41　硼浓度的模糊控制原理图

温度控制棒(R 棒)位移与其调节带中心点的偏差信号,将主、辅信号作为输入信号,反应堆硼浓度的控制量是该模糊控制器的输出信号。寿期初升负荷模拟仿真和寿期末降负荷的模拟仿真表明,该控制器可以自动控制反应堆硼酸浓度,表现出了良好的调节品质和负荷跟踪性能。

2) 其他水堆核动力系统的智能控制

文献[119]报道了针对先进沸水堆(advanced boiling water reactor, ABWR)核电厂给水控制问题设计模糊控制器,并提出一种方法自适应调整模糊控制规则,有效减少了模糊规则数量。仿真研究表明,所提出的模糊控制器与传统 PI 控制器相比可有效缩短阶跃瞬态过程的调节时间。文献[120]设计了多输入多输出模糊自适应滑模递归控制器(fuzzy adaptive recursion sliding mode controller, FARSMC),用于 ABWR 核电厂反应堆压力、水位以及汽轮机输出功率的控制问题,其原理如图 2-42 所示。该控制器设计采用递归的形式处理外部干扰和模型的不确定性,通过采用参数自适应模糊推理模型提高控制器的响应性能。仿真研究表明,FARSMC 在功率变化和抗外部干扰方面具有鲁棒性,其整体控制性能优于传统的 PI 控制器。文献[121]提出了一种基于规则的层级递归式模糊控制方法,基于此设计了 ABWR 的模糊给水控制器,显著改善了瞬态过程中系统的给水控制效果。

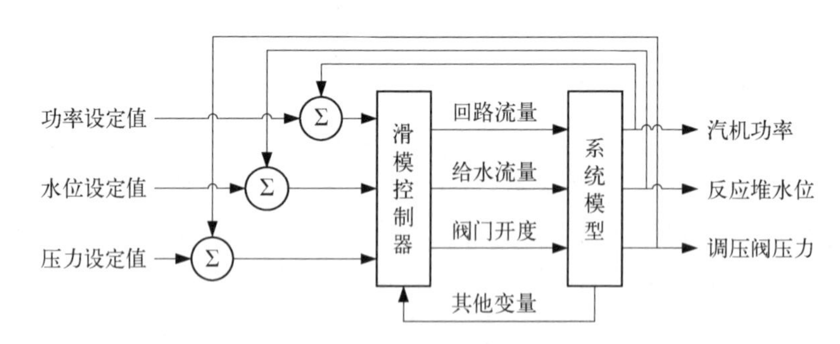

图 2-42 沸水堆模糊自适应滑模递归控制原理框图

文献[122]设计了一个单输入模糊逻辑功率控制器,用以解决先进重水堆(advanced heavy water reactor, AHWR)的空间氙振荡问题,该控制器与常规的双输入模糊控制器相比具有模糊规则少、控制参数调整方便等优点。动态仿真结果表明,所提出的单输入模糊控制器能够实现堆芯功率分布的良好控制,很好地抑制了 AHWR 的空间氙振荡。文献[123]报道了基于传统的模糊控制方法设计了一种类模糊 PD(fuzzy-like proportional derivative, FZ-PD)

控制器(见图2－43),用于AHWR堆芯功率分布控制。仿真结果表明,该FZ－PD控制器能够有效地抑制AHWR氙毒浓度变化引起的中子通量的空间振荡,具有良好的鲁棒性。

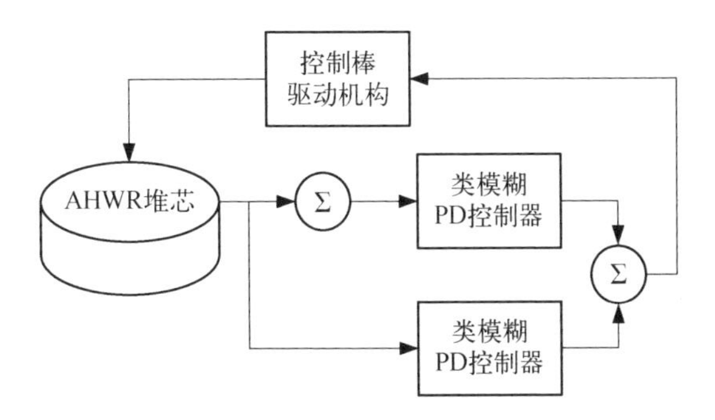

图2－43　AHWR堆芯功率的闭环FZ－PD控制系统

2.4.2　关键技术

针对核反应堆系统的结构和运行特点,并结合其控制难点,在对国内外相关技术进行系统分析的基础上,总结出以下基于模糊逻辑、神经网络、模糊神经网络和智能优化算法在核反应堆系统智能控制中的关键技术。

2.4.2.1　神经网络自学习与其他控制方法的结合

人工神经网络是神经网络控制的核心,它是一种用来模拟人类大脑神经网络结构和行为的技术。将神经网络技术应用于核反应堆系统的控制研究主要利用神经网络技术的自学习能力,针对难以建立准确解析数学模型的非线性对象建立数据驱动模型;按照一定的性能指标和学习方法对PID控制器或被控对象模型进行参数寻优;或与其他技术或算法结合设计自适应神经网络控制器,如与鲁棒控制技术结合实现智能鲁棒控制等。

2.4.2.2　专家经验模糊化及其与控制方法的结合

模糊控制是一种基于模糊数学、模糊推理和模糊语言规则的智能控制方法,模糊控制在核动力系统的应用中常需要结合其他控制技术,如在传统PID控制系统中采用模糊规则来整定PID控制器参数,利用被控对象的实际输出与其设定值的偏差及偏差变化率对控制器的P、I和D参数进行在线调整;将模糊控制与神经网络技术相结合的模糊神经网络可用于建立核反应堆系统及复杂设备的数据驱动模型;采用模糊规则调节开环前馈信号及处理多变量解耦问题等。

2.4.2.3 自适应模糊神经网络控制

模糊神经网络有机结合了模糊逻辑和神经网络分别在处理结构化知识和非结构化信息方面的优点，将模糊控制的3个基本过程(模糊化、模糊推理和解模糊)全部对应到神经网络的各层神经元予以实现。其主要特点是借助神经网络的信息存储能力和学习能力，在训练中实现自适应、自组织、自学习，从而按照设计的控制性能指标优化控制规则、各语言变量的隶属函数及每条规则的输出函数，使控制偏差逐渐收敛。

2.4.2.4 智能优化算法与智能控制的结合

智能优化控制是将智能优化方法和控制方法进行有机结合来解决控制系统设计问题的有效途径，由于目前学术界对智能优化控制没有统一的定义，因此这里先按照“既涉及智能控制又涉及优化方法”的原则进行论述和分析。智能优化算法通常包括群体智能(SI)和进化计算(EC)两大类，在核反应堆系统中的应用研究主要集中在粒子群优化算法、蚁群优化算法和遗传算法。

模糊控制、神经网络控制以及两者之间的结合控制能解决以往传统控制器参数恒定所带来的问题，且取得了很好的控制效果。但是，这些智能控制器中的各类参数仍然是人为决定的，如神经网络方法中的模糊控制方法中论域的划分、隶属度的选择、训练权值的选择等都是依靠专家的经验而定，并没有达到完全基于训练数据的最优化设计。因此，将智能优化算法用于对这些智能控制器进行智能优化控制引起了广泛的研究兴趣。

1) 模糊优化控制

建立和完善控制规则库是模糊控制面临的一个难题。目前，建立规则库的方法主要有两种：启发式定性方法和机器学习方法。启发式定性方法将专家和操纵员的控制经验抽象出来，并用一组模糊语言值加以描述；而机器学习方法是通过对过程的输入、输出数据加以自动学习而产生控制规则库(如GA)。对核反应堆系统而言，用来学习的数据既可以是实堆运行数据，也可以是仿真数据。用于优化模糊控制器的智能优化算法最常见的是GA。GA优化模糊控制器时包含三种基本类型：优化隶属度函数(语言规则固定)、确定规则数(隶属度函数不变)、同时优化隶属度函数和规则数。

2) 神经网络优化控制

神经网络的实质是将控制系统视为控制对象响应与控制命令之间的映射，而神经网络的学习机制则被视为对这种映射进行调整以改进控制系统性能。神经网络与模糊逻辑相似，都可视为不依赖于机理模型的函数逼近器。

神经网络的学习算法实质上是对应于神经网络连接权值的一种优化过程，采用智能优化方法对神经网络的各种设计要素进行调节，可以在很大程度上降低设计要求和外部干预，例如传统神经网络需要人为确定神经元和层的数量、学习算法的类型、学习速率、网络参数、传递函数等，而智能优化方法能够在既定指标的迭代引导中自动确定这些参数。与模糊优化控制相似，在神经网络优化控制中，GA 也是最常用的优化方法之一，通过 GA 可进行结构学习(网络拓扑)，包括层数、每层的处理单元数、处理单元之间的连接性等。

2.4.3　未来发展趋势及关键问题

智能控制未来有 3 个发展趋势：智能控制与先进控制理论的结合、多变量综合智能控制、混合智能控制。

(1) 智能控制与先进控制理论的结合。神经网络控制、模糊控制等在核反应堆系统控制中的成功应用是核反应堆系统控制技术的一个重要发展方向，也显示了智能控制器可能更优于常规控制器的控制品质，而且在核反应堆系统控制中的应用是完全可行的。神经网络与模糊技术及先进控制理论的结合是智能控制在核反应堆系统控制中的重要发展趋势。

(2) 多变量综合智能控制。目前大多数应用研究仍然集中在核反应堆系统的典型子系统上。考虑到实际情况下各个子系统的非独立性和各系统参数的强耦合性，非常需要开展核反应堆系统的整体智能控制研究。核反应堆系统是非常复杂的多变量输入、输出系统，显然需要针对多变量智能控制在核反应堆系统中的应用开展更广泛而深入的研究。

(3) 混合智能控制。随着人工智能技术的突破，智能控制技术及其实现方式也在逐渐更新升级，变得越来越丰富，其应用领域也会不断扩大。根据核反应堆系统不同控制对象的特点及基本控制原理，能够综合不同智能控制方法的混合智能优化控制将会成为重要的研究方向。

由于对安全性的严格要求，尽管近年来诸多学者对智能控制技术在核反应堆系统的应用开展了大量的研究工作，但目前仍以仿真和小型试验研究为主，在具体工程应用中极少。因此虽然研究方法和成果较多，但对其成熟性缺少评估。为促进智能控制技术向更加成熟的方向发展，加快其在工程实践中可行性的突破进程，还需要进一步关注以下问题。

(1) 智能算法的简化。智能算法一般都涉及多参量和迭代计算，计算量大，搜索速度相对较慢，难以保证在有限时间内找到全局最优解，其寻优的确定性和控制的实时性不高。在应用中需要将计算方法与实际对象的运行情况相结合,在不同工况下对搜索方式进行适当简化,以提高计算实时性,同时需要协调好解的最优性和计算的实时性之间的矛盾。

(2) 智能控制通用性与针对性的平衡。智能控制的设计要求存在两面性:一方面,若要提高求解效率就需要充分利用对象的结构信息和专业经验,降低问题的求解难度;另一方面,又期望采用普适性方法来求解各种复杂对象的控制问题,以便于掌握和维护。因而在设计时需要在两者之间取得均衡。

(3) 智能算法在具体工况中的优化。在局部控制器采用智能控制技术时,为避免模型的泛化能力与精度不足造成过度调节,应根据不同工况设置一定约束条件,对智能控制器的输出动作进行限制,以避免控制指令的反复跳变引入额外扰动并影响执行机构的使用寿命。

参考文献

[1] 丁锋. 现代控制理论[M]. 北京:清华大学出版社,2018.

[2] 沈传文. 自动控制理论[M]. 西安:西安交通大学出版社,2007.

[3] 张建民. 核反应堆控制[M]. 北京:中国原子能出版社,2016.

[4] Wan J S, Wang P F. LQG/LTR controller design based on improved SFACC for the PWR reactor power control system[J]. Nuclear Science and Engineering, 2020, 194: 433-446.

[5] 刘金琨. 智能控制:理论基础、算法设计与应用[M]. 北京:清华大学出版社,2019.

[6] 涂序彦,王枫,刘建毅. 智能控制论[M]. 北京:科学出版社,2010.

[7] Zadeh L A. Fuzzy sets[J]. Information and Control, 1965, 8(3): 338-353.

[8] McCulloch W S, Pitts W. A logical calculus of the ideas immanent in nervous activity[J]. The Bulletin of Mathematical Biophysics, 1990, 52(1): 99-115.

[9] Mamdani E H, Assilian S. An experiment in linguistic synthesis with a fuzzy logic controller[J]. International Journal of Man-machine Studies, 1975, 7(1): 1-13.

[10] Sampson J R. Adaptation in natural and artificial systems (John H. Holland)[J]. Philadelphia, 1976, 18(3): 529-531.

[11] Poli R, Kennedy J, Blackwell T. Particle swarm optimization[J]. Swarm Intelligence, 2007, 1(1): 33-57.

[12] 刘继伟. 基于大数据的多尺度状态监测方法及应用[D]. 北京:华北电力大学,2013.

[13] 崔大龙,李政. 基于全工况数学模型诊断核电汽轮机热力系统故障的新思路[J]. 核动力工程,2004,25(1):8-12.

[14] 唐虎,高祖瑛,董玉杰. 一种基于守恒方程的反应堆故障诊断方法[J]. 核科学与工程,2006,26(1):51-56.

[15] 郭钰锋,赵晓敏,于达仁,等. 用于汽轮机甩负荷动态计算的数学模型[J]. 汽轮机技术,2006(2):104-107.

[16] 徐非. 核动力装置一回路分布式状态监测方法研究[D]. 哈尔滨：哈尔滨工程大学，2015.
[17] Ono S. Development and application of the plant condition monitoring system for nuclear power plants [J]. Thermal and Nuclear Power Generation Convention Collected Works, 2014, 10: 41 - 47.
[18] Ma J, Jiang J. Applications of fault detection and diagnosis methods in nuclear power plants: a review[J]. Progress in Nuclear Energy, 2011, 53(3): 255 - 266.
[19] 马贺贺. 基于数据驱动的复杂工业过程故障检测方法研究[D]. 上海：华东理工大学，2012.
[20] 熊丽. 基于数据驱动技术的过程监控与优化方法研究[D]. 杭州：浙江大学，2008.
[21] 郭铁波. 基于混合仿真平台的空调系统故障诊断方法研究[D]. 上海：上海交通大学，2013.
[22] Hines J W, Garvey D. Process and equipment monitoring methodologies applied to sensor calibration monitoring[J]. Quality and Reliability Engineering International, 2007, 23(1): 123 - 135.
[23] Ajami A, Daneshvar M. Data driven approach for fault detection and diagnosis of turbine in thermal power plant using independent component analysis (ICA) [J]. International Journal of Electrical Power & Energy Systems, 2012, 43(1): 728 - 735.
[24] Nelson W R. REACTOR: an expert system for diagnosis and treatment of nuclear reactor accidents [C]//Proceedings of the 2nd National Conference on Artificial Intelligence, Pittsburgh, AAAI, 1982(82): 296 - 301.
[25] Bjorlo T J, Berg O. Use of computer-based operator support systems in control room upgrades and new control room designs for nuclear power plant [C]// Proceedings NPIC&HMIT, La Grange Park, 1996: 1397 - 1404.
[26] 刘永阔. 核动力装置故障诊断智能技术的研究[D]. 哈尔滨：哈尔滨工程大学，2006.
[27] Kim K, Aljundi T L, Bartlett E B. Nuclear power plant fault-diagnosis using artificial neural networks [R]. Ames: Iowa State University of Science and Technology, 1992.
[28] 陈浩天. 基于神经网络的核电机组热力系统故障诊断[D]. 郑州：华北水利水电大学，2015.
[29] Naito N, Sakuma A, Shigeno K, et al. A real-time expert system for nuclear power plant failure diagnosis and operational guide[J]. Nuclear Technology, 1987, 79(3): 284 - 296.
[30] Wang X N, Zhu D H, Li F Q, et al. Application of expert system (ES) technology in fault diagnosis of steam turbine generators[C]// 2002 IEEE Region 10 Conference on Computers, Communications, Control and Power Engineering, Beijing: 2002, 3: 1869 - 1872.
[31] 钱虹，骆建波，金蔚霄，等. 报警触发式蒸汽发生器传热管破裂事故诊断专家系统的研究[J]. 核动力工程，2015，36(1)：98 - 103.

[32] Holbert K E, Lin K. Nuclear power plant instrumentation fault detection using fuzzy logic[J]. Science and Technology of Nuclear Installations, 2012, 421070.

[33] 易凌帆,颜拥军,周剑良,等. 基于支持向量机的核探测器电路故障诊断方法研究[J]. 原子能科学技术,2015,49(9): 1690-1694.

[34] 夏虹,杜兴富,张楠. 基于支持向量机的故障诊断技术研究[C]. 中国核学会2009年学术年会,北京: 2009.

[35] Mu Y, Xia H. A study on fault diagnosis technology of nuclear power plant based on decision tree[C]//18th International Conference on Nuclear Engineering, American Society of Mechanical Engineers, Xi'an: 2010: 707-710.

[36] Bae H, Kim Y, Baek G, et al. Diagnosis of Turbine Valves in the Kori Nuclear Power Plant Using Fuzzy Logic and Neural Networks[M]. Berlin: Springer, 2007: 641-650.

[37] 刘邈. 神经网络与专家系统集成的船用核动力故障诊断方法研究[D]. 哈尔滨: 哈尔滨工程大学,2005.

[38] 蔡猛,张大发,张宇声,等. 基于故障树分析的核动力装置实时智能故障诊断专家系统设计[J]. 原子能科学技术,2010,44(S1): 373-377.

[39] 刘永阔,夏虹,谢春丽,等. 基于模糊神经网络的核动力装置设备故障诊断系统研究[J]. 核动力工程,2004,25(4): 328-331.

[40] 蔡猛,宋修贤,孙俊忠,等. 船用核动力装置神经网络故障诊断技术研究[J]. 计算机仿真,2018,35(2): 60.

[41] 蔡猛,袁江涛,孙俊忠,等. 船用核动力装置故障诊断仿真研究[J]. 计算机仿真,2018,35(7): 389-393.

[42] Liu Y K, Peng M J, Xie C L, et al. Research and design of distributed fault diagnosis system in nuclear power plant[J]. Progress in Nuclear Energy, 2013, 68(1): 97-110.

[43] 彭彬森. 基于数据融合的核动力装置智能故障诊断方法研究[D]. 哈尔滨: 哈尔滨工程大学,2017.

[44] Mandal S, Santhi B, Sridhar S, et al. Nuclear power plant thermocouple sensor-fault detection and classification using deep learning and generalized likelihood ratio test[J]. IEEE Transactions on Nuclear Science, 2017, 64(6): 1526-1534.

[45] Peng B S, Xia H, Liu Y K, et al. Research on intelligent fault diagnosis method for nuclear power plant based on correlation analysis and deep belief network[J]. Progress in Nuclear Energy, 2018, 108: 419-427.

[46] Calivá F, De Ribeiro F S, Mylonakis A, et al. A deep learning approach to anomaly detection in nuclear reactors[C]. 2018 International Joint Conference on Neural Networks (IJCNN), Rio de Janeiro: 2018.

[47] Akin H L, Altin V. Rule-based fuzzy logic controller for a PWR-type nuclear power plant[J]. IEEE Transactions on Nuclear Science, 1991, 38(2): 883-890.

[48] Kim D Y, Seong P H. Fuzzy gain scheduling of velocity PI controller with intelligent learning algorithm for reactor control[J]. Annals of Nuclear Energy, 1997, 24(10):

819－827.

[49] Ruan D, van der Wal A J. Controlling the power output of a nuclear reactor with fuzzy logic[J]. Information Sciences, 1998, 110(3－4): 151－177.

[50] 朱雪耀,赵福宇,万百五. 压水堆负荷跟踪的模糊控制系统[J]. 核动力工程,1998,19(5): 456－461.

[51] Fodil M S, Siarry P, Guely F, et al. A fuzzy rule base for the improved control of a pressurized water nuclear reactor[J]. IEEE Transactions on Fuzzy Systems, 2000, 8(1): 1－10.

[52] 刘磊,栾秀春,饶甦,等. 模糊鲁棒控制方法在核反应堆功率控制中的应用[J]. 原子能科学技术,2013,47(4): 624－629.

[53] 贾玉文,段天英,徐启国. 模糊控制应用于研究堆功率调节系统的研究[J]. 原子能科学技术,2017,51(3): 474－479.

[54] Ramaswamy P, Edwards R M, Lee K Y. Fuzzy logic controller for nuclear power plant[C]. Proceedings of the Second International Forum on Applications of Neural Networks to Power Systems, Okohama: 1993.

[55] Ramaswamy P, Edwards R M, Lee K Y. An automatic tuning method of a fuzzy logic controller for nuclear reactors[J]. IEEE Transactions on Nuclear Science, 1993, 40(4): 1253－1262.

[56] Khajavi M N, Menhaj M B, Suratgar A A. Fuzzy adaptive robust optimal controller to increase load following capability of nuclear reactors[C]. 2000 International Conference on Power System Technology, Perth: 2000.

[57] Marsegurra M, Zio E. Model-free fuzzy tracking control of a nuclear reactor[J]. Annals of Nuclear Energy, 2003, 30: 953－981.

[58] Na M G, Hwang I J, Lee Y J. Design of fuzzy model predictive power controller for pressurized water reactors[J]. IEEE Transactions on Nuclear Science, 2006, 53: 1504－1514.

[59] 李翠莹. 核反应堆功率的自适应控制方法研究[D]. 哈尔滨: 哈尔滨工程大学,2017.

[60] Park M G, Cho N Z. Self-tuning control of a nuclear reactor using a gaussian function neural network[J]. Nuclear Technology, 1995, 110: 285－293.

[61] 陈宇中. 核反应堆神经元 PID 控制的计算机模拟系统[J]. 核动力工程,2001,22(6): 516－529.

[62] 袁建东,夏国清. 神经网络监督控制在船用一体化压水堆功率控制中的应用[J]. 应用科技,2005,32(1): 24－27.

[63] Ku C C, Lee K Y, Edwards R M. Improved nuclear reactor temperature control using diagonal recurrent neural networks[J]. IEEE Transactions on Nuclear Science, 1992, 39: 2298－2308.

[64] Khajavi M N, Menhaj M B, Suratgar A A. A neural network controller for load following operation of nuclear reactors[J]. Annals of Nuclear Energy, 2002, 29: 751－760.

[65] Arab-Alibeik H, Setayeshi S. Adaptive control of a PWR core power using neural

networks[J]. Annals of Nuclear Energy, 2005, 32(6): 588 - 605.
[66] Xinqing L, Tsoukalas L H, Uhrig R E. A neurofuzzy approach for the anticipatory control of complex systems[C]. Proceedings of IEEE 5th International Fuzzy Systems, New Orleans: 1996.
[67] Na M G, Upadhyaya B R. A neuro-fuzzy controller for axial power distribution in nuclear reactors[J]. IEEE Transactions on Nuclear Science, 1998, 45(1): 59 - 67.
[68] Boroushaki M, Ghofrani M B, Lucas C, et al. An intelligent nuclear reactor core controller for load following operations, using recurrent neural networks and fuzzy systems[J]. Annals of Nuclear Energy, 2003, 30: 63 - 80.
[69] Khorramabadi S S, Boroushaki M, Lucas C. Emotional learning based intelligent controller for a PWR nuclear reactor core during load following operation[J]. Annals of Nuclear Energy, 2008, 35: 2051 - 2058.
[70] Coban R. A fuzzy controller design for nuclear research reactors using the particle swarm optimization algorithm[J]. Nuclear Engineering and Design, 2011, 241(5): 1899 - 1908.
[71] Coban R. Power level control of the TRIGA Mark-II research reactor using the multifeedback layer neural network and the particle swarm optimization[J]. Annals of Nuclear Energy, 2014, 69: 260 - 266.
[72] 刘玉燕,周世梁,王明新. 反应堆功率线性自抗扰控制方法研究[J]. 控制工程,2015,22(5): 848 - 853.
[73] Wan J S, Zhao F Y. Optimization of AP1000 power control system setpoints using genetic algorithm[J]. Progress in Nuclear Energy, 2017, 95: 23 - 32.
[74] 宋洪兵. CPR1000 堆芯动态特性和新型控制策略研究[D]. 西安: 西安交通大学,2018.
[75] Wang P F, Wan J S, Luo R, et al. Control parameter optimization for AP1000 reactor using Particle Swarm Optimization[J]. Annals of Nuclear Energy, 2016, 87: 687 - 695.
[76] 罗润. 铅铋冷却加速器驱动次临界堆芯安全特性与控制策略研究[D]. 西安: 西安交通大学,2017.
[77] 姜岫,刘向杰. 基于字典序优化的核反应堆功率预测控制[J]. 控制工程,2018,25(4): 577 - 586.
[78] 余刃,朱隆新. 核动力折中稳态运行方案下稳压器压力控制的模糊控制器[J]. 海军工程学院学报,1995(4): 60 - 65.
[79] 夏国清,付明玉,郭伟来. 自适应模糊控制器在船用稳压器压力控制中的应用[J]. 哈尔滨工程大学学报,2001,22(4): 15 - 18.
[80] 高鹏,张顺琴. 稳压器水位控制改进研究[J]. 核科学与工程,2006,26(2): 108 - 112.
[81] 吕志松,崔震华. 稳压器模糊控制系统初步研究[J]. 核动力工程,2001,22(1): 83 - 86.
[82] Zhang G D, Yang X H, Ye X L, et al. Research on pressurizer water level control of pressurized water reactor nuclear power station[J]. Energy Procedia, 2012, 16 (Part B):

849 - 855.
[83] 明哲东,赵福宇.稳压器动态过程的模糊控制[J].核动力工程,2006,27(3):71 - 76.
[84] Yang B K, Bian X Q, Guo W L. Application of adaptive fuzzy control technology to pressure control of a pressurizer[J]. Journal of Marine Science and Application, 2005, 4(1): 39 - 43.
[85] 钱虹,宋亮,周蕾,等.压水堆核电厂稳压器压力模糊控制器研究及仿真[J].核动力工程,2016,37(4):63 - 67.
[86] 王为国,王灵,费敏锐,等.核电站稳压器压力智能二型模糊控制方法研究[J].工业控制计算机,2018,31(7):37 - 38.
[87] 吕志松,崔震华.稳压器模糊控制系统初步研究[J].核动力工程,2001,22(1):83 - 86.
[88] 刘胜智,崔震华,张乃尧.用遗传算法自动生成模糊控制规则库[J].核动力工程,2005,26(2):171 - 174.
[89] 瞿小龙,张乃尧,贾宝山,等.采用典型模糊控制器实现压水堆稳压器的综合控制[J].核动力工程,2005,26(2):163 - 166.
[90] Yi J M, Ye J H, Xue Y, et al. Research on pressurizer water level control of nuclear reactor based on CMAC and PID controller[C]. 2009 International Conference on Artificial Intelligence and Computational Intelligence, Shanghai: 2009.
[91] 赵明,叶建华,李晨晶,等.基于内分泌单神经元滑模的核电站稳压器控制[J].动力工程学报,2017,37(7):552 - 557.
[92] 刘胜智,崔震华,张乃尧.用遗传算法构造压水堆核电站稳压器模糊控制规则库[J].核动力工程,2005,26(2):171 - 174.
[93] Wang P F, Yan X, Zhao F Y. Multi-objective optimization of control parameters for a pressurized water reactor pressurizer using a genetic algorithm[J]. Annals of Nuclear Energy, 2019, 124: 9 - 20.
[94] 宋辉,陆古兵,王飞,等.核电站稳压器压力系统优化控制研究[J].计算机仿真,2016(4):167 - 170.
[95] Kuan C C, Lin C, Hsu C C. Fuzzy logic control of steam generator water level in pressurized water reactors[J]. Nuclear Technology, 1992, 100: 125 - 134.
[96] Raju G V S, Zhou J. Fuzzy logic adaptive algorithm to improve robustness in a steam generator water level controller [J]. Control Theory and Advanced Technology, 1992, 8(3): 479 - 493.
[97] Iijima T, Nakajima Y, Nishiwaki Y. Application of fuzzy logic control system for reactor feed-water control[J]. Fuzzy Sets and Systems, 1995, 74: 61 - 72.
[98] Cho B H, No H C. Design of stability-guaranteed fuzzy logic controller for nuclear steam generators[J]. IEEE Transactions on Nuclear Science, 1996, 43(2): 716 - 730.
[99] Jung C H, Ham C S, Lee K L. A real-time self-tuning fuzzy controller through scaling factor adjustment for the steam generator of NPP[J]. Fuzzy Sets and Systems, 1995, 74(1): 53 - 60.

[100] Na M G, Lim J H. A fuzzy controller based on self-tuning rules for the nuclear steam generator water level[J]. KSME International Journal, 1997, 11(5): 485 - 493.

[101] Park G Y, Seong P H. Application of a self-organizing fuzzy logic controller to nuclear steam generator level control[J]. Nuclear Engineering and Design, 1997, 167(3): 345 - 356.

[102] 滕树杰,崔震华. 核动力装置蒸汽发生器水位的分层模糊自适应控制[J]. 控制与决策,2002,17(6): 933 - 936.

[103] 张永生,赵淑琴. 船用蒸汽发生器水位的模糊自适应 PID 控制[J]. 中国舰船研究,2013,8(3): 106 - 109.

[104] Parlos A G, Parthasarathy S, Atiya A. Neuro-predictive process control using on-line controller adaptation[J]. IEEE Transactions on Control Systems Technology, 2001, 9(5): 741 - 755.

[105] 周刚,张大发,殷虎. NSG 水位神经自适应 PID 控制与仿真研究[J]. 计算机仿真,2004,21(3): 1 - 3.

[106] Cho B H, No H C. Design of stability-guaranteed neurofuzzy logic controller for nuclear steam generators[J]. Nuclear Engineering and Design, 1996, 166(1): 17 - 29.

[107] Cho B H, Hee C N. Design of stability and performance robust fuzzy logic gain scheduler for nuclear steam generators[J]. IEEE Transactions on Nuclear Science, 1997, 44(3): 1431 - 1441.

[108] Munasinghe S R, Kim M S, Lee J J. Adaptive neurofuzzy controller to regulate UTSG water level in nuclear power plants[J]. IEEE Transactions on Nuclear Science, 2005, 52(1): 421 - 429.

[109] Fakhrazari A, Boroushaki M. Adaptive critic-based neurofuzzy controller for the steam generator water level[J]. IEEE Transactions on Nuclear Science, 2008, 55(3): 1678 - 1685.

[110] 苏应斌,夏虹,沈季. 基于 CFNN 的核蒸汽发生器水位控制[J]. 核科学与工程,2008,28(2): 158 - 162.

[111] Na M G. Design of a genetic fuzzy controller for the nuclear steam generator water level control[J]. IEEE Transactions on Nuclear Science, 1998, 45(4): 2261 - 2271.

[112] Kavaklioglu K, Upadhyaya B R. Optimal fuzzy control design using simulated annealing and application to feedwater heater control[J]. Nuclear Technology, 1999, 125(1): 70 - 84.

[113] 韩红新,王陈帆,彭威. 基于遗传算法的核动力舰船蒸汽发生器水位 PID 控制研究[J]. 船海工程,2006,35(1): 30 - 33.

[114] 李凤宇,张大发,王少明,等. 基于遗传算法的蒸发器水位 PID 控制研究[J]. 原子能科学技术,2008,4(S): 137 - 141.

[115] 程启明,程尹曼,汪明媚,等. 基于混沌粒子群算法优化的自抗扰控制在蒸汽发生器

水位控制中的应用研究[J]. 华东电力,2011,39(6):957 - 963.

[116] Marcelle K A W, Chiang K H, Houpt P K, et al. A hierarchical controller for optimal load cycling of steam turbines[C]. Proceedings of 1994 33rd IEEE Conference on Decision and Control, Lake Buena Vista: 1994.

[117] Lown M, Swidenbank E, Hogg B W. Adaptive fuzzy logic control of a turbine generator system[J]. IEEE Transactions on Energy Conversion, 1997, 12(4): 394 - 399.

[118] 段新会,姜萍,佟振声. 用于压水堆负荷跟踪运行的硼浓度模糊控制系统[J]. 核动力工程,2002,23(1):19 - 22.

[119] Lin C, Lee C S, Raghavan R, et al. Fuzzy logic control of water level in advanced boiling water reactor[R]. La Grange Park, IL (United States): American Nuclear Society, Inc. , 1995.

[120] Huang Z, Edwards R M, Lee K Y. Fuzzy-adapted recursive sliding-mode controller design for a nuclear power plant control[J]. IEEE Transactions on Nuclear Science, 2004, 51(1): 256 - 266.

[121] Lu J J, Huang H H, Chou H P. Evaluation of an FPGA-based fuzzy logic control of feed-water for ABWR under automatic power regulating[J]. Progress in Nuclear Energy, 2015, 79: 22 - 31.

[122] Londhe P S, Patre B M, Tiwari A P. Design of single-input fuzzy logic controller for spatial control of advanced heavy water reactor[J]. IEEE Transactions on Nuclear Science, 2014, 61(2): 901 - 911.

[123] Londhe P S, Patre B M, Tiwari A P. Fuzzy-like PD controller for spatial control of advanced heavy water reactor[J]. Nuclear Engineering and Design, 2014, 274 (274): 77 - 89.

第3章
小型压水堆智能建模

通过建立控制对象模型研究控制对象特性是控制系统设计中的一个重要步骤。本章将对如何利用智能方法建立控制对象模型及相关应用实例展开阐述。

如本书2.2.3节所述，一般控制对象建模采用的基本方法包括机理建模、基于数据的建模和混合建模。机理建模在反应堆控制对象建模中运用得较多，通过质量守恒、能量守恒、动量守恒以及反应堆动力学原理，建立反应堆物理热工过程的机理模型，从而反映相关参数的相互作用关系及变化趋势，其基本形式是各种微分方程和函数关系式等。基于数据的建模不从反应堆的机理上进行推导，而是直接从相关参数的响应关系曲线中挖掘典型的数学关系，其基本形式是传递函数、状态方程及时间序列关系式等。

无论机理建模还是基于数据的建模，在建立反应堆模型时都需要做出模型假设和简化，这就导致了模型与实际反应堆之间存在一定的误差，而误差主要包括不准确的可变模型参数(如换热系数、反馈系数等具有物理含义的直接参数及传递函数系数等辨识参数代表的无直接物理含义的间接参数)引起的参数误差以及模型简化所导致的结构误差。

由于以神经网络为代表的智能模型可以实现从输入到输出的非线性映射，或者说可以逼近任意非线性函数，因此可以采用智能模型辨识反应堆中的关键物理热工参数，或对相关参数的响应关系进行直接近似，从而逼近反应堆运行特性的非线性关系。智能模型的主要特点是将反应堆运行特性中无法准确地采用机理分析或数据辨识进行描述的模型参数或响应关系进行黑箱化处理，同时利用机器学习算法和反应堆运行的实际数据对智能模型进行训练，从而逼近反应堆运行的非线性特性。

本章将逐一介绍反应堆控制对象的机理建模、基于数据的建模及基于神经网络的混合建模方法。

3.1 机理建模

机理建模是根据对象、生产过程的内部机制或者物质流的传递机理建立起来的精确数学模型。根据表示方式的不同，又可以分为基于微分方程的建模和基于状态空间的建模等。

3.1.1 微分方程建模

微分方程建模是数学建模的重要方法，因为许多实际问题的描述都可归结为求解微分方程的定解问题。本节将结合小型压水堆典型对象介绍微分方程建模方法。

3.1.1.1 基于微分方程的堆芯机理建模

小型压水堆模型如图 3-1 所示，包括堆芯热工、物理模型和上下腔室模型。此处，反应堆物理模型采用等效单组缓发中子的点堆模型，而堆芯热工模型采用一个燃料节点对应两个冷却剂节点的 Mann 模型[1]，并考虑堆芯的旁通冷却剂，上下腔室采用一阶惯性模型。在图 3-1 中，T_f 表示燃料平均温度(℃)；T_{co} 表示堆芯出口冷却剂温度(℃)；T_{lp} 表示堆芯入口冷却剂温度，即下腔室出口温度(℃)；T_{up} 表示堆芯上腔室出口温度(℃)；T_{cl} 表示下腔室进口温度(℃)。

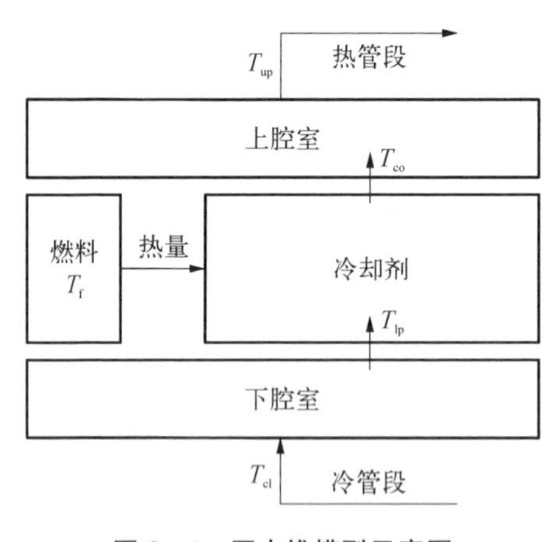

图 3-1 压水堆模型示意图

1) 点堆动力学模型

(1) 中子动力学模型。双群中子时空动力学方程如下：

$$\begin{cases}\dfrac{1}{v_1}\dfrac{\partial\varphi_1}{\partial t}=D_1\nabla^2\varphi_1-\Sigma_{a_1}\varphi_1-\Sigma_{tr}\varphi_1+(1-\beta)(\upsilon\Sigma_{f_1}\varphi_1+\upsilon\Sigma_{f_2}\varphi_2)+\sum_{i=1}^{6}\lambda_iC_i\\ \dfrac{1}{v_2}\dfrac{\partial\varphi_2}{\partial t}=D_2\nabla^2\varphi_2-\Sigma_{a_2}\varphi_2+\Sigma_{tr}\varphi_1\\ \dfrac{\partial C_i}{\partial t}=\beta_i(\upsilon\Sigma_{f_1}\varphi_1+\upsilon\Sigma_{f_2}\varphi_2)-\lambda_iC_i\ (i=1,\ \cdots,\ 6)\end{cases}\tag{3-1}$$

式中，D_1 和 D_2 分别表示快群和热群的中子扩散系数(m)；Σ_{a_1} 和 Σ_{a_2} 分别表示快群和热群中子的宏观吸收截面(m^{-1})；φ_1 和 φ_2 分别表示快群和热群的中子通量($m^{-2} \cdot s^{-1}$)；Σ_{f_1} 和 Σ_{f_2} 分别表示快群和热群中子的宏观裂变截面(m^{-1})；v_1 和 v_2 分别表示快群和热群中子的平均速度($m \cdot s^{-1}$)；Σ_{tr} 表示快群到热群的移出截面(m^{-1})；υ 表示每次裂变平均释放的中子数。

为了简化计算，对以上模型进行并群处理。定义变量如下：

$$\varphi = \varphi_1 + \varphi_2, \quad D\varphi = D_1\varphi_1 + D_2\varphi_2, \quad \Sigma_a\varphi = \Sigma_{a_1}\varphi_1 + \Sigma_{a_2}\varphi_2 \tag{3-2}$$

$$\Sigma_f\varphi = \Sigma_{f_1}\varphi_1 + \Sigma_{f_2}\varphi_2, \quad \frac{\varphi}{v} = \frac{\varphi_1}{v_1} + \frac{\varphi_2}{v_2} \tag{3-3}$$

把式(3-2)和式(3-3)代入式(3-1)得

$$\begin{cases} \dfrac{1}{v}\dfrac{\partial\varphi}{\partial t} = D\nabla^2\varphi - \Sigma_a\varphi + (1-\beta)\upsilon\Sigma_f\varphi + \sum_{i=1}^{6}\lambda_i C_i \\ \dfrac{\partial C_i}{\partial t} = \beta_i\upsilon\Sigma_f\varphi - \lambda_i C_i (i=1, \cdots, 6) \end{cases} \tag{3-4}$$

假定中子通量密度以及缓发中子先驱核密度可以用空间形状函数与时间相关的幅度函数乘积表示，且空间分布函数相同，即

$$\varphi(r, t) = n(t)\phi(r) \tag{3-5}$$

$$C_i(r, t) = C_i(t)\phi(r) \tag{3-6}$$

空间函数满足：$\nabla^2\phi(r) + B^2\phi(r) = 0$，代入式(3-4)中可得

$$\begin{cases} \dfrac{dn}{dt} = -DB^2vn - \Sigma_a vn + (1-\beta)\upsilon\Sigma_f vn + v\sum_{i=1}^{6}\lambda_i C_i \\ \dfrac{dC_i}{dt} = \beta_i\upsilon\Sigma_f n - \lambda_i C_i (i=1, \cdots, 6) \end{cases} \tag{3-7}$$

进一步定义：$k_{eff} = \dfrac{\upsilon\Sigma_f/\Sigma_a}{1+L^2B^2}$，$l = \dfrac{1/\Sigma_a v}{1+L^2B^2}$，可得到

$$\begin{cases} \dfrac{dn}{dt} = \dfrac{k_{eff}(1-\beta)-1}{l}n + \sum_{i=1}^{6}\lambda_i C_i \\ \dfrac{dC_i}{dt} = \dfrac{k_{eff}\beta}{l}n - \lambda_i C_i (i=1, \cdots, 6) \end{cases} \tag{3-8}$$

令 $\Lambda=\frac{l}{k_{\mathrm{eff}}}$，$\rho=\frac{k_{\mathrm{eff}}-1}{k_{\mathrm{eff}}}$，得到点堆方程：

$$\begin{cases}\frac{\mathrm{d}n}{\mathrm{d}t}=\frac{\rho-\beta}{\Lambda}n+\sum_{i=1}^{6}\lambda_i C_i \\ \frac{\mathrm{d}C_i}{\mathrm{d}t}=\frac{\beta}{\Lambda}n-\lambda_i C_i\ (i=1,\ \cdots,\ 6)\end{cases} \tag{3-9}$$

当 $i=1$ 时，可得等效单组缓发中子的点堆动力学模型：

$$\begin{cases}\frac{\mathrm{d}n}{\mathrm{d}t}=\frac{\rho-\beta}{\Lambda}n+\lambda C \\ \frac{\mathrm{d}C}{\mathrm{d}t}=\frac{\beta}{\Lambda}n-\lambda C\end{cases} \tag{3-10}$$

式中，n 表示中子密度（m^{-3}）；C 表示缓发中子先驱核密度（m^{-3}）；ρ 表示总反应性；Λ 表示中子代时间（s）；β 表示缓发中子总份额；λ 表示单组缓发中子衰变常数（s^{-1}）。

为处理方便，对点堆动力学方程(3-10)进行归一化处理，令

$$n_{\mathrm{r}}=\frac{n}{n_{100}}\times 100\%,\ C_{\mathrm{r}}=\frac{C}{C_{100}}\times 100\% \tag{3-11}$$

式中，n_{r} 表示相对中子密度（%）；C_{r} 表示单组缓发中子先驱核的相对密度（%）；n_{100} 表示额定功率时的中子密度（m^{-3}）；C_{100} 表示额定功率时第 i 组缓发中子先驱核的密度（m^{-3}）。

将式(3-10)中的中子方程两边除以 n_{100}，缓发中子先驱核方程两边除以 C_{100}，可得以下方程：

$$\begin{cases}\frac{1}{n_{100}}\frac{\mathrm{d}n}{\mathrm{d}t}=\frac{\rho-\beta}{\Lambda}\frac{n}{n_{100}}+\frac{\lambda}{n_{100}}C \\ \frac{1}{C_{100}}\frac{\mathrm{d}C}{\mathrm{d}t}=\frac{\beta}{\Lambda C_{100}}n-\lambda\frac{C}{C_{100}}\end{cases} \tag{3-12}$$

稳态工况下，由式(3-10)可得 $\frac{\beta}{\Lambda}n_{100}-\lambda C_{100}=0$，即 $\frac{\lambda}{n_{100}}=\frac{\beta}{\Lambda C_{100}}$。将式(3-12)中的 $\frac{\lambda}{n_{100}}$ 和 $\frac{\beta}{\Lambda C_{100}}$ 分别用 $\frac{\beta}{\Lambda C_{100}}$ 和 $\frac{\lambda}{n_{100}}$ 替换，可得以下方程：

$$\begin{cases}\dfrac{1}{n_{100}}\dfrac{\mathrm{d}n}{\mathrm{d}t}=\dfrac{\rho-\beta}{\Lambda}\dfrac{n}{n_{100}}+\dfrac{\beta}{\Lambda}\dfrac{C}{C_{100}}\\ \dfrac{1}{C_{100}}\dfrac{\mathrm{d}C}{\mathrm{d}t}=\lambda\dfrac{n}{n_{100}}-\lambda\dfrac{C}{C_{100}}\end{cases}\tag{3-13}$$

将式(3-11)代入式(3-13)整理可得

$$\begin{cases}\dfrac{\mathrm{d}n_{\mathrm{r}}}{\mathrm{d}t}=\dfrac{\rho-\beta}{\Lambda}n_{\mathrm{r}}+\dfrac{\beta C_{\mathrm{r}}}{\Lambda}\\ \dfrac{\mathrm{d}C_{\mathrm{r}}}{\mathrm{d}t}=\lambda n_{\mathrm{r}}-\lambda C_{\mathrm{r}}\end{cases}\tag{3-14}$$

(2) 热工动力学模型。堆芯热工动力学模型采用一个燃料节点对应两个冷却剂节点的 Mann 模型[1],燃料及冷却剂节点划分如图 3-2 所示。在建模时,堆芯冷却剂通道采用平均通道等效近似,冷却剂各节点的能量守恒方程以出口参数为集总参数,在计算燃料与冷却剂间的换热量时以第一个冷却剂节点的出口温度作为堆芯冷却剂的平均温度。相比采用进出口平均参数的集总参数模型,该模型具有无初始负偏移、精度高等优点[2]。

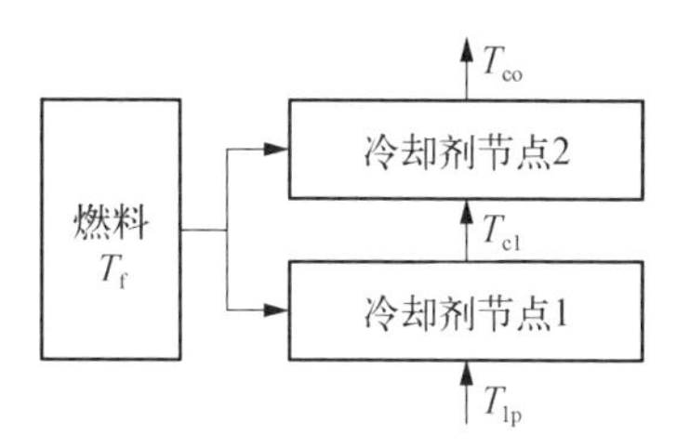

图 3-2 堆芯热工节点示意图

燃料节点、两个冷却剂节点的能量守恒方程为

$$\begin{cases}\mu_{\mathrm{f}}\dfrac{\mathrm{d}T_{\mathrm{f}}}{\mathrm{d}t}=\dfrac{fP_0}{100}n_{\mathrm{r}}-\Omega(T_{\mathrm{f}}-T_{\mathrm{c1}})\\ \dfrac{\mu_{\mathrm{c}}}{2}\dfrac{\mathrm{d}T_{\mathrm{c1}}}{\mathrm{d}t}=\dfrac{1}{2}\left[\dfrac{(1-f)P_0}{100}n_{\mathrm{r}}+\Omega(T_{\mathrm{f}}-T_{\mathrm{c1}})\right]+W_{\mathrm{c}}C_{p,\mathrm{c}}(T_{\mathrm{lp}}-T_{\mathrm{c1}})\\ \dfrac{\mu_{\mathrm{c}}}{2}\dfrac{\mathrm{d}T_{\mathrm{co}}}{\mathrm{d}t}=\dfrac{1}{2}\left[\dfrac{(1-f)P_0}{100}n_{\mathrm{r}}+\Omega(T_{\mathrm{f}}-T_{\mathrm{c1}})\right]+W_{\mathrm{c}}C_{p,\mathrm{c}}(T_{\mathrm{c1}}-T_{\mathrm{co}})\end{cases}\tag{3-15}$$

式中,T_{f} 表示燃料平均温度(℃);T_{c1} 表示堆芯冷却剂的平均温度(℃);T_{co} 表示堆芯出口冷却剂温度(℃);T_{lp} 表示堆芯入口冷却剂温度,即下腔室出口温度(℃);P_0 表示反应堆满功率值(W);μ_{f} 表示堆芯燃料的总热容量,$\mu_{\mathrm{f}}=m_{\mathrm{f}}C_{p,\mathrm{f}}$(J·℃$^{-1}$);$\mu_{\mathrm{c}}$ 表示堆芯冷却剂的总热容量,$\mu_{\mathrm{c}}=m_{\mathrm{c}}C_{p,\mathrm{c}}$(J·℃$^{-1}$);$f$ 表示燃料中产生的热量占总功率的份额;Ω 表示燃料和冷却剂间的换热系数

(W・℃$^{-1}$)；W_c 表示堆芯冷却剂流量(kg・s^{-1})；$C_{p,f}$ 表示堆芯燃料的定压比热容(J・kg^{-1}・℃$^{-1}$)；$C_{p,c}$ 表示堆芯冷却剂的定压比热容(J・kg^{-1}・℃$^{-1}$)。

(3) 反应性方程。堆内温度和压力的变化都会产生反应性反馈，但一般情况下压力效应与温度效应相比可以忽略，因此温度对反应性的影响是主要的反馈效应。温度对堆芯反应性的影响主要通过燃料多普勒效应、慢化剂密度效应等表现出来。

若只考虑慢化剂温度和燃料温度的负反馈效应，则堆芯总反应性为

$$\rho = 10^{-5}\rho_r + \alpha_f(T_f - T_{f0}) + \frac{\alpha_c}{2}[(T_{cl} + T_{co}) - (T_{cl0} + T_{co0})] \tag{3-16}$$

式中，ρ_r 表示控制棒引入的反应性(pcm，1 pcm$=10^{-5}$)；α_f 表示燃料反应性温度系数(℃$^{-1}$)；α_c 表示冷却剂反应性温度系数(℃$^{-1}$)；T_{f0} 表示 T_f 的初始温度(℃)；T_{cl0} 表示 T_{cl} 的初始温度(℃)；T_{co0} 表示 T_{co} 的初始温度(℃)。

2) 旁通通道和上下腔室模型

假设流经堆芯旁通通道的流体不与外界进行热量交换，其能量方程如下：

$$M_{bo}C_{p,bo}\frac{dT_{bo}}{dt} = W_b C_{p,bo}(T_{cl} - T_{bo}) \tag{3-17}$$

整理得

$$\tau_{bo}\frac{dT_{bo}}{dt} = (T_{lp} - T_{bo}) \tag{3-18}$$

式中，M_{bo} 表示旁通通道内工质的质量(kg)；W_b 表示旁通流量(kg・s^{-1})；$C_{p,bo}$ 表示旁通通道内工质的定压比热容(J・kg^{-1}・℃$^{-1}$)；τ_{bo} 表示旁通通道的延迟时间(s)，$\tau_{bo} = M_{bo}/W_b$，T_{bo} 表示旁通通道出口冷却剂温度(℃)。

定义 W_p 和ς分别为一回路冷却剂流量和旁流系数，对于上下腔室仅考虑冷却剂热容的变化而忽略其容积内流体与外界的热量交换，其能量方程如下：

$$M_{lp}C_{p,lp}\frac{dT_{lp}}{dt} = W_p C_{p,lp}(T_{cl} - T_{lp}) \tag{3-19}$$

$$M_{up}C_{p,up}\frac{dT_{up}}{dt} = W_p C_{p,up}[(1-\varsigma)T_{co} + \varsigma T_{bo} - T_{up}] \tag{3-20}$$

化简整理得

$$\tau_{lp}\frac{dT_{lp}}{dt}=T_{cl}-T_{lp} \tag{3-21}$$

$$\tau_{up}\frac{dT_{up}}{dt}=(1-\varsigma)T_{co}+\varsigma T_{bo}-T_{up} \tag{3-22}$$

式中，M_{lp} 和 M_{up} 分别为下腔室和上腔室内工质的质量(kg)；$C_{p,lp}$ 和 $C_{p,up}$ 分别为下腔室和上腔室内工质的定压比热容(J·kg^{-1}·℃$^{-1}$)；τ_{lp} 和 τ_{up} 分别为下腔室和上腔室的延迟时间(s)，$\tau_{lp}=M_{lp}/W_p$，$\tau_{up}=M_{up}/W_p$。

3.1.1.2 基于微分方程的直流蒸汽发生器机理建模

直流蒸汽发生器(once-through steam generator, OTSG)的二次侧工质在换热管内流动，吸收一回路冷却剂所携带的热量，被加热成过热蒸汽后离开蒸汽发生器。在整个加热过程中，二次侧工质经历了过冷、两相和过热多种状态，因此在对其建模时需要合理划分控制体。目前，控制体的划分方法主要包含固定节点法和可移动边界法。由于固定节点法中控制体的长度是固定不变的，因此为了处理单相与两相之间的相变边界，需要将控制体划分得十分精细，极大地增加了计算量，不利于控制系统设计和仿真。而基于可移动边界法的蒸汽发生器模型则可以使用尽可能少的控制体达到较高的计算精度[3]，而且由于采用了向前或向后差分近似处理方程中的空间导数，模型具有较强的数值稳定性，因此这种模型广泛地应用于直流蒸汽发生器和U形管蒸汽发生器的动态仿真和控制器设计研究。本节基于可移动边界理论并利用基本的能量和质量守恒方程来推导直流蒸汽发生器动态数学模型，其中二次侧的两相区采用均匀流模型。需要说明的是，此处的直流蒸汽发生器为螺旋管形直流蒸汽发生器，具体的建模过程参考了文献[4]。

1) 模型假设与基本方程

假定每根螺旋管的换热过程都是相同的，取单根螺旋管件作为平均换热通道进行建模研究。若总管数为 N、一次侧有效流通面积为 A_{eff}，则单根螺旋管一次侧的流通面积 $A_p=A_{eff}/N$。在建模过程中所做的基本假设如下：

(1) 每根螺旋管的流量和换热量均相同；

(2) 只考虑在主流方向上的一维流体动态特性，螺旋管在径向二次流动的影响主要体现在对换热和压降计算时的修正系数上；

(3) 忽略一、二次侧工质及金属管壁的轴向导热，忽略蒸汽发生器的对外散热；

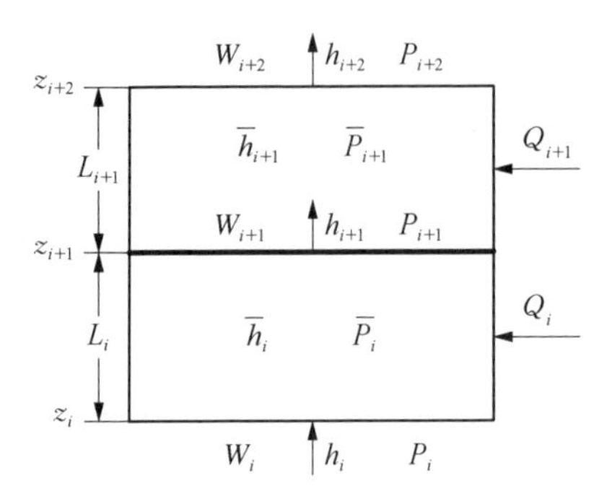

图 3-3　一维流体的控制体示意图

(4) 假定一次侧流体为不可压缩流体，且各处的压力都相同；

(5) 在两相区，汽相和液相始终保持热工动力学平衡，忽略过冷沸腾现象。

图 3-3 为第 i 和第 $i+1$ 个控制体示意图，图中 z_i、z_{i+1} 和 z_{i+2} 为控制体的可移动边界。利用变上下限莱布尼茨(Leibnitz)积分公式对一维流体的基本质量守恒方程、能量守恒方程和动量守恒方程在图 3-3 所示的第 i 控制体内进行积分，得到具有可移动边界的集总参数质量、能量和动量守恒方程：

$$A\left[\frac{\mathrm{d}\bar{\rho}_i L_i}{\mathrm{d}t}-\rho_{i+1}\frac{\mathrm{d}z_{i+1}}{\mathrm{d}t}+\rho_i\frac{\mathrm{d}z_i}{\mathrm{d}t}\right]=W_i-W_{i+1} \tag{3-23}$$

$$A\left[\frac{\mathrm{d}\overline{\rho_i h_i}L_i}{\mathrm{d}t}-\rho_{i+1}h_{i+1}\frac{\mathrm{d}z_{i+1}}{\mathrm{d}t}+\rho_i h_i\frac{\mathrm{d}z_i}{\mathrm{d}t}-L_i\frac{\mathrm{d}P_i}{\mathrm{d}t}\right]=W_i h_i-W_{i+1}h_{i+1}+Q_i \tag{3-24}$$

$$\frac{1}{A}\left[\frac{\mathrm{d}\bar{W}_i L_i}{\mathrm{d}t}-W_{i+1}\frac{\mathrm{d}z_{i+1}}{\mathrm{d}t}+W_i\frac{\mathrm{d}z_i}{\mathrm{d}t}\right]=P_i-P_{i+1}-\Delta P_i \tag{3-25}$$

式中，$\bar{\rho}_i$ 为第 i 个控制体内流体的平均密度($\mathrm{kg\cdot m^{-3}}$)；$\overline{\rho_i h_i}$ 为第 i 个控制体内流体的焓与密度乘积的平均值($\mathrm{J\cdot s^{-1}\cdot m^{-3}}$)；$\bar{W}_i$ 为第 i 个控制体内流体的平均流量($\mathrm{kg\cdot s^{-1}}$)；L_i 为第 i 个控制体的长度(m)；Q_i 为第 i 个控制体从管壁吸收的热功率(W)；ΔP_i 为第 i 个控制体内压降损失(Pa)，包括摩擦压降、重力压降和加速压降。

集总参数 $\bar{\rho}_i$、$\overline{\rho_i h_i}$ 和 $\bar{W}_i$ 有两种常见的确定方法，即取控制体出口处工质参数或取进出口工质状态参数的平均值。以出口参数为集总参数的模型无初始负偏移，且分多段并以出口参数为集总参数的模型与分布参数模型相比具有更好的近似性，因此通常被采用。此处的 OTSG 模型中过热区、两相区和过冷区的控制体数目最少为 2 个，控制体数目多，宜采用以出口参数为集总参数的模型：

$$\frac{1}{A}\left[L_i\frac{\mathrm{d}W_i}{\mathrm{d}t}+(W_i-W_{i+1})\frac{\mathrm{d}z_i}{\mathrm{d}t}\right]=P_i-P_{i+1}-\Delta P_i \tag{3-26}$$

$$A\left[L_i \frac{\mathrm{d}\rho_{i+1}}{\mathrm{d}t} + (\rho_i - \rho_{i+1}) \frac{\mathrm{d}z_i}{\mathrm{d}t}\right] = W_i - W_{i+1} \tag{3-27}$$

$$A\left[L_i \frac{\mathrm{d}\rho_{i+1} h_{i+1}}{\mathrm{d}t} + (\rho_i h_i - \rho_{i+1} h_{i+1}) \frac{\mathrm{d}z_i}{\mathrm{d}t} - L_i \frac{\mathrm{d}P_i}{\mathrm{d}t}\right] = W_i h_i - W_{i+1} h_{i+1} + Q_i \tag{3-28}$$

式(3－27)和式(3－28)可进一步写为

$$AL_i\left[\frac{\partial \rho_{i+1}}{\partial T_{i+1}} \frac{\mathrm{d}T_{i+1}}{\mathrm{d}t} + \frac{\partial \rho_{i+1}}{\partial P_i} \frac{\mathrm{d}P_i}{\mathrm{d}t} + \frac{(\rho_i - \rho_{i+1})}{L_i} \frac{\mathrm{d}z_i}{\mathrm{d}t}\right] = W_i - W_{i+1} \tag{3-29}$$

$$AL_i\left[\rho_{i+1} C_{p,\,i+1} \frac{\mathrm{d}T_{i+1}}{\mathrm{d}t} + \left(\rho_{i+1} \frac{\partial h_{i+1}}{\partial P_i} - 1\right) \frac{\mathrm{d}P_i}{\mathrm{d}t} + \frac{\rho_i (h_i - h_{i+1})}{L_i} \frac{\mathrm{d}z_i}{\mathrm{d}t}\right] = W_i (h_i - h_{i+1}) + Q_i \tag{3-30}$$

对于不可压缩流体，则有

$$W_i = W_{i+1} = W \tag{3-31}$$

$$A\rho_i C_{p,\,i}\left[L_i \frac{\mathrm{d}T_{i+1}}{\mathrm{d}t} + (T_i - T_{i+1}) \frac{\mathrm{d}z_i}{\mathrm{d}t}\right] = WC_{p,\,i}(T_i - T_{i+1}) + Q_i \tag{3-32}$$

式中，T_i 为第 i 个控制体的进口处流体温度(℃)；T_{i+1} 为第 i 个控制体的出口处流体温度(℃)；W 为流体质量流量($\mathrm{kg \cdot s^{-1}}$)。

2) *动态数学模型*

如图 3－4[4] 所示，二次侧过热区、两相区和过冷区的流体分别划分为 3 个、2 个和 2 个控制体，相应的一次侧流体和金属管壁分别划分为 7 个控制体。二次侧过热区控制体为 SFSL1、SFSL2 和 SFSL3，二次侧两相区控制体为 SFBL1 和 SFBL2，二次侧过冷区控制为 SFCL1 和 SFCL2，而一次侧控制体为 PRL1、PRL2、PRL3、PRL4、PRL5、PRL6 和 PRL7。

根据具有可移动边界控制体的质量、动量和能量守恒方程，直流蒸汽发生器的非线性动态模型如下所示。

(1) 一次侧流体模型。对于一次侧的 7 个控制体(PRL1、PRL2、PRL3、PRL4、PRL5、PRL6、PRL7)，由于假设一次侧流体为不可压缩的，仅需考虑能量守恒方程。定义如下变量：$\Delta T_{\mathrm{p2}} = T_{\mathrm{p2}} - T_{\mathrm{p1}}$，$\Delta T_{\mathrm{p3}} = T_{\mathrm{p3}} - T_{\mathrm{p2}}$，$\Delta T_{\mathrm{p4}} =$

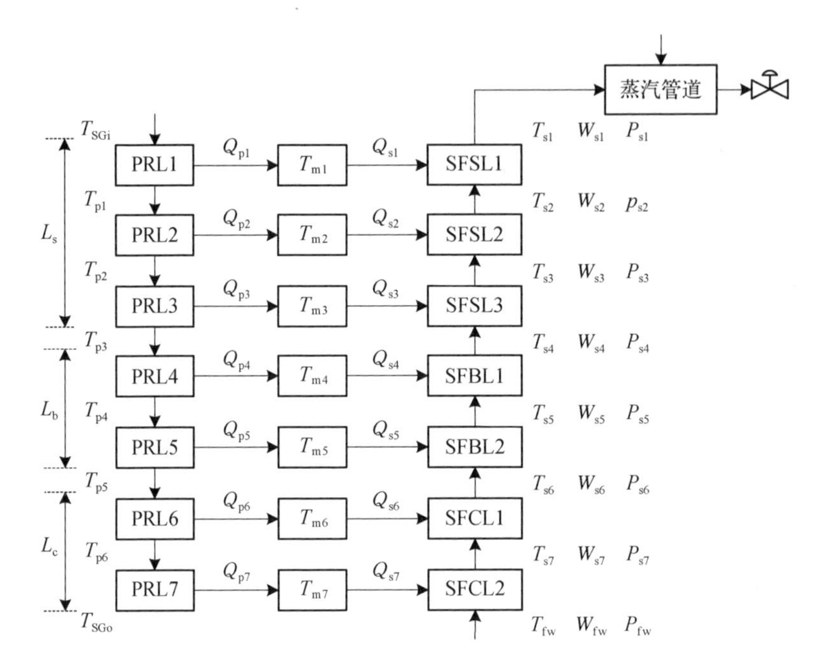

图 3-4　蒸汽发生器模型控制体划分

$T_{p4}-T_{p3}$，$\Delta T_{p5}=T_{p5}-T_{p4}$，$\Delta T_{p6}=T_{p6}-T_{p5}$，$\Delta T_{p7}=T_{SGo}-T_{p6}$，$M_{p1}=A_{p}\rho_{p1}C_{p1}L_{s}/3$，$M_{p2}=A_{p}\rho_{p2}C_{p2}L_{s}/3$，$M_{p3}=A_{p}\rho_{p3}C_{p3}L_{s}/3$，$M_{p4}=A_{p}\rho_{p4}C_{p4}L_{b}/2$，$M_{p5}=A_{p}\rho_{p5}C_{p5}L_{b}/2$，$M_{p6}=A_{p}\rho_{p6}C_{p6}L_{c}/2$，$M_{p7}=A_{p}\rho_{p7}C_{p7}L_{c}/2$，则根据式(3-32)，一次侧 7 个控制体的动态方程可写为

$$M_{p1}\frac{\mathrm{d}T_{p1}}{\mathrm{d}t}=W_{p}C_{p1}(T_{SGi}-T_{p1})+K_{pm}\Delta L_{s}(\bar{T}_{p1}-T_{m1}) \tag{3-33}$$

$$\begin{aligned}&M_{p2}\left(\frac{\mathrm{d}T_{p2}}{\mathrm{d}t}+\frac{\Delta T_{p2}}{L_{s}}\frac{\mathrm{d}L_{b}}{\mathrm{d}t}+\frac{\Delta T_{p2}}{L_{s}}\frac{\mathrm{d}L_{c}}{\mathrm{d}t}\right)\\&=W_{p}C_{p2}(T_{p1}-T_{p2})+K_{pm}\Delta L_{s}(\bar{T}_{p2}-T_{m2})\end{aligned} \tag{3-34}$$

$$\begin{aligned}&M_{p3}\left(\frac{\mathrm{d}T_{p3}}{\mathrm{d}t}+\frac{2\Delta T_{p3}}{L_{s}}\frac{\mathrm{d}L_{b}}{\mathrm{d}t}+\frac{2\Delta T_{p3}}{L_{s}}\frac{\mathrm{d}L_{c}}{\mathrm{d}t}\right)\\&=W_{p}C_{p3}(T_{p2}-T_{p3})+K_{pm}\Delta L_{s}(\bar{T}_{p3}-T_{m3})\end{aligned} \tag{3-35}$$

$$\begin{aligned}&M_{p4}\left(\frac{\mathrm{d}T_{p4}}{\mathrm{d}t}+\frac{2\Delta T_{p4}}{L_{b}}\frac{\mathrm{d}L_{b}}{\mathrm{d}t}+\frac{2\Delta T_{p4}}{L_{b}}\frac{\mathrm{d}L_{c}}{\mathrm{d}t}\right)\\&=W_{p}C_{p4}(T_{p3}-T_{p4})+K_{pm}\Delta L_{b}(\bar{T}_{p4}-T_{m4})\end{aligned} \tag{3-36}$$

$$M_{p5}\left(\frac{dT_{p5}}{dt}+\frac{\Delta T_{p5}}{L_b}\frac{dL_b}{dt}+\frac{2\Delta T_{p5}}{L_b}\frac{dL_c}{dt}\right)$$
$$=W_p C_{p5}(T_{p4}-T_{p5})+K_{pm}\Delta L_b(\overline{T}_{p5}-T_{m5}) \quad (3-37)$$

$$M_{p6}\left(\frac{dT_{p6}}{dt}+\frac{2\Delta T_{p6}}{L_c}\frac{dL_c}{dt}\right)=W_p C_{p6}(T_{p5}-T_{p6})+K_{pm}\Delta L_c(\overline{T}_{p6}-T_{m6}) \quad (3-38)$$

$$M_{p7}\left(\frac{dT_{SGo}}{dt}+\frac{\Delta T_{p7}}{L_c}\frac{dL_c}{dt}\right)=W_p C_{p7}(T_{p6}-T_{SGo})+K_{pm}\Delta L_c(\overline{T}_{p7}-T_{m7}) \quad (3-39)$$

式中，T_{pi} 为一次侧第 i 个控制体出口处流体的温度(℃)；C_{pi} 为一次侧第 i 个控制体内流体的定压比热容($J\cdot kg^{-1}\cdot ℃^{-1}$)；$T_{SGi}$ 为一次侧入口处流体的温度(℃)；$\overline{T}_{pi}$ 为一次侧第 i 个控制体内流体的平均温度(℃)，取进出口温度的平均值；T_{mi} 为第 i 个金属控制体的温度；T_{SGo} 为一次侧出口处流体的温度(℃)；W_p 为一次侧工质的质量流量($kg\cdot s^{-1}$)；K_{pm} 为一次侧流体与金属管间的总换热系数与换热湿周的乘积($W\cdot m^{-1}\cdot ℃^{-1}$)；$L_s$ 为过热区的长度(m)；L_b 为两相区的长度(m)；L_c 为过冷区的长度(m)；ΔL_s 为过热区各个控制体的长度(m)；ΔL_b 为两相区各个控制体的长度(m)；ΔL_c 为过冷区各个控制体的长度(m)。

(2) 金属管壁模型。假设金属管壁的密度和热容都是恒定的。对于7个管壁金属控制体，考虑边界移动引起的能量变化，其能量方程分别为

$$\frac{dT_{m1}}{dt}+\frac{T_{m2}-T_{m1}}{2L_s}\left(\frac{dL_b}{dt}+\frac{dL_c}{dt}\right)=\frac{K_{pm}(\overline{T}_{p1}-T_{m1})-K_{ms}(T_{m1}-\overline{T}_{s1})}{M_m C_{pm}} \quad (3-40)$$

$$\frac{dT_{m2}}{dt}+\frac{2T_{m3}-T_{m2}-T_{m1}}{2L_s}\left(\frac{dL_b}{dt}+\frac{dL_c}{dt}\right)=\frac{K_{pm}(\overline{T}_{p2}-T_{m2})-K_{ms}(T_{m2}-\overline{T}_{s2})}{M_m C_{pm}} \quad (3-41)$$

$$\frac{dT_{m3}}{dt}+\frac{3T_{m4}-T_{m3}-2T_{m2}}{2L_s}\left(\frac{dL_b}{dt}+\frac{dL_c}{dt}\right)=\frac{K_{pm}(\overline{T}_{p3}-T_{m3})-K_{ms}(T_{m3}-\overline{T}_{s3})}{M_m C_{pm}} \quad (3-42)$$

$$\frac{\mathrm{d}T_{\mathrm{m4}}}{\mathrm{d}t}+\frac{T_{\mathrm{m5}}+T_{\mathrm{m4}}-2T_{\mathrm{m3}}}{2L_{\mathrm{b}}}\frac{\mathrm{d}L_{\mathrm{b}}}{\mathrm{d}t}+\frac{T_{\mathrm{m5}}-T_{\mathrm{m3}}}{2L_{\mathrm{b}}}\frac{\mathrm{d}L_{\mathrm{c}}}{\mathrm{d}t}$$
$$=\frac{K_{\mathrm{pm}}(\bar{T}_{\mathrm{p4}}-T_{\mathrm{m4}})-K_{\mathrm{mb}}(T_{\mathrm{m4}}-\bar{T}_{\mathrm{s4}})}{M_{\mathrm{m}}C_{p\mathrm{m}}} \tag{3-43}$$

$$\frac{\mathrm{d}T_{\mathrm{m5}}}{\mathrm{d}t}+\frac{T_{\mathrm{m5}}-T_{\mathrm{m4}}}{2L_{\mathrm{b}}}\frac{\mathrm{d}L_{\mathrm{b}}}{\mathrm{d}t}+\frac{T_{\mathrm{m6}}-T_{\mathrm{m4}}}{2L_{\mathrm{b}}}\frac{\mathrm{d}L_{\mathrm{c}}}{\mathrm{d}t}$$
$$=\frac{K_{\mathrm{pm}}(\bar{T}_{\mathrm{p5}}-T_{\mathrm{m5}})-K_{\mathrm{mb}}(T_{\mathrm{m5}}-\bar{T}_{\mathrm{s5}})}{M_{\mathrm{m}}C_{p\mathrm{m}}} \tag{3-44}$$

$$\frac{\mathrm{d}T_{\mathrm{m6}}}{\mathrm{d}t}+\frac{T_{\mathrm{m7}}+T_{\mathrm{m6}}-2T_{\mathrm{m5}}}{2L_{\mathrm{c}}}\frac{\mathrm{d}L_{\mathrm{c}}}{\mathrm{d}t}=\frac{K_{\mathrm{pm}}(\bar{T}_{\mathrm{p6}}-T_{\mathrm{m6}})-K_{\mathrm{mc}}(T_{\mathrm{m6}}-\bar{T}_{\mathrm{s6}})}{M_{\mathrm{m}}C_{p\mathrm{m}}} \tag{3-45}$$

$$\frac{\mathrm{d}T_{\mathrm{m7}}}{\mathrm{d}t}+\frac{T_{\mathrm{m7}}-T_{\mathrm{m6}}}{2L_{\mathrm{c}}}\frac{\mathrm{d}L_{\mathrm{c}}}{\mathrm{d}t}=\frac{K_{\mathrm{pm}}(\bar{T}_{\mathrm{p7}}-T_{\mathrm{m7}})-K_{\mathrm{mc}}(T_{\mathrm{m7}}-\bar{T}_{\mathrm{s7}})}{M_{\mathrm{m}}C_{p\mathrm{m}}} \tag{3-46}$$

式中，M_{m} 为单位长度金属管的质量($\mathrm{kg\cdot m^{-1}}$)；$C_{p\mathrm{m}}$ 为金属管的定压比热容($\mathrm{J\cdot kg^{-1}\cdot ℃^{-1}}$)；$K_{\mathrm{ms}}$ 为二次侧过热区与金属管间的总换热系数与换热湿周的乘积($\mathrm{W\cdot m^{-1}\cdot ℃^{-1}}$)；$K_{\mathrm{mb}}$ 为二次侧两相区与金属管间的总换热系数与换热湿周的乘积($\mathrm{W\cdot m^{-1}\cdot ℃^{-1}}$)；$K_{\mathrm{mc}}$ 为二次侧过冷区与金属管间的总换热系数与换热湿周的乘积($\mathrm{W\cdot m^{-1}\cdot ℃^{-1}}$)。

(3) 二次侧流体模型。分别应用具有可移动边界的集总参数动量守恒方程(3-26)、质量守恒方程(3-29)和能量守恒方程(3-30)，可建立过热区三个控制体(SFSL1、SFSL2、SFSL3)的动态模型。

对于控制体 SFSL1：

$$\frac{\Delta L_{\mathrm{s}}}{A_{\mathrm{s}}}\left[\frac{\mathrm{d}W_{\mathrm{s2}}}{\mathrm{d}t}+\frac{(W_{\mathrm{s2}}-W_{\mathrm{s1}})}{L_{\mathrm{s}}}\frac{\mathrm{d}(L_{\mathrm{b}}+L_{\mathrm{c}})}{\mathrm{d}t}\right]$$
$$=P_{\mathrm{s2}}-P_{\mathrm{s1}}-f_{\mathrm{s}}\frac{\Delta L_{\mathrm{s}}}{D_{\mathrm{i}}}\frac{W_{\mathrm{s2}}^{2}}{2\bar{\rho}_{\mathrm{s1}}A_{\mathrm{s}}^{2}}-\bar{\rho}_{\mathrm{s1}}\Delta L_{\mathrm{s}}g-\left(\frac{W_{\mathrm{s1}}^{2}}{\rho_{\mathrm{s1}}A_{\mathrm{s}}^{2}}-\frac{W_{\mathrm{s2}}^{2}}{\rho_{\mathrm{s2}}A_{\mathrm{s}}^{2}}\right) \tag{3-47}$$

$$A_{\mathrm{s}}\Delta L_{\mathrm{s}}\left[\frac{\partial\rho_{\mathrm{s1}}}{\partial T_{\mathrm{s1}}}\frac{\mathrm{d}T_{\mathrm{s1}}}{\mathrm{d}t}+\frac{(\rho_{\mathrm{s2}}-\rho_{\mathrm{s1}})}{L_{\mathrm{s}}}\frac{\mathrm{d}(L_{\mathrm{b}}+L_{\mathrm{c}})}{\mathrm{d}t}+\frac{\partial\rho_{\mathrm{s1}}}{\partial P_{\mathrm{s1}}}\frac{\mathrm{d}P_{\mathrm{s1}}}{\mathrm{d}t}\right]=W_{\mathrm{s2}}-W_{\mathrm{s1}} \tag{3-48}$$

$$A_{s}\Delta L_{s}\left[\rho_{s1}C_{ps1}\frac{dT_{s1}}{dt}+\frac{\rho_{s2}(h_{s2}-h_{s1})}{L_{s}}\frac{d(L_{b}+L_{c})}{dt}+\left(\rho_{s1}\frac{\partial h_{s1}}{\partial P_{s1}}-1\right)\frac{dP_{s1}}{dt}\right]$$
$$=W_{s2}(h_{s2}-h_{s1})+K_{ms}\Delta L_{s}(T_{m1}-\overline{T}_{s1}) \tag{3-49}$$

控制体 SFSL2：

$$\frac{\Delta L_{s}}{A_{s}}\left[\frac{dW_{s3}}{dt}+\frac{2(W_{s3}-W_{s2})}{L_{s}}\frac{d(L_{b}+L_{c})}{dt}\right]$$
$$=P_{s3}-P_{s2}-f_{s}\frac{\Delta L_{s}}{D_{i}}\frac{W_{s3}^{2}}{2\overline{\rho}_{s2}A_{s}^{2}}-\overline{\rho}_{s2}\Delta L_{s}g-\left(\frac{W_{s2}^{2}}{\rho_{s2}A_{s}^{2}}-\frac{W_{s3}^{2}}{\rho_{s3}A_{s}^{2}}\right) \tag{3-50}$$

$$A_{s}\Delta L_{s}\left[\frac{\partial\rho_{s2}}{\partial T_{s2}}\frac{dT_{s2}}{dt}+\frac{2(\rho_{s3}-\rho_{s2})}{L_{s}}\frac{d(L_{b}+L_{c})}{dt}+\frac{\partial\rho_{s2}}{\partial P_{s2}}\frac{dP_{s2}}{dt}\right]=W_{s3}-W_{s2} \tag{3-51}$$

$$A_{s}\Delta L_{s}\left[\rho_{s2}C_{ps2}\frac{dT_{s2}}{dt}+\frac{2\rho_{s3}(h_{s3}-h_{s2})}{L_{s}}\frac{d(L_{b}+L_{c})}{dt}+\left(\rho_{s2}\frac{\partial h_{s2}}{\partial P_{s2}}-1\right)\frac{dP_{s2}}{dt}\right]$$
$$=W_{s3}(h_{s3}-h_{s2})+K_{ms}\Delta L_{s}(T_{m2}-\overline{T}_{s2}) \tag{3-52}$$

控制体 SFSL3：

$$\frac{\Delta L_{s}}{A_{s}}\left[\frac{dW_{s4}}{dt}+\frac{3(W_{b1}-W_{s3})}{L_{s}}\frac{d(L_{b}+L_{c})}{dt}\right]$$
$$=P_{s4}-P_{s3}-f_{s}\frac{\Delta L_{s}}{D_{i}}\frac{W_{s4}^{2}}{2\overline{\rho}_{s3}A_{s}^{2}}-\overline{\rho}_{s3}\Delta L_{s}g-\left(\frac{W_{s3}^{2}}{\rho_{s3}A_{s}^{2}}-\frac{W_{s4}^{2}}{\rho_{s4}A_{s}^{2}}\right) \tag{3-53}$$

$$A_{s}\Delta L_{s}\left[\frac{\partial\rho_{s3}}{\partial T_{s3}}\frac{dT_{s3}}{dt}+\frac{3(\rho_{s4}-\rho_{s3})}{L_{s}}\frac{d(L_{b}+L_{c})}{dt}+\frac{\partial\rho_{s3}}{\partial P_{s3}}\frac{dP_{s3}}{dt}\right]=W_{s4}-W_{s3} \tag{3-54}$$

$$A_{s}\Delta L_{s}\left[\rho_{s3}C_{ps3}\frac{dT_{s3}}{dt}+\frac{3\rho_{s4}(h_{s4}-h_{s3})}{L_{s}}\frac{d(L_{b}+L_{c})}{dt}+\left(\rho_{s3}\frac{\partial h_{s3}}{\partial P_{s3}}-1\right)\frac{dP_{s3}}{dt}\right]$$
$$=W_{s4}(h_{s4}-h_{s3})+K_{ms}\Delta L_{s}(T_{m3}-\overline{T}_{s3}) \tag{3-55}$$

式中，ρ_{s1} 和 ρ_{s2} 分别为控制体 SFSL1 出口和进口处流体的密度($kg\cdot m^{-3}$)；h_{s1} 和 h_{s2} 分别为控制体 SFSL1 出口和进口处流体的比焓($J\cdot kg^{-1}$)；W_{s1} 和 W_{s2} 分别为控制体 SFSL1 出口和进口处流体流量($kg\cdot s^{-1}$)；P_{s1} 和 P_{s2} 分别为控制体 SFSL1 出口和进口处流体压力(Pa)；$\overline{\rho}_{s1}$ 为控制体 SFSL1 内流体平均密度($kg\cdot m^{-3}$)；ρ_{s3} 和 ρ_{s4} 分别为控制体 SFSL3 出口和进口处流体的密度

(kg·m^{-3})，$\rho_{s4}=\rho_g$；h_{s3} 和 h_{s4} 分别为控制体 SFSL3 出口和进口处流体的比焓(J·kg^{-1})，$h_{s4}=h_g$；W_{s3} 和 W_{s4} 分别为控制体 SFSL3 出口和进口处流体流量(kg·s^{-1})；P_{s3} 和 P_{s4} 分别为控制体 SFSL3 出口和进口处流体压力(Pa)；$\bar{\rho}_{s3}$ 和$\bar{\rho}_{s2}$ 分别为控制体 SFSL3 和 SFSL2 内流体的平均密度(kg·m^{-3})；f_s 为过热区流体摩擦系数；D_i 为换热管内径(m)。

分别应用具有可移动边界的集总参数动量守恒方程式(3-26)、质量守恒方程式(3-29)和能量守恒方程式(3-30)，可建立两相区两个控制体(SFBL1 和 SFBL2)的动态模型。

控制体 SFBL1：

$$\frac{\Delta L_b}{A_s}\left[\frac{dW_{s5}}{dt}+\frac{(W_{s5}-W_{s4})}{L_b}\left(\frac{dL_b}{dt}+2\frac{dL_c}{dt}\right)\right]$$
$$=P_{s5}-P_{s4}-f_b\frac{\Delta L_b}{D_i}\frac{W_{s5}^2}{2\rho_f A_s^2}-\bar{\rho}_{s4}\Delta L_b g-\left(\frac{W_{s4}^2}{\rho_{s4}A_s^2}-\frac{W_{s5}^2}{\rho_{s5}A_s^2}\right) \tag{3-56}$$

$$A_s\Delta L_b\left[\frac{\partial\rho_g}{\partial P_{s4}}\frac{dP_{s4}}{dt}+\frac{(\rho_{s5}-\rho_{s4})}{L_b}\left(\frac{dL_b}{dt}+2\frac{dL_c}{dt}\right)\right]=W_{s5}-W_{s4} \tag{3-57}$$

$$A_s\Delta L_b\left[\left(\rho_{s4}\frac{\partial h_g}{\partial P_{s4}}-1\right)\frac{dP_{s4}}{dt}+\frac{H_{s5}-\rho_{s5}h_{s4}}{L_b}\left(\frac{dL_b}{dt}+2\frac{dL_c}{dt}\right)\right]$$
$$=W_{s5}(h_{s5}-h_{s4})+K_{ms}\Delta L_b(T_{m4}-\bar{T}_{s4}) \tag{3-58}$$

控制体 SFBL2：

$$\frac{\Delta L_b}{A_s}\left[\frac{dW_{s6}}{dt}+\frac{2(W_{s6}-W_{s5})}{L_b}\frac{dL_c}{dt}\right]$$
$$=P_{s6}-P_{s5}-f_b\frac{\Delta L_b}{D_i}\frac{W_{s6}^2}{\rho_f A_s^2}-\bar{\rho}_{s5}\Delta L_b g-\left(\frac{W_{s5}^2}{\rho_{s5}A_s^2}-\frac{W_{s6}^2}{\rho_{s6}A_s^2}\right) \tag{3-59}$$

$$A_s\Delta L_b\left[\frac{\partial\rho_{s5}}{\partial\chi_b}\frac{d\chi_b}{dt}+\frac{\partial\rho_{s5}}{\partial P_{s5}}\frac{dP_{s5}}{dt}+\frac{2(\rho_{s6}-\rho_{s5})}{L_b}\frac{dL_c}{dt}\right]=W_{s6}-W_{s5} \tag{3-60}$$

$$A_s\Delta L_b\left[\left(\frac{\partial H_{s5}}{\partial\chi_b}-h_{s5}\frac{\partial\rho_{s5}}{\partial\chi_b}\right)\frac{d\chi_b}{dt}+\left(\frac{\partial H_{s5}}{\partial P_{s5}}-h_{s5}\frac{\partial\rho_{s5}}{\partial P_{s5}}-1\right)\frac{dP_{s5}}{dt}+\right.$$
$$\left.\frac{\rho_{s6}h_{s6}-\rho_{s6}h_{s5}+\rho_{s5}h_{s5}-H_{s5}}{\Delta L_b}\frac{dL_c}{dt}\right]$$
$$=W_{s6}(h_{s6}-h_{s5})+K_{ms}\Delta L_b(T_{m5}-\bar{T}_{s5}) \tag{3-61}$$

式中，ρ_{s6} 为控制体 SFBL2 进口处流体的密度(kg・m^{-3})，$\rho_{s6}=\rho_f$；h_{s6} 为控制体 SFBL2 进口处饱和水的比焓(J・kg^{-1})，$h_{s6}=h_f$；W_{s6} 为控制体 SFBL2 进口处流体流量(kg・s^{-1})；P_{s6} 为控制体 SFBL2 进口处流体压力(Pa)；χ_b 为控制体 SFBL2 出口处的含汽率；f_b 为两相区流体摩擦系数。

分别应用具有可移动边界的集总参数动量守恒方程式(3-26)、质量守恒方程式(3-29)和能量守恒方程式(3-30)，可建立过冷区的两个控制体(SFCL1 和 SFCL2)的动态模型。

控制体 SFCL1：

$$\frac{\Delta L_c}{A_s}\left[\frac{dW_{s7}}{dt}+\frac{(W_{s7}-W_{s6})}{L_c}\frac{dL_c}{dt}\right]$$
$$=P_{s7}-P_{s6}-f_c\frac{\Delta L_c}{D_i}\frac{W_{s7}^2}{2\bar{\rho}_{s6}A_s^2}-\bar{\rho}_{s6}\Delta L_c g-\left(\frac{W_{s6}^2}{\rho_{s6}A_s^2}-\frac{W_{s7}^2}{\rho_{s7}A_s^2}\right) \tag{3-62}$$

$$A_s\Delta L_c\left[\frac{\rho_{s7}-\rho_{s6}}{L_c}\frac{dL_c}{dt}+\frac{\partial\rho_f}{\partial P_{s6}}\frac{dP_{s6}}{dt}\right]=W_{s7}-W_{s6} \tag{3-63}$$

$$A_s\Delta L_c\left[\frac{\rho_{s7}(h_{s7}-h_{s6})}{L_c}\frac{dL_c}{dt}+\left(\rho_{s6}\frac{\partial h_f}{\partial P_{s6}}-1\right)\frac{dP_{s6}}{dt}\right]$$
$$=W_{s7}(h_{s7}-h_{s6})+K_{mc}\Delta L_c(T_{m6}-\bar{T}_{s6}) \tag{3-64}$$

控制体 SFCL2：

$$0=P_{fw}-P_{s7}-f_c\frac{\Delta L_c}{D_i}\frac{W_{fw}^2}{2\bar{\rho}_{s7}A_s^2}-\bar{\rho}_{s7}\Delta L_c g-\left(\frac{W_{s7}^2}{\rho_{s7}A_s^2}-\frac{W_{fw}^2}{\rho_{fw}A_s^2}\right) \tag{3-65}$$

$$A_s\Delta L_c\left(\frac{\partial\rho_{s7}}{\partial T_{s7}}\frac{dT_{s7}}{dt}+\frac{\partial\rho_{s7}}{\partial P_{s7}}\frac{dP_{s7}}{dt}\right)=W_{fw}-W_{s7} \tag{3-66}$$

$$A_s\Delta L_c\left[\rho_{s7}C_{pc}\frac{dT_{s7}}{dt}+\left(\rho_{s7}\frac{\partial h_{s7}}{\partial P_{s7}}-1\right)\frac{dP_{s7}}{dt}\right]$$
$$=W_{fw}C_{pc}(T_{fw}-T_{s7})+K_{mc}\Delta L_c(T_{m7}-\bar{T}_{s7}) \tag{3-67}$$

式中，ρ_{s7} 为控制体 SFCL1 进口处流体密度 (kg・m^{-3})；h_{s7} 为控制体 SFCL1 进口处流体比焓(J・kg^{-1})；W_{s7} 为控制体 SFCL1 进口处流体流量(kg・s^{-1})；P_{s7} 为控制体 SFCL1 进口处流体压力(Pa)；$\bar{\rho}_{s6}$ 为控制体 SFCL1 内流体平均密度(kg・m^{-3})；f_c 为过冷区流体的摩擦系数；h_{fw} 为控制体 SFCL2 进口处流

体比焓($J \cdot kg^{-1}$);W_{fw} 为控制体 SFCL2 进口处流体流量($kg \cdot s^{-1}$);P_{fw} 为控制体 SFCL2 进口处流体压力(Pa);$\bar{\rho}_{s7}$ 为控制体 SFCL2 内流体平均密度($kg \cdot m^{-3}$)。

(4) 主蒸汽系统模型。主蒸汽系统包含从蒸汽发生器出口到主蒸汽调节阀出口的管道、阀门、腔室等模块。由于多台蒸汽发生器与蒸汽母管对称布置,可假设每台蒸汽发生器流入蒸汽母管的蒸汽具有相同的流量和物性。根据质量守恒、能量守恒以及动量守恒定律,可得主蒸汽系统的动态模型如下:

$$V_h \frac{d\rho_h}{dt} = 2W_{s1} - (W_T + W_D) \tag{3-68}$$

$$V_h \frac{d(\rho_h h_h)}{dt} - V_h \frac{dP_h}{dt} = 2W_{s1} h_{s1} - (W_T + W_D) h_h \tag{3-69}$$

$$\frac{L_h}{A_h} \frac{dW_{s1}}{dt} = P_{s1} - P_h - k_f \frac{W_{s1} \mid W_{s1} \mid}{2\rho_h} + \rho_h g \Delta H_h \tag{3-70}$$

式中,V_h 为主蒸汽系统总容积(m^3);ρ_h 为主蒸汽密度($kg \cdot m^{-3}$);h_h 为主蒸汽比焓($J \cdot kg^{-1}$);P_h 为主蒸汽压力(Pa);W_T 为汽轮机进汽流量($kg \cdot s^{-1}$);W_D 为旁排蒸汽流量($kg \cdot s^{-1}$);W_{s1} 为蒸汽发生器二次侧蒸汽流量($kg \cdot s^{-1}$);h_{s1} 为蒸汽发生器二次侧蒸汽比焓($kJ \cdot kg^{-1}$);ΔH_h 为蒸汽发生器出口蒸汽喷嘴到主蒸汽母管的高度差(m);k_f 为等效阻力系数(包括摩擦阻力和局部阻力)。

式(3-68)和式(3-69)等号左边的微分项可以进一步展开,得到主蒸汽系统的动态模型如下:

$$V_h \frac{\partial \rho_h}{\partial T_h} \frac{dT_h}{dt} + V_h \frac{\partial \rho_h}{\partial P_h} \frac{dP_h}{dt} = 2W_{s1} - (W_T + W_D) \tag{3-71}$$

$$\begin{aligned} & V_h \left(\rho_h \frac{\partial h_h}{\partial T_h} + h_h \frac{\partial \rho_h}{\partial T_h}\right) \frac{dT_h}{dt} + V_h \left(h_h \frac{\partial \rho_h}{\partial P_h} + \rho_h \frac{\partial T_h}{\partial P_h} - 1\right) \frac{dP_h}{dt} \\ & = 2W_{s1} h_{s1} - (W_T + W_D) h_h \end{aligned} \tag{3-72}$$

其中,主蒸汽调节阀的蒸汽流量采用临界流公式计算:

$$W_T = A_{SV} \sqrt{2 \frac{\kappa}{\kappa + 1} \left(\frac{2}{\kappa + 1}\right)^{\frac{2}{\kappa - 1}} P_h \rho_h} \tag{3-73}$$

式中,κ 为常数;A_{SV} 为主蒸汽调节阀的流通面积(m^2)。

假设阀门开度 C_{SV} 与调节阀的流通面积 A_{SV} 成正比，即 $C_{SV} \propto A_{SV}$，则有

$$W_T = \frac{W_{ful}}{C_{s,ful}\sqrt{P_{ref}\rho_{s,ful}}} C_{SV}\sqrt{P_h \rho_h} \tag{3-74}$$

式中，W_{ful} 为满功率下的蒸汽流量（$kg \cdot s^{-1}$）；$C_{s,ful}$ 为满功率下的阀门开度（%）；$\rho_{s,ful}$ 为满功率下的蒸汽密度（$kg \cdot m^{-3}$）；P_{ref} 为蒸汽参考压力(Pa)。

同理，旁排阀总开度 C_{DV} 与旁排流量 W_D 的关系如下：

$$W_D = \frac{f_{DV} W_{ful}}{100\sqrt{P_{ref}\rho_{s,ful}}} C_{DV}\sqrt{P_h \rho_h} \tag{3-75}$$

式中，f_{DV} 为旁排阀的总排放容量。

3）辅助方程

当考虑金属管壁的热阻时，能量方程中的 T_{mi} 为金属管壁控制体的平均温度。该平均温度采用式(3-76)等号左侧项表示的公式进行计算。计算一次侧流体与管壁间的总换热系数时，需要考虑部分管壁热阻，而该热阻是由金属管壁中与金属管平均温度相等位置处的半径$\bar{R}$ 决定的，其计算公式如下：

$$\frac{\int_{R_i}^{R_o} 2\pi r \left[T_i + \frac{T_o - T_i}{\ln(R_o/R_i)}\ln(R/R_i)\right] dR}{\pi(R_o^2 - R_i^2)} = T_i + \frac{T_o - T_i}{\ln(R_o/R_i)}\ln(\bar{R}/R_i) \tag{3-76}$$

式中，T_i 和 T_o 分别为金属圆筒壁的内、外表面温度(℃)；R_i 和 R_o 分别为金属圆管壁的内径和外径(m)。

式(3-76)中等号左侧项为稳态时金属圆筒壁中的温度在径向的平均值，而等号右侧项为半径为$\bar{R}$ 处的温度。求解上式可以解得$\bar{R}$，则一次侧流体与金属管壁的换热系数可表示为

$$K_{pm} = \frac{U_o}{\frac{1}{k_p} + \frac{R_o}{\lambda}\ln\frac{R_o}{\bar{R}}} = \frac{U_o}{\frac{1}{k_p} + \frac{R_o}{\lambda}\left[0.5 + \frac{\ln(R_o/R_i)}{1-(R_o/R_i)^2}\right]} \tag{3-77}$$

式中，λ 为金属管的导热系数($W \cdot m^{-2} \cdot ℃^{-1}$)；$k_p$ 为一次侧流体与外管壁的对流换热系数($W \cdot m^{-2} \cdot ℃^{-1}$)；$U_o$ 为一次侧工质与管壁间的换热湿周(m)。

同一次侧流体与金属管间换热系数的计算类似，二次侧换热系数 K_{ms}、

K_{mb} 和 K_{mc} 需考虑部分金属管热阻，其计算公式如下：

$$K_{ms}=\frac{U_i}{\frac{1}{k_s}+\frac{R_i}{\lambda}\ln\frac{\bar{R}}{R_i}}=\frac{U_i}{\frac{1}{k_s}+\frac{R_i}{\lambda}\left[\frac{\ln(R_i/R_o)}{(R_i/R_o)^2-1}-0.5\right]} \tag{3-78}$$

$$K_{mb}=\frac{U_i}{\frac{1}{k_b}+\frac{R_i}{\lambda}\ln\frac{\bar{R}}{R_i}}=\frac{U_i}{\frac{1}{k_b}+\frac{R_i}{\lambda}\left[\frac{\ln(R_i/R_o)}{(R_i/R_o)^2-1}-0.5\right]} \tag{3-79}$$

$$K_{mc}=\frac{U_i}{\frac{1}{k_c}+\frac{R_i}{\lambda}\ln\frac{\bar{R}}{R_i}}=\frac{U_i}{\frac{1}{k_c}+\frac{R_i}{\lambda}\left[\frac{\ln(R_i/R_o)}{(R_i/R_o)^2-1}-0.5\right]} \tag{3-80}$$

式中，k_s 为二次侧过热段流体与内管壁间的对流换热系数(W · m^{-2} · ℃$^{-1}$)；k_b 为二次侧两相段流体与内管壁间的对流换热系数(W · m^{-2} · ℃$^{-1}$)；k_c 为二次侧过冷段流体与内管壁间的对流换热系数(W · m^{-2} · ℃$^{-1}$)；U_i 为二次侧工质与管壁间的换热湿周(m)。

式(3-78)和式(3-80)中的 k_s 和 k_c 采用迪图斯-贝尔特(Dittus-Boelter)公式计算，其流量分别采用蒸汽流量和给水流量；而 k_b 则采用陈氏公式计算，其流量采用给水流量和蒸汽流量的代数平均值。

二次侧螺旋管内过热区和过冷区内流体的摩擦阻力系数 f_s 和 f_c，可采用Schmidt 提出的单相流体的摩擦阻力系数公式：

$$f=\begin{cases}\left(1+0.14\left(\frac{D_i}{D_h}\right)^{0.97}Re\right)\frac{64}{Re}, & 100<Re\leqslant Re_c\\ \left(1+\frac{28\,800}{Re}\left(\frac{D_i}{D_h}\right)^{0.08}\right)\frac{0.316}{Re^{0.25}}, & Re_c<Re\leqslant 22\,000\\ \left(1+0.082\,3\left(1+\frac{D_i}{D_h}\right)\left(\frac{D_i}{D_h}\right)^{0.53}Re^{0.25}\right)\frac{0.316}{Re^{0.25}}, & 22\,000<Re\leqslant 150\,000\end{cases} \tag{3-81}$$

式中，D_h 为螺旋管直径(m)；Re_c 为临界雷诺数，$Re_c=2\,300[1+8.69(D_i/D_h)^{0.045}]$。

而两相区中汽水混合物的摩擦系数 f_b 采用文献推荐的公式：

$$f_b = f_0 \left[1 + \bar{\chi} \left(\frac{\rho_f}{\rho_g} - 1 \right) + \bar{\chi}(1 - \bar{\chi}) \left(\frac{1\,000}{G} - 1 \right) \frac{\rho_f}{\rho_g} \right] \tag{3-82}$$

式中，f_0 为全液相摩擦系数，由式(3－81)计算得到；$\bar{\chi}$ 为平均含汽率；G 为质量流密度(kg·m^{-2}·s^{-1})。

3.1.2　状态空间建模

状态空间模型是描述系统动态过程的一种数学模型，它是对系统非线性微分方程进行线性化后，用矩阵形式表示的系统线性微分方程。建立状态空间模型往往是采用现代控制理论对系统进行分析和综合的基础。

3.1.2.1　线性化与状态空间模型求解

对于堆芯、直流蒸汽发生器等非线性、时变的复杂动态系统，其动态过程都可以用如下非线性微分方程组描述：

$$\boldsymbol{M}(\boldsymbol{x})\dot{\boldsymbol{x}} = \boldsymbol{f}(\boldsymbol{x}, \boldsymbol{u}) \tag{3-83}$$

$$\boldsymbol{y} = \boldsymbol{g}(\boldsymbol{x}, \boldsymbol{u}) \tag{3-84}$$

对于实际过程而言，矩阵 $\boldsymbol{M}(\boldsymbol{x})$ 一定是可逆的，则式(3－83)可写为

$$\dot{\boldsymbol{x}} = \boldsymbol{M}^{-1}(\boldsymbol{x})\boldsymbol{f}(\boldsymbol{x}, \boldsymbol{u}) \tag{3-85}$$

对于式(3－85)和式(3－84)表示的非线性系统在某一个工作点 $(\boldsymbol{x}_0, \boldsymbol{u}_0)$ 进行线性化，即

$$\boldsymbol{x} = \boldsymbol{x}_0 + \delta\boldsymbol{x},\ \boldsymbol{u} = \boldsymbol{u}_0 + \delta\boldsymbol{u},\ \boldsymbol{y} = \boldsymbol{y}_0 + \delta\boldsymbol{y} \tag{3-86}$$

式中，$\delta\boldsymbol{x}$、$\delta\boldsymbol{u}$ 和 $\delta\boldsymbol{y}$ 是小扰动量。对式(3－85)和式(3－84)右侧项用泰勒级数展开并忽略高阶项，可将其写为状态空间形式：

$$\delta\dot{\boldsymbol{x}} = \boldsymbol{A}\delta\boldsymbol{x} + \boldsymbol{B}\delta\boldsymbol{u} \tag{3-87}$$

$$\delta\boldsymbol{y} = \boldsymbol{C}\delta\boldsymbol{x} + \boldsymbol{D}\delta\boldsymbol{u} \tag{3-88}$$

式中，常数矩阵 $\boldsymbol{A}$、$\boldsymbol{B}$、$\boldsymbol{C}$ 和 $\boldsymbol{D}$ 为系统雅可比矩阵，即

$$\begin{aligned} \boldsymbol{A} &= \left.\frac{\partial(\boldsymbol{M}^{-1}\boldsymbol{f})}{\partial \boldsymbol{x}}\right|_{t_0, \boldsymbol{x}_0, \boldsymbol{u}_0} \quad & \boldsymbol{C} &= \left.\frac{\partial \boldsymbol{g}}{\partial \boldsymbol{x}}\right|_{t_0, \boldsymbol{x}_0, \boldsymbol{u}_0} \\ \boldsymbol{B} &= \left.\frac{\partial(\boldsymbol{M}^{-1}\boldsymbol{f})}{\partial \boldsymbol{u}}\right|_{t_0, \boldsymbol{x}_0, \boldsymbol{u}_0} \quad & \boldsymbol{D} &= \left.\frac{\partial \boldsymbol{g}}{\partial \boldsymbol{u}}\right|_{t_0, \boldsymbol{x}_0, \boldsymbol{u}_0} \end{aligned} \tag{3-89}$$

若在工作点 $\boldsymbol{B}(\boldsymbol{x}_0, \boldsymbol{u}_0)$ 时系统处于稳态工况，即满足 $\boldsymbol{f}(\boldsymbol{x}_0, \boldsymbol{u}_0)=0$，则雅可比矩阵 $\boldsymbol{A}$ 和 $\boldsymbol{B}$ 可以简化为

$$\boldsymbol{A}=\boldsymbol{M}^{-1}(\boldsymbol{x}_0)\left.\frac{\partial \boldsymbol{f}}{\partial \boldsymbol{x}}\right|_{\boldsymbol{x}_0,\ \boldsymbol{u}_0},\ \boldsymbol{B}=\boldsymbol{M}^{-1}(\boldsymbol{x}_0)\left.\frac{\partial \boldsymbol{f}}{\partial \boldsymbol{u}}\right|_{\boldsymbol{x}_0,\ \boldsymbol{u}_0} \tag{3-90}$$

3.1.2.2 堆芯状态空间模型建立

3.1.1.1 节中建立的点堆动力学模型可表示为如下形式：

$$\dot{\boldsymbol{x}}_{\mathrm{r}}=\boldsymbol{f}_{\mathrm{r}}(\boldsymbol{x}_{\mathrm{r}}, \boldsymbol{u}_{\mathrm{r}}) \tag{3-91}$$

式中，

$$\boldsymbol{x}_{\mathrm{r}}=[n_{\mathrm{r}} \quad C_{\mathrm{r}} \quad T_{\mathrm{f}} \quad T_{\mathrm{c1}} \quad T_{\mathrm{co}}]^{\mathrm{T}} \tag{3-92}$$

$$\boldsymbol{u}_{\mathrm{r}}=[\rho_{\mathrm{r}} \quad T_{\mathrm{lp}}] \tag{3-93}$$

$$\boldsymbol{f}_{\mathrm{r}}=\begin{bmatrix} \dfrac{10^{-5}\rho_{\mathrm{r}}+\alpha_{\mathrm{f}}(T_{\mathrm{f}}-T_{\mathrm{f0}})+0.5\alpha_{\mathrm{c}}[(T_{\mathrm{c1}}+T_{\mathrm{co}})-(T_{\mathrm{c10}}+T_{\mathrm{co0}})]-\beta}{\Lambda}n_{\mathrm{r}}+\dfrac{\beta C_{\mathrm{r}}}{\Lambda} \\ \lambda n_{\mathrm{r}}-\lambda C_{\mathrm{r}} \\ \dfrac{1}{\mu_{\mathrm{f}}}\left[\dfrac{fP_0}{100}n_{\mathrm{r}}-\Omega(T_{\mathrm{f}}-T_{\mathrm{c1}})\right] \\ \dfrac{1}{\mu_{\mathrm{c}}}\left[\dfrac{(1-f)P_0}{100}n_{\mathrm{r}}+\Omega(T_{\mathrm{f}}-T_{\mathrm{c1}})\right]+\dfrac{2}{\tau_{\mathrm{c}}}(T_{\mathrm{lp}}-T_{\mathrm{c1}}) \\ \dfrac{1}{\mu_{\mathrm{c}}}\left[\dfrac{(1-f)P_0}{100}n_{\mathrm{r}}+\Omega(T_{\mathrm{f}}-T_{\mathrm{c1}})\right]+\dfrac{2}{\tau_{\mathrm{c}}}(T_{\mathrm{c1}}-T_{\mathrm{co}}) \end{bmatrix} \tag{3-94}$$

式(3-94)中，$\tau_{\mathrm{c}}=\mu_{\mathrm{c}}/(W_{\mathrm{p}}C_{p,\mathrm{c}})$ 表示冷却剂延迟时间常数(s)。式(3-91)表示的堆芯非线性系统，可在某一个稳态工作点 $(\boldsymbol{x}_{\mathrm{r0}}, \boldsymbol{u}_{\mathrm{r0}})$ 进行线性化，令

$$\delta\boldsymbol{x}_{\mathrm{r}}=\boldsymbol{x}_{\mathrm{r}}-\boldsymbol{x}_{\mathrm{r0}},\ \delta\boldsymbol{u}_{\mathrm{r}}=\boldsymbol{u}_{\mathrm{r}}-\boldsymbol{u}_{\mathrm{r0}} \tag{3-95}$$

再对式(3-91)右侧项用泰勒级数展开，并忽略二阶小项得

$$\delta\dot{\boldsymbol{x}}_{\mathrm{r}}=\boldsymbol{A}_{\mathrm{r}}\delta\boldsymbol{x}_{\mathrm{r}}+\boldsymbol{B}_{\mathrm{r}}\delta\boldsymbol{u}_{\mathrm{r}} \tag{3-96}$$

式中，$\delta\boldsymbol{x}_{\mathrm{r}}$ 和 $\delta\boldsymbol{u}_{\mathrm{r}}$ 是小的扰动量。

方程式(3-96)是一个线性化的堆芯模型，该模型适用于小扰动工况。线性化模型的求解速度较快，但是对于大扰动工况则精度较差。常数矩阵 $\boldsymbol{A}_{\mathrm{r}}$ 和 $\boldsymbol{B}_{\mathrm{r}}$ 为系统的雅可比矩阵，即

$$\boldsymbol{A}_{\mathrm{r}}=\left.\frac{\partial \boldsymbol{f}_{\mathrm{r}}}{\partial \boldsymbol{x}_{\mathrm{r}}}\right|_{\boldsymbol{x}_{\mathrm{r0}},\ \boldsymbol{u}_{\mathrm{r0}}} \quad \boldsymbol{B}_{\mathrm{r}}=\left.\frac{\partial \boldsymbol{f}_{\mathrm{r}}}{\partial \boldsymbol{u}_{\mathrm{r}}}\right|_{\boldsymbol{x}_{\mathrm{r0}},\ \boldsymbol{u}_{\mathrm{r0}}} \tag{3-97}$$

当反应堆处于临界状态时，雅可比矩阵 $\boldsymbol{A}_{\mathrm{r}}$ 和 $\boldsymbol{B}_{\mathrm{r}}$ 可表示为

$$\boldsymbol{A}_{\mathrm{r}}=\begin{bmatrix} -\dfrac{\beta}{\Lambda} & \dfrac{\beta}{\Lambda} & \dfrac{n_{\mathrm{r0}}\alpha_{\mathrm{f}}}{\Lambda} & \dfrac{n_{\mathrm{r0}}\alpha_{\mathrm{c}}}{2\Lambda} & \dfrac{n_{\mathrm{r0}}\alpha_{\mathrm{c}}}{2\Lambda} \\ \lambda & -\lambda & 0 & 0 & 0 \\ \dfrac{fP_0}{100\mu_{\mathrm{f}}} & 0 & -\dfrac{\Omega}{\mu_{\mathrm{f}}} & \dfrac{\Omega}{\mu_{\mathrm{f}}} & 0 \\ \dfrac{(1-f)P_0}{100\mu_{\mathrm{c}}} & 0 & \dfrac{\Omega}{\mu_{\mathrm{c}}} & -\dfrac{\Omega}{\mu_{\mathrm{c}}}-\dfrac{2}{\tau_{\mathrm{c}}} & 0 \\ \dfrac{(1-f)P_0}{100\mu_{\mathrm{c}}} & 0 & \dfrac{\Omega}{\mu_{\mathrm{c}}} & -\dfrac{\Omega}{\mu_{\mathrm{c}}}+\dfrac{2}{\tau_{\mathrm{c}}} & -\dfrac{2}{\tau_{\mathrm{c}}} \end{bmatrix} \tag{3-98}$$

$$\boldsymbol{B}_{\mathrm{r}}=\begin{bmatrix} \dfrac{10^{-5}n_{\mathrm{r0}}}{\Lambda} & 0 & 0 & 0 & 0 \\ 0 & 0 & 0 & \dfrac{2}{\tau_{\mathrm{c}}} & 0 \end{bmatrix}^{\mathrm{T}} \tag{3-99}$$

在稳态工作点 $\boldsymbol{x}_{\mathrm{r0}}$ 和 $\boldsymbol{u}_{\mathrm{r0}}$ 附近线性化时，将稳态工况下的参数 μ_{f}、μ_{c}、α_{f}、α_{c}、Ω、τ_{c} 和 n_{r0} 代入矩阵 $\boldsymbol{A}_{\mathrm{r}}$ 和 $\boldsymbol{B}_{\mathrm{r}}$ 中，即可得到相应的堆芯线性化模型。

堆芯系统可视为双输入、双输出系统。线性化堆芯模型的输入为控制棒引入的反应性和堆芯入口温度的变化量，输出为系统的相对功率变化量与出口温度变化量。式(3-96)给出了堆芯的线性化模型，选取堆芯相对功率和出口温度的变化量作为输出变量，可得堆芯的状态空间模型为

$$\begin{cases} \delta\dot{\boldsymbol{x}}_{\mathrm{r}}=\boldsymbol{A}_{\mathrm{r}}\delta\boldsymbol{x}_{\mathrm{r}}+\boldsymbol{B}_{\mathrm{r}}\delta\boldsymbol{u}_{\mathrm{r}} \\ \delta\boldsymbol{y}_{\mathrm{r}}=\boldsymbol{C}_{\mathrm{r}}\delta\boldsymbol{x}_{\mathrm{r}} \end{cases} \tag{3-100}$$

式中，

$$\delta\boldsymbol{y}_{\mathrm{r}}=[n_{\mathrm{r}}-n_{\mathrm{r0}} \quad T_{\mathrm{co}}-T_{\mathrm{co0}}]^{\mathrm{T}}=[\delta n_{\mathrm{r}} \quad \delta T_{\mathrm{co}}]^{\mathrm{T}} \tag{3-101}$$

$$\boldsymbol{C}_{\mathrm{r}}=\begin{bmatrix} 1 & 0 & 0 & 0 & 0 \\ 0 & 0 & 0 & 0 & 1 \end{bmatrix} \tag{3-102}$$

3.1.2.3　直流蒸汽发生器状态空间模型建模

OTSG 动态数学模型由式(3-33)～式(3-39)、式(3-40)～式(3-46)、

式(3-47)~式(3-67)、式(3-71)及式(3-72)组成,共有37个常微分方程,可表示为如下形式:

$$\boldsymbol{M}_{sg}(\boldsymbol{x}_{sg})\dot{\boldsymbol{x}}_{sg}=\boldsymbol{F}_{sg}(\boldsymbol{x}_{sg},\ \boldsymbol{u}_{sg}) \tag{3-103}$$

式中,$\boldsymbol{u}_{sg}=[T_{SGi}\quad W_{fw}\quad T_{fw}\quad C_{SV}\quad C_{DV}]^{T}$

$\boldsymbol{x}_{sg}=[T_{p1}\cdots T_{p6}\quad T_{SGo}\quad T_{m1}\cdots T_{m7}\quad T_{h}\quad T_{s1}\quad T_{s2}\quad T_{s3}\quad L_{b}\quad \chi_{b}\quad L_{c}\quad T_{s7}\quad P_{h}\quad P_{s1}\quad P_{s2}\quad P_{s3}\quad P_{s4}\quad P_{s5}\quad P_{s6}\quad P_{s7}\quad W_{s1}\quad W_{s2}\quad W_{s3}\quad W_{s4}\quad W_{s5}\quad W_{s6}\quad W_{s7}]^{T}$

$\boldsymbol{M}_{sg}$ 为 37×37 的矩阵,其第 i 行、第 j 列元素用 $m_{i,j}$ 表示,则矩阵 $\boldsymbol{M}_{sg}$ 中非零项如下:

$m_{01,01}=M_{p1}$

$m_{02,02}=M_{p2}\quad m_{02,19}=m_{02,21}=M_{p2}\Delta T_{p2}/L_{s}$

$m_{03,03}=M_{p3}\quad m_{03,19}=m_{03,21}=2M_{p3}\Delta T_{p3}/L_{s}$

$m_{04,04}=M_{p4}\quad m_{04,19}=m_{04,21}=2M_{p4}\Delta T_{p4}/L_{b}$

$m_{05,05}=M_{p5}\quad m_{05,19}=M_{p5}\Delta T_{p5}/L_{b}\quad m_{05,21}=2M_{p5}\Delta T_{p5}/L_{b}$

$m_{06,06}=M_{p6}\quad m_{06,21}=2M_{p6}\Delta T_{p6}/L_{c}$

$m_{07,07}=M_{p7}\quad m_{07,21}=M_{p7}\Delta T_{p7}/L_{c}$

$m_{08,08}=M_{m}C_{pm}\quad m_{08,19}=m_{08,21}=0.5M_{m}C_{pm}(T_{m2}-T_{m1})/L_{s}$

$m_{09,09}=M_{m}C_{pm}\quad m_{09,19}=m_{09,21}=0.5M_{m}C_{pm}(2T_{m3}-T_{m2}-T_{m1})/L_{s}$

$m_{10,10}=M_{m}C_{pm}\quad m_{10,19}=m_{10,21}=0.5M_{m}C_{pm}(3T_{m4}-T_{m3}-2T_{m2})/L_{s}$

$m_{11,11}=M_{m}C_{pm}\quad m_{11,19}=0.5M_{m}C_{pm}(T_{m5}+T_{m4}-2T_{m3})/L_{b}$

$m_{11,21}=0.5M_{m}C_{pm}(T_{m5}-T_{m3})/L_{b}$

$m_{12,12}=M_{m}C_{pm}\quad m_{12,19}=0.5M_{m}C_{pm}(T_{m5}-T_{m4})/L_{b}$

$m_{12,21}=0.5M_{m}C_{pm}(T_{m6}-T_{m4})/L_{b}$

$m_{13,13}=M_{m}C_{pm}\quad m_{13,21}=0.5M_{m}C_{pm}(T_{m7}+T_{m6}-2T_{m5})/L_{c}$

$m_{14,14}=M_{m}C_{pm}\quad m_{14,21}=0.5M_{m}C_{pm}(T_{m7}-T_{m6})/L_{c}$

$m_{15,15}=V_{h}(\rho_{h}\partial h_{h}/\partial T_{h}+h_{h}\partial\rho_{h}/\partial T_{h})$

$m_{15,23}=V_{h}(\rho_{h}\partial h_{h}/\partial P_{h}+h_{h}\partial\rho_{h}/\partial P_{h}-1)$

$m_{16,16}=A_{s}\Delta L_{s}\rho_{s1}C_{ps1}\quad m_{17,17}=A_{s}\Delta L_{s}\rho_{s2}C_{ps2}\quad m_{18,18}=A_{s}\Delta L_{s}\rho_{s3}C_{ps3}$

$m_{16,19}=A_{s}\rho_{s2}(h_{s2}-h_{s1})/3\quad m_{17,19}=2A_{s}\rho_{s3}(h_{s3}-h_{s2})/3$

$m_{16,21}=A_{s}\rho_{s2}(h_{s2}-h_{s1})/3\quad m_{17,21}=2A_{s}\rho_{s3}(h_{s3}-h_{s2})/3$

$m_{16,24}=A_{s}\Delta L_{s}(\rho_{s1}\partial h_{s1}/\partial P_{s1}-1)\quad m_{17,25}=A_{s}\Delta L_{s}(\rho_{s2}\partial h_{s2}/\partial P_{s2}-1)$

$m_{18,19}=A_s\rho_{s4}(h_{s4}-h_{s3})$
$m_{18,21}=A_s\rho_{s4}(h_{s4}-h_{s3})$
$m_{18,26}=A_s\Delta L_s(\rho_{s3}\partial h_{s3}/\partial P_{s3}-1)$
$m_{19,19}=A_s(H_{s5}-\rho_{s5}h_{s4})/2 \quad m_{19,21}=A_s(H_{s5}-\rho_{s5}h_{s4})$
$m_{19,27}=A_s\Delta L_b(\rho_{s4}\partial h_g/\partial P_{s4}-1)$
$m_{20,20}=A_s\Delta L_b(\partial H_{s5}/\partial \chi_b-h_{s5}\partial\rho_{s5}/\partial\chi_b)$
$m_{20,21}=A_s[\rho_{s6}(h_{s6}-h_{s5})+\rho_{s5}h_{s5}-H_{s5}]$
$m_{20,28}=A_s\Delta L_b(\partial H_{s5}/\partial P_{s5}-h_{s5}\partial\rho_{s5}/\partial P_{s5}-1)$
$m_{21,21}=0.5A_s\rho_{s7}(h_{s7}-h_{s6}) \quad m_{21,29}=A_s\Delta L_c(\rho_{s6}\partial h_f/\partial P_{s6}-1)$
$m_{22,22}=A_s\rho_{s7}C_{pc}\Delta L_c \quad m_{22,30}=A_s\Delta L_c(\rho_{s7}\partial h_{s7}/\partial P_{s7}-1)$
$m_{23,16}=V_h\partial\rho_h/\partial T_h \quad m_{23,23}=V_h\partial\rho_h/\partial P_h$
$m_{24,16}=A_s\Delta L_s\partial\rho_{s1}/\partial T_{s1} \quad m_{25,17}=A_s\Delta L_s\partial\rho_{s2}/\partial T_{s2}$
$m_{26,18}=A_s\Delta L_s\partial\rho_{s3}/\partial T_{s3}$
$m_{24,19}=A_s(\rho_{s2}-\rho_{s1})/3 \quad m_{25,19}=2A_s(\rho_{s3}-\rho_{s2})/3 \quad m_{26,19}=A_s(\rho_{s4}-\rho_{s3})$
$m_{24,21}=A_s(\rho_{s2}-\rho_{s1})/3 \quad m_{25,21}=2A_s(\rho_{s3}-\rho_{s2})/3 \quad m_{26,21}=A_s(\rho_{s4}-\rho_{s3})$
$m_{24,24}=A_s\Delta L_s\partial\rho_{s1}/\partial P_{s1} \quad m_{25,25}=A_s\Delta L_s\partial\rho_{s2}/\partial P_{s2}$
$m_{26,26}=A_s\Delta L_s\partial\rho_{s3}/\partial P_{s3}$
$m_{27,19}=0.5A_s(\rho_{s5}-\rho_{s4}) \quad m_{27,21}=A_s(\rho_{s5}-\rho_{s4}) \quad m_{27,27}=A_s\Delta L_b\partial\rho_g/\partial P_{s4}$
$m_{28,20}=A_s\Delta L_b\partial\rho_{s5}/\partial\chi_b \quad m_{28,21}=A_s(\rho_{s6}-\rho_{s5})$
$m_{28,28}=A_s\Delta L_b\partial\rho_{s5}/\partial P_{s5}$
$m_{29,21}=A_s(\rho_{s7}-\rho_{s6})/2 \quad m_{29,29}=A_s\Delta L_c\partial\rho_f/\partial P_{s6}$
$m_{30,22}=A_s\Delta L_c\partial\rho_{s7}/\partial T_{s7} \quad m_{30,30}=A_s\Delta L_c\partial\rho_{s7}/\partial P_{s7}$
$m_{31,21}=L_h/A_h$
$m_{32,32}=\Delta L_s/A_s \quad m_{32,19}=m_{32,21}=(W_{s2}-W_{s1})/(3A_s)$
$m_{33,33}=\Delta L_s/A_s \quad m_{33,19}=m_{33,21}=2(W_{s3}-W_{s2})/(3A_s)$
$m_{34,34}=\Delta L_s/A_s \quad m_{34,19}=m_{34,21}=(W_{s4}-W_{s3})/A_s$
$m_{35,35}=\Delta L_b/A_s \quad m_{35,19}=0.5m_{35,21}=(W_{s5}-W_{s4})/A_s$
$m_{36,36}=\Delta L_b/A_s \quad m_{36,21}=(W_{s6}-W_{s5})/A_s$
$m_{37,37}=\Delta L_c/A_s \quad m_{37,21}=0.5(W_{s7}-W_{s6})/A_s$

列向量 $\boldsymbol{F}_{sg}$ 中的各项为第 i 行的元素用 f_i 表示，则 $\boldsymbol{F}_{sg}$ 中的非零项如下：

$f_1=W_pC_p(T_{SGi}-T_{p1})+K_{pm}\Delta L_s(\bar{T}_{p1}-T_{m1})$
$f_2=W_pC_p(T_{p1}-T_{p2})+K_{pm}\Delta L_s(\bar{T}_{p2}-T_{m2})$

$$f_3 = W_p C_p (T_{p2} - T_{p3}) + K_{pm} \Delta L_s (\bar{T}_{p3} - T_{m3})$$
$$f_4 = W_p C_p (T_{p3} - T_{p4}) + K_{pm} \Delta L_b (\bar{T}_{p4} - T_{m4})$$
$$f_5 = W_p C_p (T_{p4} - T_{p5}) + K_{pm} \Delta L_b (\bar{T}_{p5} - T_{m5})$$
$$f_6 = W_p C_p (T_{p5} - T_{p6}) + K_{pm} \Delta L_c (\bar{T}_{p6} - T_{m6})$$
$$f_7 = W_p C_p (T_{p6} - T_{SGo}) + K_{pm} \Delta L_c (\bar{T}_{p7} - T_{m7})$$
$$f_8 = K_{pm} (\bar{T}_{p1} - T_{m1}) - K_{ms} (T_{m1} - \bar{T}_{s1})$$
$$f_9 = K_{pm} (\bar{T}_{p2} - T_{m2}) - K_{ms} (T_{m2} - \bar{T}_{s2})$$
$$f_{10} = K_{pm} (\bar{T}_{p3} - T_{m3}) - K_{ms} (T_{m3} - \bar{T}_{s3})$$
$$f_{11} = K_{pm} (\bar{T}_{p4} - T_{m4}) - K_{mb} (T_{m4} - \bar{T}_{s4})$$
$$f_{12} = K_{pm} (\bar{T}_{p5} - T_{m5}) - K_{mb} (T_{m5} - \bar{T}_{s5})$$
$$f_{13} = K_{pm} (\bar{T}_{p6} - T_{m6}) - K_{mc} (T_{m6} - \bar{T}_{s6})$$
$$f_{14} = K_{pm} (\bar{T}_{p7} - T_{m7}) - K_{mc} (T_{m7} - \bar{T}_{s7})$$
$$f_{15} = 2W_{s1} h_{s1} - (W_T + W_D) h_h$$
$$f_{16} = W_{s2} (h_{s2} - h_{s1}) + K_{ms} \Delta L_s (T_{m1} - \bar{T}_{s1})$$
$$f_{17} = W_{s3} (h_{s3} - h_{s2}) + K_{ms} \Delta L_s (T_{m2} - \bar{T}_{s2})$$
$$f_{18} = W_{s4} (h_{s4} - h_{s3}) + K_{ms} \Delta L_s (T_{m3} - \bar{T}_{s3})$$
$$f_{19} = W_{s5} (h_{s5} - h_{s4}) + K_{mb} \Delta L_b (T_{m4} - \bar{T}_{s4})$$
$$f_{20} = W_{s6} (h_{s6} - h_{s5}) + K_{mb} \Delta L_b (T_{m5} - \bar{T}_{s5})$$
$$f_{21} = W_{s7} (h_{s7} - h_{s6}) + K_{mc} \Delta L_c (T_{m6} - \bar{T}_{s6})$$
$$f_{22} = W_{fw} (h_{fw} - h_{s7}) + K_{mc} \Delta L_c (T_{m7} - \bar{T}_{s7})$$
$$f_{23} = 2W_{s1} - (W_T + W_D)$$
$$f_{24} = W_{s2} - W_{s1}$$
$$f_{25} = W_{s3} - W_{s2}$$
$$f_{26} = W_{s4} - W_{s3}$$
$$f_{27} = W_{s5} - W_{s4}$$
$$f_{28} = W_{s6} - W_{s5}$$
$$f_{29} = W_{s7} - W_{s6}$$
$$f_{30} = W_{fw} - W_{s7}$$
$$f_{31} = P_{s1} - P_h - k_f \frac{W_{s1}^2}{2\rho_h} + \rho_h g \Delta H_h$$
$$f_{32} = P_{s2} - P_{s1} - f_s \frac{\Delta L_s}{D_i} \frac{W_{s2}^2}{2\bar{\rho}_{s1} A_s^2} - \bar{\rho}_{s1} g \Delta L_s \left(\frac{W_{s1}^2}{\rho_{s1} A_s^2} - \frac{W_{s2}^2}{\rho_{s2} A_s^2} \right)$$
$$f_{33} = P_{s3} - P_{s2} - f_s \frac{\Delta L_s}{D_i} \frac{W_{s3}^2}{2\bar{\rho}_{s2} A_s^2} - \bar{\rho}_{s2} g \Delta L_s - \left(\frac{W_{s2}^2}{\rho_{s2} A_s^2} - \frac{W_{s3}^2}{\rho_{s3} A_s^2} \right)$$

$$f_{34}=P_{s4}-P_{s3}-f_{s}\frac{\Delta L_{s}}{D_{i}}\frac{W_{s4}^{2}}{2\bar{\rho}_{s3}A_{s}^{2}}-\bar{\rho}_{s3}g\Delta L_{s}-\left(\frac{W_{s3}^{2}}{\rho_{s3}A_{s}^{2}}-\frac{W_{s4}^{2}}{\rho_{s4}A_{s}^{2}}\right)$$

$$f_{35}=P_{s5}-P_{s4}-f_{b}\frac{\Delta L_{b}}{D_{i}}\frac{W_{s5}^{2}}{2\rho_{f}A_{s}^{2}}-\bar{\rho}_{s4}g\Delta L_{b}-\left(\frac{W_{s4}^{2}}{\rho_{s4}A_{s}^{2}}-\frac{W_{s5}^{2}}{\rho_{s5}A_{s}^{2}}\right)$$

$$f_{36}=P_{s6}-P_{s5}-f_{b}\frac{\Delta L_{b}}{D_{i}}\frac{W_{s6}^{2}}{\rho_{f}A_{s}^{2}}-\bar{\rho}_{s5}g\Delta L_{b}-\left(\frac{W_{s5}^{2}}{\rho_{s5}A_{s}^{2}}-\frac{W_{s6}^{2}}{\rho_{f}A_{s}^{2}}\right)$$

$$f_{37}=P_{s7}-P_{s6}-f_{c}\frac{\Delta L_{c}}{D_{i}}\frac{W_{s7}^{2}}{2\bar{\rho}_{s6}A_{s}^{2}}-\bar{\rho}_{s6}g\Delta L_{c}-\left(\frac{W_{s6}^{2}}{\rho_{s6}A_{s}^{2}}-\frac{W_{s7}^{2}}{\rho_{s7}A_{s}^{2}}\right)$$

对于方程(3-103)表示的蒸汽发生器非线性系统，在某一个稳态工作点$(\boldsymbol{x}_{sg0},\boldsymbol{u}_{sg0})$进行线性化，即

$$\boldsymbol{x}_{sg}=\boldsymbol{x}_{sg0}+\delta\boldsymbol{x}_{sg},\quad \boldsymbol{u}=\boldsymbol{u}_{sg0}+\delta\boldsymbol{u}_{sg} \tag{3-104}$$

$$\delta\dot{\boldsymbol{x}}_{sg}=\boldsymbol{A}_{sg}\delta\boldsymbol{x}_{sg}+\boldsymbol{B}_{sg}\delta\boldsymbol{u}_{sg} \tag{3-105}$$

式中，常数矩阵$\boldsymbol{A}_{sg}$和$\boldsymbol{B}_{sg}$为系统雅可比矩阵，即

$$\boldsymbol{A}_{sg}=\boldsymbol{M}_{sg}^{-1}(\boldsymbol{x}_{sg0})\frac{\partial\boldsymbol{F}_{sg}}{\partial\boldsymbol{x}_{sg}}\bigg|_{t_0,\boldsymbol{x}_{sg0},\boldsymbol{u}_{sg0}}\qquad \boldsymbol{B}_{sg}=\boldsymbol{M}_{sg}^{-1}(\boldsymbol{x}_{sg0})\frac{\partial\boldsymbol{F}_{sg}}{\partial\boldsymbol{u}_{sg}}\bigg|_{t_0,\boldsymbol{x}_{sg0},\boldsymbol{u}_{sg0}} \tag{3-106}$$

3.1.3　多模型建模

近年来，多模型建模方法受到了研究者的广泛关注，并成功应用于小型压水堆系统的建模和控制研究。利用多模型方法对反应堆系统进行建模的基本思想：首先，将复杂的反应堆系统以某一准则分解成若干个简单的线性系统，通常采用功率水平进行线性系统划分；其次，采用机理建模原理，建立各个功率水平处反应堆的局部线性化模型，这些线性化模型是由非线性系统分解而来，可以拟合系统的动态性能；最后，根据一定的切换原理，选择特定的合成准则，对各局部线性化模型进行加权组合，构成反应堆多模型系统。

多模型建模的基本步骤如下：

(1) 将复杂非线性系统根据某一分解原理分解成n个简单的线性系统。在反应堆多模型建模中，通常可按照功率水平将其运行区间均匀划分为5个功率点，即20%满功率(full power, FP)、40%FP、60%FP、80%FP和100%FP。同时，考虑到不同功率水平下系统特性的差异，也可根据不同功率水平下

系统线性化模型的伯德图对功率点进行划分。

(2) 采用机理建模原理，建立反应堆系统的非线性模型，并在所选取的功率点对其进行线性化，建立反应堆系统的线性化模型，记为

$$M=\{G_i \mid i=1,\ 2,\ \cdots,\ n\} \tag{3-107}$$

式中，M 表示模型集；G_i 表示系统子集。

(3) 采用某种合成准则，对不同功率点的反应堆系统模型进行合成，常用的合成准则为采用三角形隶属度函数对反应堆局部模型进行加权。以 20%FP、40%FP、60%FP、80%FP 和 100%FP 作为局部工况点的情况为例，反应堆多模型系统的三角形隶属度函数如图 3-5 所示，在此基础上构建的适用于全局工况的反应堆多模型系统可表示为

$$G_{\mathrm{m}}=\sum_{i=1}^{5} q_i G_i \tag{3-108}$$

式中，G_{m} 表示反应堆多模型系统；q_i 表示各个局部模型的权值，由相应的隶属度函数计算得到，其计算公式如下：

$$q_i=\frac{w_i}{\sum_{i=1}^{5} w_i} \tag{3-109}$$

式中，w_i 表示局部模型隶属度，可根据局部模型的隶属度曲线计算(见图 3-5)。

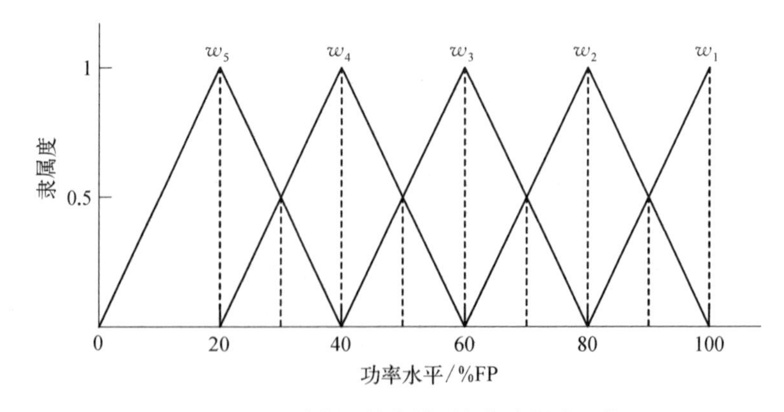

图 3-5 反应堆系统多模型加权隶属度函数

图 3-5 中，w_5、w_4、w_3、w_2、w_1 依次表示 20%FP、40%FP、60%FP、80%FP、100%FP 功率水平下系统模型的模糊集。

3.2　基于数据的建模

采用基于机理的方法建立小型压水堆控制对象模型，在建模过程中可以深入理解对象特性，相关模型环节具有非常明确的物理意义，建立的模型可以较好地反映系统动态过程的物理、热工现象的本质，所得模型的适应性较大，在研究过程中便于对模型参数进行调整。但是，由于小型压水堆采用了一些新的设计，如内置直流蒸汽发生器、内置稳压器及其他一些新设备的使用，导致小型压水堆控制对象出现了一些新的复杂运行特性。对于这些新的控制对象，由于内在机理十分复杂，一些热工物理过程无法直接写出数学表达式或者表达式中的某些系数无法确定，这种情况下单凭机理建模便无法实现对控制对象的模拟，因此需要利用基于数据的系统辨识方法进行建模。

3.2.1　系统辨识建模

关于系统辨识的定义很多，比较经典的表述源自 Zadeh[5]：系统辨识是在已知系统输入、输出数据的基础上，从事先选择的模型类中，寻找一个与待辨识系统等价的模型。从这个定义可以看出，输入、输出数据是系统辨识的必要条件，辨识范围由模型类型决定。本节从介绍系统辨识的一般知识展开，介绍系统辨识的发展及在核反应堆系统中的应用。

3.2.1.1　系统辨识的一般知识

系统辨识的一般流程：确定辨识目的，根据先验知识初步确定模型的结构，然后设计辨识试验并采集试验输入、输出数据，经过数据处理后，可以进一步辨识系统模型结构和参数，再以此为基础开展辨识模型检验，最终得到系统辨识模型。上述系统辨识流程如图 3-6 所示。

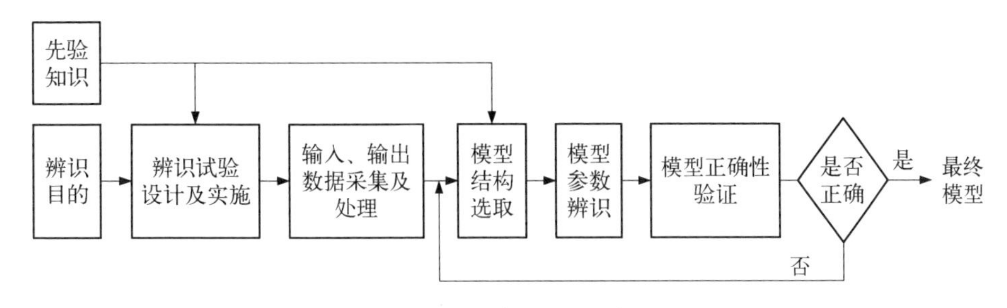

图 3-6　系统辨识流程框图

按照拟辨识系统中参数与输入、输出数据的关系，系统辨识可以分为线性系统辨识和非线性系统辨识两大类。

1）线性系统辨识

在线性系统辨识中，根据模型形式的不同可分为非参数模型辨识方法和参数模型辨识方法[6]。

采用非参数模型辨识方法得到的模型称为非参数模型，模型采用响应曲线的形式，无明显的参数，不用事先确定模型的具体结构，该方法可适用于任意复杂过程。

参数模型辨识则需要先假定模型结构，然后通过真实系统对象和极小化模型之间的误差目标函数确定系统的参数。在线性系统的参数模型辨识过程中，对于试验如何设计、模型结构如何选择、模型参数如何估计以及模型结果的验证是需要关注的重点问题。试验方案的设计包括了最优输入信号的选择、确定数据采样时间和数据量的大小以及根据辨识目的选择开环或者闭环辨识等。模型结构的选取是在由输入信号以及当前时刻之前的输出信号组成的回归矢量与输出信号之间选择合适的函数表达式的过程。模型参数的确定是对所选定模型结构中的参数进行估计的过程，一般根据所选的误差目标函数在约束条件下进行极小化获取。目前，对模型结果验证方面已有的研究多集中在开环系统辨识上，同时对于闭环系统辨识的模型验证研究近年来也逐步受到关注。

在上面的参数模型辨识中，根据辨识算法的不同，又分为三种，包括最小二乘法、极大似然法和梯度校正法。

最小二乘法由著名数学家高斯(Gauss)提出，后来成为参数估计理论的基础。在辨识领域中，最小二乘法在工程上容易实现，因而成为应用最广泛的参数辨识方法。针对最小二乘法只有在输入数据信号为白噪声时才能获得无偏一致估计和容易出现数据饱和的问题，出现了一些改进算法，如广义最小二乘法、限定记忆法及辅助变量法等[7-9]。极大似然法是一种概率性的参数估计方法，基本思想是构造一个以观测数据和未知参数为自变量的似然函数，使这一似然函数达到极大值的参数值就是模型的参数估计值。梯度校正法的基本思想是沿着误差目标函数关于模型参数的负梯度方向，逐步对模型参数估计值进行修改，直到误差目标函数达到最小值。

2）非线性系统辨识

非线性系统广泛地存在于人们的生产生活中，在线性理论比较成熟的基础上,对一些非线性系统的描述可以忽略其非线性或用线性关系代替,从而得到其近似数学模型。但是,具有复杂非线性关系的系统不能用线性模型来近似。对于非线性系统的辨识,最早涉及的是如双线性系统模型、哈默斯坦(Hammerstain)模型、非线性时间序列模型等特殊类型的非线性系统。常用的非线性系统描述方法包括微分法、差分法、泛函级数法及分块系统法等。近年来,基于智能控制理论中的模糊逻辑、遗传算法、神经网络等知识形成了许多新的非线性辨识方法,丰富了非线性系统辨识理论体系。

3.2.1.2 系统辨识的发展历程和趋势

20世纪60—70年代,随着现代控制理论的发展,系统辨识成为控制理论的一个重要分支。在这个时期,状态估计、辨识和控制理论发展成现代控制论三个相互渗透的领域[10]。利用控制理论解决实际问题时,需要建立对象的数学模型,而被控对象的数学模型在大多数情况下是未知的,系统辨识适应了这一需要,得到了迅速发展并成功运用于许多领域。20世纪90年代后,系统辨识结合需求向着时变动态系统的跟踪和连续时间系统的辨识方向扩展,并伴随着计算机技术的发展,进一步得到快速发展和应用。近年来,系统辨识理论日趋成熟,有了比较完善的理论体系和方法,并拓展了应用领域。在航空航天、机器人、社会经济及生物等领域的辨识方法具有明显的特色。

随着系统辨识理论和方法的发展,传统的过程辨识方法已经非常成熟和完善,对线性过程具有较好的辨识效果,但对于复杂的非线性过程往往得不到满意的辨识结果,一般都存在不能同时确定过程结构和参数的缺点。针对传统辨识的不足和局限性,在智能控制理论广泛应用于过程控制领域的背景下,发展了许多新的基于智能控制的辨识方法,如遗传算法辨识、模糊辨识、神经网络辨识等。在核反应堆控制领域,由于控制对象众多,对象特性纷繁复杂,基于传统辨识方法的模型辨识和基于智能方法的模型辨识并不互相排斥,而是互相配合,为核反应堆控制方法的研究提供技术支撑。

3.2.1.3 压水堆核电厂控制对象传统辨识实例

目前,大多数压水堆核电厂控制系统的设计仍然基于经典控制理论,在系统设计中,需要采用时域或者频域的方法对控制系统稳定性和瞬态响应特性进行分析。在此过程中,采用传递函数的方式描述控制系统各环节是常用的方式。传递函数的定义是当初始条件为零时,线性定常系统输出变量的拉普拉斯变换与输入变量的拉普拉斯变换之比[11]。虽然核反应堆整体上是一个高度复杂的非线性系统,但是在采用经典控制理论设计控制系统时,可以在具体的控制系统对象上，在一定的适用范围内，将控制对象模型进行线性化处理。在这种情况下，如果求得控制系统各环节传递函数，则可以采用控制系统方块图(原理框图)的方式建立控制系统的计算机数字仿真模型，并以此为基础分析控制系统的稳态性能和瞬态响应性能。在控制系统仿真模型建立过程中，由于某些环节无现成的传递函数可以表示或者已知其传递函数但某些参数未知，则需要开展传递函数的辨识工作。

传递函数的辨识主要包含时域法和频域法两种方法。时域法主要有脉冲响应法、矩形脉冲响应法和阶跃响应法等。频域法一般是先由试验测得系统频率响应，再根据频率特性拟合的方法获得系统传递函数。以下以某压水堆核电厂蒸汽发生器(steam generator, SG)水位控制系统相关传递函数采用数据驱动的传统辨识方法进行辨识为例，说明辨识的一般过程和方法。

蒸汽发生器水位控制系统是核电厂核蒸汽供应系统中 5 个主要控制系统之一，在系统设计过程中，需要根据控制对象在不同工况下的响应特性确定控制参数，以此为基础对整个控制回路或控制子回路的稳定性等控制性能指标进行分析，由此获取控制回路中相关物理过程及控制对象的传递函数，使其成为设计工作的基础。该核电厂 SG 给水系统主给水泵采用 3 台电动泵(其中 1 台泵为备用)，其参考电厂 SG 给水系统的主给水泵为 1 台电动泵和 2 台汽动泵(其中电动泵为备用)，主给水管路的设计和参考电厂也存在差异。因此，根据参考电厂 SG 水位控制系统进行设计时，原有的反映被控设备动态响应特性和物理过程的传递函数无法直接利用，必须采用参数辨识方法获取上述传递函数，以满足控制系统设计需求。

该核电厂 SG 水位控制系统包括两部分：水位控制和主给水泵速控制。其中水位控制采用串级控制方式，主环为水位控制回路，副环为流量控制回路。流量控制回路和主给水泵控制回路的理论模型可统一表示为如图 3－7 所示的结构形式。从此图可见，这两个控制回路都采用了典型的闭环反馈控制形式。在开展控制系统设计时，需要根据被控设备和相关物理过程特性完成控制器的结构及参数优化工作。根据参考电厂的设计和运行经验，采用简化的传递函数对被控设备和物理过程特性进行表征，可满足控制系统设计需求。由于流量控制回路中给水流量对于给水阀开度变化的响应物理过程特性以及主给水泵速控制回路中的主给水泵特性相对复杂，其传递函数的辨识过程具有典型性，因此选取给水流量对于给水阀开度变化的响应物理过程和主给水泵这两个对象的传递函数辨识过程进行介绍。

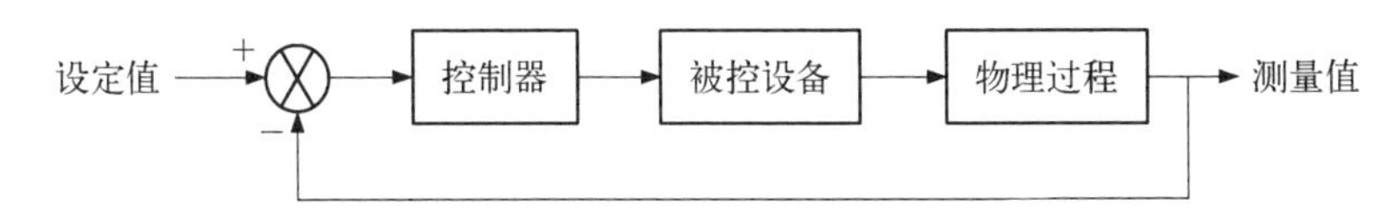

图3-7 SG水位控制系统典型控制回路原理框图

1）给水流量对于给水阀开度变化的响应物理过程传递函数辨识

流量控制回路的主要功能是通过调节给水阀开度，使给水流量到达给定值。给水流量控制器设计所需的给水阀传递函数由设备供货商通过试验确定后提供，而给水流量对于给水阀开度变化响应物理过程的传递函数由于阀门和管路特性的变化而无法利用原有数据，需通过辨识获取。由于在控制系统设计阶段无法获得实际核电厂中给水流量对于给水阀开度变化的响应数据，只能采用数值模拟方式，通过建立给水工艺管路及设备的模型，利用瞬态仿真试验获得辨识用的基本数据。

因为给水流量对于给水阀开度变化响应的整个物理过程与给水阀特性、主给水泵特性、主给水泵速控制回路动态特性及核电厂运行工况都有密切关系，因此利用瞬态仿真程序在不同主给水泵运行数量组合（即采用一台泵运行还是两台泵运行）及核电厂不同功率水平的情况下分别进行瞬态试验，通过对仿真试验结果的分析，选取合适的数据作为辨识所采用的数据。功率水平选取了高、中、低三种典型工况点，即100%FP、50%FP和30%FP，在这三个功率点和不同的主给水泵运行组合下，各瞬态过程中给水流量对于给水阀开度变化响应的仿真结果如图3-8～图3-10所示（仿真试验中设主给水泵自动运行，给水阀开度阶跃变化−2%）。

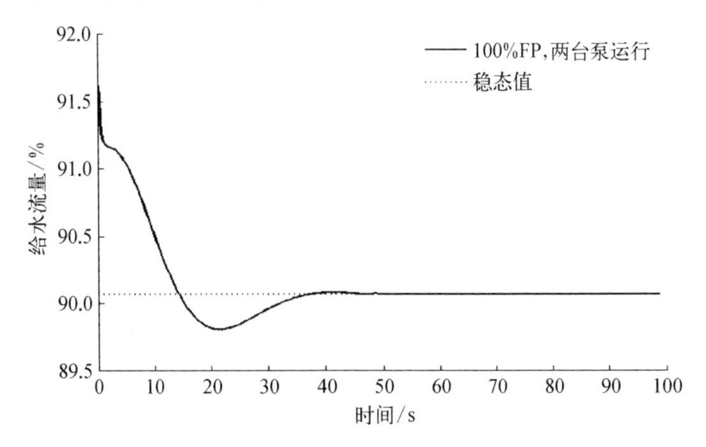

图3-8 100%FP时给水流量随给水阀开度阶跃变化响应

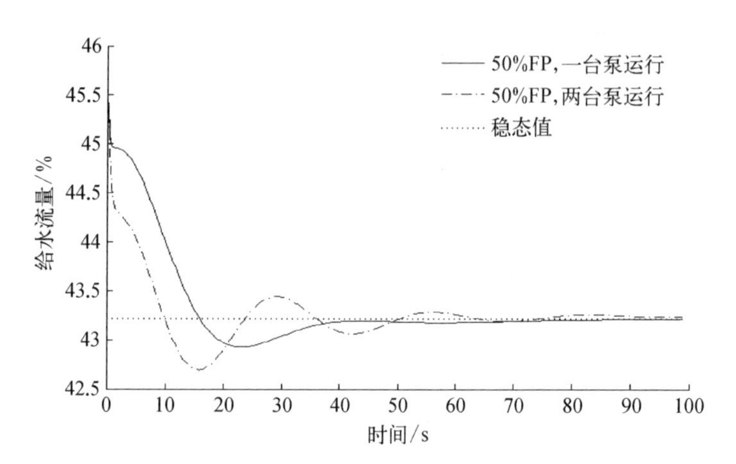

图 3-9　50%FP 时给水流量随给水阀开度阶跃变化响应

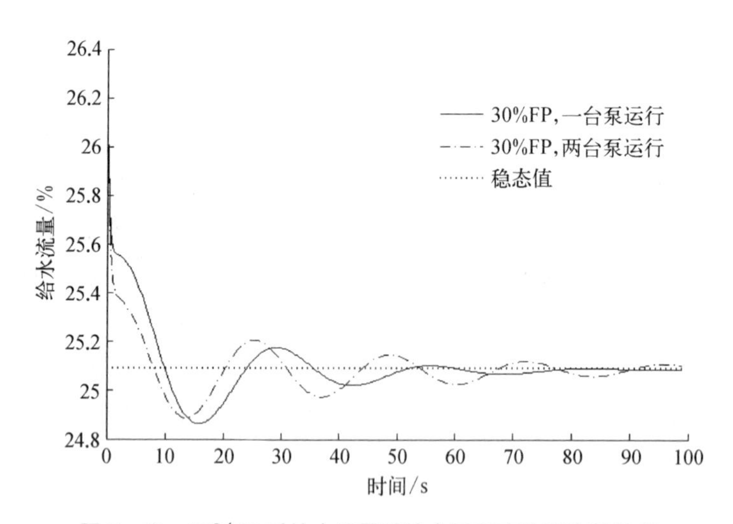

图 3-10　30%FP 时给水流量随给水阀开度阶跃变化响应

从图 3-9 和图 3-10 可见：在同一功率水平下，当采用一台泵运行时，给水流量对于给水阀阶跃变化的响应速度更慢；功率越高，给水流量对于给水阀阶跃变化的响应速度越慢。对控制系统设计而言，响应速度最慢的情况是最不利的设计输入，在这种条件下设计的控制系统，将可以包络其他输入条件。考虑在核电厂实际运行时，在大多数功率水平下都采用两台泵运行，因此在 100%FP 时，两台泵运行工况下的瞬态数据是保守的，可作为给水流量对于给水阀开度变化响应的物理过程传递函数辨识的基本数据。按照上述分析结果，以给水阀开度阶跃变化−2%为阶跃输入幅值，将该工况下所得的给水流量输出响应仿真数据进行归一化处理,得到可用于辨识的给水阀开度阶跃变化以及给水流量响应随时间变化的关系数据,如图3-11所示。

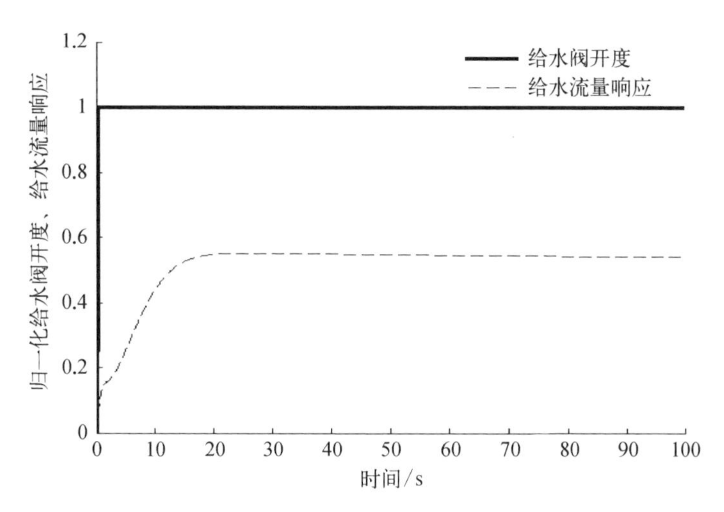

图3-11　归一化后的给水阀开度、给水流量响应关系曲线

根据参考电厂经验,并与图3-8至图3-10的瞬态曲线进行对照,给水流量对于给水阀开度变化的响应表现为三阶系统的特性,其传递函数 $F(s)$ 可表示为

$$F(s)=\frac{K_1}{as+1}+\frac{K_2}{\frac{1}{\omega^2}s^2+\frac{2\zeta}{\omega}s+1} \tag{3-110}$$

式中,K_1 和 K_2 为比例增益;a 为时间常数;ω 为振荡频率;ζ 为阻尼系数;s 为拉普拉斯算子。式(3-110)为该物理过程的模型结构表达式,式中各参数为需要辨识得到的参数。采用图3-11中所示数据,从0时刻开始选取不同时间点上的给水阀开度和给水流量响应值,分别组成“时间-输入”及“时间-输出”数据对,作为参数辨识模型所需的输入、输出信号。利用MATLAB/Simulink程序中的数据辨识工具对式(3-110)中各未知参数进行辨识,最终得到 $K_1=0.1258$, $K_2=0.4221$, $a=0.213$, $\omega=0.2249$, $\zeta=0.7955$。

2) 表征主给水泵的传递函数的辨识

SG水位控制系统主给泵速控制回路的主要功能是通过对主给水泵的转速进行控制,使得给水母管和蒸汽母管间的压差为预先设定的程序定值。给水泵供货商通过一系列工厂实验，向设计方提供了多条主给水泵相关参数(包括电机力矩、输出力矩、电机速度等)对于给水泵转速定值阶跃变化的响应曲线。按照主给水泵速控制回路的设计需求，应利用主给水泵速度随泵速定值阶跃变化这一瞬态过程的响应曲线，将其作为主给水泵传递函数辨识的数据来源。根据设备厂商提供的实验数据，可先将主给水泵速度对于不同泵速定值阶跃变化的响应曲线绘制在一起，以进行分析比较，如图 3-12 所示。

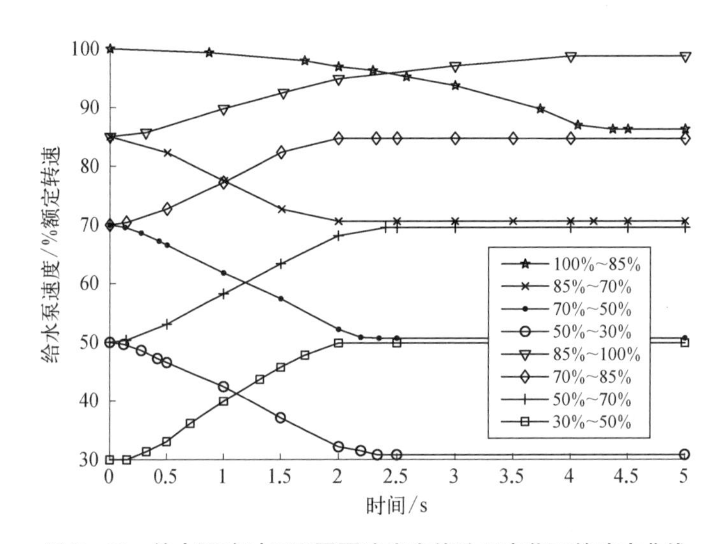

图 3-12　给水泵速对于不同泵速度定值阶跃变化下的响应曲线

从图 3-12 可看出：当主给水泵速度定值发生不同阶跃变化时，其实际速度的响应有快有慢。当给水泵速定值从 100%额定转速阶跃变化到 85% 额定转速时，其速度响应最慢；当给水泵速定值从 30% 额定转速阶跃变化到 50%额定转速时，其速度响应最快。就核电厂运行而言，多台 SG 在运行时将存在一定的耦合现象，即当一台 SG 给水增加时，其他 SG 的给水将由于其给水调节阀上游压力的降低而趋于减少。由于电动给水泵的压力/流量特性曲线在高流量时存在更大的下降斜率，因此这种耦合现象在高功率时更为明显。如果能够尽可能地保持给水调节阀前后压差为一个常数，这种耦合效应的影响将会被削弱或消除，因此需要在工况发生变化时主给水泵速控制回路的响应速度尽量快。另外，从核电厂实际运行情况来看，SG 需要经常运行在较高功率水平。根据以上分析，选择图 3-12 中主给水泵速定值从 100% 额定转速阶跃变化到 85%额定转速时的给水泵速度响应曲线上的数据点作为辨识用基本数据。因为与前面所述的给水流量对于给水阀开度变化响应的物理过程传递函数辨识过程类似，在这种响应速度最慢情况下，如果设计出的控制系统能够满足运行控制要求，设计结果将具有包络性。

在确定可用于主给水泵传递函数辨识用的基本数据后，可利用 MATLAB/Simulink 程序建立参数辨识模型。根据参考电厂的经验，主给水泵传递函数可以用如下的通用形式表示：

$$H(s)=\frac{1}{(1+T_1 s)(1+T_2 s)^n} \tag{3-111}$$

式中，T_1 和 T_2 为时间常数；s 为拉普拉斯算子；n 为幂指数。通常，n 取 2 或 3（该核电厂设计时取为 2）。因此，所需要进行辨识的参数为 T_1 和 T_2。根据式(3-111)所列出的传递函数形式，在 MATLAB/Simulink 中建立的传递函数参数辨识模型如图 3-13 所示。

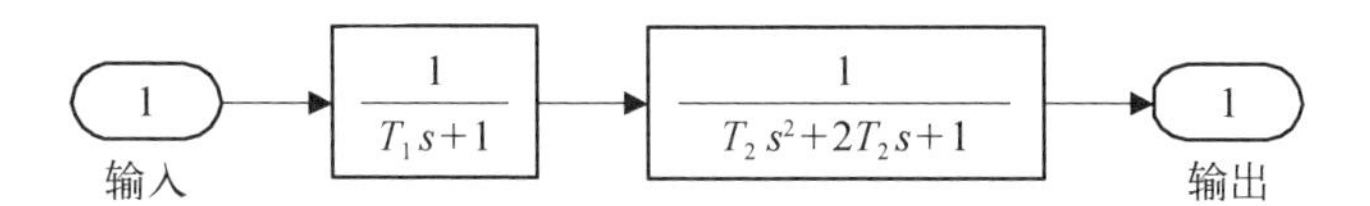

图 3-13　用于主给水泵传递函数参数辨识的模型

图 3-13 中各符号的含义与式(3-111)相同。图 3-13 中模型的最左端为数据输入端，最右端为数据输出端。为完成参数辨识，对上述选定的阶跃变化曲线中选取时间点上的给水泵速定值阶跃变化幅度、给水泵速响应值进行了归一化的处理。即将给水泵速定值从 100%额定转速到 85%额定转速的阶跃变化幅度定义为 1 的无量纲量，以此为基准对选取的时间点上的给水泵速度的响应值进行归一化。归一化后的给水泵速阶跃输入值和泵速响应值与时间的关系曲线如图 3-14 所示。

根据图 3-14 所示的曲线，从 0 时刻开始选取不同时间点上的输入值（即幅值为 1 的阶跃信号）和输出响应值组成“时间-输入”及“时间-输出”数据对，分别作为图 3-13 中参数辨识模型的输入信号和输出信号，并利用 MATLAB/Simulink 中的数据辨识工具进行和的辨识，最终得到 $T_1=2$，$T_2=1$。

3.2.2　智能辨识建模

目前，不少研究者将神经网络等智能算法运用于反应堆系统的建模，通过对其仿真数据或实测数据的训练，建立反应堆智能辨识模型。Adali 等[12-13]

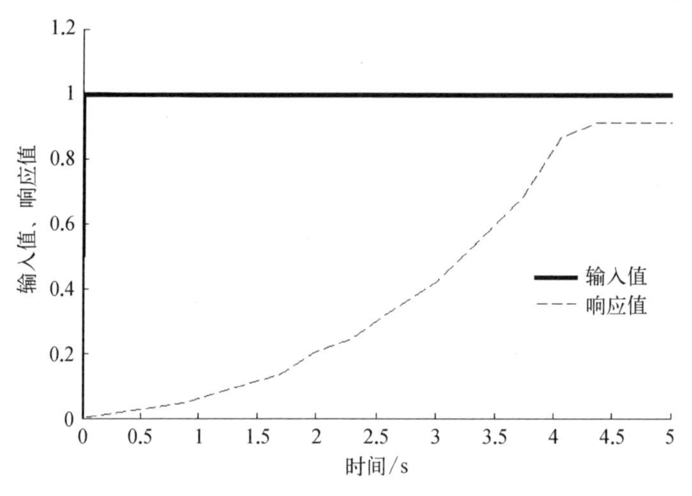

图 3-14　归一化处理后的给水泵速度输入、响应值与时间的关系曲线

利用递归神经网络智能算法辨识了堆芯模型。Khalafi 等[14]采用神经网络智能算法辨识了堆芯模型,并建立了堆芯的动态仿真模型。Boroushaki 等[15]提出了多层细胞神经网络来再现核反应堆堆芯的时空动态特征。Moshkbar-Bakhshayesh 等[16-17]利用智能算法开发了核动力系统的瞬态辨识模型。

下面,以小型压水堆堆芯模型为例,重点介绍基于 BP 神经网络的堆芯模型辨识方法,并对所建立的堆芯辨识模型进行验证。

小型压水堆堆芯模型的输入、输出分别为控制棒引入的反应性和堆芯相对功率。当前时刻的堆芯相对功率输出可由过去时刻的相对功率输出和反应性输入以及当前时刻的反应性输入信息进行描述。因此,堆芯智能辨识模型的一般形式可表示为

$$P_{\mathrm{r}}(n)=f[P_{\mathrm{r}}(n-1),\ \cdots,\ P_{\mathrm{r}}(n-d),\ \rho(n),\ \cdots,\ \rho(n-d)] \tag{3-112}$$

式中,$f(s)$为 BP 神经网络函数输入、输出数学关系;d 表示延迟步数,此处设为 2,则 BP 神经网络输入、输出模型的具体形式可表示为

$$P_{\mathrm{r}}(n)=f[P_{\mathrm{r}}(n-1),\ P_{\mathrm{r}}(n-2),\ \rho(n),\ \rho(n-1),\ \rho(n-2)] \tag{3-113}$$

在确定好输入、输出模型的形式后,设计如图 3-15 所示的神经网络结

构。图中，w_{ij} 和 w_{jo} 分别表示输入层与隐含层、隐含层与输出层之间的权值，b_1 和 b_2 分别表示输入层与隐含层、隐含层与输出层之间的阈值。基于所建立的小型压水堆堆芯仿真模型，仿真生成不同反应性引入瞬态工况下堆芯相对功率的动态响应数据，作为神经网络的训练数据，并将隐含层神经元的个数设为 10，可训练得到堆芯的神经网络辨识模型。

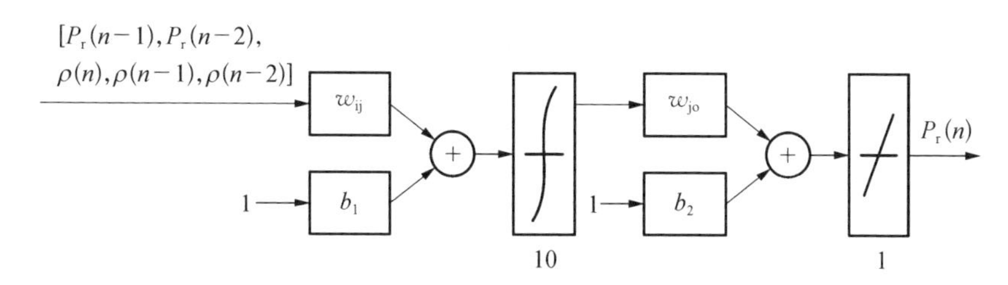

图 3-15　堆芯神经网络辨识模型结构示意图

最后，为验证所设计的堆芯智能辨识模型的有效性与准确性，对堆芯机理模型与智能辨识模型的动态响应进行了仿真对比，所选取的仿真工况：① 以 1 pcm/s 的速率向堆芯引入＋20 pcm 反应性；② 以 1 pcm/s 的速率向堆芯引入－20 pcm 反应性；③ 以 5 pcm/s 的速率向堆芯引入＋100 pcm 反应性；④ 以 5 pcm/s 的速率向堆芯引入－100 pcm 反应性。

图 3-16～图 3-19 给出了上述 4 种工况下堆芯机理模型与智能辨识模型的动态响应曲线。从图中可知，堆芯机理模型与智能辨识模型的动态响应趋势相同，偏差在合理范围内，表明了所建立的堆芯智能辨识模型的有效性。

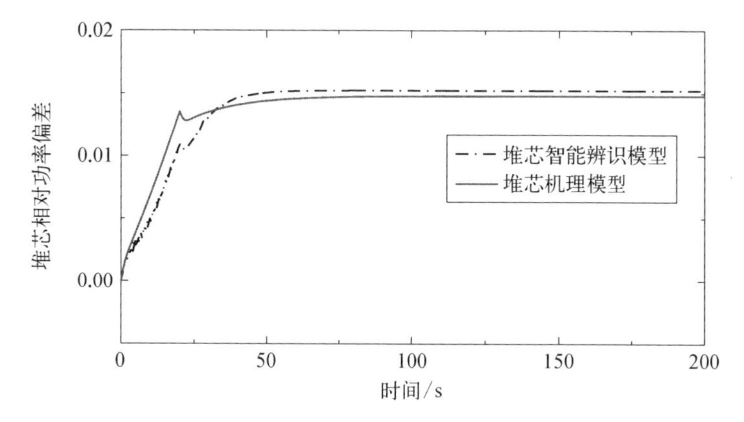

图 3-16　以 1 pcm/s 的速率向堆芯引入＋20 pcm 反应性瞬态仿真结果

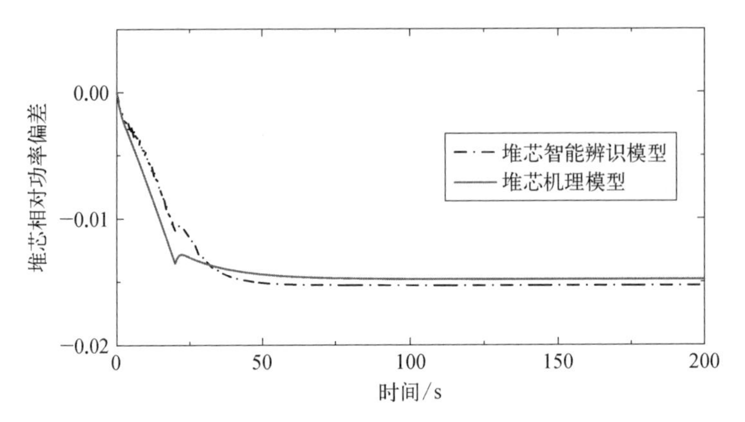

图 3 - 17　以 1 pcm/s 的速率向堆芯引入−20 pcm 反应性瞬态工况仿真结果

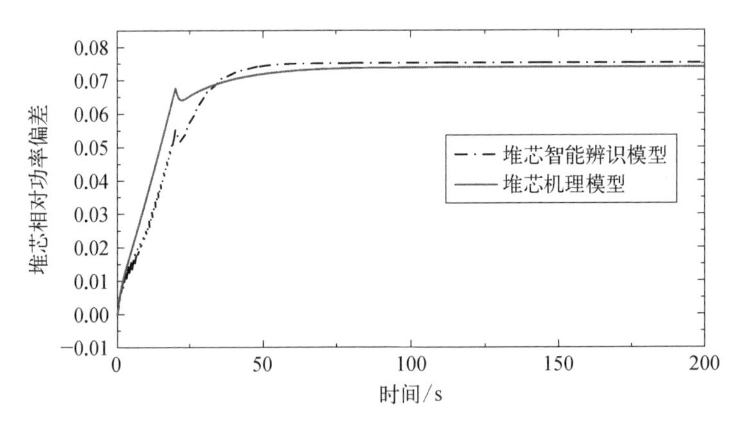

图 3 - 18　以 5 pcm/s 的速率向堆芯引入+100 pcm 反应性瞬态工况仿真结果

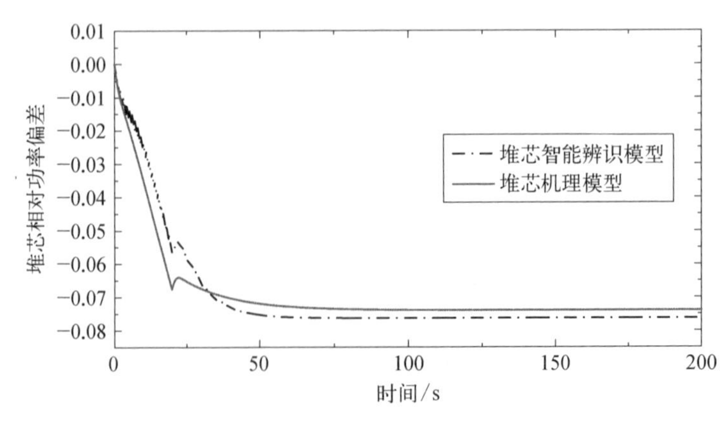

图 3 - 19　以 5 pcm/s 的速率向堆芯引入−100 pcm 反应性瞬态工况仿真结果

3.3　混合建模

反应堆建模误差主要包括不准确的可变模型参数(如换热系数、反馈系数等)引起的参数误差以及模型简化所导致的结构误差。对于不准确的模型参数,需要进行参数校正或参数估计。参数估计是通过最小化模型输出值与实测值之间的误差获取最优参数,实现模型修正。参数估计本质上是最优化问题,即依据实验或者过程数据建立参数估计最优化命题,采用合适的算法搜索未知参数的最优值,使得模型的计算值与测量值尽量一致。若采用传统的最小二乘法、扩展卡尔曼滤波、智能优化(如遗传算法、粒子群算法)等算法进行参数估计,仅可以得到所研究工况下模型参数随时间的某种变化规律,无法辨识出模型参数随系统状态变化的非线性关系。而人工神经网络可以实现复杂系统输入到输出的非线性映射,或者说可以逼近任意非线性函数,因此可用于辨识反应堆中的关键物理热工参数,逼近这些参数与反应堆运行状态(如流量、温度、功率等)间的非线性关系。

将复杂系统机理模型中无法准确地采用机理分析形式进行描述的模型参数进行黑箱化处理,建立对应的神经网络模型,然后将该模型融入机理模型结构中,从而建立一种串联结构的神经网络混合模型。该建模方法称为神经网络混合建模,即对机理已知的系统采用机理建模,对机理未知或不准确的系统采用神经网络建模。由于神经网络混合模型使用了机理模型作为模型基础,因此其外推以及泛化能力很强,克服了传统神经网络模型泛化能力差的缺点。另外,对于机理模型的结构误差,可以采用并联结构的神经网络混合模型进行校正。因此,可以采用神经网络混合建模方法,分别从参数误差和结构误差两方面来提高反应堆机理模型的保真度,最终建立反应堆系统的神经网络混合模型,用于系统动态仿真及控制器的设计和优化。

3.3.1　混合建模原理

神经网络混合模型因为具有建模速度快、成本低、模型精度高、泛化能力强等众多优异的性能,目前已经广泛应用于多个领域,包括化学工程、生物工程、控制工程、过程监控以及过程优化等,其主要存在如第 2 章图 2-3 所示的三种基本结构。图中,$x_{m,k+1}$ 和 $\hat{x}_{k+1}$ 分别为实际测量值和混合模型输出值,$x_{k+1}=f(x_k, u_k, p_k)$ 为机理模型的离散形式。图 2-3(a)中的结构是混合模型的并联结构，主要应用于过程机理模型已知，但模型预测性能较差的情况，其常见形式是利用神经网络来预测机理模型的输出与过程真实测量值之间的误差，然后将机理模型和神经网络的输出结果相加，得到混合模型的输出值，从而提高机理模型的预测准确性。图 2-3(b)中的结构是最常用的串联结构，其原理是先用神经网络来估计未知的过程动力学知识(如模型中的参数)，然后将神经网络得到的估计值输入机理模型，再以机理模型作为整个混合模型的基础模型来计算过程的输出。图 2-3(c)中另一种串联结构可视为并联结构的一种替代，在这种结构中机理模型更多地用来建立过程状态变量与过程特性参数之间的关联模型。

3.3.2 应用实例

为验证上述混合建模方法在反应堆系统中应用的有效性，以某压水堆为研究对象，建立其堆芯的神经网络混合模型。考虑到堆芯中子动力学模型与热工动力学模型之间反应性反馈过程的模型参数(如燃料温度系数和冷却剂温度系数)难以准确获取，利用基于遗传算法优化的 BP 神经网络模块替换堆芯机理模型中的反应性反馈模块，实现对堆芯模型中反应性反馈过程模型参数的校正。同时，考虑到实际的反应堆运行数据难以获取，本研究利用高保真的商用仿真程序计算得到的堆芯关键参数瞬态响应，并将其作为参考响应，设计反应性反馈模块的 BP 神经网络模型，建立了堆芯神经网络混合模型。

本实例在反应性阶跃下降 200 pcm 和线性下降 100 pcm 两种工况下，对所建立的堆芯神经网络混合模型进行了仿真验证。

1) 反应性阶跃下降 200 pcm

初始时刻，反应堆以额定工况稳定运行；在 50 s 时，堆芯反应性阶跃下降 200 pcm、仿真时间为 200 s，不同模型的仿真结果如图 3-20 所示。从图中可知，神经网络混合模型的仿真结果与商用仿真程序的仿真结果吻合良好，都是在 50 s 时，相对功率由 1 快速下降至 0.75，之后又迅速上升到 0.9 附近保持稳定；而机理模型在 50 s 时，相对功率由 1 阶跃下降至 0.75，之后迅速上升到 0.86 附近保持稳定。与原机理模型相比，该工况下堆芯神经网络混合模型的仿真结果(相对功率和冷却剂出口温度)更接近商用仿真程序的相应仿真结果，在一定程度上证明了采用混合建模技术确实可以挖掘出准确的模型参数信息，提高反应堆机理模型的精度。

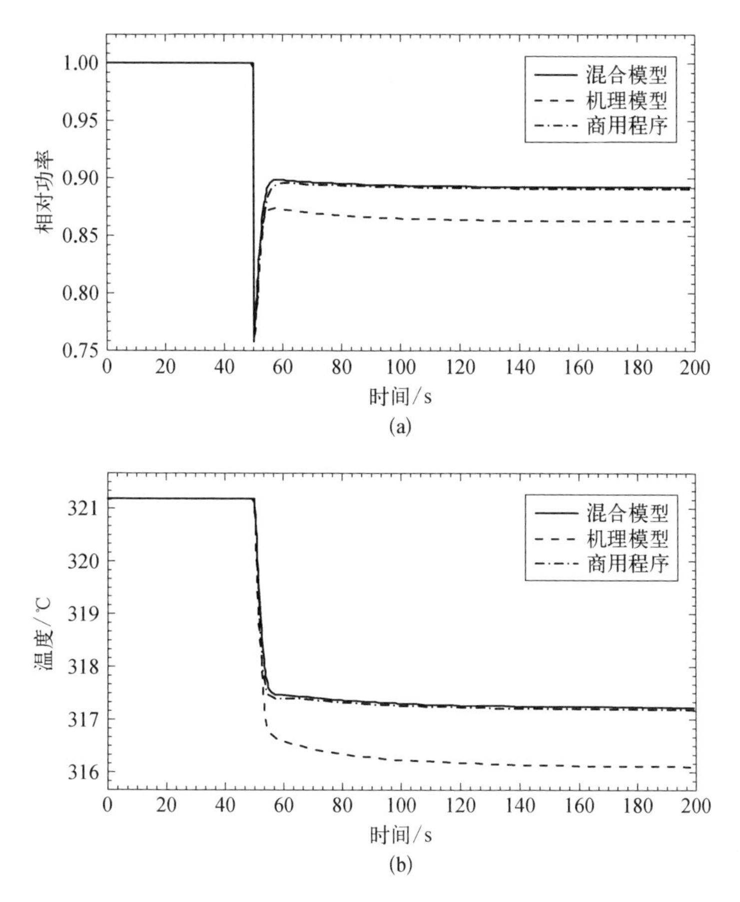

图 3-20　堆芯反应性阶跃降低 200 pcm 瞬态工况时的不同仿真模型计算结果对比

(a) 堆芯相对功率;(b) 冷却剂出口温度

2) 反应性线性下降 100 pcm

初始时刻,反应堆以额定工况稳定运行;经过 50～100 s,堆芯反应性线性下降 100 pcm、仿真时间为 200 s,不同模型的仿真结果如图 3-21 所示。由图 3-21 可知,堆芯神经网络混合模型的仿真结果与商用仿真程序的仿真结果吻合良好,都是 50～100 s,相对功率由 1 线性下降至 0.945 附近,之后迅速上升到 0.95 附近保持稳定。而机理模型,是 50～100 s,相对功率由 1 线性下降至 0.93 附近保持稳定。与原机理模型相比,该工况下堆芯神经网络混合模型的仿真结果(相对功率和冷却剂出口温度)更接近商用仿真程序的相应仿真结果,在一定程度上证明了采用混合建模技术确实可以挖掘出准确的模型参数信息,提高反应堆机理模型的精度。

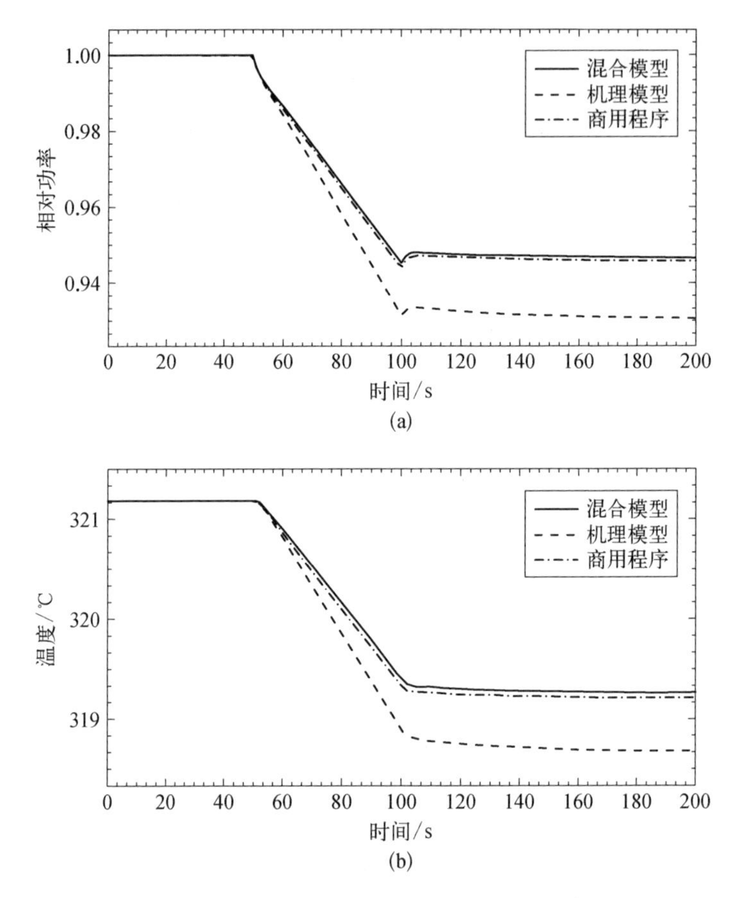

图 3-21　堆芯反应性线性降低 100 pcm 瞬态工况时的不同仿真模型计算结果对比

(a) 堆芯相对功率;(b) 冷却剂出口温度

参考文献

[1] Kerlin T W, Katz E M, Thakkar J G, et al. Theoretical and experimental dynamic analysis of the H. B. Robinson nuclear plant [J]. Nuclear Technology, 1976, 30(3): 299-316.

[2] 赵福宇,魏新宇. 核反应堆动力学与运行基础[M]. 西安: 西安交通大学出版社,2015.

[3] 易维竞,李长顺,魏仁杰. 固定边界与移动边界直流蒸汽发生器模型的比较[J]. 核科学与工程,2002,22(4): 314-317.

[4] 万甲双. 先进小型压水堆控制系统研究[D]. 西安: 西安交通大学,2018.

[5] Zadeh L A. Fuzzy sets as a basis for a theory of possibility[J]. Fuzzy Sets and Systems, 1978, 1(1): 3-31.

[6] 方崇智,萧德云.过程辨识[M].北京:清华大学出版社,1988.
[7] 仇振安,何汉辉.基于广义最小二乘法的系统模型辨识及应用[J].计算机仿真,2007,24(10):89-91.
[8] 鲁照权,胡焱东.具有限定记忆的辅助变量参数辨识法与仿真研究[J].系统仿真技术,2009,5(2):106-109.
[9] 刘聪,孙秀霞,李海军.带遗忘因子的限定记忆辨识算法[J].电光与控制,2006,13(1):48-66.
[10] 冯培悌.系统辨识[M].杭州:浙江大学出版社,2006.
[11] 张建民.核反应堆控制[M].北京:中国原子能出版社,2016.
[12] Adali T, Bakal B, Sonmez M K, et al. Modeling nuclear reactor core dynamics with recurrent neural network[J]. Neurocomputing, 1997, 15(3-4): 363-381.
[13] Zio E, Broggi M, Pedroni N. Nuclear reactor dynamics on-line estimation by locally recurrent neural network[J]. Progress in Nuclear Energy, 2009, 51(3): 573-581.
[14] Khalafi H, Terman M S. Development of a neural simulator for research reactor dynamics[J]. Progress in Nuclear Energy, 2009, 51(1): 135-140.
[15] Boroushaki M, Ghofrani M B, Lucas C. A new approach to spatio-temporal calculation of nuclear reactor cores using neural computing[J]. Nuclear Science and Engineering, 2007, 155(1): 119-130.
[16] Moshkbar-Bakhshayesh K, Ghofrani M B. Transient identification in nuclear power plants: a review[J]. Progress in Nuclear Energy, 2013, 67: 23-32.
[17] Moshkbar-Bakhshayesh K, Ghofrani M B. Development of a robust identifier for NPPs transients combining ARIMA model and EBP algorithm [J]. IEEE Transactions on Nuclear Science, 2014, 61(4): 2383-2391.

第 4 章

小型压水堆控制系统的智能优化

目前，小型压水堆控制系统方案的核心控制原理是基于经典控制论的单输入单输出闭环串级 PID 控制，如图 4-1 所示。该类方案不依赖控制对象的精确数学模型，而是通过控制变量偏差的变化幅度、累积效果和趋势及控制变量间简单的相互影响关系等，使控制变量输出逐渐趋近预期的控制效果。这种控制方式虽然能满足多变量、强耦合的小型压水堆系统的运行需求，但其响应速度、超调量等指标仍可进一步优化。本章将阐述如何利用智能算法优化小型压水堆的控制系统结构和参数。

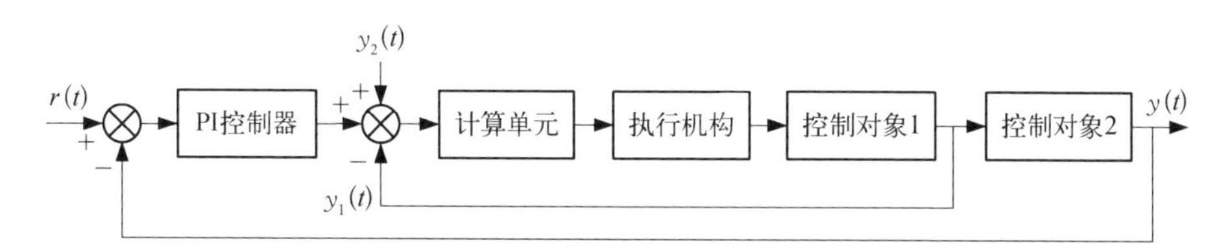

图 4-1　单输入单输出 PID 控制系统原理框图

对于自动控制而言，核反应堆系统极其复杂，往往无法用现有的常规数学模型较好地概括和近似，从中提取出理想的控制模型也较为困难，因而自适应控制和预测控制这类解析控制方法可能难以取得理想的控制效果，这种情况下模糊控制和神经网络控制这类非解析方法的优势就突显了出来。模糊控制可以忽略对象的输入、输出数据，从获取对象的“知识”这一角度出发来认识被控对象，甚至直接从专家和操作人员的知识和经验中形成“Model-free”（“无模型”）控制器。神经网络主要是利用其智能学习方法，从对象的输入、输出数据中学习得到其模型，从而避开了人为提取被控对象或者设计控制器解析模型这一难题。这一技术理念已经不同于基于数学解析的经典控制系统设计方式，而是利用智能方法的预测和优化能力，将控制系统设计问题转化为优化问题。

从控制系统的结构来看，模糊逻辑和神经网络可以通过直接对控制系统参数进行优化，在不改变现有经过大量工程验证的基于PID的前馈-串级控制系统结构、保证控制系统可靠性的前提下，吸收模糊控制带来的灵活性及其蕴含的操纵员运行经验，或引入神经网络的自适应学习方法、遗传算法等智能优化方法的全局搜索能力，使控制器的性能得到定量优化，实现预期的控制目标。因此，这类方法非常适用于小型压水堆这种复杂非线性系统的控制器设计和参数优化。

4.1 基于模糊逻辑的控制系统参数优化

由于模糊算法几乎伴随着智能控制的概念同时产生，因此基于模糊算法对传统的PID控制器开展参数优化有大量应用，本章首先介绍模糊逻辑相关理论在反应堆控制系统参数优化中的应用情况。

4.1.1 模糊逻辑

模糊逻辑是建立在多值逻辑基础上，运用模糊集合的方法来研究模糊性思维、语言形式及其规律的科学。对于模型未知或不能确定的描述系统，以及强非线性、大滞后的控制对象，模糊逻辑能够应用模糊集合和模糊规则进行推理，模拟人脑方式进行模糊综合判断，推理解决常规方法难以应对的规则型模糊信息问题。模糊逻辑善于表达界限不清晰的定性知识与经验，能借助隶属度函数概念，区分模糊集合，处理模糊关系，模拟人脑实施规则型推理，解决因“排中律”的逻辑破缺产生的种种不确定问题。在模糊逻辑中，存在如下几个基本概念。

4.1.1.1 模糊集合

集合一般指具有某种属性的、确定的、彼此间可以区别的事物的全体。与经典集合论不同之处在于，模糊集合所表达的概念并不存在明确的外延。根据Zadeh对模糊集合的定义，对于给定的论域U，U到[0, 1]闭区间的任一映射μ_A

$$\mu_A : U \to [0,\ 1]$$

都确定U的一个模糊集合A。μ_A称为模糊集合A的隶属函数，反映了模糊集合中的元素属于该集合的程度。对于 A 集合的元素 x，可用 $\mu_A(x)$ 表示元素隶属于集合 A 的程度。而对于模糊集合表示，常见的有 Zadeh 表示法、序偶表示法以及向量表示法[1]。

1) Zadeh 表示法

在 Zadeh 表示法中，模糊集合的表达式如下：

$$A=\frac{\mu_A(x_1)}{x_1}+\frac{\mu_A(x_2)}{x_2}+\cdots+\frac{\mu_A(x_n)}{x_n} \tag{4-1}$$

式中，x_i 表示 A 集合中的元素；$\mu_A(x_i)$ 表示元素 x_i 的隶属度。值得注意的是，$\frac{\mu_A(x_i)}{x_i}$ 表示的是元素与隶属度之间的对应关系，“+”表示模糊集合在论域 U 上的整体。

2) 序偶表示法

在序偶表示法中，采用论域中的元素 x_i 与其隶属度 $\mu_A(x_i)$ 构成序偶方式来表示模糊集合，其表达式如下：

$$A=\{[x_1,\ \mu_A(x_1)],\ [x_2,\ \mu_A(x_2)],\ \cdots,\ [x_n,\ \mu_A(x_n)]\mid x\in U\} \tag{4-2}$$

式中，x_i 表示 A 集合中的元素，$\mu_A(x_i)$ 表示元素 x_i 的隶属度。

3) 向量表示法

在向量表示法中，用论域中元素 x_i 的隶属度 $\mu_A(x_i)$ 构成的向量来表示集合 A，其表达式如下：

$$\boldsymbol{A}=[\mu_A(x_1),\ \mu_A(x_2),\ \cdots,\ \mu_A(x_n)] \tag{4-3}$$

这里与前两种方法的不同之处在于，在 Zadeh 表示法与序偶表示法中，隶属度为 0 的项可省略，但在向量表示法中不可省略。

4.1.1.2　隶属函数

隶属函数是对模糊概念的定量描述。隶属函数的确定是运用模糊集合理论解决实际问题的基础。以实数域 R 为论域时，隶属函数称为模糊分布。常见的模糊分布有如下四种，即正态型、Γ 型、戒上型与戒下型[1]，不同模糊分布表达式如下。

(1) 正态型：

$$\mu_A(x)=\mathrm{e}^{-\left(\frac{x-a}{b}\right)^2},\quad b>0 \tag{4-4}$$

(2) Γ型：

$$\mu_A(x)=\begin{cases}0, & x<0 \\ \left(\dfrac{x}{\lambda v}\right)^{\nu} e^{v-\frac{x}{\lambda}}, & x \geqslant 0\end{cases} \tag{4-5}$$

式中，$\lambda>0$, $v>0$。

(3) 戒上型：

$$\mu_A(x)=\begin{cases}\dfrac{1}{1+[a(x-c)]^b}, & x<c \\ 1, & x \geqslant c\end{cases} \tag{4-6}$$

(4) 戒下型：

$$\mu_A(x)=\begin{cases}0, & x<c \\ \dfrac{1}{1+[a(x-c)]^b}, & x \geqslant c\end{cases} \tag{4-7}$$

4.1.1.3　模糊关系

模糊关系在模糊集合论中具有极为重要的地位，当论域有限时，可采用模糊矩阵来表示模糊关系。设 X、Y 是两个非空集合，则在直积

$$X \times Y=\{(x, y) \mid x \in X, y \in Y\}$$

中的一个模糊集合 R 称为从 X 到 Y 的一个模糊关系，记为 $R_{x\times y}$。

模糊关系 $R_{x\times y}$ 由其隶属函数 $\mu_R(x, y)$ 完全刻画，$\mu_R(x, y)$ 表示了 X 中的元素 x 与 Y 中的元素 y 具有关系 $R_{x\times y}$ 的程度[1]。而当 $X=Y$ 时，$R_{x\times y}$ 称为 X 上的模糊关系。

当论域为 n 个集合的直积

$$X_1 \times X_2 \times \cdots \times X_n=\{(x_1, x_2, \cdots, x_n) \mid x_i \in X_i, i=1, 2, \cdots, n\}$$

时，它所对应的是 n 元模糊关系 $R_{x_1\times x_2\times\cdots\times x_n}$。

当论域 $X=\{x_1, x_2, \cdots, x_n\}$，$Y=\{y_1, y_2, \cdots, y_m\}$ 是有限集合时，定义在 $X\times Y$ 上的模糊关系 $\boldsymbol{R}_{x\times y}$，可用如下的 $n\times m$ 阶矩阵来表示，即

$$\boldsymbol{R}=\begin{bmatrix}\mu_R(x_1, y_1) & \mu_R(x_1, y_2) & \cdots & \mu_R(x_1, y_m) \\ \mu_R(x_2, y_1) & \mu_R(x_2, y_2) & \cdots & \mu_R(x_2, y_m) \\ \vdots & \vdots & & \vdots \\ \mu_R(x_n, y_1) & \mu_R(x_n, y_2) & \cdots & \mu_R(x_n, y_m)\end{bmatrix} \tag{4-8}$$

这样的矩阵为模糊矩阵。而由于模糊关系是定义在直积空间上的模糊集合，所以模糊关系也满足一般模糊集合的运算规则。

4.1.1.4　模糊逻辑推理

模糊推理的核心是模糊逻辑规则。模糊推理规则实质上是模糊蕴涵关系，在模糊逻辑推理中，存在多种定义模糊蕴涵的方法。其中，最常见的一种为肯定式推理方式，即[1]

输入：如果 x 是 A'

前提：如果 x 是 A，则 y 是 B

结论：y 是 B'

其中，A、A'、B、B' 均为模糊语言。模糊前提“如果 x 是 A，则 y 是 B”表示了模糊语言 A 与 B 之间的模糊蕴涵关系，记为 $A \rightarrow B$。

在上述的模糊蕴涵关系中，结论 B' 是根据模糊集合 A' 和模糊蕴涵关系 $A \rightarrow B$ 的合成推出来的，因此，简单的模糊逻辑推理语句可表示为[1]

$$B' = A' \circ (A \rightarrow B) = A' \circ R \tag{4-9}$$

式中，R 为模糊蕴涵关系；“$\circ$”是合成运算符。

4.1.2　控制系统参数优化设计方法

目前，基于模糊逻辑的控制系统参数优化主要是采用模糊逻辑算法对传统 PID 控制器的参数进行在线自动优化，进而构建模糊 PID 控制器。与传统 PID 控制器相比，模糊 PID 控制器对被控对象的时滞性、非线性和时变性具有更强的适应能力，同时对噪声也有更强的抑制能力，鲁棒性更好。

基于模糊逻辑进行控制器参数优化的核心是模糊逻辑模型的构建，其输出是控制器参数在当前时刻的增量，与原参数叠加之后实现控制器参数的在线更新。

4.1.2.1　模糊逻辑建模

模糊逻辑模型的构建主要包含精确量的模糊化、模糊逻辑算法设计和模糊量的去模糊化 3 个步骤，具体实现过程如下。

1）精确量的模糊化

在建立模糊逻辑模型时，应把输入的精确量（如偏差和偏差变化率）转换为模糊集合的隶属函数。

模糊条件语句中描述输入、输出语言变量状态的词汇集合称为这些模糊语言变量的词集,它是根据模糊语言的定义,由语法规则生成的语言值的集合[2]。如采用“正大”(PL)、“正中”(PM)、“正小”(PS)、“零”(ZO)、“负小”(NS)、“负中”(NM)、“负大”(NL)等 7 个语言变量值(模糊子集)来描述偏差、偏差变化率和控制量。一般而言,一个语言变量选用 2～10 个语言值较为合适[3]。

语言论域上的模糊子集由隶属函数 $\mu(x)$ 来描述,$\mu(x)$ 可以通过总结操纵者的经验或采用模糊统计方法来描述,也可采用正态函数来表示,即 $\mu(x)=\mathrm{e}^{-\left(\frac{x-a}{b}\right)^2}$。

2) 模糊逻辑算法设计

模糊逻辑算法又称为模糊逻辑规则,是将操纵者的实践经验加以总结而得到的一系列模糊条件语句的集合,它是模糊逻辑模型的核心。在模糊 PID 控制设计中,通常选取误差 e,或误差 e 和误差变化率 ec($\mathrm{ec}=\mathrm{d}e/\mathrm{d}t$),或误差 e 和误差的和 $S\left(S=\int e\mathrm{d}t\right)$ 作为模糊逻辑模型的输入量,而把 PID 参数的调整量 ΔK_{p}、ΔK_{i} 和 ΔK_{d} 作为其输出量。

模糊逻辑算法设计的核心是模糊规则的构建,模糊规则的构建可基于以下几种方法。

(1) 基于专家经验和控制工程知识的方法。该方法又包含两种方式:一种是总结专家经验,并用适当的语言加以描述,最终表示为模糊规则 if-then 的形式;另一种是通过向有经验的专家和操纵人员咨询,从而获得应用领域模糊推理规则的原型,在此基础上,经过一定的试验和调整,便可获得具有更好性能的模型规则。

(2) 基于操纵人员实际控制过程的方法。在许多人工控制的复杂工业系统中,熟练的操纵人员实际上都有意或无意地使用了一组模糊规则对系统进行控制,但往往不能用语言明确地表达出来,因此可通过记录实际控制过程中的输入、输出数据,从中总结出模糊规则。

(3) 基于对象模糊模型的方法。控制对象的动态特性可用定量模型和定性模型来描述。定量模型通常指由微分方程、传递函数、状态方程等描述的数学模型;定性模型亦称模糊模型,是用语言的方法来描述的模型。利用该方法设计的系统是纯粹的模糊系统,即控制器和控制对象均是用模糊的方法加以描述,因而比较适合用于采用理论的方法来进行分析和控制。

(4) 基于学习的方法。基于该方法可构建两个具有学习功能的模糊规则库,一个是一般的模糊规则库,另一个是由宏规则组成的规则库。后者具有类似人的学习功能,能够根据系统的整体性能要求产生模糊规则,并能对其进行自适应修改。

模糊规则通常具有以下特性。

(1) 完备性。对于任意的输入,应确保至少有一个可适用的规则,并且模糊逻辑模型能够给出合适的输出。

(2) 最小性。在满足完备性的条件下,尽量取较少的规则数,以简化模糊逻辑模型的设计和实现。

(3) 一致性。给定一个输入,不能产生两组不同的甚至矛盾的输出,因此在建立规则时有必要考虑不同规则之间或同一规则不同结论之间的相互关系,消除或替换存在明显矛盾的规则。

3) 模糊量的去模糊化

模糊推理得到的是模糊量,需要将其转化为精确量,即输出量的去模糊化。去模糊化计算通常有以下几种方法。

(1) 最大隶属度判决法。其原则是在输出模糊集合中选取隶属度最大的论域元素进行输出,如果在多个论域元素上同时出现多个隶属度最大值,则取其平均值。这种方法简单易行,适用性好,并突出了隶属度最大元素的作用,但没有考虑隶属度较小元素的作用,因此利用的信息少。

(2) 中位数判决法。其原则是充分利用输出模糊集合所包含的信息,利用数学方法将描述输出集合的隶属函数曲线与横坐标围成的面积的均分点对应的论域元素作为判决结果。

(3) 重心计算法。该方法取隶属度函数曲线与横坐标围成的面积的重心,作为模糊推理的最终输出值,即将论域中的每个元素 $z_i(i=1, 2, 3, \cdots, n)$作为待判决输出量 z 模糊集合 C 的隶属度 $\mu(x)$ 加权系数,再计算乘积 $z_i\mu_C(z_i)(i=1, 2, 3, \cdots, n)$对于隶属度和 $\sum_{i=1}^{n}\mu_C(z_i)$ 的平均值 z_0,即

$$z_0=\frac{\sum_{i=1}^{n}z_i\mu_C(z_i)}{\sum_{i=1}^{n}\mu_C(z_i)} \tag{4-10}$$

式中,z_i 为论域中的第 i 个元素;z_0 为所求的判决结果,最后由语言变量与 z 的赋值表查出论域元素 z_0 对应的精确量,将其作为加到被控过程上的控制量。

重心计算法(简称“重心法”)不仅充分利用了模糊子集提供的信息量,而

且根据其隶属度值确定其提供信息的大小，应用较为普遍。

4.1.2.2 模糊 PID 控制方案

常用的模糊 PID 控制方案包括模糊 PID 复合控制和自寻优模糊 PID 控制[4]。

1）模糊 PID 复合控制

完全基于模糊逻辑构建的模糊控制器本身在消除系统稳态误差时性能较差，而 PID 控制器的积分调节作用从理论上可将系统的稳态误差控制为 0，能够很好地消除系统稳态误差。因此，把 PID 控制策略引入模糊控制器，构建模糊 PID 复合控制器，是改善模糊控制器稳态控制精度的一种有效途径。该复合 PID 控制器是在大偏差范围内采用模糊控制，在小偏差范围内转换成 PID 控制，两者的转换由程序根据事先给定的偏差范围自动实现。即当误差超出某一阈值时，采用模糊控制，以获得良好的瞬态性能；当误差低于该阈值时，则采用 PID 控制，以获得良好的稳态性能。

2）自寻优模糊 PID 控制

自寻优模糊 PID 控制是将模糊控制和传统的 PID 控制方法巧妙结合，采用在线优化措施自适应调整 PID 参数，它主要由以下 3 个环节组成。

（1）PID 参数的自整定。当被控系统受到某种干扰而产生误差信号时，根据偏差的变化趋势来改变 PID 参数，使误差迅速稳定在给定值附近。

（2）PID 参数的在线自寻优。选用时间加权积分型目标函数 $\left(Q=\int t\ |e|\ \mathrm{d}t\right)$ 来进行参数优化，利用有限型深度优化搜索技术，实现 PID 参数的快速自寻优。搜索过程先沿参数递增方向，只要目标函数 Q 大于其规定值 Q'，搜索就不断进行，直至上限；然后参数从其基值再沿其递减方向搜索，直至下限；如此往复直至满足 $Q \leqslant Q'$ 时停止搜索。

（3）控制策略在线自选择。控制策略在线自选择的原则：当需要大幅度地加强或削弱控制作用时，选用“开关”控制；当被控系统接近稳态时，选用 PID 控制；当系统处于上述两种情况的中间状态时，选用 PD 控制。

4.1.3 应用实例

本节在前面阐述的基于模糊逻辑的控制系统参数优化的基础上，以某小型压水堆堆芯功率控制系统为例说明其具体应用过程。该小型压水堆采用“堆跟机”运行模式与经典的双恒定控制策略，即在运行过程中保持反应堆冷却剂平均温度和蒸汽发生器二次侧蒸汽压力恒定，其核蒸汽供应系统主要包含反应堆堆芯、螺旋管式直流蒸汽发生器、稳压器、主泵等设备。

4.1.3.1　控制系统结构

首先，建立双输入双输出的堆芯传递函数模型，以控制棒引入的反应性(ρ_r)和冷却剂进口温度(T_{ci})作为输入量，堆芯相对功率(P_n)和冷却剂出口温度(T_{co})作为输出量。然后，采取功率反馈控制方案，建立小型压水堆堆芯功率控制系统，其原理如图 4-2 所示。图中，$C_n(s)$为堆芯功率控制器的传递函数；$C_d(s)$为控制棒驱动机构的传递函数，取为 $1/s$；K_r 表示控制棒微分价值，即控制棒移动单位长度所引起的反应性变化；$H(s)$为核功率测量机构传递函数；v_r 为控制棒棒速($m \cdot s^{-1}$)；$P_{n,r}$ 为堆芯相对功率设定值。

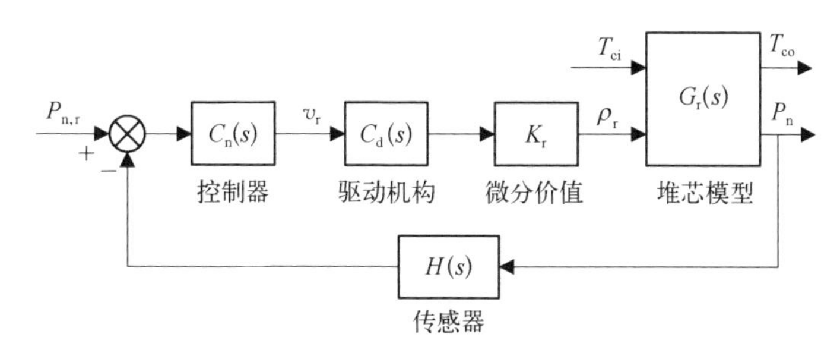

图 4-2　小型压水堆功率反馈控制系统原理框图

4.1.3.2　堆芯功率模糊自适应 PID 控制器设计

模糊自适应 PID 算法主要是由模糊控制器和 PID 控制器结合而成的，模糊控制器以误差 e 和误差变化率 ec 作为输入，利用模糊规则对 PID 控制器的参数 K_p、K_i 和 K_d 进行自适应整定，使被控对象保持良好的稳态和动态控制性能。相比传统的 PID 控制，模糊自适应 PID 更加灵活稳定，特别是对于时变性和非线性较强的被控对象，其优点更加突出。堆芯功率模糊自适应 PID 控制系统的基本原理如图 4-3 所示，其设计步骤如下。

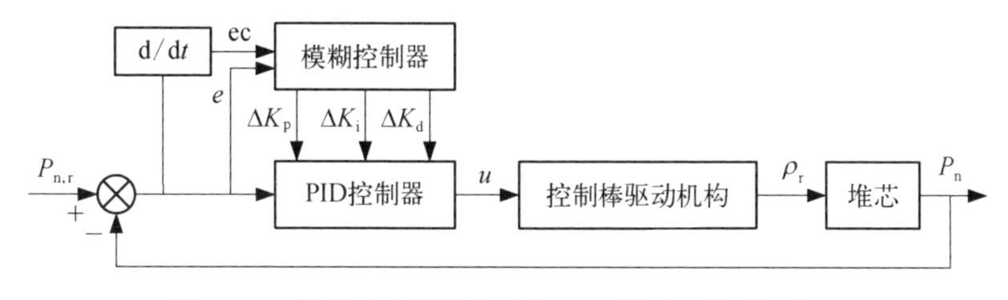

图 4-3　堆芯功率模糊自适应 PID 控制系统原理框图

1）输入输出隶属度函数选取

为简单起见，选择三角形隶属度函数作为输入输出隶属度函数，并设定堆芯相对功率偏差输入信号 e 的量化论域为{−0.1，−0.05，0，0.05，0.1}、模糊子集为{负大(NL)、负小(NS)、零(ZO)、正小(PS)、正大(PL)}，堆芯相对功率偏差导数输入信号 ec 的量化论域为{−3，−1.5，0，1.5，3}、模糊子集为{负大(NL)、负小(NS)、零(ZO)、正小(PS)、正大(PL)}，输出变量 ΔK_p、ΔK_i、ΔK_d 的量化论域为{0，0.6，1.2}、模糊子集为{零(ZO)、正小(PS)、正大(PL)}。

2）模糊逻辑规则制定

根据输入隶属度函数对 e(误差)和 ec(误差变化率)进行模糊化处理，得到相应的输入模糊量；根据输入模糊量，由模糊控制规则完成模糊推理来求解模糊关系方程，并推导得到相应的输出模糊量。模糊规则如表 4-1～表 4-3 所示。

表 4-1　ΔK_p 的模糊规则表

ΔK_p		ΔP_n				
		NL	NS	ZO	PS	PL
$\frac{d\Delta P_n}{dt}$	NL	PL	PL	PS	ZO	ZO
	NS	PL	PS	PS	ZO	PS
	ZO	PL	PS	ZO	PS	PL
	PS	PS	ZO	PS	PS	PL
	PL	ZO	ZO	PS	PL	PL

表 4-2　ΔK_i 的模糊规则表

ΔK_i		ΔP_n				
		NL	NS	ZO	PS	PL
$\frac{d\Delta P_n}{dt}$	NL	PL	PL	PS	ZO	ZO
	NS	PL	PS	PS	ZO	PS
	ZO	PL	PS	ZO	PS	PL
	PS	PS	ZO	PS	PS	PL
	PL	ZO	ZO	PS	PL	PL

表 4-3　ΔK_d 的模糊规则表

ΔK_d		ΔP_n				
		NL	NS	ZO	PS	PL
$\frac{d\Delta P_n}{dt}$	NL	ZO	ZO	ZO	ZO	ZO
	NS	ZO	PS	PS	PS	ZO
	ZO	ZO	PS	PL	PS	ZO
	PS	ZO	PS	PS	PS	ZO
	PL	ZO	ZO	ZO	ZO	ZO

3) 去模糊化方法

选择重心法作为去模糊化方法，将模糊输出量转化为 PID 控制器参数修正量 ΔK_p、ΔK_i、ΔK_d。在该方法下，取隶属度函数曲线与横坐标围成区域的重心作为模糊推理的最终输出值，计算公式可表示为

$$v_0=\frac{\int_V v\mu_C(v)\mathrm{d}v}{\int_V \mu_C(v)\mathrm{d}v} \tag{4-11}$$

式中，v 为元素；$\mu_C(v)$ 为隶属度函数。

4) 模糊 PID 控制输出计算

由 $K_p=K_{p0}+\Delta K_p$，$K_i=K_{i0}+\Delta K_i$，$K_d=K_{d0}+\Delta K_d$ 得出整定后的参数 K_p、K_i、K_d，并将其代入 PID 控制器中运算，得到模糊 PID 控制器输出。PID 运算公式如下：

$$u_{\text{fuzzy-pid}}=K_p e(t)+K_i\int e(t)\mathrm{d}t+K_d\frac{\mathrm{d}}{\mathrm{d}t}e(t) \tag{4-12}$$

4.1.3.3　应用实例

以上述小型压水堆为例，利用所建立的小型压水堆控制仿真程序对本节中设计的堆芯功率模糊 PID 控制器的控制效果进行了仿真验证，仿真工况：在 100%FP 功率水平下，堆芯反应性阶跃增加 100 pcm，冷却剂进口温度阶跃增加 5 ℃。图 4-4 和图 4-5 给出了上面两种工况下分别采用模糊 PID 控制器和 PID 控制器时，堆芯相对功率偏差与冷却剂出口温度偏差的动态响应。

从图中可知，与传统的PID控制器相比，采用模糊PID控制器后，堆芯功率的超调量更小，控制效果更佳。

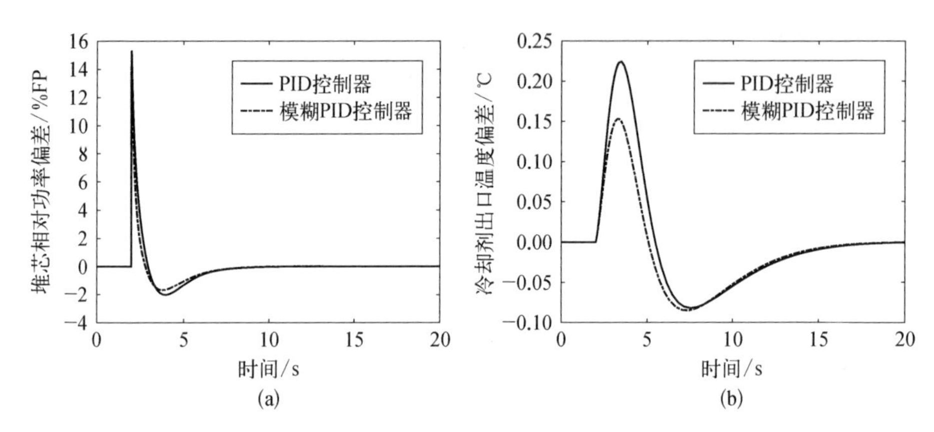

图4-4　100%FP功率水平下堆芯反应性阶跃增加100 pcm瞬态工况仿真结果

(a) 堆芯相对功率；(b) 冷却剂出口温度

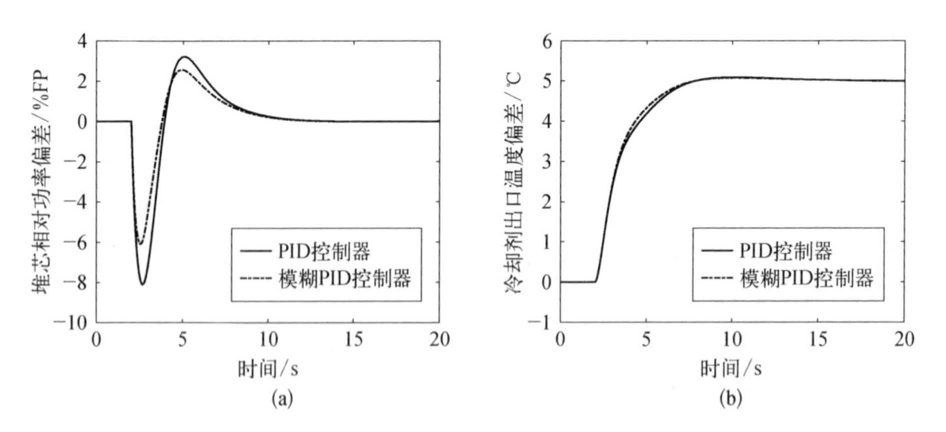

图4-5　100%FP功率水平下堆芯冷却剂进口温度阶跃增加5℃瞬态工况仿真结果

(a) 堆芯相对功率；(b) 冷却剂出口温度

4.2　基于神经网络的控制系统参数优化

自1943年美国心理学家McCulloch和数学家Pitts提出第一个神经网络的数学模型以来，神经网络经历了快速发展，日趋完善，并且在自动控制、图像处理、模式识别、传感器信号处理、机器人控制、卫生保健和医疗、经济、地理、数据挖掘、电力系统、军事、交通、矿业、农业和气象等领域展现出了卓越性能。

神经网络的重要优点在于其适用于较难建模的非线性动态系统，其基本思想是将控制系统视为对象状态与激励命令之间的映射，而神经网络的学习机制则被视为对这种映射进行修改以改进控制系统性能的方法。神经网络与模糊逻辑一样，都是不依赖模型的函数逼近器，神经网络的学习算法实质上是对应于网络连接权值的一种优化过程，因此神经网络控制本身就是一种优化控制方法。

将神经网络技术应用于核动力系统的控制研究主要有 3 种方式：① 利用神经网络技术的自学习能力，按照一定的性能指标和学习方法对 PID 控制器或被控对象模型参数进行寻优，即优化控制系统参数；② 建立描述控制对象输入、输出的映射关系（模型），即建立输入与输出之间的神经网络模型；③ 与其他技术或算法结合形成神经网络控制，如与粒子群算法、遗传算法、进化算法等结合实现反应堆功率控制，与鲁棒控制技术结合实现对蒸汽发生器水位的控制等。

本节主要介绍神经网络技术应用的第一种方式，即不考虑神经网络单独或与其他算法结合作为控制器对系统进行控制，只考虑将神经网络作为一种智能优化算法对控制系统的参数进行优化。事实上这种单独将神经网络作为优化算法的应用并不是很多，而在实际工程中，常常将神经网络与其他智能优化算法，如遗传算法、粒子群算法等相结合，对控制系统的参数进行优化。这种应用方式可以将神经网络和其他智能算法的优势充分发挥出来，能够取得较好的效果。

4.2.1　神经网络算法

神经网络算法是建立在神经元与神经网络基础之上的。生物神经元抽象模型化后得到人工神经元，多个人工神经元有机结合后得到人工神经网络。综合考虑人工神经网络的结构特性和学习规则是神经网络算法的具体内容和实质。

4.2.1.1　生物神经元

神经元是构成神经系统的基本功能单元，也是组成人脑的最基本单元，所谓生物神经元就是指生物体（脑部）中存在的神经元。无论是哪种生物神经元，从传递、记忆信息的角度看，其基本结构大致相同。生物神经元的结构如图 4-6 所示，由四部分组成，分别是细胞体、树突、轴突和突触。

(1) 细胞体由细胞核、细胞质和细胞膜组成。细胞膜内外存在电位差，是

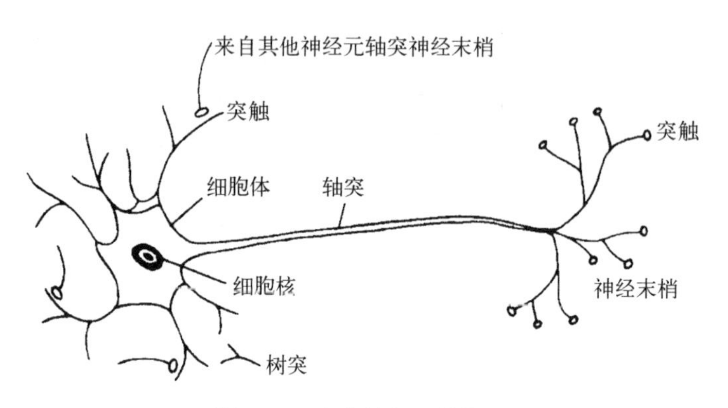

图 4-6 生物神经元结构图

其进行信息处理的依据。膜内电位为正,膜外为负。

(2) 树突是细胞体上短而多分枝的突起,呈树状分布。它是生物神经元的输入部分,接收来自其他神经元传入的神经波动。

(3) 轴突是细胞体上最长的突起。轴突端部有许多神经末梢和突触,可向其他神经元输出神经波动。

(4) 突触在轴突的末梢形成,是神经元之间的连接接口。突触包括突触前、突触间隙和突触后三个部分。突触前是第一个神经元的轴突末梢,突触后是第二个神经元的树突(受体),在突触间隙之间存在膜电位。突触前通过化学接触或电接触,将信息传往突触后的受体,实现神经元之间的信息传递。按照动作状态划分,生物神经元的突触可分为兴奋和抑制两种状态。当突触后接收到的输入信息能使膜电位超越神经冲动的阈值时,这时神经元处于“兴奋”状态,反之,则处于“抑制”状态。

生物神经元主要具有两大功能,即兴奋与抑制、学习与遗忘。

(1) 兴奋与抑制。传入神经元的神经冲动产生的电位使膜电位升高且超过动作电位阈值时即为兴奋状态。在兴奋状态下,神经元将产生神经冲动,由突触末梢传递给下一个神经元。传入神经元的神经冲动产生的电位使膜电位下降且低于动作电位阈值时即为抑制状态。在抑制状态下,神经元将不产生神经冲动,信息的传递被终止。

(2) 学习与遗忘。生物神经元的学习功能表现在生物神经元能感知外界输入信息的变化。神经元之间突触和树突的连接状态和强度可以随着外界输入信息的变化而变化,神经元之间的相互连接关系能够记录下外界输入信息的变化,表明神经元不仅能学习,而且能学会。“遗忘”事实上也是神经元适应环境、接收外界输入信息的一种“学习”。新的输入信息将产生新的连接状态和强度,原来的信息便会被“遗忘”。

4.2.1.2 人工神经元

人工神经元是生物神经元信息传递功能的数学模型。

与生物神经元的信息传递功能相对应的数学模型并非是确定的,而是多种多样的。因此在构造数学模型时,要忽略其中的次要因素,保留主要因素,从而获得具有一般性、普适性的人工神经元[5]。人工神经元结构如图 4-7 所示。

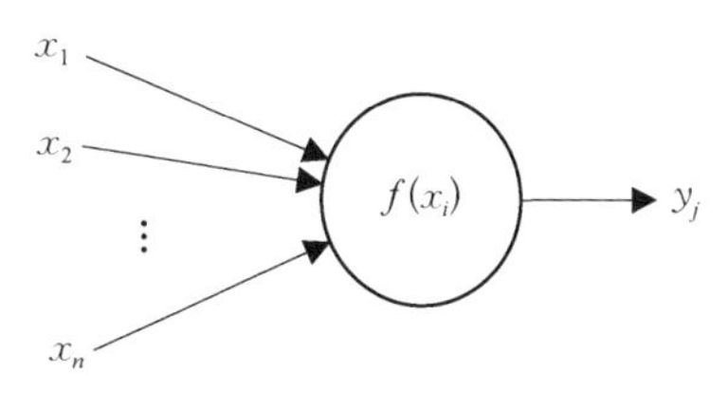

图 4-7 人工神经元结构

设第 j 个人工神经元在多个输入 x_i($i=1, 2, \cdots, n$)的作用下输出 y_j,则人工神经元输入、输出之间的关系可以记为

$$y_j = f(x_i) \tag{4-13}$$

式中,f 为作用函数或激发函数。常用的人工神经元模型作用函数如表 4-4 所示。

表 4-4 人工神经元常用作用函数

函 数 名	函 数 关 系
阶跃函数	$f(x)=\begin{cases}0, & x<0\\ 1, & x\geqslant 0\end{cases}$
对称阶跃函数	$f(x)=\begin{cases}-1, & x<0\\ +1, & x\geqslant 0\end{cases}$
线性函数	$f(x)=ax,\ a=1, 2, \cdots$
双曲正切S形函数	$f(x)=\dfrac{1-e^{-\beta x}}{1+e^{-\beta x}},\ \beta>0$
单极性S形函数	$f(x)=\dfrac{1}{1+e^{-\beta x}},\ \beta>0$
饱和线性函数	$f(x)=\begin{cases}0, & x<0\\ x, & 0\leqslant x\leqslant 1\\ 1, & x>1\end{cases}$

（续表）

函 数 名	函 数 关 系
对称饱和线性函数	$f(x)=\begin{cases}-1, & x<-1 \\ x, & -1\leqslant x\leqslant 1 \\ 1, & x>1\end{cases}$
正线性函数	$f(x)=\begin{cases}0, & x<0 \\ x, & x\geqslant 0\end{cases}$
负线性函数	$f(x)=\begin{cases}x, & x<0 \\ 0, & x\geqslant 0\end{cases}$
竞争函数	$f(x)=\begin{cases}0, & \text{其他神经元} \\ 1, & \text{点积最大神经元}\end{cases}$

4.2.1.3 人工神经网络

人工神经网络(artificial neural network，ANN)是众多人工神经元用可调的连接权值连接而成的，具有大规模并行处理，分布式信息存储，良好的自组织、自学习能力等特点。

1）人工神经网络的基本功能

人工神经网络从工程上实现了生物神经网络的功能，具备以下基本功能。

(1) 大规模并行处理功能。人工神经网络由大量人工神经元构成，能同时接收多个输入信息并同时传输。人工神经网络的大规模并行处理功能实质上是利用空间复杂性，降低了时间复杂性。

(2) 分布存储功能。人工神经网络利用人工神经元之间的连接权重值来调整存储内容，使存储和处理同时通过权重来反映。

(3) 多输入接收功能。人工神经网络的多输入接收功能体现在既能接收数字信息，又能接收模拟信息；既能接收精确信息，又能接收模糊信息；既能接收固定频率的信息，又能接收随机信息。

(4) 以满意为准则的输出功能。人工神经网络对输入信息的综合以满意为准则，力求获得最优解。

(5) 自组织、自学习功能。人工神经网络具备自组织、自学习功能，可以自动适应外界环境的变化。人工神经网络模型建立以后，使用之前应当进行训练，训练就是一种学习的过程。不同的人工神经网络具有不同的训练方式，也有不同的学习规则。

2）人工神经网络的基本特征

人工神经网络在信息处理方面具备生物神经网络的智能特性，即联想记忆、模式识别与分类、输入/输出(I/O)之间的非线性映射与优化计算。

3）人工神经网络研究的基本内容

对人工神经网络的研究主要集中在建模、学习方法和实现途径这三个方面。

(1) 人工神经网络建模。建模就是构造人工神经网络模型。建立模型需要考虑两个方面的因素：人工神经元，它是建立模型的基本元件；网络结构，即网络的连接方式。对人工神经元的考虑主要有两个方面，即神经元的功能函数和神经元之间的连接。功能函数描述了神经元的输入、输出特性，它用数学形式集中概括了输入样本进入神经元、被激活及最后产生输出的全过程。神经元之间的连接形式有很多种，不同的连接形式使网络有不同的性质和功能。

(2) 学习方法。神经网络的学习方法可以分为两种，即有导师的学习方法和无导师的学习方法。有导师学习方法是指给出一些输入、输出样本对(X_i, Y_i)，又称训练样本对，并训练网络，使之尽可能地拟合训练样本。无导师学习方法是指只需要给出输入样本 X_i，不用给出对应的输出，网络会自动把样本按相似程度分类。以这种自学习方式工作的网络称为自组织网络。

(3) 实现途径。人工神经网络的实现途径有全硬件实现、全软件实现及软硬件结合实现等。

4.2.1.4　人工神经网络学习规则

人工神经网络的学习规则是指在神经网络的学习过程中，对神经元的连接权系数进行调整的方法，也称为学习算法，它决定了神经网络的学习效率和输出结果。在设计和选择学习规则时，需要充分考虑所选神经网络的自身结构以及该神经网络的学习特性。Hebb 学习规则和 δ 学习规则是关于神经网络学习的两个经典规则。

1）Hebb 学习规则

Hebb 学习规则是一种无导师学习方法，只根据神经元连接间的激活水平改变权值，因此又称为相关学习或并联学习，由 Hebb 于 1949 年提出。Hebb 学习规则：当某一突触(连接)两端的神经元同步激活(同为激活或同为抑制)时，该连接的强度应增强，反之应减弱。用数学方法可描述为

$$\Delta w_{kj}=F[y_k(n)x_j(n)] \tag{4-14}$$

式中，$y_k(n)$和$x_j(n)$分别为w_{kj}两端神经元的状态，其中最常用的一种情况是

$$\Delta w_{kj}=\eta y_k(n)x_j(n) \tag{4-15}$$

式中，η为学习速率。

2) δ学习规则

δ学习规则是一种有导师学习方法，它是Hebb学习规则的一种演变形式，该学习规则也称为误差校正学习规则。

设输入为$x_k(t)$，神经元k在t时刻实际输出为$y_k(t)$，参考输出为$d_k(t)$，误差信号为$e_k(t)=d_k(t)-y_k(t)$，误差校正学习的目的为使某一基于$e_k(t)$的目标函数达到最小。最常用的目标函数是均方误差判据，定义为误差平方和的均值，即

$$J=E\left[\frac{1}{2}\sum_k e_k^2(n)\right] \tag{4-16}$$

除上述两种学习规则外，还有感知器学习规则、威德罗-霍夫(Widrow-Hoff)学习规则、相关(correlation)学习规则、竞争(winner-take-all)学习规则等。在使用时，应根据具体的网络结构和学习特性选择相应的学习规则。

4.2.2 控制系统参数优化设计方法

控制系统参数优化就是通过优化算法调整控制器参数，使得系统的综合性能指标取得极值的过程，通常综合性能指标达到最小值的系统可称为最优控制系统。

综合性能指标是对控制系统性能的定量描述，能够反映各项重要的具体性能指标。目前常用的四种综合性能指标分别为平方误差积分(integral of square error, ISE)、绝对误差积分(integral of absolute error, IAE)、时间乘平方误差积分(integral of time multiplied by squared error, ITSE)和时间乘绝对误差积分(integral of time multiplied by absolute error, ITAE)。

采用神经网络对控制系统参数优化的目标就是使综合性能指标达到最小值，即将控制系统参数调整为最优值。基于神经网络的控制系统参数优化主

要包括两个步骤，第一步是建立符合控制系统参数优化的神经网络模型，第二步是利用神经网络优化控制系统参数[6]。

4.2.2.1　神经网络模型的建立

根据实际需求选择恰当的神经网络，通常选取的神经网络为反向传播(back-propagation, BP)网络或径向基函数(radial basis function, RBF)神经网络。神经网络模型的建立与训练过程如图 4-8 所示。

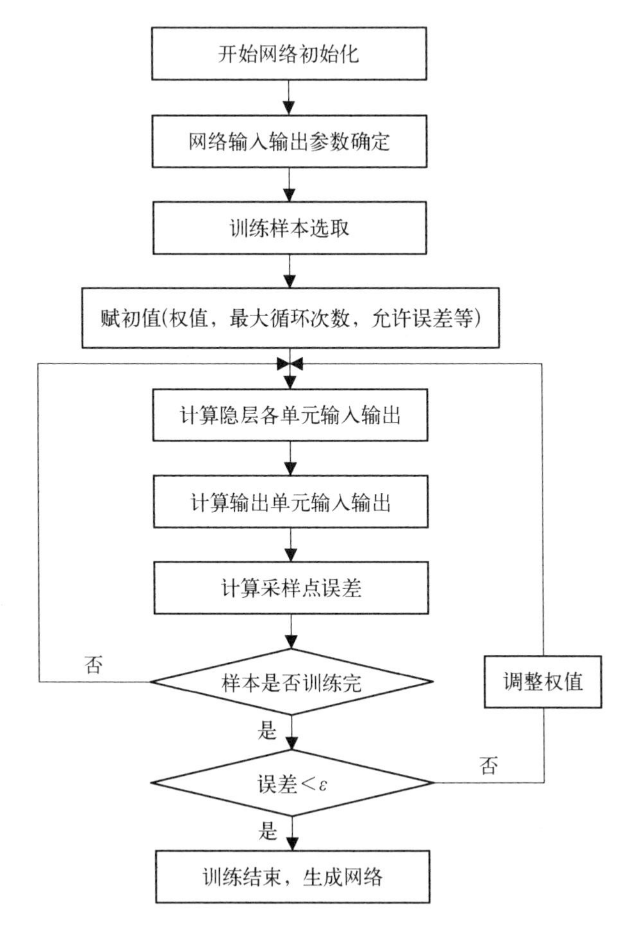

图 4-8　神经网络模型的建立与训练过程

4.2.2.2　控制系统参数优化

控制系统参数优化可采用小步长搜索办法，逐渐缩小参数优化的搜索范围，优化流程如图 4-9 所示。具体步骤如下：

(1) 在已得到的最值点(或初始点)附近对每个参数增加和减小微小步

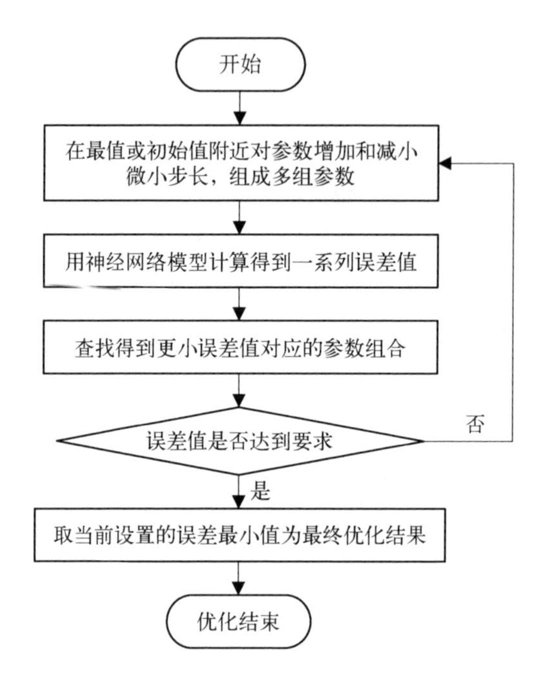

图 4-9　基于神经网络的控制系统参数优化流程图

长，把这些参数搭配成多组参数的组合，即生成新的正交表；

(2) 通过人工神经网络模型计算得到一系列误差值；

(3) 查找得到最小误差对应的参数组合；

(4) 返回步骤(1)，直到误差值达到要求为止。

4.2.3　应用实例

本节在前面阐述的基于神经网络的控制系统参数优化基础上，以小型压水堆堆芯功率控制系统为例(见图 4-2)，设计堆芯功率神经网络 PID 控制器，并进行仿真验证。

4.2.3.1　堆芯功率神经网络 PID 控制器设计

本节中设计的神经网络 PID 控制器由常规 PID 控制器和 BP 神经网络两部分组成，结构如图 4-10 所示。常规 PID 控制器直接对被控对象(堆芯)进行闭环控制，并且其控制参数 K_p、K_i、K_d 可在线调整。BP 神经网络根据系统的运行状态，调节 PID 控制器的参数，以期达到某种性能指标的最优化，使输出层神经元的输出对应于 PID 控制器的 3 个可调参数 K_p、K_i、K_d。通过 BP 神经网络的自学习、加权系数的调整，使 BP 神经网络输出对应于某种最优

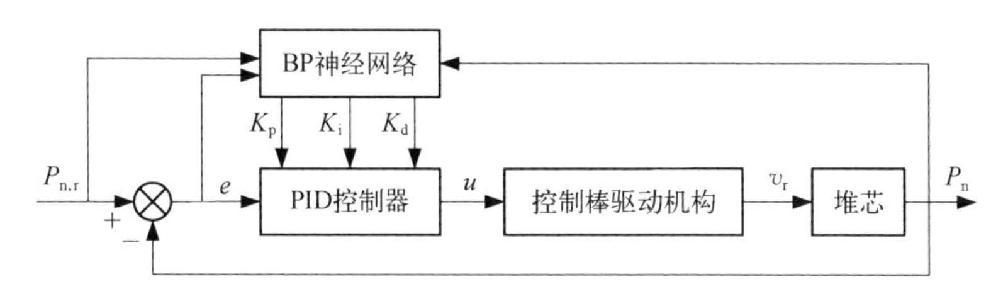

图 4－10　堆芯功率的 BP 神经网络 PID 控制系统结构

控制律下的 PID 控制器参数。

在图 4－10 中，BP 神经网络的结构如图 4－11 所示。其中，$P_{n,r}$ 为堆芯相对功率设定值；P_n 为堆芯相对功率；e 为 $P_{n,r}$ 与 P_n 之间的偏差；K_p、K_i、K_d 表示 PID 控制器参数；w_{ij} 表示输入层到隐含层的连接权值；q_{jo} 表示隐含层到输出层的连接权值。

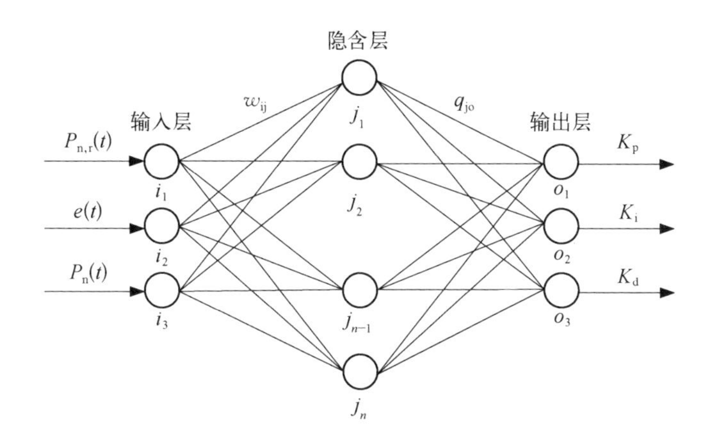

图 4－11　BP 神经网络结构

该神经网络输入层的输入为

$$O_i^{(1)}=x(3)=[P_{n,r}(t),\ e(t),\ P_n(t)] \tag{4-17}$$

隐含层的输入、输出分别为

$$\mathrm{net}_j^{(2)}(k)=\sum^{I} w_{ij}O_i^{(1)}(k) \tag{4-18}$$

$$O_j^{(2)}(k)=f[\mathrm{net}_j^2(k)] \tag{4-19}$$

其中，隐含层神经元的激活函数为

$$f(x)=\frac{\mathrm{e}^x}{\mathrm{e}^x+\mathrm{e}^{-x}} \tag{4-20}$$

网络输出层的输入、输出为

$$\mathrm{net}_{\mathrm{o}}^{(3)}(k)=\sum^{J} q_{\mathrm{jo}} O_{\mathrm{j}}^{(2)}(k) \tag{4-21}$$

$$O_{\mathrm{o}}^{(3)}(k)=g\left[\mathrm{net}_{\mathrm{o}}^{(3)}(k)\right] \tag{4-22}$$

输出层神经元的激活函数可表示为

$$g(x)=\frac{\mathrm{e}^{x}}{\mathrm{e}^{x}+\mathrm{e}^{-x}} \tag{4-23}$$

性能指标函数取为

$$h(k)=\frac{1}{2}\left[P_{\mathrm{n,\,r}}(t)-P_{\mathrm{n}}(t)\right]^{2} \tag{4-24}$$

按照梯度下降法修正网络的权值系数，即按 $h(k)$对加权系数的负梯度方向搜索调整，并附加一个使搜索快速收敛到全局极小的惯性项。网络连接权值的学习算法可表示为

$$\Delta w_{\mathrm{ij}}(k)=-\eta \frac{\delta h(k)}{\delta w_{\mathrm{ij}}}+\alpha \Delta w_{\mathrm{ij}}(k-1) \tag{4-25}$$

$$\Delta q_{\mathrm{jo}}(k)=-\eta \frac{\delta h(k)}{\delta q_{\mathrm{jo}}}+\alpha \Delta q_{\mathrm{jo}}(k-1) \tag{4-26}$$

式中，η 表示学习速率；α 表示惯性系数。

最终，BP 神经网络 PID 控制器的控制算法如下。

(1) 确定 BP 神经网络的结构，包括输入层节点数和隐含层节点数，给出各层加权系数的初值，选定学习速率 η 和确定惯性系数 α，并取 $k=1$。

(2) 采样得到 $P_{\mathrm{n,\,r}}(k)$ 和 $P_{\mathrm{n}}(k)$，并计算当前时刻的误差 $e(k)=P_{\mathrm{n,\,r}}(k)-P(k)$。

(3) 将 $P_{\mathrm{n,\,r}}(k)$、$P_{\mathrm{n}}(k)$与 $e(k)$输入 BP 神经网络，并得到网络输出，即为 PID 控制器的 3 个控制参数 K_{p}、K_{i}、K_{d}。

(4) 计算 PID 控制器的输出，$u(k)=K_{\mathrm{p}}+K_{\mathrm{i}} T_{\mathrm{s}} \dfrac{1}{z-1}+K_{\mathrm{p}} \dfrac{N}{1+N T_{\mathrm{s}} \dfrac{1}{z-1}}$，为防止调节时间过长，对积分时间常数 K_{i} 的最小值进行限制。

(5) 进行 BP 神经网络学习，通过梯度下降法在线调整加权系数。

(6) 令 $k=k+1$,返回第(2)步。

4.2.3.2　仿真验证

以 4.1.3 节中的小型压水堆为例,利用所建立的小型压水堆控制仿真程序对本节中设计的堆芯功率神经网络 PID 控制器的控制效果进行仿真验证,仿真工况为 100%FP 功率水平下,堆芯反应性阶跃增加 100 pcm,冷却剂进口温度阶跃增加 5 ℃。图 4-12 和图 4-13 给出了上面两种工况下分别采用神经网络 PID 控制器和 PID 控制器时,堆芯相对功率偏差与冷却剂出口温度偏差随时间变化的曲线。从图中可知,与传统的 PID 控制器相比,采用神经网络 PID 控制器后,堆芯功率在返回初始稳态值时产生的超调更小,控制效果更佳。

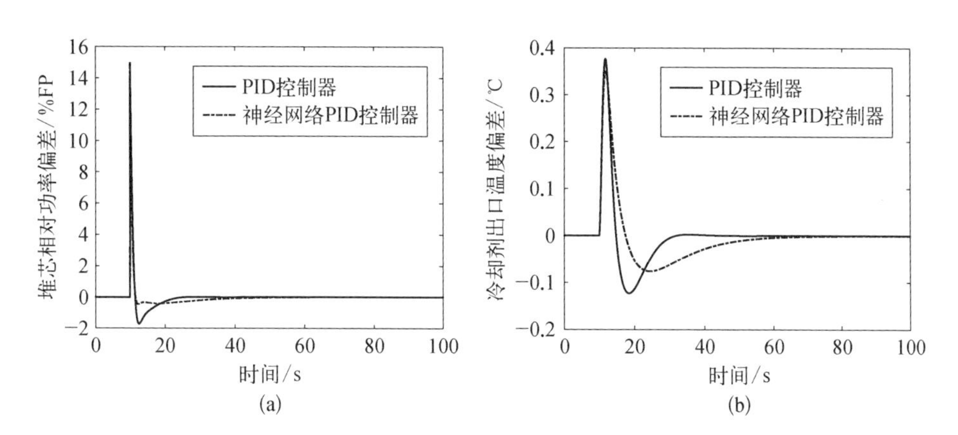

图 4-12　100%FP 功率水平下堆芯反应性阶跃增加 100 pcm 瞬态工况仿真结果

(a) 堆芯相对功率;(b) 冷却剂出口温度

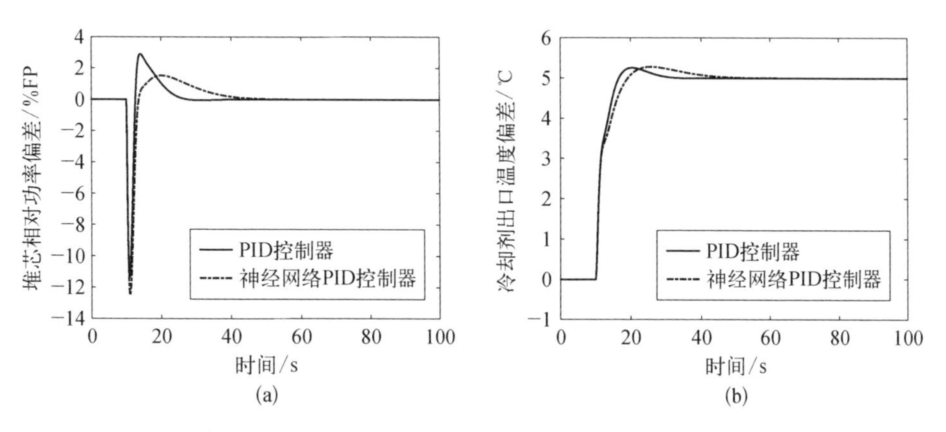

图 4-13　100%FP 功率水平下堆芯冷却剂进口温度阶跃增加 5 ℃瞬态工况仿真结果

(a) 堆芯相对功率;(b) 冷却剂出口温度

4.3 基于智能优化算法的控制系统参数优化

近年来,优化理论不断发展,除了前文提到的模糊逻辑算法和神经网络算法,还有许多智能优化算法的应用也日渐成熟,在解决各种优化问题方面发挥了巨大的作用,如粒子群算法、蚁群算法、遗传算法、模拟退火算法、禁忌搜索算法等,这些智能优化算法亦可应用于反应堆控制系统的参数优化。不同智能优化算法的原理不尽相同,针对不同堆型特点、不同控制方法、不同运行工况,各种算法各有其优劣,没有哪一种优化算法可以完全适用于所有情况。实际工程中,可以分别应用多种智能优化算法对反应堆控制系统参数进行优化,比较其优化效果,从中选出最优的一种,实现控制系统参数的最优化设计。

4.3.1 智能优化算法

目前,智能优化算法的种类众多,而粒子群算法和遗传算法是其中最成熟、应用最广泛的两种。本节主要介绍基于粒子群算法和遗传算法的控制系统参数优化方法。

4.3.1.1 粒子群优化算法

粒子群优化(particle swarm optimization, PSO)算法是一种基于迭代的优化算法,是美国学者 Eberhart 和 Kennedy 于 1995 年提出的一种基于群体智能的进化类算法,源于对鸟群捕食行为的研究。其基本思想是采用适应度来评价解的品质,通过追随当前搜索到的最优解来寻找全局最优解。

PSO 算法[7]将群体中的个体看作是具有各自位置和速度但没有质量与体积的粒子。在搜索空间内,粒子以一定速度运动,并根据自身历史最优位置和群体历史最优位置更新速度和位置。在一个 n 维的目标搜索空间中,假设粒子群体由 m 个粒子构成,$\boldsymbol{S}=\{\boldsymbol{x}_1, \boldsymbol{x}_2, \cdots, \boldsymbol{x}_m\}$,在第 k 步迭代时,第 i 个粒子在搜索空间中的位置、速度和个体极值可分别表示为 $\boldsymbol{x}_i^k=(x_{i1}^k, x_{i2}^k, \cdots, x_{in}^k)^{\mathrm{T}}$, $\boldsymbol{v}_i^k=(v_{i1}^k, v_{i2}^k, \cdots, v_{in}^k)^{\mathrm{T}}$, $\boldsymbol{p}_i^k=(p_{i1}^k, p_{i2}^k, \cdots, p_{in}^k)^{\mathrm{T}}$, $i=1, 2, \cdots, m$。 此时,所有粒子的全局极值可表示为 $\boldsymbol{p}_g^k=(p_{g1}^k, p_{g2}^k, \cdots, p_{gn}^k)^{\mathrm{T}}$。

在找到个体和全局极值时,粒子根据式(4-27)和式(4-28)更新自己的速度和位置。其中,式(4-27)等号右边由三部分组成:第一部分 v_{ij}^k 为“惯性”部分,表示粒子维持自己先前速度的趋势;第二部分 $c_1r_1^k(p_{ij}^k-x_{ij}^k)$ 为“认知”部分，表示粒子向自身历史最佳位置逼近的趋势；第三部分 $c_2r_2^k(p_{gj}^k - x_{ij}^k)$ 为“社会”部分，表示粒子之间的信息共享。

$$v_{ij}^{k+1} = v_{ij}^k + c_1r_1^k(p_{ij}^k - x_{ij}^k) + c_2r_2^k(p_{gj}^k - x_{ij}^k),\quad j = 1, 2, \cdots, n \tag{4-27}$$

$$x_{ij}^{k+1} = x_{ij}^k + v_{ij}^{k+1} \tag{4-28}$$

式中，c_1 和 c_2 分别为个体和全局学习因子，也称为加速常数，用于调节粒子向个体极值和全局极值学习的强度；r_1 和 r_2 为[0，1]范围内的随机数；v_{ij}^k 和 x_{ij}^k 分别为粒子 i 在第 k 次迭代中第 j 维的速度和位置；p_{ij}^k 为粒子 i 经过 k 次迭代后的第 j 维个体极值；p_{gj}^k 为经过 k 次迭代后粒子群的第 j 维全局极值。

由于粒子群算法具有前期容易陷入局部最优、后期粒子多样性较差等局限性，不少学者经过研究后对其结构和性能进行了改善。其中，惯性权重递减的 PSO 算法就是粒子群算法的一种改进。在惯性权重递减的 PSO 算法中，式(4-27)变为

$$v_{ij}^{k+1} = wv_{ij}^k + c_1r_1^k(p_{ij}^k - x_{ij}^k) + c_2r_2^k(p_{gj}^k - x_{ij}^k),\quad j = 1, 2, \cdots, n \tag{4-29}$$

式中，惯性权重 w 的大小可以控制粒子上一代的速度对当前速度影响的大小，w 越大则全局搜索能力越强，w 越小则局部搜索能力越强。因此，在实际的优化过程中，为了在优化初始阶段保持较强的全局搜索能力，而在优化末段维持较强的局部搜索能力，往往将惯性权重定义为一个在迭代的过程中线性递减的函数：

$$w = w_{\max} - \frac{w_{\max} - w_{\min}}{K} \cdot k \tag{4-30}$$

式中，下标 max 和 min 分别表示最大值和最小值；k 和 K 分别为当前的迭代次数和最大迭代次数。

惯性权重递减的 PSO 算法[8]可以保障粒子在计算前期具有较强的全局搜索能力和更大的搜索范围，而在计算后期具有较强的局部搜索能力和较快的收敛速度，大大提高了 PSO 的性能。基于惯性权重递减的 PSO 算法的控制系统参数优化流程如下。

(1) 确定待优化控制系统参数的上下限，确定惯性因子的最大值 $w_{\max}$ 和

最小值 w_{min}，并对粒子群进行随机初始化，生成粒子的初始位置向量、速度向量，根据粒子的适应度确定粒子的初始个体极值和全局极值。

(2) 依据式(4-28)～式(4-30)，分别更新粒子的位置、速度与惯性因子。

(3) 依据所建立的目标函数计算每个粒子的适应度，并通过对比每个粒子的适应度、历史最优适应度与群体适应度，实现对粒子历史最优适应度与群体全局最优适应度的更新。

(4) 判断是否有粒子达到目标适应度，如果有，则可结束循环，得到相应的最优解，否则，需重新进行迭代操作，直到迭代次数达到最大。

4.3.1.2 遗传算法

遗传算法(genetic algorithm, GA)是由美国学者 Holland 教授于 1975 年提出的一种基于自然选择和自然遗传的随机搜索算法。该算法将“优胜劣汰，适者生存”的生物进化原理引入优化参数形成的编码串联群体中，按照所选择的适应度函数，通过复制、交叉及变异等操作对个体进行筛选，使群体中个体适应度不断提高，直到满足给定的条件。遗传算法的优点在于算法简单，可并行处理，并能找到全局最优解[9]。

遗传算法的基本操作如下。

(1) 复制操作(reproduction operator)。种群中每一个个体都被编码为一串固定长度的二进制代码，不同个体的适应度不同，适应度高的个体所对应的编码将有更大的概率被复制到下一代。这可以通过计算机产生随机数来实现；针对某一个体，若其适应度函数值对应的复制概率为 30%，则可随机生成在 0～1 之间均匀分布的随机数；若该数在 0.7～1 之间，则个体编码复制到下一代，否则淘汰。除此之外，还可以通过适应度比例法、期望值法和排位次法等计算方法实现个体编码复制。

(2) 交叉操作(crossover operator)。交叉即模拟生物染色体的交叉现象，将个体编码的某一部分互换，包括一点交叉、多点交叉、一致交叉、顺序交叉等。其中，一点交叉较为简单实用，即在个体编码上随机取一个断点，该断点后的部分互换。具体操作如下所示：

$$\text{交叉前}\begin{cases}A: 111000\ 1100\\ B: 011001\ 0111\end{cases} \rightarrow \text{交叉后}\begin{cases}A: 111000\ 0111\\ B: 011001\ 1100\end{cases}$$

(3) 变异操作(mutation operator)。变异模拟生物的基因突变，其概率较小，具体操作为随机地改变个体编码某一位的值。为保障优化解的质量，避免进化过程因陷入局部解而进入终止过程，必须采用变异操作。

遗传算法的构成要素如下。

（1）染色体编码方法：采用固定长度的二进制符号来表示群体中的个体。

（2）个体适应度评价：当前种群中每个个体遗传到下一代群体中的概率与个体适应度成正比，而个体适应度由目标函数值决定。

（3）遗传算子：基本遗传算法使用如下 3 种遗传算子，即选择运算使用比例选择算子，交叉运算使用单点交叉算子，变异运算使用均匀变异算子或基本位变异算子。

（4）基本遗传算法的运行参数：有下面 4 个运行参数需要提前设定。M：群体大小，即群体中所含个体数，一般取为 20～100。G：遗传算法终止进化代数，一般取为 100～500。P_c：交叉概率，一般取为 0.4～0.99。P_m：变异概率，一般取为 0.00～0.1。

传统遗传算法具有很多缺点，难以直接用于解决复杂的优化问题。为此，研究者们提出了许多针对遗传算法的改进方法，在此介绍两种应用较广的改进遗传算法。

非支配排序遗传算法（non-dominated sorting genetic algorithm, NSGA）是由 Srinivas 和 Deb 于 1995 年首次提出的一种基于帕雷托（Pareto）最优解计算多目标优化问题的遗传算法。NSGA 采用与基本 GA 一样的选择算子、交叉算子和变异算子，但是在执行选择算子前会根据种群中个体之间的支配与非支配关系进行分层排序，这种排序方法称为非支配分层法。具体步骤如下：

（1）首先找出所有非支配个体，即第一个非支配最优层，赋予该层个体一个共享虚拟适应度值；

（2）剔除种群中处于第一个非支配最优层的个体，找出剩余种群中的非支配个体，即第二个非支配最优层，赋予该层个体一个新的共享虚拟适应度值；

（3）重复以上步骤，直至所有个体都被分层。

该算法能够使得优秀的个体具有更大机会遗传到下一代，克服了超级个体的过度繁殖，防止早熟收敛。针对 NSGA 具有较高的计算复杂度、无精英策略、需要设置共享半径参数等缺点，Deb 于 2000 年引入了快速非支配排序法、拥挤度和拥挤度比较算子以及精英策略，提出了改进算法，被称为带精英策略的非支配排序遗传算法（NSGA－II）。相比于 NSGA，NSGA－II 运算速度更快，具有更强的鲁棒性，能够确保 Pareto 最优解的均匀分布，广泛用于解决多目标优化问题。

基于NSGA-Ⅱ算法的控制系统参数优化流程如下：

(1) 随机初始化得到规模为 N 的第零代父代种群 P_0，对其所有个体进行非支配分层排序，采用选择算子、交叉算子和变异算子生成规模为 N 的第零代子代种群 Q_0；

(2) 合并第 n 代的父代种群 P_n 和子代种群 Q_n，生成规模为 $2N$ 的合成种群 R_n；

(3) 对种群 R_n 进行快速非支配排序，计算每一非支配层中个体的拥挤度，根据非支配关系以及个体的拥挤度选取 N 个个体，组成新的第 $n+1$ 代父代种群 P_{n+1}；

(4) 采用选择算子、交叉算子和变异算子生成规模为 N 的第 $n+1$ 代子代种群 Q_{n+1}；

(5) 重复步骤(2)～步骤(4)，直到迭代次数大于最大迭代次数。

4.3.2 控制系统参数优化设计方法

采用智能优化算法对控制系统参数进行优化的总体思路是，建立合理的优化目标函数，将其转化为最优化问题，再利用智能优化算法求解最优化问题。

以某小型压水反应堆功率控制系统为例，该控制系统采用基于核功率和冷却剂平均温度的双反馈回路，即堆芯功率和冷却剂平均温度分别通过功率反馈和温度反馈回路进行控制，控制系统原理如图4-14所示[10]。在该控制系统中，温度控制器采用超前校正环节 $C_{\mathrm{P}}(s)$，功率控制器采用微分校正环节 $C_{\mathrm{T}}(s)$，功率参考信号设置前置滤波器 $G_{\mathrm{f,P}}(s)$，可分别表示为

$$C_{\mathrm{P}}(s)=K_{\mathrm{P}}\frac{\tau_{\mathrm{P}}s}{\tau_{\mathrm{P}}s+1} \tag{4-31}$$

$$C_{\mathrm{T}}(s)=\frac{\alpha_{\mathrm{T}}\tau_{\mathrm{T}}s+1}{\tau_{\mathrm{T}}s+1} \tag{4-32}$$

$$G_{\mathrm{f,P}}(s)=\frac{1}{\tau_{\mathrm{w}}s+1} \tag{4-33}$$

式中，K_{P} 和 τ_{P} 分别为功率控制器的比例系数和微分滞后时间常数(s)；α_{T} 和 τ_{T} 分别为温度控制器的超前系数和滞后时间常数(s)；τ_{w} 为前置滤波器中滤波时间常数(s)。

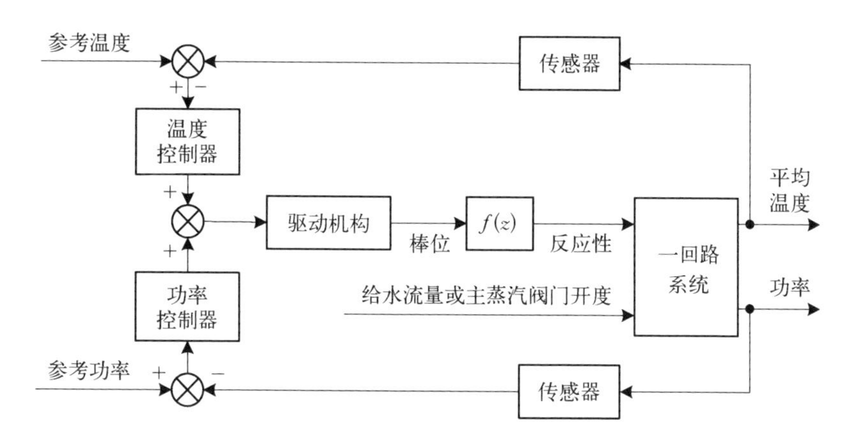

图 4-14　基于双反馈回路的反应堆功率控制系统原理框图

在基于双反馈回路的反应堆功率控制系统中，功率控制器决定了系统的稳定性，而温度控制决定着系统的响应性能，采用传统设计方法难以得到最优的控制性能。因此，为了获得最优的控制参数，可采用优化算法对该控制系统中的关键参数进行优化，待优化的控制参数可以写成以下形式：

$$\boldsymbol{x}=[\tau_{\mathrm{T}},\ \alpha_{\mathrm{T}},\ K_{\mathrm{P}},\ \tau_{\mathrm{P}},\ \tau_{\mathrm{w}}] \tag{4-34}$$

优化变量 $\boldsymbol{x}$ 的上下限分别为

$$\begin{cases}\boldsymbol{x}_{\min}=[\tau_{\mathrm{T,\,min}},\ \alpha_{\mathrm{T,\,min}},\ K_{\mathrm{P,\,min}},\ \tau_{\mathrm{P,\,min}},\ \tau_{\mathrm{w,\,min}}]\\ \boldsymbol{x}_{\max}=[\tau_{\mathrm{T,\,max}},\ \alpha_{\mathrm{T,\,max}},\ K_{\mathrm{P,\,max}},\ \tau_{\mathrm{P,\,max}},\ \tau_{\mathrm{w,\,max}}]\end{cases} \tag{4-35}$$

小型压水反应堆功率控制系统主要保证瞬态过程中堆芯功率和冷却平均温度能够快速稳定地跟随设定值。ITAE 能在控制系统参数变化时很容易辨识出最小值，同时利用 ITAE 能使优化后的系统具有更小的超调量和振荡。因此，此处以 ITAE 性能指标分别定义堆芯功率和冷却剂平均温度的响应性能：

$$\begin{cases}f_{\mathrm{P}}(\boldsymbol{x})=\displaystyle\int_{0}^{\infty} t\ |\ P_{\mathrm{n}}-P_{\mathrm{n,\,r}}\ |\ \mathrm{d}t\\ f_{\mathrm{T}}(\boldsymbol{x})=\displaystyle\int_{0}^{\infty} t\ |\ T_{\mathrm{avg}}-T_{\mathrm{ref}}\ |\ \mathrm{d}t\end{cases} \tag{4-36}$$

式中，P_{n} 和 $P_{\mathrm{n,\,r}}$ 分别为堆芯相对功率及其设定值；T_{avg} 和 T_{ref} 分别为冷却剂平均温度及其设定值(℃)。

根据式(4-34)～式(4-36)，该优化问题可表示为

$$\begin{cases} \min f(\boldsymbol{x}) = \begin{bmatrix} f_{\mathrm{P}}(\boldsymbol{x}) \\ f_{\mathrm{T}}(\boldsymbol{x}) \end{bmatrix} \\ \text{s.t.}\ \ \boldsymbol{x}_{\min} < \boldsymbol{x} < \boldsymbol{x}_{\max} \end{cases} \tag{4-37}$$

最后采用粒子群算法、遗传算法等智能优化算法求解式(4－37)即可完成对控制系统参数的优化。

4.3.3 应用实例

本节采用NSGA－II算法对小型压水反应堆功率控制系统的参数开展优化研究，控制系统原理如图4－14所示[10]，待优化的控制参数及优化目标分别如式(4－35)和式(4－36)所示。当反应堆功率控制系统中控制器参数 $\boldsymbol{x}$ 发生改变后，通过所建立的控制仿真模型可以计算得到 P_{n} 和 T_{avg} 的瞬态响应结果，然后通过数值积分可以很容易得到综合性能指标 f_{n} 和 f_{T}。此处选取100%FP～90%FP降负荷瞬态工况来计算 f_{n} 和 f_{T}。

工程上推荐超前校正网络中极点与零点之比的最大取值为20，故 α_{T} 的取值范围定为1～20；时间常数和增益的取值范围分别为0～100和0～10。因此，优化变量的下限和上限分别为 $\boldsymbol{x}_{\min}=[0,\ 1,\ 0,\ 0,\ 0]$ 和 $\boldsymbol{x}_{\max}=[100,\ 20,\ 10,\ 100,\ 100]$。为了保证优化过程中系统具有可接受的稳定性裕量，需要对系统的增益裕量和相位裕量进行限制。在本研究中，预期增益裕量的最小值取为6 dB，而相位裕量的最小值取为30°。定义不同功率FP和不同控制棒微分价值 K_{r} 工况下开环控制系统的相位裕量和增益裕量分别为 $\gamma(\mathrm{FP},\ K_{\mathrm{r}})$ 和 $K_{\mathrm{g}}(\mathrm{FP},\ K_{\mathrm{r}})$，在优化过程中计算FP和 K_{r} 分别取最大值和最小值时系统的相位裕量和增益裕量，确保其均大于最小限值。因此，用于优化反应堆功率控制系统参数的优化问题可以表示为一个有两个目标函数和五个设计变量的多目标优化问题，其中考虑优化变量的线性和非线性约束，该优化问题可以表示为

$$\begin{gathered} \min_{\boldsymbol{x}} f_{\mathrm{obj}}(\boldsymbol{x}) = \begin{bmatrix} f_{\mathrm{obj1}} \\ f_{\mathrm{obj2}} \end{bmatrix} = \begin{bmatrix} \max(f_{\mathrm{P}}(\boldsymbol{x},\ 4),\ f_{\mathrm{P}}(\boldsymbol{x},\ 24)) \\ \max(f_{\mathrm{T}}(\boldsymbol{x},\ 4),\ f_{\mathrm{T}}(\boldsymbol{x},\ 24)) \end{bmatrix} \\ \text{s.t.} \begin{cases} \boldsymbol{x}_{\min} < \boldsymbol{x} < \boldsymbol{x}_{\max} \\ 30-\gamma(100,\ 4) \leqslant 0 \quad 30-\gamma(100,\ 24) \leqslant 0 \\ 30-\gamma(25,\ 4) \leqslant 0 \quad 30-\gamma(25,\ 24) \leqslant 0 \\ 6-K_{\mathrm{g}}(100,\ 4) \leqslant 0 \quad 6-K_{\mathrm{g}}(100,\ 24) \leqslant 0 \\ 6-K_{\mathrm{g}}(25,\ 4) \leqslant 0 \quad 6-K_{\mathrm{g}}(25,\ 24) \leqslant 0 \end{cases} \end{gathered} \tag{4-38}$$

随机产生规模为 500 的初始种群，设定交叉概率为 0.9，变异概率为 0.035，对种群非支配排序后，第一代种群由选择、交叉、变异三个操作得到；之后从第二代开始，对父代与子代合并后的种群进行快速非支配排序，新的父代种群可以通过对每个非支配层中的个体进行拥挤度计算之后，选取合适的个体组成；重复以上操作，进行 200 次迭代计算，可以得到 Pareto 最优解集如图 4 - 15 所示[10]，图中横坐标和纵坐标分别为两个目标函数。

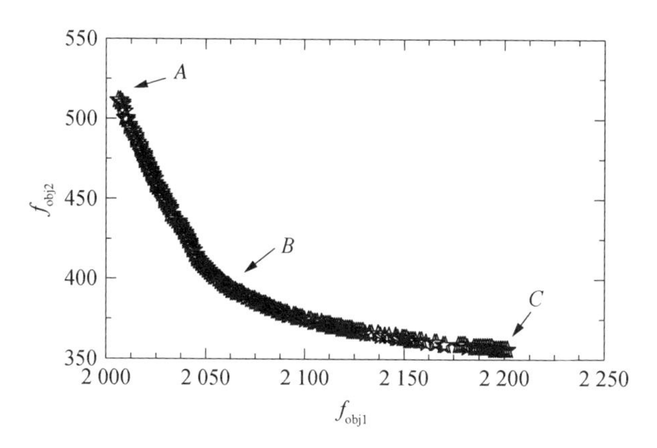

图 4 - 15　反应堆功率控制系统参数优化的 Pareto 最优解集

与图 4 - 15 中 Pareto 解对应的设计变量在其取值范围内的分布如图 4 - 16 所示[10]，图中从 1～500 编号的 500 个个体是按照 f_{obj1} 从小到大进行排序的。控制器参数的分布区间分别为 $2.2 < \tau_T < 2.6$，$17.4 < \alpha_T < 18.7$，$0.49 < K_P < 0.54$，$8.9 < \tau_P < 9.9$，$8.0 < \tau_w < 9.0$，优化的控制器参数都在一个很小的范围内变化。

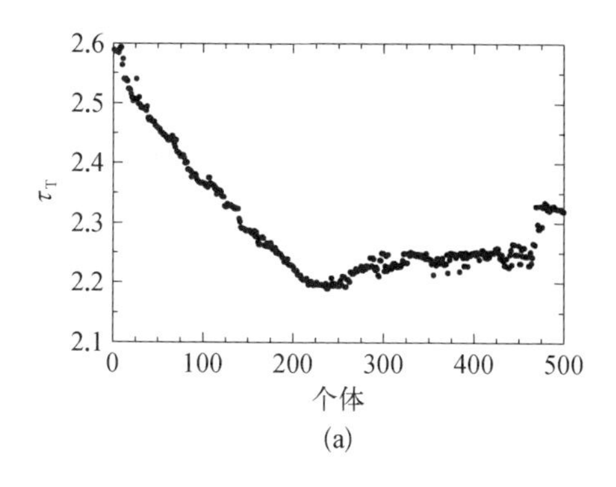

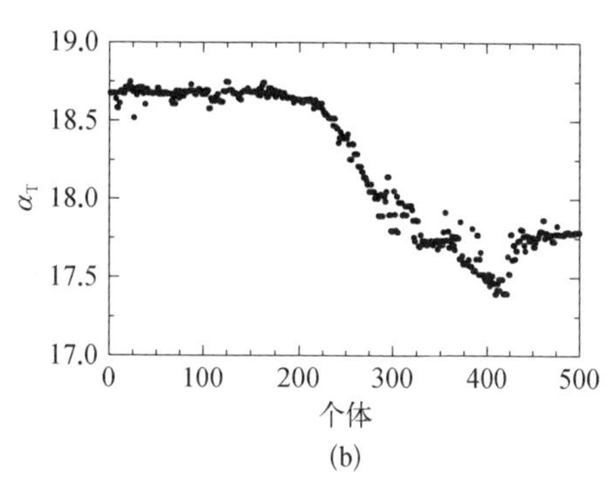

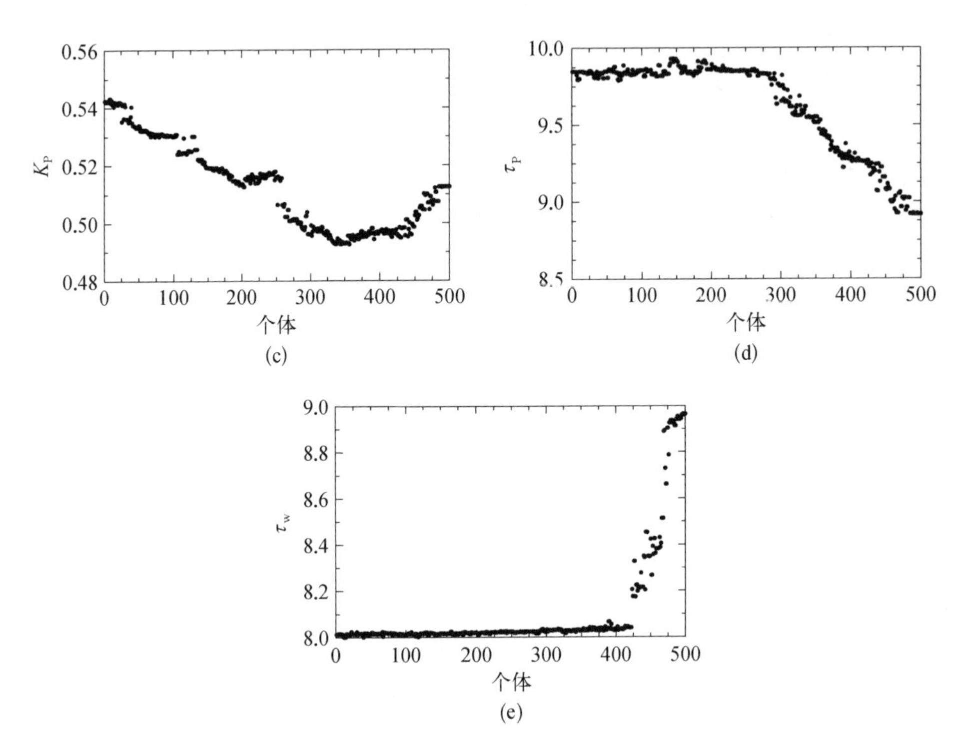

图 4-16　Parato 最优解中反应堆功率控制系统控制器参数分布

(a) 温度控制器中的时间常数；(b) 温度控制器中的极点与零点之比；(c) 功率控制器中的比例增益；(d) 功率控制器中的时间常数；(e) 滤波器的时间常数

图 4-17 所示为采用 Pareto 解上三个典型最优点 A、B 和 C 的优化参数时阶跃工况仿真结果[10]。从图中可以看出反应堆功率控制效果最好的点为 A 点；对于冷却剂平均温度，虽然 C 点时冷却剂平均温度最快恢复到设定值，

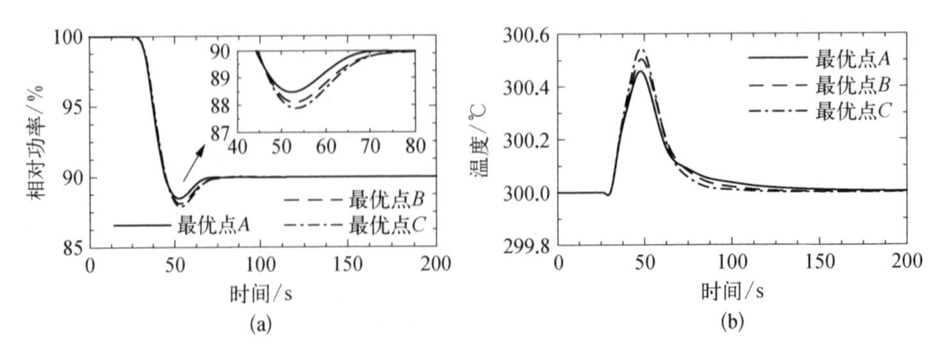

图 4-17　取最优点 A、B 和 C 的优化参数时 10%FP 阶跃降负荷工况堆芯仿真结果

(a) 相对功率；(b) 冷却剂平均温度响应

ITAE 指标最小，但是其瞬态峰值最大；而 A 点时冷却剂平均温度恢复到设定值需要时间最长，因而 ITAE 指标最大，但是其瞬态峰值最小。综合考虑堆芯功率和冷却剂平均温度的控制效果，选取 A 点的参数作为优化参数。

选取负荷阶跃和线性变化工况进行仿真，对比控制器参数优化前后堆芯功率和冷却剂平均温度的响应。图 4－18～图 4－21 分别给出了优化前后 10%FP 阶跃降负荷、10% FP 阶跃升负荷、10% FP/min 线性降负荷和 10%FP/min 线性升负荷瞬态工况堆芯仿真结果对比[10]。从图中可知，优化后，堆芯功率的超调量显著减小，冷却剂平均温度的最大峰值也明显降低。由以上分析可知，采用多目标遗传算法对反应堆功率控制系统参数进行优化，能够显著地改善瞬态过程中堆芯功率和冷却剂平均温度的控制效果，降低功率的超调量和冷却剂平均温度的峰值。

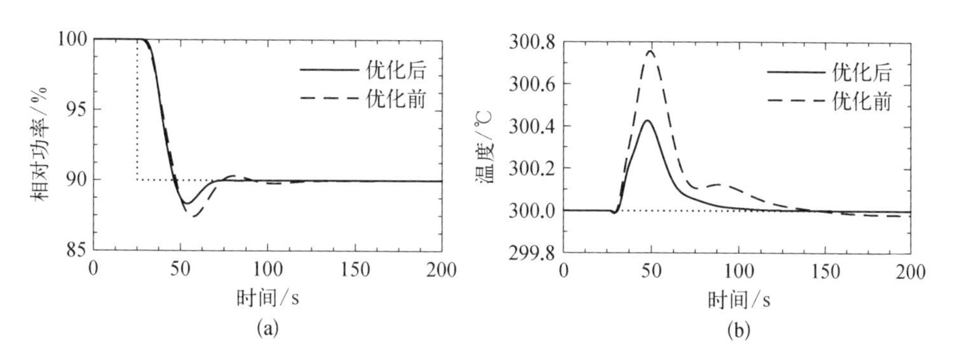

图 4－18　优化前后堆芯功率和冷却剂平均温度的响应对比(10%FP 阶跃降负荷)

(a) 相对功率；(b) 冷却剂平均温度响应

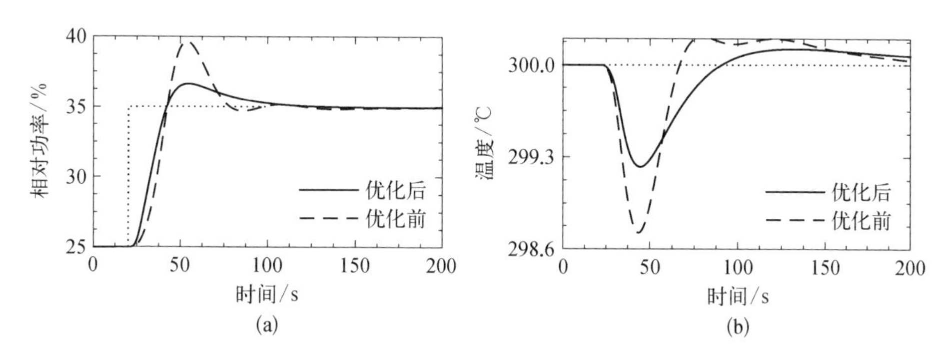

图 4－19　优化前后堆芯功率和冷却剂平均温度的响应对比(10%FP 阶跃升负荷)

(a) 相对功率；(b) 冷却剂平均温度响应

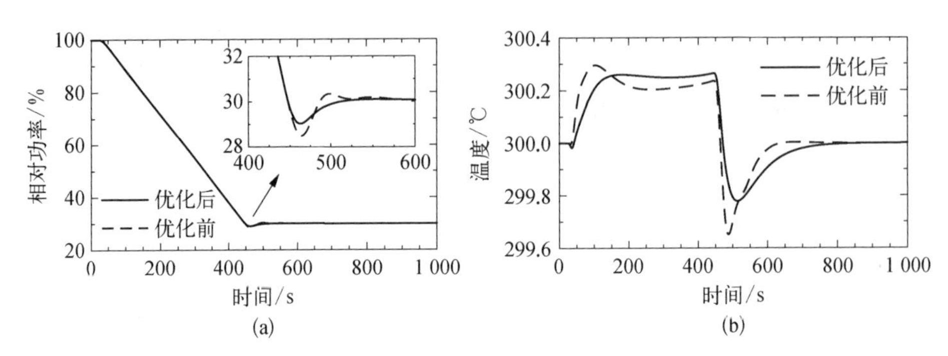

图 4-20 优化前后堆芯功率和冷却剂平均温度的响应对比(10%FP/min 线性降负荷)

(a) 相对功率;(b) 冷却剂平均温度响应

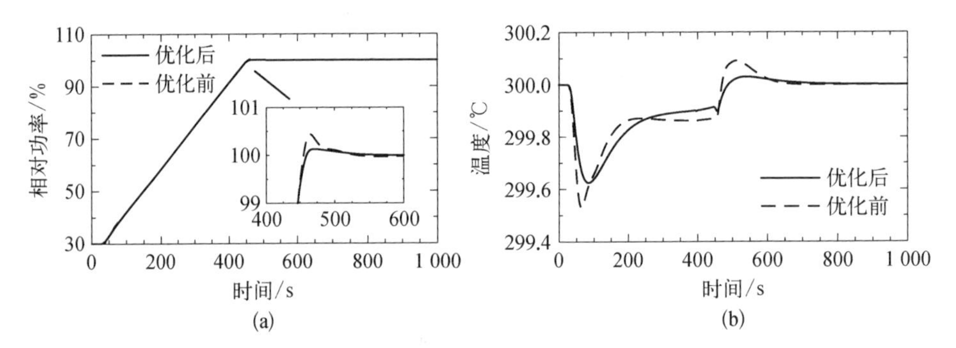

图 4-21 优化前后堆芯功率和冷却剂平均温度的响应对比(10%FP/min 线性升负荷)

(a) 相对功率;(b) 冷却剂平均温度响应

4.4 基于复合智能方法的控制器参数优化

智能控制的对象往往会具有一些复杂特性,一些复杂的控制要求可能无法通过单一智能控制方法满足,此时可采用复合智能控制方法。复合智能控制包括智能控制方法与经典控制或现代控制技术的集成,以及不同智能控制技术的集成。在设计控制系统时,既可以利用复合智能控制方法对控制系统参数进行优化,又可以直接采用复合智能控制器。本节主要介绍利用复合智能方法优化控制器参数,关于复合智能控制器的设计将在第 6 章进行介绍。

4.4.1 复合智能算法

复合智能算法包含的领域十分广泛,下面对几种典型的复合智能算法进行介绍。

4.4.1.1　模糊神经算法

模糊逻辑和神经网络具有明显的关联性和互补性，可以通过两种途径将两者结合。一种是将神经网络技术引入模糊系统，通过神经网络的自学习和自适应能力来实现模糊系统的优化；另外一种是将模糊逻辑引入神经网络中，通过模糊逻辑动态地调整神经网络的权重系数，以优化神经网络的性能。目前已经有许多模糊神经网络模型，如模糊联想记忆(fuzzy associative memory，FAM)、模糊自适应谐振理论(fuzzy adaptive resonance theory，FART)、模糊认知图(fuzzy cognitive map，FCM)、模糊多层感知机(fuzz multilayer perceptron，FMP)等。

4.4.1.2　粒子群遗传算法

粒子群遗传算法通过将遗传算法与粒子群算法相结合，实现两类算法的优势互补，可达到加快搜索收敛速度、增强全局寻优能力、提高优化性能与鲁棒性等目的。图 4－22 是粒子群遗传混合算法原理示意图[11]，具体运算流程如下。

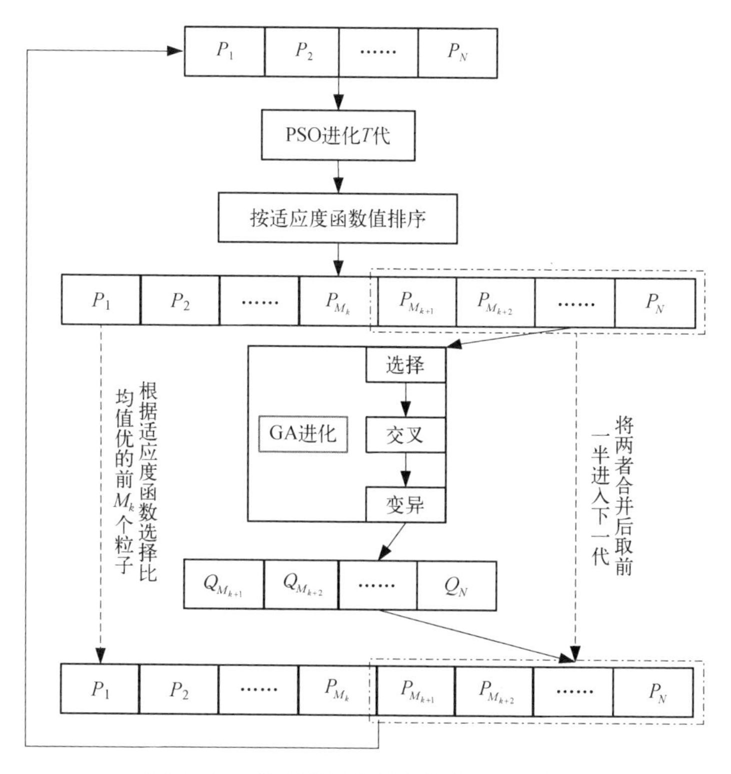

图 4－22　粒子群遗传混合算法原理示意图

(1) 首先,通过粒子群优化算法将规模为 N 的种群进化一定代数 T,根据所规定的适应度函数值,将种群中适应度函数值优于群体适应度函数值均值的 M_k 个个体直接提取出,进入下一代。

(2) 其次,以剩下 $N-M_k$ 个个体为基础,进行遗传算法进化,产生 $N-M_k$ 个个体,将剩下 $N-M_k$ 个个体和遗传算法进化的 $N-M_k$ 个个体合在一起,根据适应度函数选取前一半的 $N-M_k$ 个个体。

(3) 最后,将由 PSO 进化直接提取出的 M_k 个个体和由 GA 进化得到的 $(N-M_k)$ 个个体合在一起形成新的粒子群群体 N,继续进行下一步进化运算。

4.4.1.3 遗传模拟退火算法

模拟退火算法是针对大规模的组合优化问题提出来的,该算法采用米特罗波利斯(Metropolis)接受准则,并用一组称为冷却进度表的参数控制算法进程。若材料状态通过粒子能力来定义,根据 Metropolis 接受准则,可用一个简单的数学模型描述其退火过程。假设材料在状态 i 下的能量为 $E(i)$,则材料在温度 T 时从状态 i 进入状态 j 就遵循如下规律[12]。

(1) 如果 $E(j) \leqslant E(i)$,接受该状态被转换。

(2) 如果 $E(j) > E(i)$,则状态转换以如式(4-39)所示的概率被接受:

$$P(E) = \exp\left[\frac{E(i) - E(j)}{KT}\right] \tag{4-39}$$

式中,K 为玻尔兹曼常数;T 为材料温度。

模拟退火算法虽然具有较强的局部搜索能力,但在求解复杂问题时,获取高质量解的时间成本过于高昂。同时,遗传算法适合进行全局搜索,而局部搜索能力不强,在实际应用中,遗传算法容易出现早熟现象,且由于计算量较大,难以满足某些问题的强实时性要求。因此,遗传算法与模拟退火算法之间具有较强的互补性,可将两者进行结合组成遗传模拟退火算法(genetic simulated annealing algorithm, GSAA)。

遗传模拟退火算法核心思路:在遗传步骤之后加入模拟退火步骤,先由遗传步骤进行全局搜索,之后通过模拟退火步骤进行局部搜索。遗传算法单独的“交叉”和“变异”是毫无方向性的随机操作,对遗传步骤得到的子代种群进行模拟退火操作,给予种群一定的进化方向指导。其基本框架可简单视为遗传操作所得解将作为模拟退火操作的初始解;之后模拟退火操作所有的所得解将作为遗传操作的初始种群，全局搜索与局部搜索交替进行。遗传模拟退火算法的主要流程如图 4－23 所示[12]。

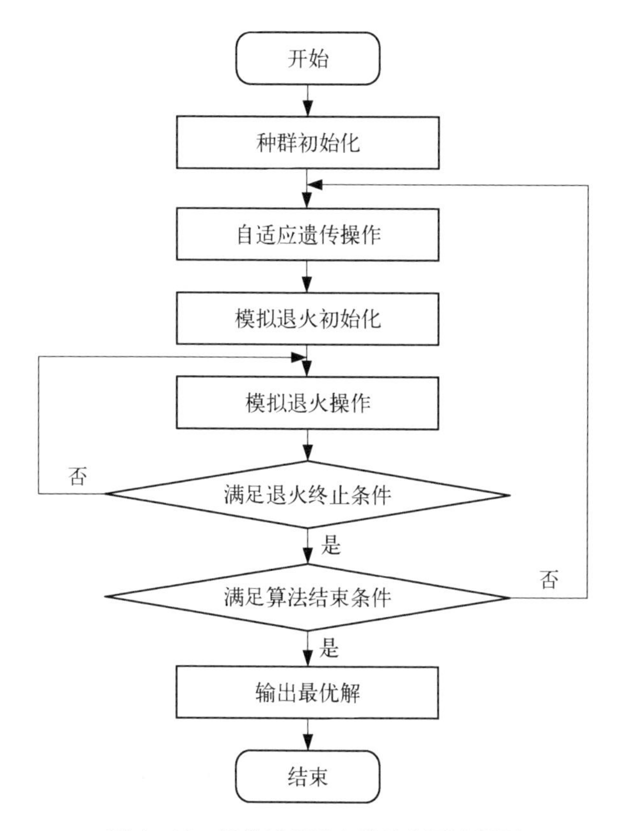

图 4－23　遗传模拟退火算法主要流程图

4.4.2　控制系统参数优化设计方法

上述复合智能算法可用于控制器参数的优化，从而提升控制器的控制性能。下面将介绍几类复合智能算法在 PID 控制器参数优化中的应用。

4.4.2.1　基于粒子群遗传算法的控制器参数优化

以基于双反馈回路的反应堆功率控制系统为例（见图 4－14），为获得最优的控制参数，利用粒子群遗传算法对该控制系统中的关键控制参数进行优化。根据温度控制器、功率控制器以及前馈滤波器的传递函数表达式，待优化的控制参数可用式（4－34）表示，优化变量 x 的上下限可用式（4－35）表示；同时，以式（4－36）所示的堆芯功率与冷却剂平均温度的 ITAE 指标作为目标函数，则利用粒子群遗传算法对该控制系统参数进行优化的步骤如下：

第一步，确定初始化种群参数，包括种群规模 N、粒子群遗传算法总代数 M、粒子群算法的学习因子 c_1 与 c_2、最大速度 V_{max}、粒子群进化代数 T 以及遗传算法中参数交叉概率 P_c 与变异概率 P_m；

第二步，在解空间内初始化种群，随机生成 N 个粒子，并根据目标函数计算每个粒子适应函数值，确定粒子的初始个体极值和全局极值，记总代数 k 为 1；

第三步，若 $k \leqslant M$，记粒子群进化代数 t 为 1，继续下一步，反之转向第九步；

第四步，若 $t \leqslant T$，依据式(4－27)更新每个粒子的速度，依据式(4－28)更新粒子的位置；

第五步，令 $t=t+1$，返回第四步；

第六步，计算各粒子适应度函数值的均值，将适应度值优于均值的 k_M 个个体直接提出，放入下一代；

第七步，用遗传算法进化剩下的 $N-M_k$ 个个体，将两组 $N-M_k$ 个个体合并，并依据适应度函数值选择较优的 $N-M_k$ 个；

第八步，将由粒子群算法进化直接提出的 M_k 个个体和由 GA 进化得到的 $N-M_k$ 个个体结合，构成新的粒子群群体，并令 $k = k+1$，转至第三步；

第九步，得到最优解即粒子位置和最优适应度函数值。

基于粒子群遗传算法的控制器参数优化流程如图 4－24 所示[11]。

4.4.2.2　基于遗传模拟退火算法的控制器参数优化

同理，以基于双反馈回路的反应堆功率控制系统为例(见图 4－14)，为获得最优的控制参数，以式(4－34)所示的关键控制参数作为决策变量，以式(4－36)所示的 ITAE 指标作为目标函数，利用遗传模拟退火算法对该控制系统的关键参数在式(4－35)所示范围内进行优化。采用以遗传算法为主、模拟退火算法为辅的遗传模拟退火算法对该控制系统关键参数进行优化的流程如下[13]：

第一步，参数的初始化，包括初始种群数 N、遗传算法中参数交叉概率 P_c 与变异概率 P_m，退火初温、衰减常数等。

第二步，产生初始群体，开始时要求所生成的种群规模大于指定的值，在进行优化前要从其中选择较优的个体。

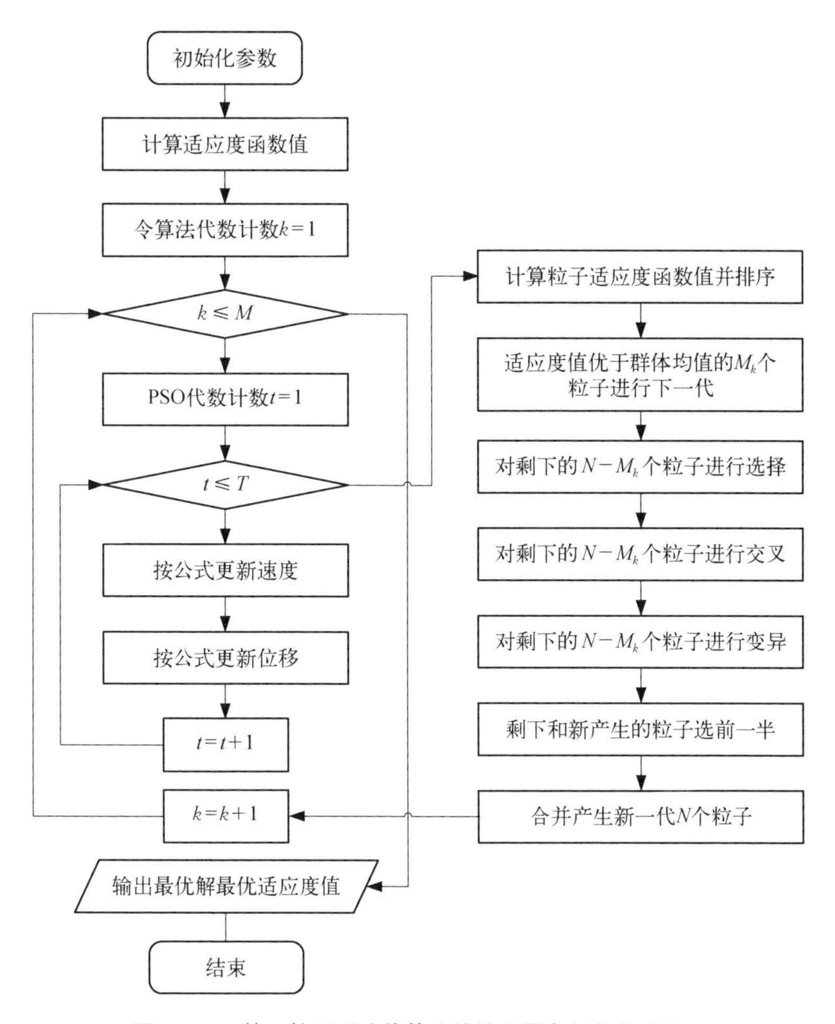

图 4－24　基于粒子群遗传算法的控制器参数优化流程图

第三步，依据所建立的目标函数计算个体适应值，也就是表示控制效果的目标函数值，目标函数值越小，表明相应个体越接近全局最优解。如果某个个体达到所期望的精度要求，则结束，否则进入遗传操作。

第四步，对遗传算法操作后产生的子代进行判断，判断是否达到精度要求或是终止进化代数，若不满足则对子代进行模拟退火算法操作。

第五步，判断模拟退火优化后的子代是否达到所期望的精度要求，不满足则从原种群和子群中挑选较好的个体作为优化种群，开始下一轮的迭代，即转入第三步。

参考文献

[1] 李国勇,杨丽娟.神经模糊预测控制及其MATLAB实现[M].4版.北京:电子工业出版社,2018.
[2] 孙庚山,兰西柱.工程模糊控制[M].北京:机械工业出版社,1995.
[3] 余永权,曾碧.单片机模糊逻辑控制[M].北京:北京航空航天大学出版社,1995.
[4] 张化光,孟祥萍.智能控制基础理论及应用[M].北京:机械工业出版社,2005.
[5] Basheer I A, Hajmeer M. Artificial neural networks: fundamentals, computing, design, and application[J]. Journal Microbiological Methods, 2000, 43(1): 3-31.
[6] 陈晓平.薄壳件注塑成型工艺参数优化研究[D].杭州:浙江大学,2005.
[7] 李斌,张元正,高飞,等.基于智能粒子群算法的协调系统预测控制参数优化[J].电力系统装备,2020(20):26-28.
[8] 延丽平,曾建潮.具有自适应随机惯性权重的PSO算法[J].计算机工程与设计,2006,27(24):4677-4679.
[9] 刘金琨.智能控制:理论基础、算法设计与应用[M].北京:清华大学出版社,2019:232-233.
[10] 万甲双.先进小型压水堆控制系统研究[D].西安:西安交通大学,2018.
[11] 倪全贵.粒子群遗传混合算法及其在函数优化上的应用[D].广州:华南理工大学,2014.
[12] 汪臻.基于遗传模拟退火算法的高速列车运行调整问题研究[D].北京:北京交通大学,2019.
[13] 程曙光.基于遗传模拟退火算法的模糊神经网络控制器优化算法研究[D].重庆:西南大学,2010.

第5章
小型压水堆智能控制系统设计

20世纪80年代以来,智能控制理论、数字技术、计算机技术及网络技术的发展,为反应堆先进控制系统的研发提供了丰富的技术手段和广阔的发展空间[1]。本章将对目前提出的典型智能控制系统的基本原理和设计流程进行详细介绍,包括专家控制系统、模糊控制系统、神经网络控制系统和进化控制系统,并给出其在反应堆控制中的应用实例。

5.1 专家控制系统

经典控制理论只能严格按照确定的数学模型求解控制律,而实际被控对象往往存在很多难以精确建模的因素。对于核反应堆这类复杂的非线性系统,其本身具有较强的模型和参数不确定性,且在运行过程中受到大量的外部干扰,传统控制方法无法很好地处理这些强不确定因素,导致其难以实现全工况下系统的良好控制。

20世纪80年代,人工智能中专家系统的思想和方法开始应用于控制系统的研究中。瑞典学者Astrom[2]于1983年首先将专家系统引入智能控制领域,并于1986年正式提出专家控制的概念。专家系统能处理定性的、启发式或不确定的知识信息,通过推理最终实现任务目标。而基于专家系统发展而来的专家控制是一类包含知识和推理的智能计算机程序,其内部包含大量的领域内专家的知识和经验,拥有解决专门问题的能力。专家系统为解决传统控制理论的局限性提供了重要启示,两者结合产生了专家控制系统。专家控制系统的出现,改变了传统控制系统中单纯依靠数学模型的局面,实现了知识模型与数学模型、知识信息处理技术与控制技术的结合,是人工智能技术与控制理论相结合的典型产物,更有利于解决复杂非线性系统的控制难题。

5.1.1 专家控制基本原理

下面从专家控制原理与专家控制系统组成两方面来阐述专家控制基本原理。

5.1.1.1 专家控制原理

专家控制系统的典型结构如图 5-1 所示，包含知识基系统、数值算法库、人机接口三个并发的子过程，三个子过程之间通过出口信箱、入口信箱、应答信箱、解释信箱和定时信箱进行通信。专家控制系统的控制器由位于下层的数值算法库和位于上层的知识基系统组成。数值算法库包含定量的解析知识来进行数值计算，由控制、辨识、监控三类算法组成，按常规编程直接作用于受控过程，拥有最高的优先权。控制算法包括 PID 算法、最小方差算法等，根据来自知识基系统的配置命令和测量信号每次运行一种控制算法。辨识算法和监控算法从数值信号中抽取特征信息，仅当系统运行状况发生某种变化时，才向知识基系统中发送信息，在稳态运行期间，知识基系统闲置，整个系统按传统控制方式运行。知识基子系统对数值算法起到决策、协调和组织的作用，按照专家系统的设计规范编码，利用其中存储的启发式知识进行符号推理，通过数值算法库与受控过程间接相连。

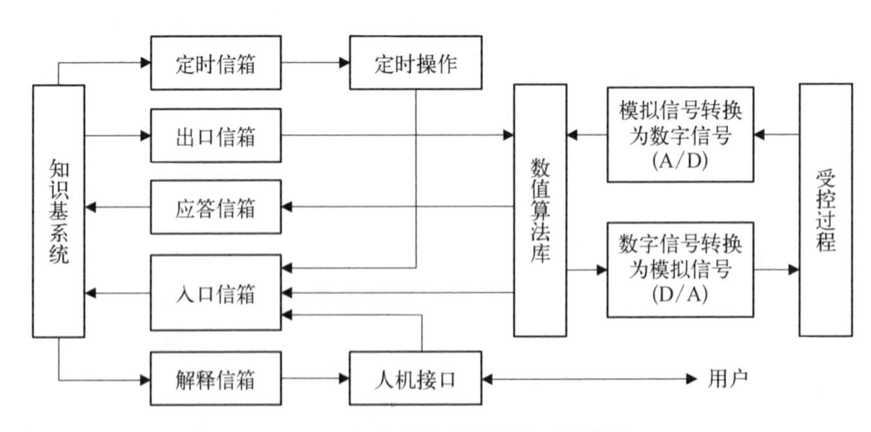

图 5-1 专家控制系统的典型结构图

出口信箱将控制配置命令、控制算法的参数变更值以及信息发送请求从知识基系统送往数值算法部分；入口信箱将算法执行结果、检测预报信号、对于信息发送请求的答案、用户命令以及定时中断信号分别从数值算法库、人机接口及定时操作部分送往知识基系统；应答信箱负责传送数值算法对知识基系统信息发送请求的通信应答信号；解释信箱传送知识基系统发出的人机通信结果；定时信箱发送知识基子系统内部推理过程需要的定时等待信号，供定时操作部分处理。

5.1.1.2　专家控制系统组成

在工业过程控制中的专家控制有直接型专家控制、间接型专家控制和混合型专家控制三种。其中，直接型专家控制系统直接用于控制生产过程与被控对象；间接型专家控制系统的作用为监督系统运行，根据系统运行状况在线调整控制器参数，选择更合适的控制算法；混合型专家控制主要包括仿人智能控制、模糊专家控制、多级智能专家控制等。

直接型专家控制系统的原理如图5-2所示，直接用于控制被控对象。该控制器的任务和功能相对简单，专家系统直接包含在控制回路中，直接给出控制信号来控制被控过程。每一个采样时刻均需要专家系统给出控制信号，而控制信号需要专家系统根据测量得到的过程信息及知识库中的规则推导获得，因此该类控制系统对推理速度要求较高，如何满足实时性要求是其关键问题。

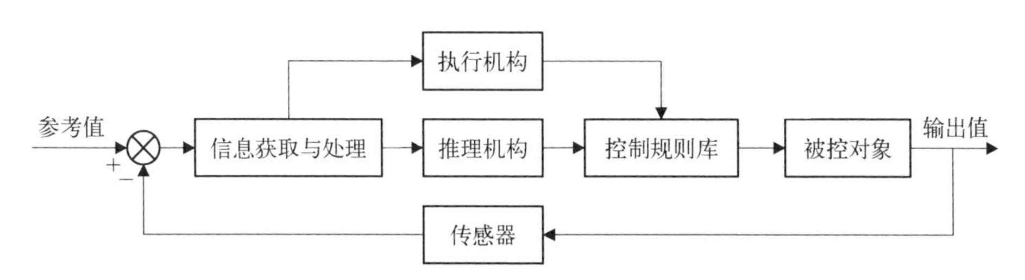

图5-2　直接型专家控制系统原理框图

间接型专家控制也称监督专家控制，是常规PID控制、自适应控制和专家系统的结合，其控制系统原理如图5-3所示。在该控制系统中，专家系统起

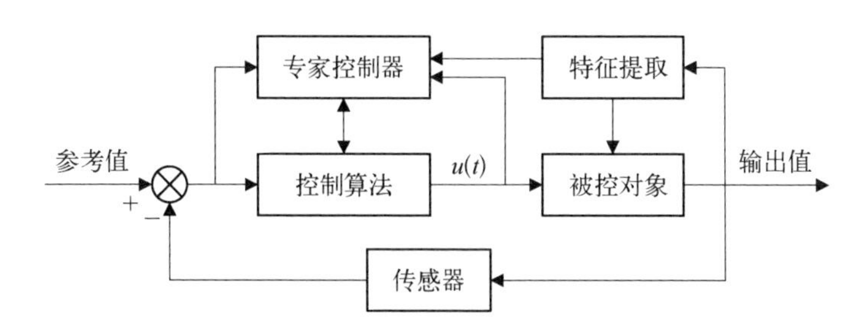

图5-3　间接型专家控制系统原理框图

到监督系统运行的作用，根据系统运行状况在线调整控制器参数，选择更合适的控制算法，实现优化适应、协调、组织等高层决策的智能控制。

5.1.2 专家控制系统设计

下面以直接型专家控制系统与间接型专家控制系统为例，阐述专家控制系统的设计方法。

5.1.2.1 直接型专家控制系统设计

采用直接型专家控制原理的专家PID控制可充分挖掘PID控制策略的优势和专家系统的优点，是针对具有大滞后、时变、非线性系统提出的一种先进控制方法。专家PID控制基于受控对象和控制规律的各种知识，无须知道被控对象的精确模型，利用专家经验设计PID参数，按照确定性规则进行求解。本节以典型的二阶系统为例，对其专家PID控制器的设计进行介绍，该类型控制器的本质在于通过对偏差和偏差增量的判断来选择适合的PID控制类型[3]。典型二阶系统的单位阶跃响应如图5-4所示。

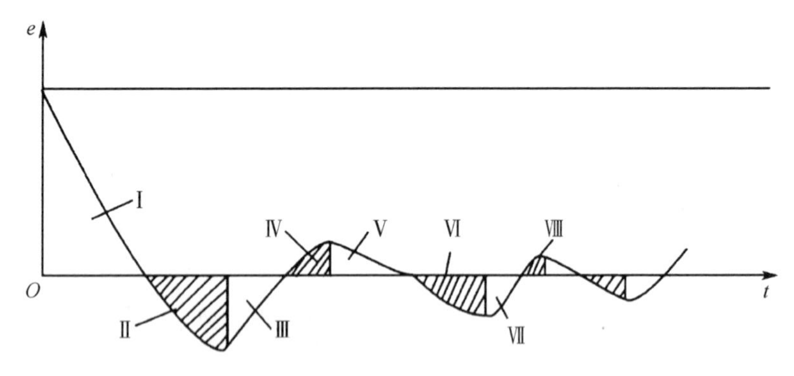

图5-4 典型二阶系统单位阶跃响应示意图

设$e(k)$、$e(k-1)$和$e(k-2)$分别为第k个、第$k-1$个和第$k-2$个采样时刻的误差值，则有

$$\Delta e(k)=e(k)-e(k-1) \tag{5-1}$$

$$\Delta e(k-1)=e(k-1)-e(k-2) \tag{5-2}$$

令$u(k)$和$u(k-1)$分别为控制器的第k个和第$k-1$个采样时刻的输出值；k_1为增益放大系数，取值范围为$k_1>1$，k_2为增益抑制系数，取值范围为$0<k_2<1$；M_1和M_2分别为设定的误差界限，$M_1>M_2$；比例增益k_p提供系统

的刚性；微分增益 k_d 提供稳定需要的阻尼；积分增益 k_i 用于消除稳态误差；ε 为任意小的实数。选取 $\{e(k), \Delta e(k), \Delta e(k-1)\}$ 为特征量，根据它们之间的关系，基于专家经验可设计专家 PID 控制器如下。

(1) $|e(k)|>M_1$，说明误差已经达到相当大的程度，此时无论其变化趋势如何，都要使控制器按照最大或最小输出，使误差绝对值按照最大速度减小，以达到迅速调整误差的目的。这个过程中系统处于开环控制状态。

(2) $e(k)\Delta e(k)>0$ 或 $\Delta e(k)=0$，说明误差绝对值向增大的方向变化，或者未发生变化。此时，如果 $|e(k)|\geqslant M_2$，则说明误差也较大，且随时间增长，存在误差大到不可承受的风险，可对系统实施较强的控制作用，以使误差向绝对值减小的方向变化，控制器输出为

$$u(k)=u(k-1)+k_1\{k_p\Delta e(k)+k_i e(k)+k_d[\Delta e(k)-\Delta e(k-1)]\} \tag{5-3}$$

如果 $|e(k)|<M_2$，则说明尽管误差绝对值向增大的方向变化，但其本身并不大，可考虑实施一般的控制作用，控制器输出为

$$u(k)=u(k-1)+k_p\Delta e(k)+k_i e(k)+k_d[\Delta e(k)-\Delta e(k-1)] \tag{5-4}$$

(3) $e(k)\Delta e(k)<0$ 且 $\Delta e(k)\Delta e(k-1)>0$ 或 $e(k)=0$，说明误差绝对值向减小的方向变化或者已经达到平衡状态。此时，控制器输出可保持不变。

(4) $e(k)\Delta e(k)<0$ 且 $\Delta e(k)\Delta e(k-1)<0$，说明误差处于极值状态。此时如果 $|e(k)|\geqslant M_2$，则可考虑实施较强的控制作用：

$$u(k)=u(k-1)+k_1 k_p e_m(k) \tag{5-5}$$

式中，$e_m(k)$为 $e(k)$的第 m 个极值。

如果 $|e(k)|<M_2$，则可考虑实施较弱的控制作用：

$$u(k)=u(k-1)+k_2 k_p e_m(k) \tag{5-6}$$

(5) $|e(k)|\leqslant \varepsilon$，说明误差绝对值很小或者进入平衡状态，此时需要减小稳态误差，可加入积分环节。

由以上五条规则可知，对于典型二阶系统的单位阶跃响应，在Ⅰ、Ⅲ、Ⅴ、Ⅶ区域内误差绝对值向减小的方向变化。此时，可采取保持等待措施，相当于实施开环控制。对于图 5-4 所示的Ⅱ、Ⅳ、Ⅵ、Ⅷ区域，误差绝对值向增大的方向变化，此时可根据误差绝对值的大小采用不同强度的控制策略。

5.1.2.2 间接专家控制系统设计[4]

基于知识的控制器包含算法和逻辑两个方面。该情况下，控制系统可以按算法和逻辑分离进行构造，其运算结构可由简单的 PID、Fuzzy 等算法辅以自校正、增益自动调度及监控等方法组成，并可根据一些用规则实现的启发性知识，使不同功能算法都能正常运行。这种专家控制的最大特点是专家系统间接地对控制信号起作用，即间接专家控制系统，其典型的控制系统结构如图 5-5 所示。

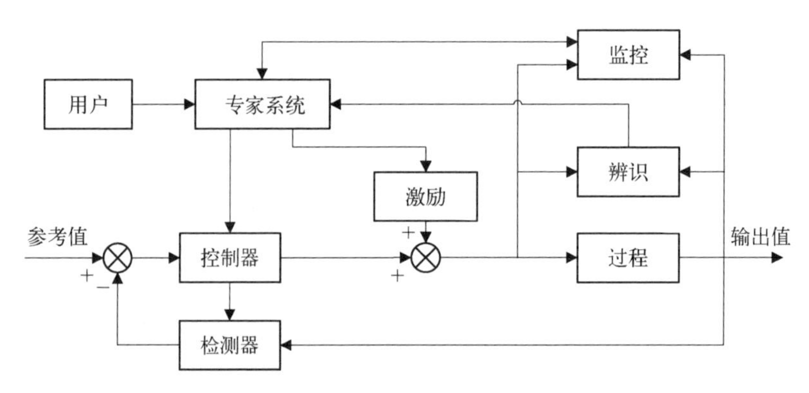

图 5-5 间接专家控制系统结构框图

图 5-5 所示系统的控制器由一系列的控制算法和估计算法组成，例如 PID 校正器、最小二乘递推估计算法、极点配置自校正算法、Fuzzy 算法等，专家系统可用来协调这些算法。专家系统通过分析现场过程响应情况和环境条件，利用知识库中的专家经验规则，确定参数和算法的正确使用规则和方法。它也可以作为调参专家，根据知识库中的专家规则，调整 PID 参数、控制器增益及控制器的结构。间接专家控制系统内部包括监控和分析算法以及改善系统可辨识性的信号生成算法，能够自如地调度系统并回答用户的有关询问。间接专家控制系统形式很多，下面以实时专家智能 PID 控制系统为例进行介绍。实时专家智能 PID 控制器是一种基于知识表达技术建立知识模型和知识库、利用知识推理制定控制决策以及模仿专家的智能行为制定有效控制策略的智能控制器，对环境的变化有较强的自适应和鲁棒性。

1）专家 PID 控制系统结构设计

用专家系统实现智能 PID 控制的过程，实际上是模拟操作人员调节 PID 参数的判断和决策过程。该方法将数字 PID 控制方法与专家系统融合，从模仿人整定参数的推理决策入手，以经典齐格勒-尼科尔斯(Ziegler - Nichols)方法和现代最优控制整定规则为基础,利用实时控制信息和系统输入信息,将之归纳为一系列整定规则,并把整定过程分为预整定和自整定两部分。预整定用于系统初始投入运行且无法给出 PID 初始参数的场合,自整定用于系统正常运行时,不必再辨识对象特性和控制参数,而只需随对象特性变化而进行迭代优化的场合。按上述设计思想,将整个系统分为二级控制,由推理机、知识库、数据库、模式辨别、辨识过程特性和实时控制部分(包括 ES - PID 和过程两个环节)组成,其控制系统结构如图 5 - 6 所示,图中 K_p、T_i 和 T_d 分别为 PID 控制器的比例系数、积分时间常数和微分时间常数。

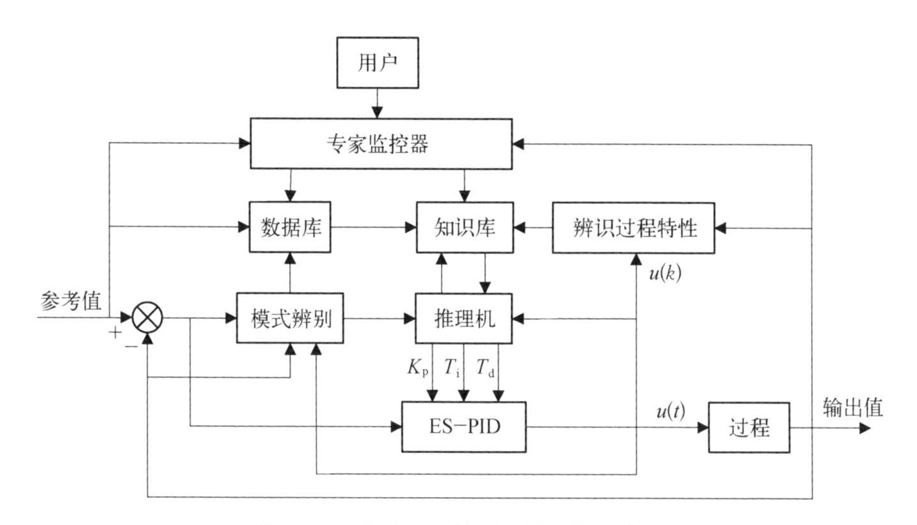

图 5 - 6　专家 PID 控制系统结构示意图

图 5 - 6 中整个系统的工作流程如下：首先,采集输入、输出信息并传递给知识库;其次,推理机根据知识库所得信息计算实际性能指标,并与期望指标比较,判断是否需要整定;若需要整定,推理机根据采集的信息判断对象类型,告知知识库启用相应的参数整定算法,计算出新的 PID 参数后投入控制,使控制性能向期望的逼近。

2) 知识模型和知识库的建立

(1) PID 参数的预整定算法。PID 参数预整定基于对对象动态特性的辨识,估测对象的数学模型,在某种指标下,得到参数(K_p, T_i, T_d),以此作为专家系统投入运行的初始参数。对于预整定,可采用改进的 Ziegler - Nichols (简称 Z - N)算法,整定过程如下。

设受控过程参数估计离散传递函数模型为

$$G_p(z^{-1})=\frac{b_1z^{-1}+b_2z^{-2}+\cdots+b_mz^{-m}}{1+a_1z^{-1}+\cdots+a_mz^{-m}}\cdot z^{-d}=\frac{B(z^{-1})}{A(z^{-1})}z^{-d}=\frac{y(z)}{u(z)} \tag{5-7}$$

相应的差分方程为

$$\begin{aligned}y(k)=&-a_1y(k-1)-\cdots-a_my(k-m)+b_1u(k-d-1)+\cdots+\\&b_mu(k-d-m)+n(k)=\boldsymbol{\psi}^{\mathrm{T}}(k)\boldsymbol{\theta}(k)+n(k)\end{aligned} \tag{5-8}$$

式中，$\boldsymbol{\psi}^{\mathrm{T}}(k)=[-y(k-1),\ \cdots,\ -y(k-m),\ u(k-d-1),\ \cdots,\ u(k-d-m)]$；$\boldsymbol{\theta}^{\mathrm{T}}(k)=[a_1,\ \cdots,\ a_m,\ b_1,\ \cdots,\ b_m]$；$d=T_t/T_0$ 为滞后步数；T_0 为采样周期(s)。

过程参数 $\boldsymbol{\theta}(k)$ 采用递推最小二乘法辨识求得，算法可表示为

$$\begin{cases}\boldsymbol{\theta}(k+1)=\boldsymbol{\theta}(k)+\boldsymbol{r}(k)e(k+1)\\ e(k+1)=[y(k+1)-\boldsymbol{\psi}^{\mathrm{T}}(k+1)\boldsymbol{\theta}(k)]\\ \boldsymbol{r}(k+1)=\boldsymbol{p}(k)\boldsymbol{\psi}(k+1)[\boldsymbol{\psi}^{\mathrm{T}}(k+1)\boldsymbol{p}(k)\boldsymbol{\psi}(k+1)+\lambda]^{-1}\\ \boldsymbol{p}(k+1)=[1-\boldsymbol{r}(k+1)\boldsymbol{\psi}^{\mathrm{T}}(k+1)]\boldsymbol{p}(k)/\lambda\end{cases} \tag{5-9}$$

式中，遗忘因子 λ 取 $0.9<\lambda\leqslant 1.0$，$\boldsymbol{r}(k)$ 为权因子，$\boldsymbol{p}(k)$ 为模型协方差矩阵。

预整定是在闭环比例控制下，利用上面估计求出的过程模型参数(a_i，b_i)找出系统的临界增益和振荡频率，然后按照 Z－N 算法进行整定。

设系统的闭环特征方程为

$$N(z^{-1})=1+k_p\frac{B(z^{-1})}{A(z^{-1})}z^{-d}=0 \tag{5-10}$$

化简得到

$$A(z^{-1})+k_pB(z^{-1})z^{-d}=0 \tag{5-11}$$

上式两边同乘 z^{m+d} 得

$$N(z^{-1})=z^{m+d}+c_{m+d-1}z^{m+d-1}+\cdots+c_1z+c_0=0 \tag{5-12}$$

式中，$c_i=a_{m+d-i}+k_pb_{m-i}$，$i=0,\ 1,\ \cdots,\ m+d-1$。

根据根轨迹共轭复数极点与单位圆的交点，即临界振荡点，解以下方程：

$$\det(\boldsymbol{x}-\boldsymbol{y})=0 \tag{5-13}$$

式中，$\boldsymbol{x}_{m+d-1}=\begin{bmatrix}1 & c_{m+d-1} & \cdots & c_2 \\ & \ddots & \ddots & c_3 \\ & & \ddots & \vdots \\ & 0 & & c_{m+d-1} \\ & & & 1\end{bmatrix}$，$\boldsymbol{y}_{m+d-1}=\begin{bmatrix} & & & c_0 \\ & 0 & \cdot^{\cdot^{\cdot}} & c_1 \\ & \cdot^{\cdot^{\cdot}} & \cdot^{\cdot^{\cdot}} & \vdots \\ c_0 & c_1 & \cdots & c_{m+d-2}\end{bmatrix}$。

$\det(\boldsymbol{x}-\boldsymbol{y})$ 必须利用 c_i 进行计算，可简化为

$$\det(\boldsymbol{x}-\boldsymbol{y})=f(k)=f_0+f_1k+\cdots+f_{m+d-1}k^{m+d-1}=0 \quad (5-14)$$

解方程(5－14)，找到所有解中最小正值，即为闭环振荡的临界增益 k_c。将 $k_c=k_p$ 代入式(5－12)，可找出对应该方程的复数解 $z_c=x_c+\mathrm{j}y_c$。根据 z 变换定义 $z^{Ts}=\mathrm{e}^{T}(\delta+\mathrm{j}\omega)=\mathrm{e}^{Ts}\cdot\mathrm{e}^{\mathrm{j}T\omega}$，在稳定极限振荡情况下 $\delta=0$，则

$$z=\mathrm{e}^{\mathrm{j}T\omega}=\cos\omega T+\mathrm{j}\sin\omega T \quad (5-15)$$

将方程(5－15)和复数解 z_c 进行比较，可得临界振荡频率：

$$\omega_c=\frac{1}{T}\arctan\frac{Y_c}{Z_c} \quad (5-16)$$

相应的临界振荡周期为

$$T_c=\frac{2\pi}{\omega_c}=\frac{2\pi T}{\arctan\dfrac{Y_c}{X_c}} \quad (5-17)$$

根据方程(5－14)和方程(5－17)得出的临界增益 K_c 和临界周期 T_c，作为调节器的初始预整定值，至此得到一组预整定参数，如表5－1所示。

表5－1　预整定参数

控制方案	K_p	T_i	T_d
PI	$0.45K_c$	$0.85T_c$	—
PID	$0.6K_c$	$0.5T_c$	$0.12T_c$

(2) 实时控制规则和参数调整规则的建立。专家智能PID控制的基础是数学模型和知识模型的结合，正确处理控制模态的选择与决策推理间的关系是实现理想智能控制的关键。根据长期在PID控制应用中积累的控制理论

和经验知识，可为专家智能控制系统的知识库构造出一种广义知识模型（数学模型＋知识模型），归纳出控制规则集和参数自校正规则集，以建立起知识库。

设控制规则、参数规则集表示为

$$F_i\{r_i, k_i\} \rightarrow Q_i \Leftrightarrow P_i,\ i=1, 2, \cdots, n \tag{5-18}$$

式中，r_i 为第 i 条规则；k_i 为专家知识表达；Q_i 为规则产生的结果；P_i 为规则所选择的数学模型；F_i 为广义知识模型算子。

按照以上定义归纳出如下控制规则：

Rule1：$\{e(t) > M_1R\} \rightarrow u(t) = u_{\max}$

Rule2：$\{e(t) \leqslant -M_1R\} \rightarrow u(t) = u_{\min}$

Rule3：$\{[-R < e(t) < R] \cap [e(t) \cdot \dot{e}(t) < 0] \cap [|e(t)/\dot{e}(t)| > a_1]\}$

$\rightarrow u(t) = u(t-1) + k_p(t) \cdot e(t)$

⋮

Rule22：$\{[u(t-1) > u_{\max}] \cap [e(t) < 0] \cup [u(t-1) < u_{\min}] \cap [e(t) < 0]\}$

$\rightarrow u(t) = u(t-1) + k_p(t)e(t) + T_d(t) \cdot \dot{e}(t) + T_i \sum e_j(t)$

上述规则中，$e(t)$表示系统误差；$\dot{e}(t)$表示误差变化率；常数 R、M_1、a_1 及相关参数均根据要求的性能指标以及专家理论知识和经验确定，并在调试中不断修改以达到最终期望值。

3）推理机控制策略

间接专家控制系统在线运行时采用正向推理，从原始数据出发向控制目标方向推理，具体流程如下：首先，采集信息模式识别预处理器和知识库提供的一组前提条件事实；然后，搜索知识库中与此前提条件相匹配的控制规则，若匹配成功，并达到目标状态，就完成该规则结论的一系列控制动作；若不匹配则继续搜索可以匹配的规则，直至达到目标状态为止。

实时搜索的任务是系统在一个目标指导下，搜索使目标成立的途径，最后综合选择问题的最佳解。“宽度优先搜索法”是一种常用的实时搜索算法。该算法中，最早满足目标条件的节点先启用，搜索中形成的决策“树叶子”很多，但生长得并不高，这样在搜索该“树”时，推理深度较浅，关键是迅速“剪枝”。该搜索算法速度快，不失控，适合实时推理控制。

5.2 模糊控制系统

模糊理论是在美国加州大学伯克利分校电气工程系的 Zadeh[5] 教授于 1965 年创立的模糊集合理论的数学基础上发展起来的。模糊控制是一种基于模糊数学、模糊推理和模糊语言规则的智能控制方法，它建立在专家控制经验基础上，不依赖对象模型，适用于不确定系统或复杂非线性系统的控制。20 世纪 80 年代以来，模糊控制的发展及其在其他领域的成功应用引起了核动力界的重视，推动了反应堆模糊控制系统的发展。模糊控制技术在核反应堆功率控制方面有着广泛的应用。1991 年，Akin 等[6]研究的用于核电厂功率控制的模糊逻辑控制器具有优良的鲁棒性。1997 年，Kim 等[7]研究的模糊增益调节 PI 控制器的性能较传统 PI 控制器有很大的增强。2000 年，Fodil 等[8]针对压水堆轴向功率偏差与棒位不易控制的问题设计了模糊控制器。模糊控制技术在核反应堆系统控制中应用比较深入的是对蒸汽发生器水位的控制。1995 年，Iijima 等[9]设计了模糊逻辑控制系统并将其成功应用到 165 MW 的 Fugen 反应堆蒸汽发生器的给水控制中。这是模糊控制在核电厂实际应用的成功范例之一。

由于模糊控制不具备学习能力，其隶属度函数和模糊规则的建立需要依赖专业经验，且不能自动调整，因此其在复杂核动力系统中应用时通常结合其他控制技术，如将模糊控制与神经网络相结合构建模糊神经控制器，将模糊控制和进化算法（如遗传算法等）相结合用于控制系统参数优化，在专家控制中采用模糊规则处理模糊类信息等。本节主要介绍模糊控制的基本原理和设计流程，对于模糊控制与其他控制技术相结合形成的混合智能控制将在第 6 章复合智能控制部分介绍。

5.2.1 模糊控制基本原理

模糊控制的实现基于模糊控制系统的建立和运行，而模糊控制系统的核心是模糊控制器。因此，为便于理解模糊控制的基本原理，本节将在模糊控制原理的基础上介绍模糊控制系统和模糊控制器的结构。

5.2.1.1 模糊控制原理

模糊控制是把模糊数学理论用于自动控制领域而产生的控制方法，它是以模糊集合论、模糊语言变量及模糊逻辑推理为基础的一种计算机数字控制，是一种正在兴起的能够提高工业自动化能力的控制技术。模糊控制属于智能控制的范畴，它能够基于被控系统的物理特性，模拟人的思维方式和人的控制经验来实现，已经成为目前实现智能控制的一个重要而有效的形式。凡是无法或难以建立数学模型的场合都可以采用模糊控制技术。

模糊控制的特点主要包含以下两方面：① 模糊控制提供了一种实现基于自然语言描述规则的控制规律新机制；② 模糊控制器还提供了一种改进非线性控制器的替代方法，这些非线性控制器一般用于控制含有不确定性和难以用传统非线性理论来处理的装置[10]。

模糊控制的原理是把不断测量到的过程输出的精确量转化为模糊量，经过模糊推理，再把推理得到的模糊量转化为精确量，实现控制动作。模糊推理是模糊控制器的核心，它具有模拟人的基于模糊概念的推理能力，该推理过程是基于模糊逻辑中的蕴含关系及推理规则进行的。模糊控制单元的基本功能结构如图 5-7 所示。

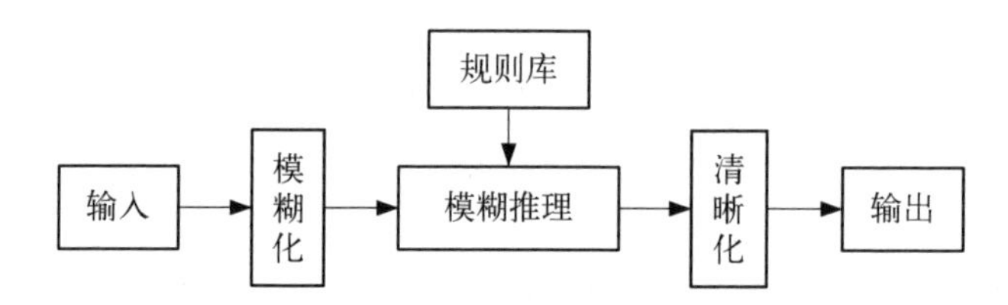

图 5-7　模糊控制单元基本功能结构图

模糊控制单元由模糊化、规则库、模糊推理和清晰化 4 个功能模块组成。模糊化模块实现对系统变量论域的模糊划分和对清晰输入值的模糊化处理。规则库用于存储系统的基于语言变量的控制规则和系统参数。模糊推理是一种从输入空间到输出空间的非线性映射关系。

在模糊控制器中，控制规则的形式如下：

If〈 控制状态 A 〉　then　〈 控制作用 B 〉。

因此，如果已知〈 控制状态 A′〉，则通过模糊推理推论出〈 控制作用 B′〉。清晰化模块将推论出的〈 控制作用 B′〉转换为清晰化的输出值。

模糊控制以模糊数学作为理论基础，在一定程度上模仿了人的控制工作，不依赖于准确的控制对象模型，主要具有以下特点[11]。

(1) 模糊控制方法是一种非线性控制方法，工作范围宽，适用范围广，特别适用于非线性系统的控制。

(2) 模糊控制方法不依赖于被控对象的精确数学模型，适用于不易获得精确数学模型的被控对象，这类被控对象结构参数不清楚或难以求得，只要求掌握操作人员或领域专业的经验或知识。

(3) 模糊控制方法是一种语言变量控制方法，其控制规则只用语言变量的形式定性表达，构成被控对象的模糊模型。

(4) 模糊控制的计算方法虽然是基于模糊集理论的模糊算法，但最后得到的控制规律是确定性的、定量的条件语句。

(5) 与传统的控制方法相比，模糊控制方法更接近人的思维方式和推理习惯，因此便于现场操作人员理解和使用，便于人机对话以得到有效的控制规律。

(6) 模糊控制方法对被控对象的特性变化不敏感，具有极强的鲁棒性，具有内在的并行处理机制，尤其适用于非线性、时变、滞后系统的控制。

(7) 模糊控制器的设计参数容易选择调整，算法简单，执行快，容易实现。

5.2.1.2　模糊控制系统组成

模糊控制系统为计算机数字控制系统的一种形式，其特点是采用了模糊控制器。因此，模糊控制系统的组成与一般的数字控制系统相似，其原理如图 5-8 所示[12]，具体可分为如下四个组成部分。

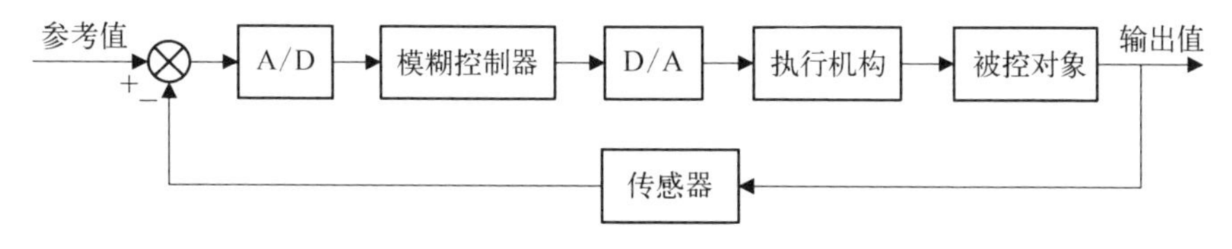

图 5-8　模糊控制系统原理框图

(1) 模糊控制器。模糊控制器为模糊控制系统的核心部分，是一台微计算机(系统机、单板机或单片机)。

(2) 输入/输出接口装置。输入/输出接口装置主要用于将输入的模拟信号转换为数字信号(A/D)，输出给模糊控制器进行控制，再将模糊控制器输出的数字信号转换为模拟信号(D/A)，输出给执行机构去控制被控对象。

(3) 广义对象。广义对象包括被控对象及执行机构。其中被控对象可以无精确的数学模型，也可以有较精确的数学模型，可以是线性的或非线性的、定常的或时变的，也可以是单变量的或多变量的、有时滞的或无时滞的以及有强干扰或无干扰等多种情况。

(4) 传感器。传感器主要用于将被控对象或各种过程中的被控制量转换为电信号。

5.2.1.3 模糊控制器结构

模糊控制器是模糊控制系统的核心,其基本结构如图 5-9 所示,具体可分为以下四个组成部分。

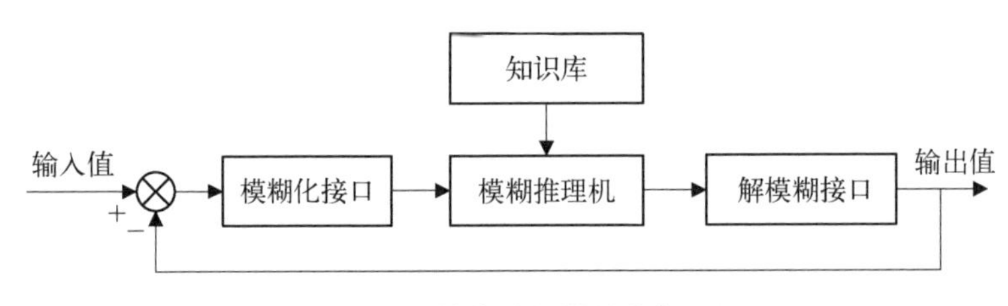

图 5-9 模糊控制器结构框图

(1) 模糊化接口(fuzzy interface)。模糊控制器的输入必须通过模糊化才能进行模糊推理。因此,模糊化接口实际上就是模糊控制器的输入接口,它的作用是将一个确定的输入值转换为一个模糊值,一般通过隶属度函数实现。

(2) 模糊推理机(inference machine)。模糊推理机是模糊控制器中根据输入模糊量与模糊控制规则完成模糊推理,求解模糊关系方程,并获得模糊控制量的功能部分。模糊推理机的执行过程可以分为两个部分:匹配与推理。所谓匹配,即将输入量与规则相匹配;推理,即利用输入和与其相匹配的规则进行推导,得到模糊输出。

(3) 知识库(knowledge base, KB),包括数据库与规则库。数据库用于存放所有输入、输出变量的全部模糊子集隶属度矢量值,在推理过程中向推理机提供数据。规则库是用来存放全部模糊控制规则,并在推理时为“推理机”提供控制规则。模糊控制器的控制规则是基于专家知识或专业操作人员长期积累的经验制定的,它是按人的知觉推理的一种语言表示形式。模糊规则通常由一系列的关键词连接而成,如 if-then、else、also、and、or 等,关键词必须经过“翻译”才能将模糊规则数值化。最常用的关系词为 if-then、also 或 or,对于多变量模糊控制系统还有 and 等。

(4) 解模糊接口(defuzzy interface),也称为反模糊接口。模糊推理机的输出值为模糊值,由于模糊控制器输出给执行机构的输出值必须是明确的数值,因此解模糊接口的作用就是将模糊推理得到的模糊值转换为明确的数值。解模糊接口实际上就是模糊控制器的输出接口。

5.2.2　模糊控制系统设计

如前文所述，模糊控制系统主要由四部分组成，它们都与模糊控制器的设计有关。被控对象决定了模糊控制器的输入、输出结构，模糊控制器的输入、输出决定了哪些被控量需要监测和转换，同时也决定了执行机构的设计。因此模糊控制系统设计的核心内容就是模糊控制器的设计。模糊控制器的设计内容主要包括以下几个方面[13]：

(1) 选择模糊控制器的结构。常规模糊控制器包含一维和二维模糊控制器，其中二维模糊控制器在性能上优于一维模糊控制器，是最为常用的一类模糊控制器。

二维模糊控制器有两个输入量 x_1 和 x_2，一个输出量 y。在实际控制系统中，x_1 一般取系统偏差，x_2 取偏差的变化率。

(2) 确定模糊控制器的参数。在具体设计模糊控制器时，需要确定输入、输出变量的论域。例如，在设计压水堆核电厂稳压器水位的模糊逻辑控制器时，首先要明确水位的控制范围、阀门开度的最大、最小值等，在模糊控制系统设计中对应的就是数模和模数转换的电压或电流范围。

(3) 模糊化。模糊化就是对于论域 X 上一个确切的输入值 x，确定其相应的语言变量及语言值。语言值个数 n 也称为模糊化等级数，在实际系统中不宜过大。常用的语言变量值划分有以下三种集合：① $A=\{$NL，NS，ZO，PS，PL$\}$；② $A=\{$NL，NM，NS，ZO，PS，PM，PL$\}$；③ $A=\{$NL，NM，NS，NZ，PZ，PS，PM，PL$\}$。其中，NL、NM、NS 分别表示“负大”“负中”“负小”；NZ、ZO、PZ 分别表示“零负”“零”“零正”；PS、PM、PL 分别表示“正小”“正中”“正大”。

为便于工程实现，通常将输入变量离散化成若干级。Mamdami 提出将论域范围设定为$[-6, 6]$，将该论域离散化可构成含 13 个整数元素的离散集合：$\{-6, -5, -4, -3, -2, -1, 0, 1, 2, 3, 4, 5, 6\}$。

如果实际输入 x 的变化范围为$[a, b]$，可通过式(5-19)将其转换到$[-6, 6]$范围内，即

$$x'=\frac{12}{b-a}\left[x-\frac{a+b}{2}\right] \tag{5-19}$$

若计算出的 x' 值并非整数，可通过四舍五入将其化为整数。

(4) 建立模糊控制器的控制规则。具有“如果……,那么……”形式的语句为条件语句,可分为简单条件语句、多重条件语句、多维条件语句等。若语句中存在模糊性描述,则为模糊条件语句。模糊控制规则即为模糊条件语句。

模糊控制规则是基于专家知识或专业操作人员长期积累的经验建立,可使用语言来表示,如

$$\text{If } x_1 \text{ is } A_1^j \text{ and } x_2 \text{ is } A_2^k \text{ and } \cdots \text{ and } x_n \text{ is } A_n^l \text{ Then } y \text{ is } B_q^p$$

语言型模糊控制规则适合阅读,但表达比较烦琐,使用表格型则非常直观。

(5) 确定模糊推理方法。模糊推理是模糊控制的理论基础。为便于理解,模糊推理的数学模型可以看作如下形式:

$$\begin{array}{ll} \text{已知} & A_1 \text{ 且 } B_1 \rightarrow C_1 \\ & \cdots\cdots \\ & A_n \text{ 且 } B_n \rightarrow C_n \\ \text{且给定 } A^* \text{ 且 } B^* & \\ \hline \text{求} & C^* \end{array} \tag{5-20}$$

其中,$A_i(i=1, \cdots, n)$、A^*、$B_i(i=1, \cdots, n)$、B^* 均是输入论域 X 上的模糊集,$C_i(i=1, \cdots, n)$、C^* 是输出论域 Y 上的模糊集。

该数学模型含有 n 条规则,符合实际,但是在推理应用和理解上比较困难。通常将上述数学模型简化为只含有一条规则的数学模型,即

$$\begin{array}{ll} \text{已知} & A \rightarrow B \\ \text{且给定 } A^* & \\ \hline \text{求} & B^* \end{array} \tag{5-21}$$

其中,A 与 A^* 是输入论域 X 上的模糊集,B 与 B^* 是输出论域 Y 上的模糊集。

解决式(5-21)所表示问题的过程就是模糊推理。在模糊控制中,模糊推理方法有很多,常见的有合成推理(compositional rule of inference, CRI)算法、全蕴涵三 I 算法、曼达尼(Mamdani)直接推理法、杜伯依斯-普拉德(Dubois-Prade)算法与特征展开方法等,具体应用过程中应根据被控对象的特性选择恰当的模糊推理方法。

以下介绍两种模糊控制中常用的推理方法,CRI算法与全蕴涵三I算法。

① CRI推理方法。美国控制专家及模糊数学创始人Zadeh于1973年首次提出了解决式(5-21)的CRI算法[14]。该方法将$A \to B$通过蕴涵算子R_Z转化为一个$X \times Y$上的模糊关系$R_Z[A(x), B(y)]$,然后将A^*与$R_Z[A(x), B(y)]$进行复合即得B^*:

$$B^*(y) = A^*(x) \circ R_Z[A(x), B(y)] \tag{5-22}$$

式中的蕴涵算子R_Z: $[0, 1]^2 \to [0, 1]$是二元函数,定义为

$$R_Z(a, b) = (1-a) \vee (a \wedge b) \tag{5-23}$$

根据常用的复合算法,由式(5-22)可求得

$$\begin{aligned} B^*(y) &= \sup_{x \in X}\{A^*(x) \wedge R_Z[A(x), B(y)]\} \\ &= \sup_{x \in X}\{A^*(x) \wedge \{[1-A(x)] \vee [A(x) \wedge B(y)]\}\} \end{aligned} \tag{5-24}$$

在使用CRI算法时,其基本模式如式(5-24)所示,但蕴涵算子并非绝对的,可根据需要进行选取。模糊控制中常用的一些蕴涵算子有[15]

$$R_M(a, b) = a \wedge b, \quad a, b \in [0, 1]$$

$$R_{Lu}(a, b) = (a+b) \wedge 1, \quad a, b \in [0, 1]$$

$$R_{Go}(a, b) = \begin{cases} 1, & a \leqslant b \\ b, & a > b \end{cases}, \quad a, b \in [0, 1]$$

$$R_D(a, b) = a \vee b, \quad a, b \in [0, 1]$$

CRI算法在模糊控制中得到了成功的应用,也是目前最常用的推理方法之一。但其仍具有一定的不足,即名为模糊推理,实际上却只使用一次与推理有关的蕴涵算法,而将潜在的应当继续使用的其他蕴涵算法简便地以复合算法代替,致使它可用传统的插值方法取代。

② 全蕴涵三I算法。针对CRI算法中存在的问题,王国俊教授提出了全蕴涵三I算法(简称三I算法)[16]。三I算法有效地改进了经典的CRI算法,并使用部分幅值理论从语义上将三I算法纳入了模糊逻辑的框架之中。

三I算法基本思想如下:式(5-21)的解B^*应使$A \to B$最大限度地支持$A^* \to B^*$,即

$$[A(x) \to B(y)] \to [A^*(x) \to B^*(y)] \tag{5-25}$$

对一切 $x \in X$ 与 $y \in Y$, B^* 是使式(5-25)取最大值的 $F(Y)$中的最小模糊集。

由三I算法求得的解称为该问题的关于蕴涵算子 R 的三I解,或简称为 R 型三I解。并且,在三I算法中所使用的蕴涵算子是较其他蕴涵算子具有更多良好性质的 R_0 算子:

$$R_0 = \begin{cases} 1, & a \leqslant b \\ a \vee b, & a > b \end{cases}, \quad a, b \in [0, 1] \tag{5-26}$$

根据上述原则,可得如下算法。

设 X, Y 是非空集, A, $A^* \in F(X)$, $B \in F(Y)$, 则式(5-21)的解,即 $F(Y)$ 中使式(5-25)的值等于1的最小模糊集 B^* 的算法为

$$B^*(y) = \sup_{x \in E_y} \{A^*(x) \wedge R_0[A(x), B(y)]\}, \quad y \in Y \tag{5-27}$$

$$E_y = \{x \in X \mid [A^*(x), B(y)]\} \tag{5-28}$$

(6) 确定输出解模糊的方法。将模糊推理的结果转化为精确值的过程称为解模糊,常用的解模糊方法有最大隶属度法、左取大法和右取大法、重心法、加权平均法等,这些方法已在4.1节中详细介绍,此处不再赘述。

5.2.3 应用实例

本节在前面阐述的模糊控制器设计方法的基础上,以小型压水堆堆芯功率控制系统为例说明其具体应用过程。

5.2.3.1 控制系统结构

本节以4.1.3节中的小型压水堆为研究对象,采用第4章图4-2所示的小型压水堆功率反馈控制系统,具体的控制系统结构及原理介绍见4.1.3节,此处不再赘述。

5.2.3.2 堆芯功率模糊控制器设计

根据5.2.2节中有关模糊控制系统设计的介绍,堆芯功率模糊控制器的设计内容主要包括以下几个方面。

1) 模糊控制器结构选择

本节采用最为常用的二维模糊控制器,选择堆芯相对功率偏差 ΔP_{n} 以及偏差导数 $\mathrm{d}\Delta P_{\mathrm{n}}/\mathrm{d}t$ 作为输入量,控制棒棒速 v_{r} 作为输出量。

2）模糊控制器参数确定

在设计堆芯功率模糊控制器时，需要确定输入、输出变量的论域。本研究将堆芯相对功率偏差输入信号的量化论域设为{－0.1，－0.05，0，0.05，0.1}，模糊子集设为{负大(NL)、负小(NS)、零(ZO)、正小(PS)、正大(PL)}；将堆芯相对功率偏差导数输入信号的量化论域设为{－3，－1.5，0，1.5，3}，模糊子集设为{负大(NL)、负小(NS)、零(ZO)、正小(PS)、正大(PL)}；并将输入、输出变量的量化论域设为{－1.2，－0.6，0，0.6，1.2}，模糊子集设为{负大(NL)、负小(NS)、零(ZO)、正小(PS)、正大(PL)}。

3）模糊控制器的控制规则制定

结合小型压水堆堆芯的运行控制特性，该实例制定如表 5－2 所示的模糊控制器的模糊控制规则。

表 5－2　模糊控制器控制规则表

v_r		ΔP_n				
		NL	NS	ZO	PS	PL
$d\Delta P_n/dt$	NL	NL	NL	NS	ZO	ZO
	NS	NL	NS	NS	ZO	PS
	ZO	NL	NS	ZO	PS	PL
	PS	NS	ZO	PS	PS	PL
	PL	ZO	ZO	PS	PL	PL

4）确定输出解模糊的方法

此处选择重心法作为解模糊化方法。该方法取隶属度函数曲线与横坐标围成区域的重心为模糊推理的最终输出值。

5.2.3.3　仿真验证

基于所建立的小型压水堆控制仿真程序，本研究对所设计的堆芯功率模糊控制器进行了仿真验证，仿真工况：100%FP～90%FP～100%FP 阶跃变负荷；60%FP～50%FP～60%FP 阶跃变负荷；40%FP～30%FP～40%FP 阶跃变负荷。

图 5－10～图 5－12 分别给出了上面 3 种工况下分别采用模糊控制器和

PID 控制器时，堆芯相对功率的动态响应。在仿真中，考虑控制棒移动的最大棒速为 72 步/min，对控制器输出棒速进行限幅。从图中可知，与传统 PID 控制器相比，堆芯功率模糊控制器控制效果更好，使瞬态过程中堆芯功率的超调量大幅降低，调节时间也更短。

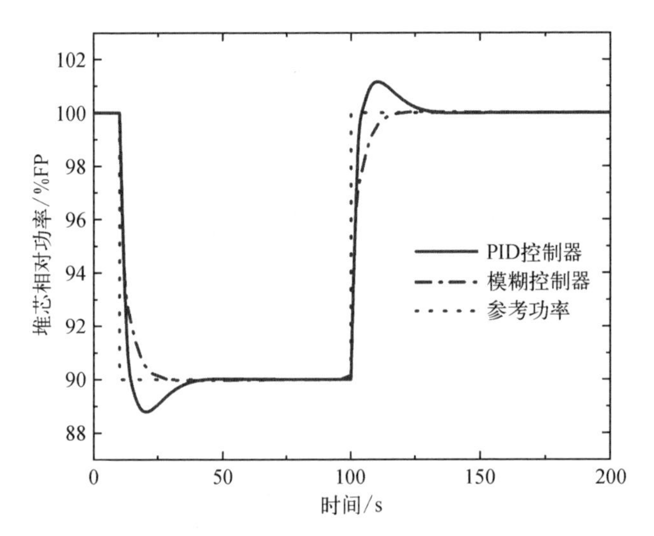

图 5-10　100%FP～90%FP～100%FP 阶跃变负荷工况堆芯功率动态响应

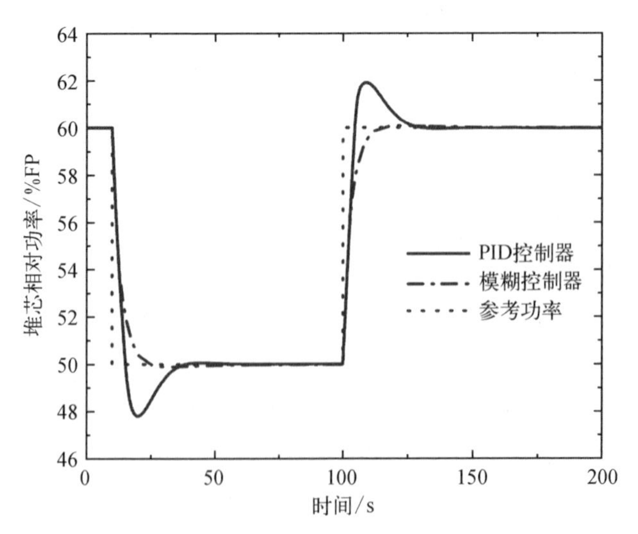

图 5-11　60%FP～50%FP～60%FP 阶跃变负荷工况堆芯功率动态响应

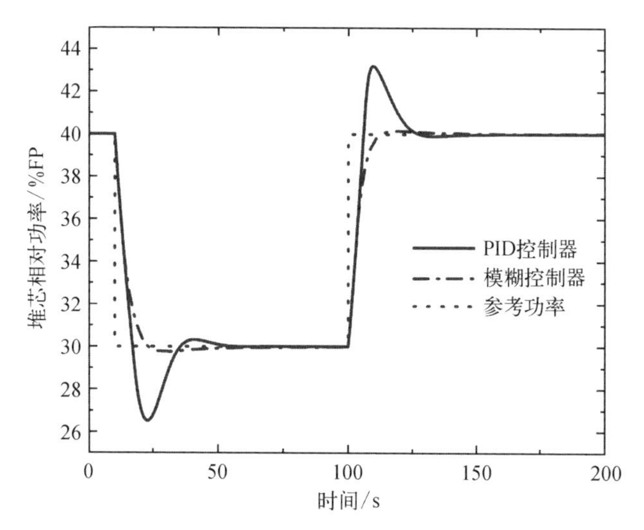

图 5-12　40%FP～30%FP～40%FP 阶跃变负荷工况堆芯功率动态响应

5.3　神经网络控制系统

神经网络对非线性系统的建模有很大的优势，这使得神经网络在控制方面的应用非常广泛。基于神经网络的控制称为神经网络控制（neural network control, NNC），简称神经控制（neural control, NC）。神经网络具有逼近任意连续有界非线性函数的能力，因此将神经网络应用于控制系统中，可以解决复杂的非线性、不确定系统的控制难题，并使系统具有良好的稳定性、鲁棒性。

神经网络技术在反应堆系统控制中的应用主要有 3 种方式，即用于参数优化、直接作为辨识器或控制器进行控制，以及与其他技术或算法结合形成复合智能控制。第一种应用方式已在第 4 章介绍，第三种应用方式将在第 6 章介绍，本节主要介绍神经网络的第二种应用方式，即将神经网络直接作为辨识器或控制器。

5.3.1　神经网络控制基本原理

本节对神经网络控制系统的基本原理、神经网络控制系统的一般组成，以及一些具体的神经网络模型进行介绍。结合神经网络控制系统结构和一些具体的神经网络模型，能对神经控制系统的基本原理有更深刻的认识和理解。

5.3.1.1 神经网络控制原理

神经网络控制是指在控制系统中使用神经网络，对难以精确描述的、复杂的、非线性系统进行建模，或充当控制器、优化计算、进行推理或故障诊断等，以及同时兼有上述某些功能的组合，这样的系统称为神经网络控制系统(简称神经控制系统)[17]。神经网络的工作过程如下。

设被控对象的输入 u 和系统输出 y 之间满足如下非线性函数关系：

$$y=g(u) \tag{5-29}$$

控制目的为确定最佳输入 u，使系统的实际输出 y 满足期望输出 y_d。在神经网络控制系统中，可把神经网络的功能看作输入-输出的某种映射或函数，设其函数关系为

$$u=f(y_d) \tag{5-30}$$

为使系统输出 y 等于期望输出 y_d，将式(5-30)代入式(5-29)中，可得

$$y=g[f(y_d)] \tag{5-31}$$

由此可见，当 $f(\cdot)=g^{-1}(\cdot)$ 时，满足 $y=y_d$ 的要求。

对于神经网络控制系统，被控对象多为复杂的非线性系统，因此 $g(\cdot)$ 为非线性函数。而神经网络具有逼近任意非线性函数的能力，可通过系统的实际输出与期望输出之间的误差来调整神经网络中的突触权值，即让神经网络进行学习，直至误差 $e=y_d-y=0$，模拟出函数 $g^{-1}(\cdot)$。它实际上是对被控对象的一种逆模型辨识，由神经网络的学习算法实现这一求逆过程，就是神经网络实现直接控制的基本思想。

5.3.1.2 神经网络控制系统组成

神经网络控制系统为计算机数字控制系统的一种形式，其特点为采用了神经控制器，因此神经网络控制系统的组成与一般的数字控制系统相似，其原理如图 5-13 所示，主要包含以下四个组成部分。

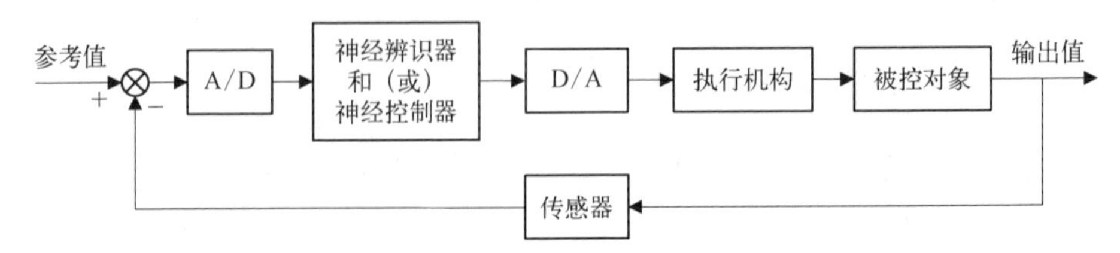

图 5-13 神经网络控制系统原理框图

(1) 神经辨识器与神经控制器。神经辨识器用于辨识被控对象的非线性和不确定性。神经控制器用于控制被控对象,通过计算机软件实现神经辨识算法和神经控制算法,因此神经辨识器与神经控制器实际上是一台微计算机(系统机、单板机或单片机)。

(2) 模拟输入/输出通道。其主要用于进行模拟量和数字量之间的相互转换。

(3) 广义对象,包括被控对象及执行机构。对于神经控制系统,主要解决的是复杂的非线性、不确定、不确知系统,因此被控对象多为非线性、不确定、不确知系统。

(4) 传感器。其主要用于将被控对象或各种过程中的被控制量转换为电信号。

5.3.1.3 神经网络模型

1) 麦卡洛克-皮特斯(McCulloch - Pitts, MP)模型

1943年,美国心理学家McCulloch和数学家Pitts首先提出了MP模型,即"模拟生物神经元"。MP模型是一种较为典型的模型,是人工神经元模型的基础,也是神经网络理论的基础。

MP模型用于模拟生物的神经元及其突触的作用过程。MP模型主要突出了神经元的兴奋和抑制功能,设定了动作电位阈值,并把神经元能否产生神经冲动转化为突触强度(突触在活动中产生神经冲动的强弱)来描述。MP模型结构如图5-14所示。

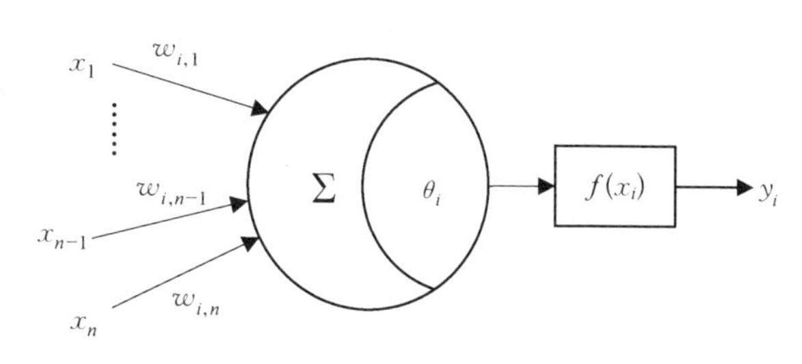

图5-14 MP模型结构示意图

图5-14中,x_1, …, x_{n-1},x_n为n个神经元的输出信号,同时也是神经元i的输入信号;w_{ij}为突触强度,反映了第j个神经元至第i个神经元的连接权重;θ_i为神经元i的阈值;$f(x_i)$为神经元i的非线性作用函数(也称激发函数或传递函数);y_i为神经元i的输出信号,可作为其他神经元的输入信号。

神经元输出y_i为

$$y_i = f\left(\sum_{j=1}^{n} w_{ij} y_j - \theta_i\right), \quad i \neq j \tag{5-32}$$

若设

$$x_i = \sum_{j=1}^{n} w_{ij} y_j - \theta_i \tag{5-33}$$

则

$$y_i = f(x_i) \tag{5-34}$$

式中,$f(x)$为作用函数,常用的作用函数如表 4-4 所示。

当采用对称阶跃函数作为 MP 模型的作用函数时,神经元 i 的输入信号加权和等于或大于阈值时,输出为“1”,也称神经元处于“兴奋”状态;反之,输出为“−1”,也称神经元处于“抑制状态”。

除了产生兴奋与抑制,学习也是神经元的重要功能。对于人工神经元而言,学习过程就是调整权重的过程。

2) 感知器

感知器是模拟人的视觉来接收环境信息,并由神经冲动进行信息传递的神经网络。感知器可分为单层与多层,是具有学习能力的神经网络。其中单层感知器分为单层单神经元感知器和单层多神经元感知器。

(1) 单层感知器。单层单神经元感知器具有一个处理单元,由美国学者 Rosenblatt 于 1957 年提出,其结构如图 5-15 所示,可用式(5-35)~式(5-37)进行描述。

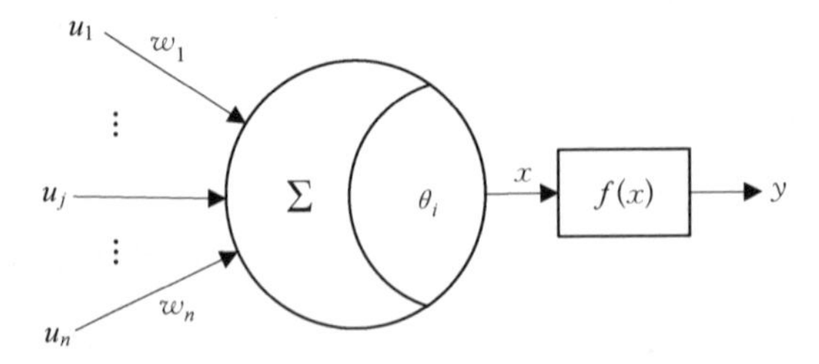

图 5-15　单层单神经元感知器结构示意图

设感知器权系数 $\boldsymbol{W}$、输入向量 $\boldsymbol{u}$ 为

$$\boldsymbol{W} = [w_1 \quad w_2 \quad \cdots \quad w_n],\ \boldsymbol{u} = \begin{bmatrix} u_1 \\ u_2 \\ \vdots \\ u_n \end{bmatrix} \tag{5-35}$$

则感知器输出为

$$y=f\left(\sum_{j=1}^{n}w_ju_j-\theta\right)=f\left(\sum_{j=0}^{n}w_ju_j\right) \tag{5-36}$$

式中，u_j 为感知器的第 j 个输入；$\omega_0=-\theta$（阈值），$u_0=1$。

式(5-36)可用向量形式表示为

$$y=f(\boldsymbol{Wu}-\theta) \tag{5-37}$$

单层单神经元感知器与MP模型的不同之处是权值可以由学习进行调整，学习是采用有导师的学习算法，其基本学习算法如下。

步骤1，设置权系数初值 $w_j(0)(j=0,\ 1,\ \cdots,\ n)$，一般为较小的随机非零值；

步骤2，给定输入、输出样本对，即导师信号 $\boldsymbol{u}_p/d_p(p=1,\ 2,\ \cdots,\ L)$

$$\boldsymbol{u}_p=\begin{bmatrix}u_{1p}\\u_{2p}\\\vdots\\u_{np}\end{bmatrix},\ d_p=\begin{cases}1, & \boldsymbol{u}_p\in A\\0, & \boldsymbol{u}_p\in B\end{cases}$$

步骤3，求感知器输出

$$y_p(t)=f\left[\sum_{j=1}^{n}w_j(t)u_{jp}-\theta\right] \tag{5-38}$$

步骤4，权值调整

$$w_j(t+1)=w_j(t)+[d_p-y_p(t)]u_{jp}=w_j(t)+e_pu_{jp} \tag{5-39}$$

$$\theta(t+1)=\theta(t)+e_p \tag{5-40}$$

式(5-39)的向量形式为

$$\boldsymbol{W}(t+1)=\boldsymbol{W}(t)+e_p\boldsymbol{u}_p^{\mathrm{T}} \tag{5-41}$$

式中，t 表示第 t 次调整权值；

步骤5，若 $y_p(t)=d_p$，则学习结束，否则，返回步骤3。

当感知器的输入向量存在奇异样本（远大于或远小于其他输入向量的样本）时，训练的时间将大大增加。为克服该缺点，有学者提出了改进算法，称为标准化学习规则，可使奇异样本与非奇异样本对权值调整量的影响均衡，权值调整算法如下：

$$\boldsymbol{W}(t+1)=\boldsymbol{W}(t)+e_p\frac{\boldsymbol{u}_p^{\mathrm{T}}}{\|\boldsymbol{u}\|} \tag{5-42}$$

对于该算法，存在以下结论：若输入的两类模式是线性可分集合（存在一个超平面能将其分开），则算法一定收敛。

单层多神经元感知器有多个处理单元，其与单层单神经元感知器的区别在于其输出为多维向量；若输入为 n 维向量，输出为 m 维向量，则权重系数为 $m\times n$ 维矩阵。两者学习算法相同。

当输入模式为线性不可分集合时，单层感知器的学习算法将无法收敛。

（2）多层感知器。在输入和输出层间加一层或多层隐单元，就可构成多层感知器，也称多层前馈神经网络。对于一个三层感知器，其结构如图 5－16 所示。

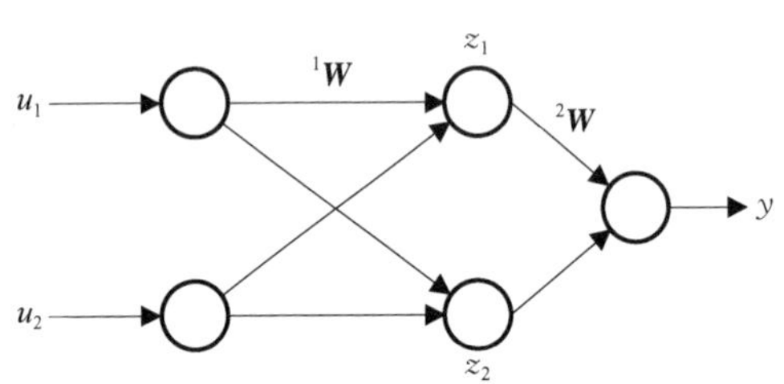

图 5－16　三层感知器结构示意图

图 5－16 中，输入为 $\boldsymbol{u}=[u_1\quad u_2]^{\mathrm{T}}$，输入层至隐含层的权值系数为 ${}^1\boldsymbol{W}=\begin{bmatrix}{}^1w_{11} & {}^1w_{12}\\ {}^1w_{21} & {}^1w_{22}\end{bmatrix}$，隐含层至输出层的权重系数为 ${}^2\boldsymbol{W}=[{}^2w_1\quad {}^2w_2]$，隐含层节点的阈值为 θ_1、θ_2，输出节点的阈值为 θ，则

$$z_1=f[{}^1w_{11}u_1+{}^1w_{12}u_2-\theta_1]$$
$$z_2=f[{}^1w_{21}u_1+{}^1w_{22}u_2-\theta_2]$$
$$y=f[{}^2w_1z_1+{}^2w_2z_2-\theta]$$

式中，$f(x)$ 为作用函数，对于感知器，作用函数为

$$f(x)=\begin{cases}1, & x\geqslant 0\\ 0, & x<0\end{cases} \tag{5-43}$$

对于多层感知器网络，有如下结论：① 若隐含层节点（单元）可任意设置，用三层阈值节点的网络可以实现任意的二值逻辑函数。② 若隐含层节点（单元）可任意设置，用三层 S 形非线性特性节点的网络，可以一致逼近紧集上的连续函数或按 L_2 范数逼近紧集上的平方可积函数。

3）线性神经网络

自适应线性神经元是由美国斯坦福(Standford)大学 Widrow 教授于 20 世纪 60 年代初提出的，其结构如图 5－17 所示，其与感知器的区别在于自适应线性神经元的作用函数为线性的，学习算法为 δ 规则，也称为最小方差法(LMS)。

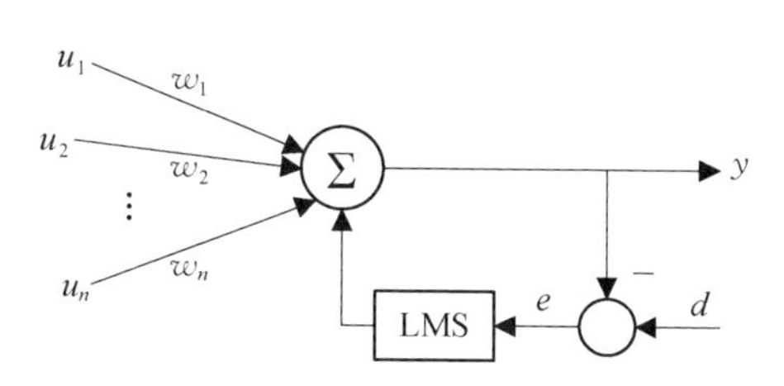

图 5－17　自适应神经元结构示意图

自适应神经元算法步骤如下：

步骤 1，设置初始权系数 $\boldsymbol{W}(0)$。

步骤 2，给定输入、输出样本对，即导师信号 $\boldsymbol{u}_p/d_p$，则有

$$\boldsymbol{u}_p/d_p=[u_{0p}\quad u_{1p}\quad \cdots \quad u_{np}]^{\mathrm{T}}/d_p,\quad p=1,\cdots,L。$$

步骤 3，计算神经网络的目标函数 J。

神经元在第 p 组样本输入下的输出 y_p 为

$$y_p(t)=\sum_{j=0}^{n}w_j(t)u_{jp} \tag{5-44}$$

$$E_p(t)=\|d_p-y_p(t)\|_2=\frac{1}{2}[d_p-y_p(t)]^2=\frac{1}{2}e_p^2(t) \tag{5-45}$$

$$J(t)=\frac{1}{2}\sum_p[d_p-y_p(t)]^2=\frac{1}{2}\sum_p e_p^2(t) \tag{5-46}$$

步骤 4，权值调整，用于权值调整的自适应学习算法为

$$w_j(t+1)=w_j(t)-\eta\frac{\partial E_p(t)}{\partial w_j(t)}=w_j(t)+\eta e_p(t)u_{jp} \tag{5-47}$$

$$\eta=\alpha/\|\boldsymbol{u}_p\|_2 \tag{5-48}$$

将式(5－48)代入式(5－47)，可得

$$w_j(t+1)=w_j(t)+\alpha\frac{e_p(t)u_{jp}}{\|\boldsymbol{u}_p\|_2} \tag{5-49}$$

式中，α 为常数，$0<\alpha<2$，可使算法收敛。

步骤 5，当 $J(t)=\sum_p E_p(t)\leqslant\varepsilon$（$\varepsilon$ 为预先设定的误差值且 $\varepsilon>0$）时，算法结束。

由以上步骤可知，η 可随着输入样本 $\boldsymbol{u}_p$ 自适应地调整。

线性神经网络由多个自适应线性神经元组成，其结构如图 5－18 所示。

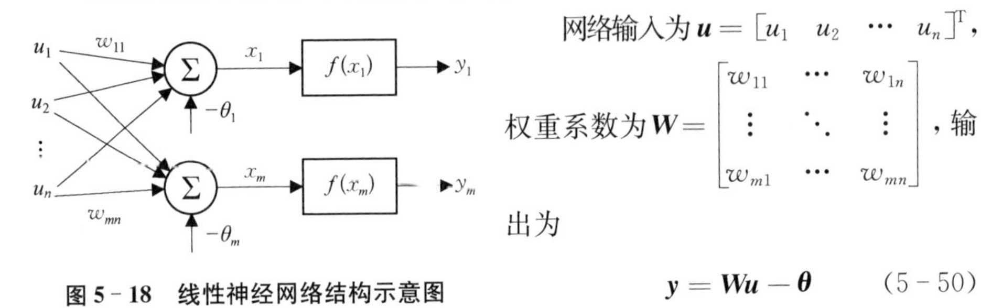

图 5－18　线性神经网络结构示意图

网络输入为 $\boldsymbol{u}=[u_1\quad u_2\quad \cdots\quad u_n]^{\mathrm{T}}$，权重系数为 $\boldsymbol{W}=\begin{bmatrix} w_{11} & \cdots & w_{1n} \\ \vdots & \ddots & \vdots \\ w_{m1} & \cdots & w_{mn} \end{bmatrix}$，输出为

$$\boldsymbol{y}=\boldsymbol{W}\boldsymbol{u}-\boldsymbol{\theta} \tag{5-50}$$

系数调整算法为

$$\boldsymbol{W}(t+1)=\boldsymbol{W}(t)+\eta(\boldsymbol{d}-\boldsymbol{y})\boldsymbol{u}^{\mathrm{T}}=\boldsymbol{W}(t)+\eta\boldsymbol{e}\boldsymbol{u}^{\mathrm{T}} \tag{5-51}$$

自适应线性神经元与线性神经网络一般用于自适应信号处理、线性系统辨识与非线性系统控制。

4）多层前馈神经网络

多层前馈神经网络结构如图 5－19 所示。图中 $\boldsymbol{u}$ 和 $\boldsymbol{y}$ 分别为网络的输入和输出向量，每一个节点表示一个神经元。网络由输入层、隐含层和输出层组成。隐含层可为一层，也可以是多层，前层与后层节点之间通过权连接。由于采用 BP 学习算法，因此常称为 BP 神经网络。

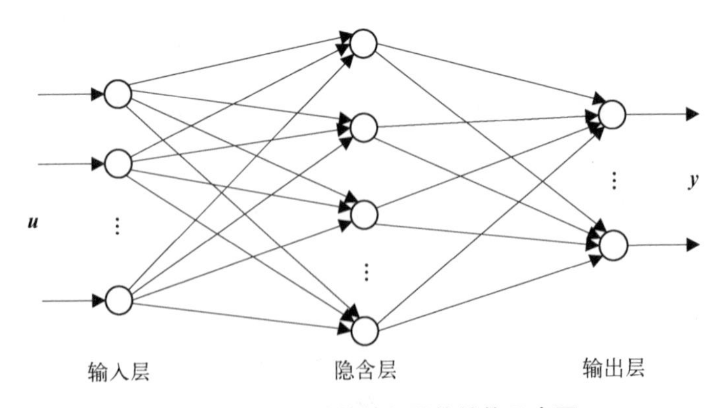

图 5－19　多层前馈神经网络结构示意图

BP 学习算法由正向传播和反向传播组成。正向传播中，输入信号从输入层经隐含层传向输出层。若输出层得到了期望的输出，学习算法结束，否则转至反向传播。反向传播则是将误差信号（输入与输出之差）按原连接通路反向

计算，由梯度下降法调整各层神经元的权值和阈值，使误差信号减小。

算法具体步骤如下：

步骤1，设置初始权系数$\boldsymbol{W}(0)$，一般为较小的随机非零值。

步骤2，给定输入、输出样本对，计算网络的输出。

设第 p 组样本输入为 $\boldsymbol{u}_p=[u_{1p}\quad u_{2p}\quad \cdots\quad u_{np}]^{\mathrm{T}}$，输出为 $\boldsymbol{d}_p=[d_{1p}\quad d_{2p}\quad \cdots\quad d_{mp}]^{\mathrm{T}}$，其中 $p=1,\ 2,\ \cdots,\ L$。节点 i 在第 p 组样本输入时，输出为 y_{ip}，即

$$y_{ip}(t)=f[x_{ip}(t)]=f\left[\sum_j w_{ij}(t)I_{jp}\right] \tag{5-52}$$

式中，I_{jp} 为在第 p 组样本输入时，节点 i 的第 j 个输入。

步骤3，计算网络的目标函数 J。

E_p 为在第 p 组样本输入时，网络的目标函数，取 L_2 范数，有

$$E_p(t)=\|\boldsymbol{d}_p-\boldsymbol{y}_p(t)\|_2=\frac{1}{2}\sum_k[d_{kp}-y_{kp}(t)]^2=\frac{1}{2}\sum_k e_{kp}^2(t) \tag{5-53}$$

式中，$y_{kp}(t)$是在第 p 组样本输入时，经 t 次权重值调整后网络的输出；k 为输出层第 k 个节点。

网络总目标函数为

$$J(t)=\sum_p E_p(t) \tag{5-54}$$

步骤4，若 $J(t)\leqslant \varepsilon$，算法结束，否则转至步骤5。

步骤5，误差反向传播计算。

按照梯度下降法进行反向传播计算，逐层调整权值。取步长 η 为常值，又称为学习率，是一个较小的正数。从第 j 个神经元到第 i 个神经元连接权的 $t+1$ 次调整公式为

$$w_{ij}(t+1)=w_{ij}(t)-\eta\frac{\partial J(t)}{\partial w_{ij}(t)}=w_{ij}(t)-\eta\sum_p\frac{\partial E_p(t)}{\partial w_{ij}(t)} \tag{5-55}$$

偏导数计算方法如下：

$$\frac{\partial E_p}{\partial w_{ij}}=\frac{\partial E_p}{\partial x_{ip}}\frac{\partial x_{ip}}{\partial w_{ij}} \tag{5-56}$$

设 $\delta_{ip}=\dfrac{\partial E_p}{\partial x_{ip}}$，$I_{jp}=\dfrac{\partial x_{ip}}{\partial w_{ij}}$。

若 i 为输出节点,即 $i=k$,可得

$$\frac{\partial E_p}{\partial w_{ij}}=-e_{kp}f'(x_{kp})I_{jp} \tag{5-57}$$

若 i 不是输出节点,即 $i\neq k$,则

$$\frac{\partial E_p}{\partial w_{ij}}=f'(x_{ip})I_{jp}\sum_{m_1}\frac{\partial E_p}{\partial x_{m_1p}}w_{m_1i}=f'(x_{ip})I_{jp}\sum_{m_1}\delta_{m_1p}w_{m_1i} \tag{5-58}$$

5）径向基函数网络

径向基函数(radial basis function，RBF)神经网络由 Moody 和 Darken 于 20 世纪 80 年代末提出。RBF 神经网络是一种前馈网络,具有结构简单、训练简洁、学习收敛速度快、能够以任意精度逼近任意连续函数的优点。

设网络输入为 n 维向量 $\boldsymbol{u}$，输出为 m 维向量 $\boldsymbol{y}$，输入、输出样本对长度为 L。

RBF 网络隐含层第 i 个节点的输出为

$$\boldsymbol{q}_i=R(\|\boldsymbol{u}-\boldsymbol{c}_i\|),\quad i=1,2,\cdots,s \tag{5-59}$$

式中，$\boldsymbol{c}_i$ 为第 i 个隐含层节点的中心；$\|\boldsymbol{x}\|$ 为欧式范数;$R(x)$为 RBF 函数，一般取以下几种形式：

(1) 高斯函数：$R(\boldsymbol{x})=\exp\left(-\dfrac{\boldsymbol{x}^{\mathrm{T}}\boldsymbol{x}}{\sigma^2}\right)$；

(2) 逆多二次函数：$R(\boldsymbol{x})=\dfrac{1}{(\boldsymbol{x}^{\mathrm{T}}\boldsymbol{x}+\sigma^2)^{1/2}}$；

(3) 反射 Sigmoid 函数：$R(\boldsymbol{x})=\left[1+\exp\left(\dfrac{\boldsymbol{x}^{\mathrm{T}}\boldsymbol{x}}{\sigma^2}\right)\right]^{-1}$。

最常用的 RBF 函数是高斯核函数,形式为

$$R(\boldsymbol{x},\boldsymbol{c}_i)=\exp\left(-\frac{1}{2\sigma_i^2}\|\boldsymbol{x}-\boldsymbol{c}_i\|^2\right),\quad i=1,2,\cdots,s \tag{5-60}$$

网络输出层第 k 个节点的输出为隐含节点输出的线性组合：

$$y_k=\sum_i w_{ki}q_i-\theta_k \tag{5-61}$$

式中，w_{ki} 为 q_i 至 y_k 的连接权重；θ_k 为第 k 个输出节点的阈值。

设有 p 组输入、输出样本对 $\boldsymbol{u}_p/\boldsymbol{d}_p$，$p=1, 2, \cdots, L$，定义目标函数为

$$J=\sum_{p}\|\boldsymbol{d}_p-\boldsymbol{y}_p\|_2=\frac{1}{2}\sum_{p}\sum_{k}(d_{kp}-y_{kp})^2 \tag{5-62}$$

当 $J\leqslant\varepsilon$，学习结束。

RBF 网络学习算法由两部分组成：无导师学习和有导师学习。

(1) 无导师学习。无导师学习也称为非监督学习，是对所有样本的输入进行聚类，求得各隐含层节点的 RBF 中心 $\boldsymbol{c}_i$。用 k 均值聚类算法调整中心的学习算法步骤如下：

步骤 1，给定各隐节点的初始中心 $\boldsymbol{c}_i(0)$；

步骤 2，计算欧氏距离并求出最小距离的节点

$$\begin{aligned}&d_i(t)=\|\boldsymbol{u}(t)-\boldsymbol{c}_i(t-1)\|,\quad 1\leqslant i\leqslant s\\&d_{\min}(t)=\min d_i(t)=d_r(t)\end{aligned} \tag{5-63}$$

步骤 3，调整中心

$$\begin{aligned}&\boldsymbol{c}_i(t)=\boldsymbol{c}_i(t-1),\quad 1\leqslant i\leqslant s,\ i\neq r\\&\boldsymbol{c}_r(t)=\boldsymbol{c}_r(t-1)+\beta[\boldsymbol{u}(t)-\boldsymbol{c}_r(t-1)]\end{aligned} \tag{5-64}$$

式中，β 为学习速率，$0<\beta<1$；

步骤 4，计算节点 r 的距离

$$d_r(t)=\|\boldsymbol{u}(t)-\boldsymbol{c}_r(t)\| \tag{5-65}$$

(2) 有导师学习。有导师学习也称为监督学习。当 $\boldsymbol{c}_i$ 确定后，训练由隐含层至输出层之间的权重系数值调整，此时该问题为线性优化问题，可利用各种线性优化算法求得。

6) 小脑模型神经网络

小脑模型神经网络也称小脑模型关节控制器(cerebellar model articulation controller, CMAC)，由 Albus 于 20 世纪 70 年代提出。小脑模型神经网络也是一种前馈网络，结构与一般前馈神经网络类似，有两个基本映射，即输入映射与输出映射，分别表示输入、输出之间的非线性关系。

(1) 输入映射。输入映射是从输入空间 $\boldsymbol{U}$ 至概念存储器 AC 的映射。

设 $\boldsymbol{U}$ 为 p 维输入状态空间，则 p 维输入向量为 $\boldsymbol{U}=[x_{1p}\quad x_{2p}\quad\cdots\quad x_{ip}]^{\mathrm{T}}$，

i 为输入个数。若将$[x_i]$量化编码,映射到 AC,则输入状态空间的一个点可同时激活 AC 中的 L 个元素。AC 中每个元素又被称为存储单元或联想单元。映射到 AC 得到如下 L 维向量:

$$\boldsymbol{R}_i = \boldsymbol{S}([x_i]) = [S_1([x_i]) \quad S_2([x_i]) \quad \cdots \quad S_L([x_i])]^{\mathrm{T}} \tag{5-66}$$

若被激活元素为 1,未被激活元素为 0,则式中 $S_j([x_i]) = 1$, $j = 1, 2, \cdots, L$。

映射的原则是输入空间中邻近的两个点在 AC 中有部分重叠单元被激励,距离越近,重叠越多,而距离远的点在 AC 中不重叠,这称为局域泛化。

(2) 输出映射。输出映射是从概念存储器 AC 至实际存储器 AP 的映射,它是实际存储空间中 L 个单元连接权重之和,即

$$y_i = \sum_{j=1}^{L} w_j S_j([x_i]) = \boldsymbol{U}_i^{\mathrm{T}} \boldsymbol{W}_i \tag{5-67}$$

式中,$\boldsymbol{W}_i = [w_1 \quad w_2 \quad \cdots \quad w_L]^{\mathrm{T}}$。若被激活的元素为 1,则

$$y_i = \sum_{j=1}^{L} w_j \tag{5-68}$$

从概念存储器 AC 至实际存储器 AP 的映射方法使用杂散编码技术,激活元素的个数 L 称为泛化系数,反映了系统泛化能力的大小。

CMAC 采用有导师的学习算法。给定输入、输出样本对,即导师信号 $\boldsymbol{u}_p/d_p$, $p = 1, 2, \cdots, L$。根据 δ 学习规则来调整权值,即

$$\Delta w_j(t) = \eta \cdot \frac{[d_p - y_p(t)] S_j([\boldsymbol{u}_p])}{\| \boldsymbol{R}_p \|^2} \tag{5-69}$$

其中:

$$\| \boldsymbol{R}_p \|^2 = \sum_{j=1}^{L} S_j^2([\boldsymbol{u}_p]) = L \tag{5-70}$$

代入式(5-69)中,可得

$$\Delta w_j(t) = \eta \cdot \frac{[d_p - y_p(t)]}{L} = \eta \cdot \frac{e_p(t)}{L} \tag{5-71}$$

由此可见,L 个单元的权值的调整量是相同的。

7) PID神经网络

PID神经网络是三层前馈神经网络，具有非线性特性。所谓PID神经网络就是将PID控制规律融入神经网络，即神经网络隐含层节点分别为比例(P)、积分(I)、微分(D)单元，其结构如图5-20所示。

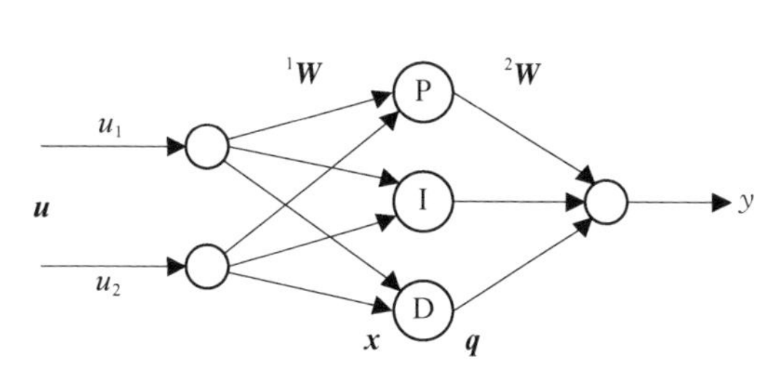

图5-20　PID神经网络结构示意图

图5-20中，输入层神经元输入为$\boldsymbol{u}(k)=[u_1(k)\quad u_2(k)]^{\mathrm{T}}$，隐含层第$i$个神经元输入为

$$x_i(k)=\sum_{j=1}^{2}w_{ij}u_j(k),\quad i=1,2,3 \tag{5-72}$$

式中，${}^1w_{ij}$为输入层第j个节点至隐含层第i个节点的权重值。

隐含层比例、积分、微分神经元的输出$q_1(k)$、$q_2(k)$、$q_3(k)$计算公式分别如下：

$$q_1(k)=\begin{cases}x_1(k), & -1\leqslant x_1(k)\leqslant 1\\ 1, & x_1(k)>1\\ -1, & x_1(k)<-1\end{cases} \tag{5-73}$$

$$q_2(k)=\begin{cases}q_2(k-1)+x_2(k), & -1\leqslant q_2(k)\leqslant 1\\ 1, & q_2(k)>1\\ -1, & q_2(k)<-1\end{cases} \tag{5-74}$$

$$q_3(k)=\begin{cases}x_3(k)-x_3(k-1), & -1\leqslant q_3(k)\leqslant 1\\ 1, & q_3(k)>1\\ -1, & q_3(k)<-1\end{cases} \tag{5-75}$$

输入层神经元的输入是隐含层各节点输出的加权和，即

$$x'(k)=\sum_{i=1}^{3}{}^2w_iq_i(k) \tag{5-76}$$

式中，${}^2w_i$为隐含层节点i至输出层节点的权重值。

输出层神经元的输出也是网络的输出，即

(1) 非线性神经元

$$y(k)=\begin{cases}x'(k), & -1\leqslant x'(k)\leqslant 1\\ 1, & x'(k)>1\\ -1, & x'(k)<-1\end{cases} \tag{5-77}$$

(2) 线性神经元

$$y(k)=x'(k) \tag{5-78}$$

PID 神经网络的学习算法为反向传播(BP)学习算法。该学习算法由正向传播与反向传播两部分组成。正向传播计算方法为式(5-72)~式(5-78),反向传播调节 PID 神经网络权值系数值,计算方法同 BP 神经网络学习算法。

8) 递归神经网络

递归型神经网络(recurrent neural networks, RNN)是一种具有反馈结构的动态神经网络。按照网络输入信号的不同,RNN 可以分为连续时间递归网络(CTRNN)和离散时间递归网络(DTRNN);按照互联结构划分,RNN 可以分为全递归网络和局部递归网络,其中,局部递归神经网络又可分为内时延反馈型与外时延反馈型。本节以内时延反馈型网络为例,简述局部递归神经网络。

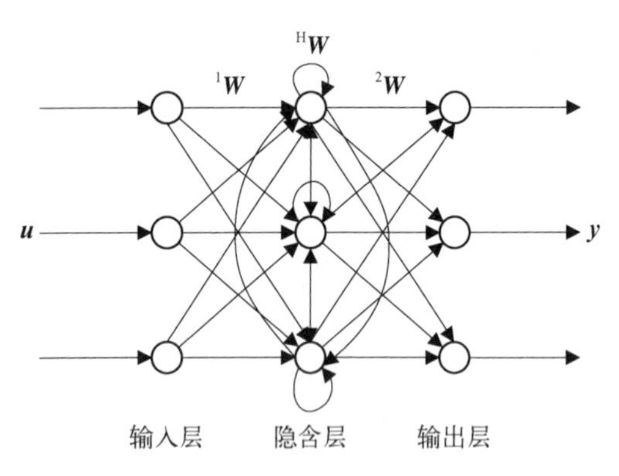

图 5-21　内时延反馈型局部递归神经网络结构示意图

内时延型网络包括输入层、隐含层和输出层,隐含层节点具有时延反馈,网络结构如图 5-21 所示。

设网络外部输入时间序列为 $\boldsymbol{u}(t)$,隐含层输出为 $\boldsymbol{o}(t)$,网络输出为 $\boldsymbol{y}(t)$,网络的数学关系式描述为

$$\begin{aligned}&\boldsymbol{x}_o(t+1)={}^{\mathrm{H}}\boldsymbol{W}\boldsymbol{o}(t)+{}^{1}\boldsymbol{W}\boldsymbol{u}(t)-{}^{1}\theta\\&\boldsymbol{o}(t)=f_1[\boldsymbol{x}_o(t)]\\&\boldsymbol{y}(t)=f_2[\boldsymbol{x}(t)]=f_2[{}^{2}\boldsymbol{W}\boldsymbol{o}(t)-{}^{2}\theta]\end{aligned} \tag{5-79}$$

式中,$f_1(x)$和 $f_2(x)$为非线性作用函数;${}^{1}\boldsymbol{W}$、${}^{\mathrm{H}}\boldsymbol{W}$ 和${}^{2}\boldsymbol{W}$ 分别为输入层至隐含

层、隐含层节点之间(包括隐含层节点自身)、隐含层至输出层的连接权重矩阵。

该网络使用BP学习算法与前述类似,在此不再赘述。

5.3.2 神经网络控制系统设计

根据不同被控对象的要求,神经网络控制系统的配置主要包括以下三种:① 仅包含神经辨识器;② 仅包含神经控制器;③ 既包含神经辨识器,又包含神经控制器。因此,对神经网络控制系统的设计实际上就是对神经辨识器和神经控制器的设计[18],具体设计方法如下。

5.3.2.1 神经辨识器设计方法

系统辨识的基本任务就是寻求满足一定条件的模型,因此神经辨识器的设计方法在于确定一个原则,选择一个模型,将所选模型的动态、静态特性与被控系统的动态、静态特性最大限度地拟合。神经辨识器系统的基本结构如图5-22所示。

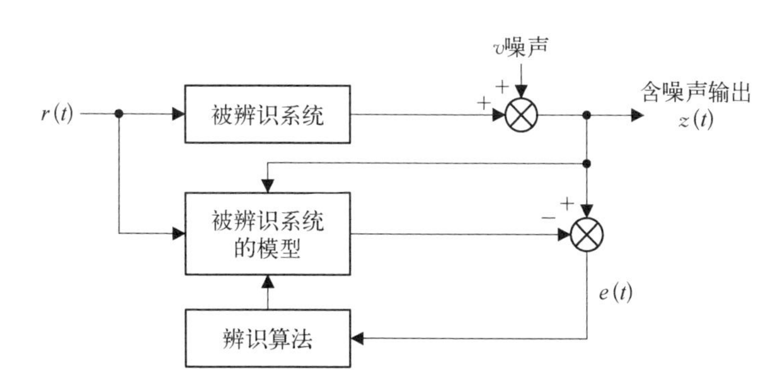

图5-22　神经辨识系统结构示意图

1) 神经网络辨识系统基本结构

神经网络辨识系统主要包括被辨识系统、辨识模型和辨识算法。

2) 辨识模型

常用的辨识模型包括静态模型、动态模型、参数模型、非参数模型、线性模型、非线性模型和神经网络模型。模型的选择依赖于模型用途及其精确性和复杂性。如果所建立的模型是用于系统分析,则所需的模型必须把精确性放在首位,此时模型可能变得比较复杂。若建立的模型主要用于实时控制,可忽略其次要因素,只考虑主要因素,使模型简单化。在建立实际系统模型时，由于存在精确性和复杂性的矛盾，则要找到解决矛盾的折中方法。

3) 辨识系统中的误差准则

神经辨识系统中的误差可表示为

$$J(\theta)=\sum_{t=1}^{n} f[e(t)] \tag{5-80}$$

式中，函数 $f(\cdot)$ 一般取 $f[e(t)]=e^2(t)$，$e(t)$ 为误差函数。

4) 神经网络辨识原理

由神经网络辨识系统的误差准则可知，系统辨识可以看作一个优化问题，因此辨识的方法可分为两种，即基于算法的辨识方法和基于神经网络的辨识方法。基于算法的辨识方法常用于线性模型，这时只需使用适当的算法得到最符合模型的参数，即可获得比较精确的辨识模型。基于神经网络的辨识方法常用于非线性模型，利用神经网络的自学习、自适应能力来逐渐逼近实际非线性复杂系统。

5.3.2.2 神经控制器设计方法

由于神经控制还是一门新学科，且神经控制器的设计与设计人员的素质、理解能力和经验有关，因此现阶段还没有系统化的设计方法。神经控制器的设计方法主要有模型参考自适应方法、自校正方法、内模方法、常规控制方法、神经网络智能方法。

1) 模型参考自适应方法

按模型参考自适应方法设计的神经控制器多用于线性被控对象，但也适用于非线性被控对象，两种不同对象对神经辨识器的要求不同。该方法设计出的系统结构如图 5-23 所示。

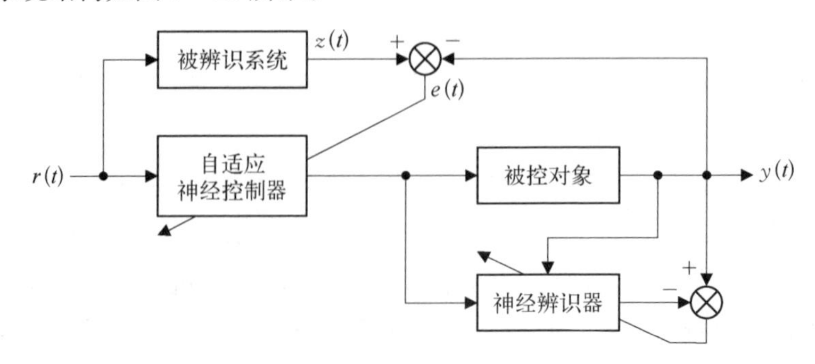

图 5-23 模型参考自适应神经控制系统结构图

神经控制器训练目标为参考模型输出与被控对象输出的差值最小。

2）自校正方法

按自校正方法设计的神经控制系统既能用于线性对象，也能用于非线性对象。自校正神经控制系统基本结构如图5-24所示。其中自校正控制器由人工神经网络构成，网络输入为偏差信号与辨识估计的输出。辨识估计器也是由神经网络构成，用于估计被控对象的动态特性，可以看作一个反馈部件。

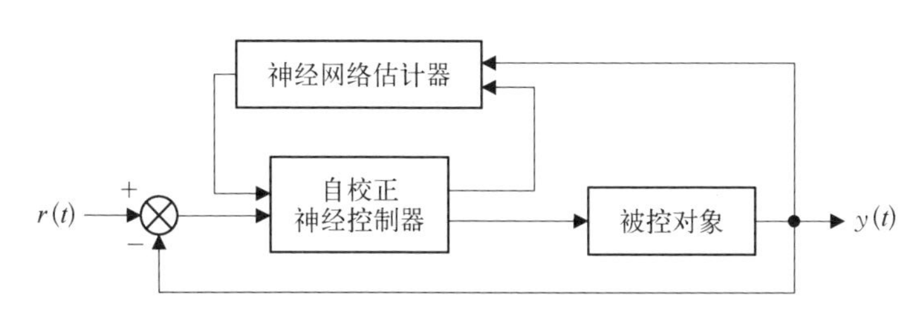

图5-24　自校正神经控制系统结构图

自校正有直接控制和间接控制两类。自校正直接控制结构简单，仅需一个自校正控制器，常用于线性系统的实时控制。自校正直接控制器的设计方法有两种：有模型设计和无模型设计。在有模型设计中，为获得较好的控制效果，一般会在系统中加入白噪声信号。自校正间接控制器着重解决非线性系统的动态建模。

3）内模方法

按内模方法设计的内模神经控制系统主要用于非线性系统，内模神经控制器同时作用于被控对象及其内部模型。内模神经控制系统结构如图5-25所示，该系统稳定的充要条件是控制器和被控对象都稳定。

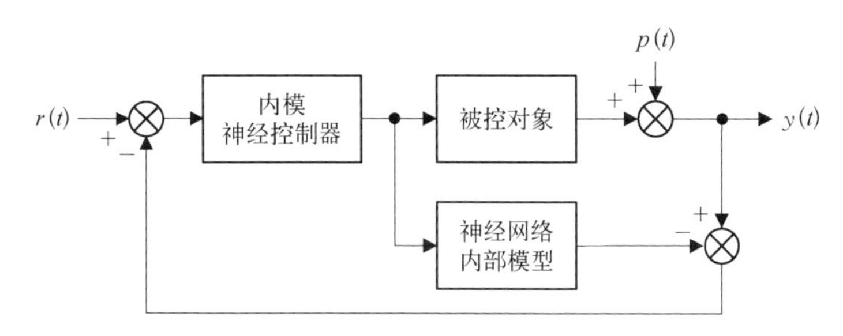

图5-25　内模神经控制系统结构图

4）常规控制方法

常规控制方法使用古典控制理论、现代控制理论和智能控制中控制器的设计方法，在设计过程中使用神经网络取代传统控制器。该方法设计的控制系统有神经PID调节控制系统、神经预测控制系统和变结构控制系统等。

神经PID调节控制系统结构如图5-26所示。常规PID调节是古典控制理论中使用十分成熟且十分有效的工程控制方式。然而对于一些存在不确定性、非线性、时变的被控对象，由于数学模型不确定，常规PID调节器往往难以奏效，不能保证系统稳定性。因此，为解决该问题可以使用神经PID调节器，或对被控对象使用系统辨识，PID调节器继续使用常规调节器，由神经网络进行系统辨识。

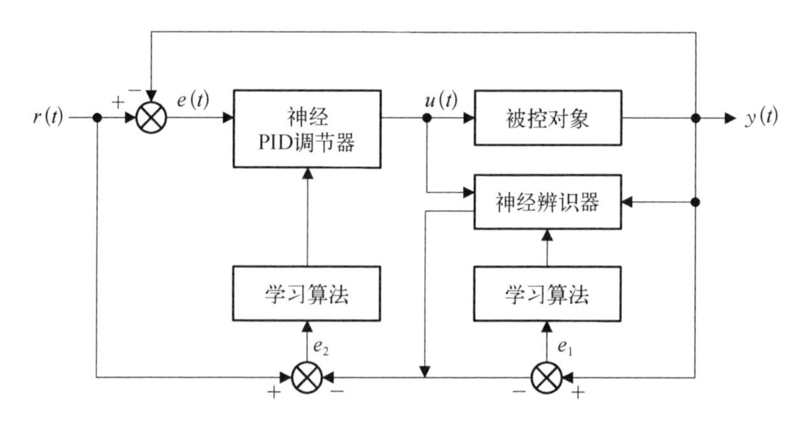

图5-26　神经PID调节控制系统结构图

神经预测控制系统结构如图5-27所示，该预测控制系统适用于非线性、不确定性被控对象的系统。

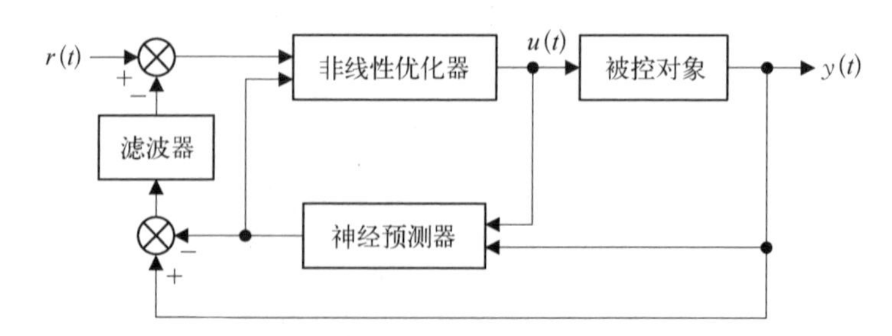

图5-27　神经预测控制系统结构图

变结构控制系统结构如图5-28所示。该控制系统用于变参数、变结构的被控对象。在该控制系统中，神经控制器与常规控制器并存，由于参数经常发生变化，神经网络的主要功能是识别参数的变化，为常规控制器决策提供依据。该控制系统可减小模糊控制或人工智能中由于人为主观因素带来的系统误差，控制效果明显，控制结果较好，系统鲁棒性明显增强。

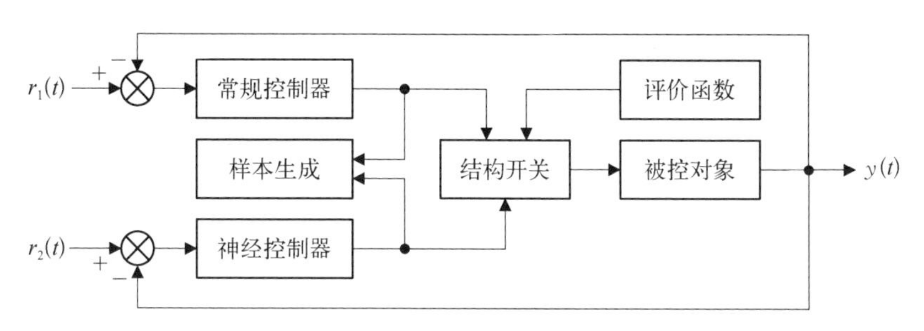

图5-28　变结构控制系统结构图

5）神经网络智能方法

神经网络智能方法是将神经网络与模糊控制、人工智能、专家系统相结合，构成具有特色的模糊神经控制、智能神经控制、专家神经控制等。一种典型的模糊神经控制系统基本结构如图5-29所示。

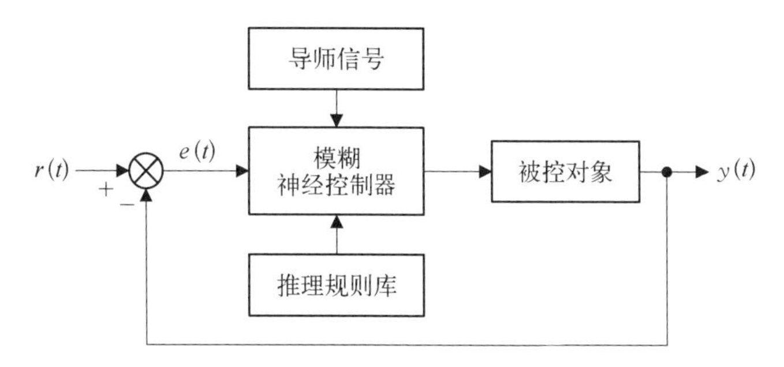

图5-29　模糊神经控制系统结构图

5.3.3　应用实例

本节在前面阐述的神经网络控制系统设计方法的基础上，以小型压水堆堆芯功率控制系统为例说明其具体应用过程。基于功率反馈控制方案，本节设计了堆芯功率神经网络预测控制系统。这里，将堆芯功率控制系统中的驱动机构、微分价值与堆芯模型视为整体，记为广义被控对象，并在此基础上设计神经网络预测控制器。

5.3.3.1　堆芯功率神经网络预测控制器设计

神经网络预测控制将预测控制算法与神经网络技术相结合，解决了传统预测控制算法精度不高等问题，属于智能型预测控制的范畴。堆芯功率神经网络预测控制器设计分为两步：第一步是广义堆芯模型辨识，即建立堆芯神经网络辨识模型；第二步是模型预测，即使用神经网络模型来预测未来神经网络性能，从而确定最优控制量。

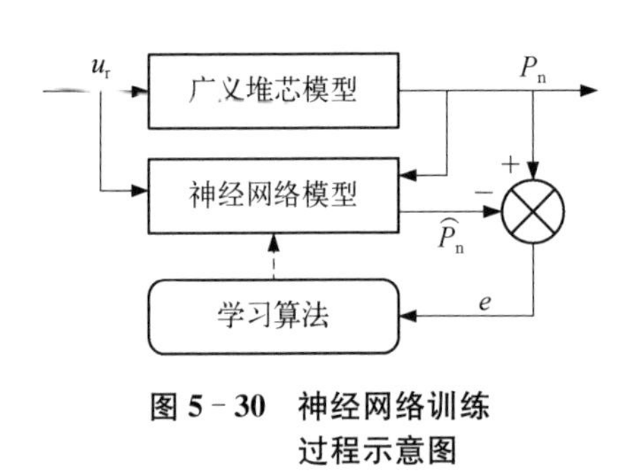

图 5－30 神经网络训练过程示意图

1）广义堆芯模型辨识

神经网络预测控制采用神经网络对广义堆芯模型进行系统辨识，建立神经网络辨识模型，其训练过程如图 5－30 所示。堆芯相对功率与神经网络模型输出 $(\hat{P}_n)$ 之间的预测误差作为网络学习算法输入，再结合输入、输出数据训练神经网络模型。

图 5－30 中，神经网络模型利用当前广义控制对象输入与输出预测下一时刻的广义控制对象输出，其结构如图 5－31 所示。

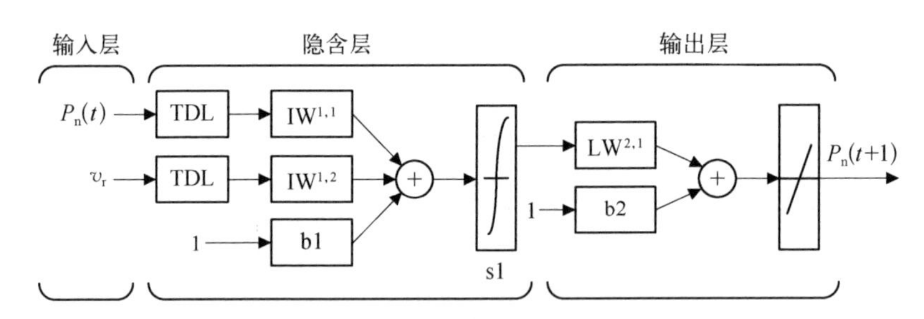

图 5－31 神经网络模型结构示意图

小型压水堆堆芯系统辨识分为两步：产生训练数据与训练神经网络模型。此处基于 3.1.1 节中的堆芯物理热工动态模型建立小型压水堆堆芯训练仿真模型，获得训练数据样本，并训练得到图 5－31 所示的神经网络预测模型。

2）模型预测

神经网络模型预测是基于水平后退法在指定时间内预测模型响应。本节中的神经网络模型预测通过数字最优化程序实现式（5－81）中性能准则函数的最优化，进而确定控制信号。

$$J=\sum_{j=1}^{N_2}\left[P_{n,r}(t+j)-\hat{P}_n(t+j)\right]^2+w\sum_{j=1}^{N_u}\left[v_r(t+j-1)-v_r(t+j-2)\right]^2 \tag{5-81}$$

式中，N_2 为预测时域长度；N_u 为控制时域长度；$\widehat{P}_n$ 为神经网络模型响应；w 为控制量加权系数；t 为时间(s)。

基于上述研究，本节建立了小型压水堆堆芯功率神经网络预测控制系统，如图 5-32 所示。神经网络预测控制器由神经网络模型和数字最优化程序组成，数字最优化程序通过最优化式(5-81)所示的性能准则函数，确定最优化控制量。

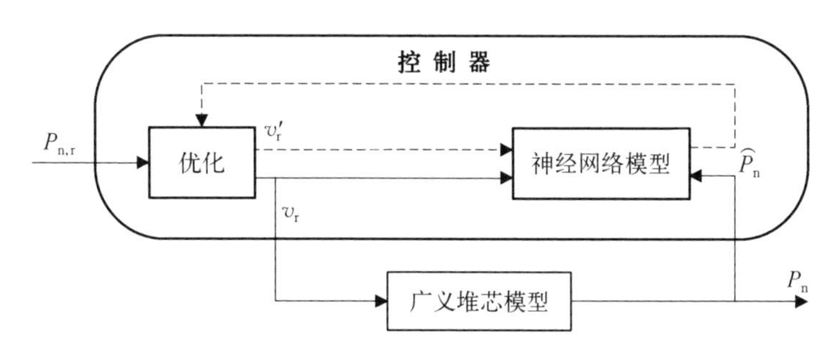

图 5-32　神经网络预测控制系统示意图

5.3.3.2　仿真验证

基于所建立的小型压水堆控制仿真程序，本研究对所设计的堆芯功率神经网络预测控制器进行了仿真验证，仿真工况为 100%FP～90%FP～100%FP 阶跃变负荷。

图 5-33 给出了该工况下分别采用神经网络预测控制器和 PID 控制器

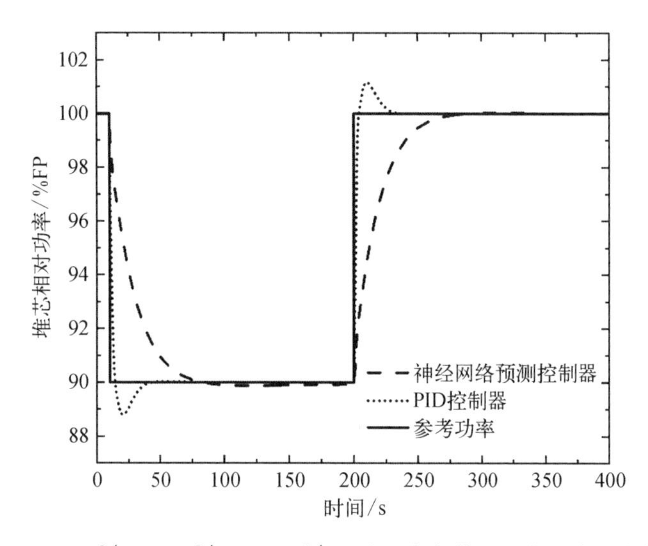

图 5-33　100%FP～90%FP～100%FP 阶跃变负荷工况堆芯功率动态响应

时，堆芯相对功率随时间变化的动态响应。其中，考虑控制棒移动的最大棒速为 72 步/min，对控制器输出棒速进行限幅。从图中可知，与传统 PID 控制器相比，堆芯功率神经网络预测控制器的调节速度较慢，但其超调量明显更小。

5.4 进化控制系统

进化控制是把进化计算，特别是遗传算法机制和传统的反馈机制用于控制过程的一种新的控制方法，是基于遗传算法和传统反馈机制的控制过程[19]。进化控制源于生物的进化机制。20 世纪 90 年代末，在遗传算法等进化计算思想提出 20 年后，生物医学界和自动控制界的学者们开始研究进化控制。1998 年，Ewald 等[20]把进化计算原理用于病毒性疾病控制。1999 年，周翔[21]将自然界存在的两种基本调节机制，即进化与反馈有机地结合起来，提出了一种新的智能控制方法——进化控制，并把它应用于移动机器人的导航控制，取得初步研究成果。2002 年，郑浩然等[22]把基于生命周期的进化控制时序引入进化计算过程，以提高进化算法的性能。2003 年媒体报道称，英国国防科技实验室研制出一种基于遗传算法的具有自我修复功能的蛇形军用机器人，能够使机器人在“受伤”时依然在“数字染色体”的控制下继续蜿蜒前进。尽管对进化控制的研究尚不多见，但已有一个好的开端，其可望有较大的发展[23]。进化控制为探寻智能的本质、实现智能的方法以及解决复杂系统的控制难题提供了新的思路，拓展了控制理论的内容，具有重要的理论价值和广阔的应用前景。近十几年来，进化控制在理论研究和其他相关领域的应用方面都取得了长足的进展，但针对核动力系统的进化控制研究仍处于初步阶段。

5.4.1 进化控制基本原理

进化控制是建立在进化计算（尤其是遗传算法）和反馈机制的基础上的。下面对进化控制的相关原理和结构进行简要介绍。

5.4.1.1 进化算法

进化算法是模拟自然进化的搜索过程发展起来的一类随机搜索技术，又称演化算法（evolutionary algorithms，EA）。它是一个“算法簇”，虽然有很多变化，如有不同的遗传基因表达方式、不同的交叉和变异算子、特殊算子的引用、不同的再生和选择方法等，但其产生的灵感都借鉴了大自然中生物的进化操作。进化算法一般包括基因编码、种群初始化、交叉变异算子、经营保留机制等基本操作。与传统的基于微积分的方法和穷举方法等优化算法相比，它具有高鲁棒性、广泛适用性和全局优化能力，能够实现自组织、自适应、自学习且不受问题性质的限制，可有效地处理传统优化算法难以解决的复杂问题。

进化算法可模拟由个体组成的群体的学习过程，其中每个个体表示给定问题搜索空间中的一点。它从任一初始的群体出发，通过随机选择（在某些算法中是确定的）、变异和重组（在某些算法中则完全省去）过程，使群体进化到搜索空间中性能越发优越的区域。选择过程使群体中适应性强的个体比适应性差的个体有更多的复制机会，重组算子整合父辈信息并将其遗传到子代个体，变异在群体中引入新的变种。

群体搜索策略和群体中个体之间的信息交换是进化算法的两大特点，其优越性主要表现在以下方面：首先，进化算法在搜索过程中不易陷入局部最优，即使在所定义的适应度函数是不连续、非规则或有噪声的情况下，也能以较大的概率找到全局最优解；其次，由于具有固有的并行性，进化算法非常适合巨量并行计算；再次，进化算法采用自然进化机制来表现复杂现象，能够快速可靠地解决传统优化算法难以处理的棘手问题；最后，该类算法可扩展性强且易于同其他算法融合，目前已在最优化、机器学习、并行处理等领域得到了越来越广泛的应用。

进化计算包括遗传算法（GA）、遗传规划（genetic programming，GP）、进化策略（evolution strategies，ES）和进化规划（evolution programming，EP）4 种典型方法。现阶段遗传算法比较成熟，已得到广泛应用，进化策略和进化规划在科研和实际问题中的应用也越来越广泛。遗传算法的基本原理已经在 4.3.1 节中进行了具体介绍，在此不再阐述。

进化计算的基本求解流程如图 5-34 所示，主要包括以下步骤：① 给定一组初始解；② 评价当前这组解的性能；③ 从当前这组解中选择一定数量的解作为迭代后的解的基础；④ 再对其进行操作，得到迭代后的解；⑤ 若这些解

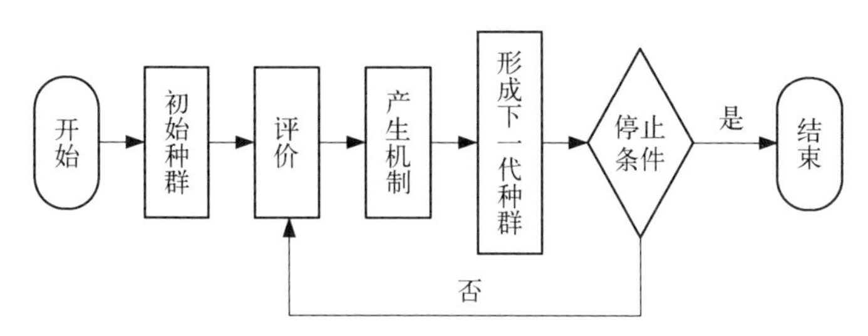

图 5-34　进化算法求解流程图

满足要求则停止,否则将这些迭代得到的解作为当前解重新操作。

5.4.1.2 进化控制基本思想

进化控制是把进化计算,尤其是遗传算法机制和传统的反馈机制用于控制过程的一种控制方法,源于生物的进化机制。反馈是一种基于刺激—反应(或感知—动作)行为的生物获得适应能力和提高性能的途径,也是各种生物生存的重要调节机制和自然界的基本法则。进化是自然界的另一种适应机制,相对于反馈而言,它更着重改变和影响生命特征的内在本质因素,通过反馈作用所提高的性能需要由进化作用加以巩固。自然进化需要漫长的时间来巩固优越的性能,而反馈作用却能够在很短的时间内加以实现。

从控制角度看,进化计算的基本概念和要素(如编码与解码、适应度函数、遗传操作等)中都或多或少地隐含了反馈原理。进化计算中的适应度函数可视为控制理论中的性能目标函数,对给定的目标信息和作用效果进行反馈,通过比较评判指导进化操作;遗传操作中的选择操作实质上是一种维持优良性能的调节作用,而交叉操作和变异操作则是两种提高和改善性能可能性的操作;在编码方式中,反馈作用不够直观,但其启发知识实质上也是一种反馈,类似于 PID 中微分作用的先验性前馈作用。

进化机制与反馈控制机制的结合是可行的,对其进一步的理论分析和研究(如反馈作用对适应度函数的影响、进化操作算子的控制和表示方式的选取等)将有助于对进化计算收敛可控性、时间复杂度等方面的深入理解,并有利于进化计算中一些基本问题的解决[19]。

5.4.1.3 进化控制系统结构

对于进化控制系统,至今仍缺乏公认和通用的结构模式。下面给出两种比较典型的进化控制系统结构[19]。

(1) 直接进化控制结构[见图 5-35(a)]。在该结构中,遗传算法直接作用于控制器,构成基于遗传算法优化的进化控制器。通过进化控制器对被控对象进行控制,再通过反馈构成直接进化控制系统。

(2) 间接进化控制结构[见图 5-35(b)]。在该结构中,进化控制器作用于系统模型,再综合系统状态输出与系统模型输出作用于进化控制器,最终通过形成闭环反馈构成间接进化反馈控制系统。

在实际研究和应用中,进化控制系统往往采用混合结构,如进化计算与模糊控制结合、遗传算法与开关控制集成、进化机制与神经网络的综合控制等。

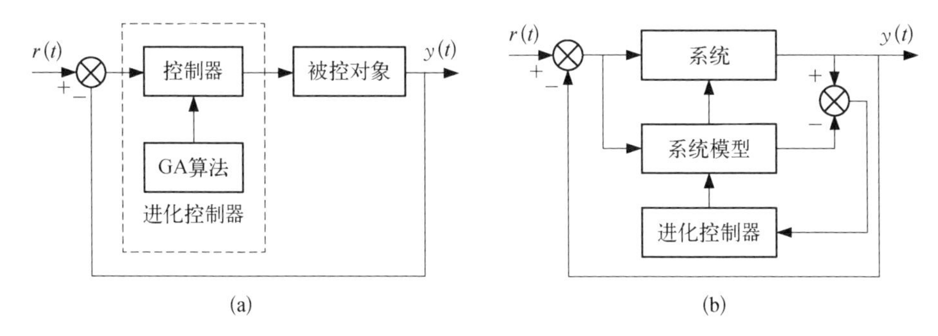

图 5－35　进化控制系统结构

(a) 直接进化控制系统；(b) 间接进化控制系统

5.4.2　进化控制系统设计

进化算法已在工程领域中得到了广泛的应用，如系统建模、分类器设计、电路设计、控制工程等。在控制工程中，该类算法可用于控制器设计、系统模型辨识、控制优化等方面。在进化计算中引入反馈，可构建一种反馈进化控制机制。在进化控制系统中，进化算法通常用于控制器的离线设计与优化，即通过进化算法优化控制器参数或控制器结构。

与图 5－35 中两种基本的进化控制系统结构相对应，进化控制系统的设计方法也可分为两类，即直接设计法和间接设计法。将进化算法用于控制系统的分析和设计，首先必须确定适应度函数和编码方案。下面以遗传算法为例进行说明。

(1) 目标函数的确定。如何将控制系统设计需要解决的问题合理地转化为遗传算法能够处理和解决的优化问题，即目标函数的确定是应用进化算法首先要解决的问题。目标函数的设计必须根据具体应用情况确定，通常可选为实际控制系统某种性能指标和约束条件(如上升时间、超调量、控制器输出、稳态误差等)的加权函数。

(2) 编码方案的确定。在确定了目标函数以后，就需要决定采用什么样的编码方案。编码机制是遗传算法表示优化问题变量的结构基础。编码机制将问题的一个解映射为唯一的染色体串。二进制整数编码和实数编码是常用的两种编码方法。在整数编码中对优化变量进行对数处理能够部分解决变量大范围变化的问题。在编码时，也可以根据具体情况考虑采用加速基因、方向因子、结构控制基因等。

5.4.3 应用实例

本节以4.1.3节中的小型压水堆为例，采用遗传算法优化其蒸汽发生器给水控制系统中的流量PID控制器和压力PID控制器参数。在传统的设计方法中，如果控制系统中包含多个PID控制器，需要按顺序依次设计；前一个PID控制器设计完成后，获得新的系统传递函数，再设计下一个PID控制器。此处利用遗传算法同时对蒸汽发生器给水控制系统中的两个PID控制器进行优化设计，控制系统原理如图5-36所示。从图中可知，该控制系统中共有4个控制器：流量控制器、压力控制器、转速控制器和旁排控制器。转速控制器用来控制阀门压差，旁排控制器用来控制旁排阀，流量控制器和压力控制器最为重要，也是本应用实例的优化设计对象。

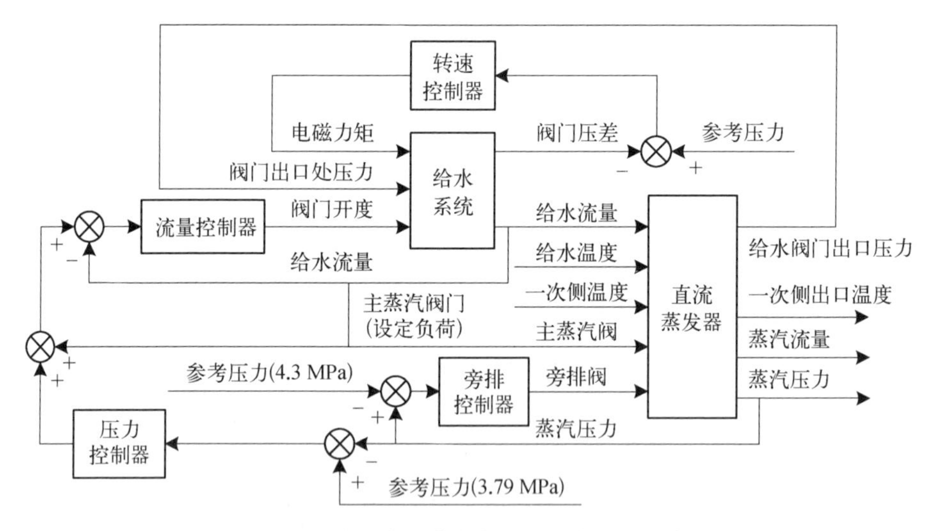

图5-36 小型压水堆直流蒸汽发生器给水控制系统原理框图

图5-36的压力和流量控制器均采用PI控制器，其数学表达式分别为

$$C_{p}(s)=k_{pp}\left(1+\frac{1}{\tau_{ip}s}\right) \tag{5-82}$$

$$C_{fw}(s)=k_{pf}\left(1+\frac{1}{\tau_{if}s}\right) \tag{5-83}$$

式中，k_{pp} 和 k_{pf} 分别为压力和流量控制器的比例系数；τ_{ip} 和 τ_{if} 分别为压力和流量控制器的积分时间常数(s)。

因此，本研究中待优化的控制器参数有 4 个，即 k_{pp}、k_{pf}、τ_{ip} 和 τ_{if}。利用遗传算法优化控制系统参数的流程包括确定编码方法和解码方法；确定个体适应值函数；确定设计遗传算子，包括选择算子、交叉算子和变异算子等；确定遗传算法的运行参数，包括群体大小、终止进化代数、交叉概率、变异概率等。

（1）编码方式。k_{pp}、k_{pf}、τ_{ip} 和 τ_{if} 的取值范围定为 0～200，每个数采用 15 位二进制，因此一段基因一共有 60 位，取值的最小间隔为 $\frac{200}{2^{15}}=6.1\times 10^{-3}$。

（2）个体评价方法。适应值函数为遗传算法的重要组成部分，用来评估这段基因的好坏。由于本研究中蒸汽发生器的控制目标是保持蒸汽压力恒定，因此可以使用蒸汽压力信号来计算这段基因的适应值。具体的适应值计算流程如图 5－37 所示。

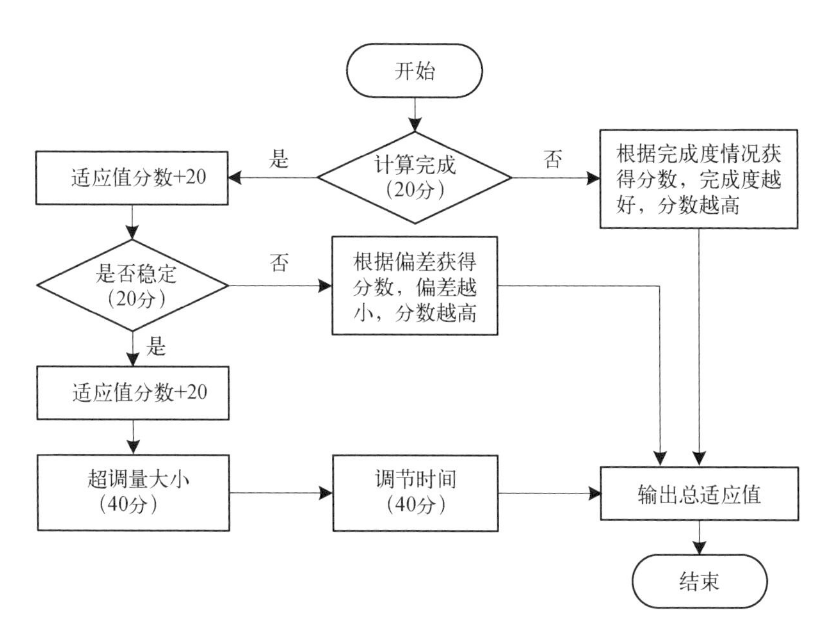

图 5－37　适应值计算流程框图

由图 5－37 可知，适应值从完成情况、稳定情况和性能参数三个方面进行评价，满分为 120 分。120 分意味着调节时间为 0，没有超调量，是最理想的状态。

（3）遗传算子和运行参数。本研究所采用的遗传算法中群体大小为 10，进化代数为 100，交叉概率为 0.60，变异概率为 0.01。在确定了上述基于遗传算法整定 PID 参数的三方面问题之后，具体的控制器设计流程如下：① 随机产生初始种群；② 根据适应值函数，计算种群中每个个体的适应值；③ 采用单点交叉算子进行杂交，按照交叉概率，独立地对选择后的每个母体进行交叉配对，等概率地随机确定 1 个基因位置作为交叉点，把每 1 对母体的两个个体在交叉点分成前后两部分，交换两个个体的后半部分得到两个新个体；④ 利用基本位变异算子实现后代变异，独立地对交叉后的个体进行变异，变异位置和数量随机决定，变异数量最多不超过 10 个，得到下一代种群；⑤ 从种群中选出适应值最大的个体作为本代控制器参数整定结果；⑥ 达到最大进化代数后，从中选择适应值最高的个体的参数作为最终的控制器参数。

图 5-38 展示了在 100 代中，每一代中最好的一个基因的适应值分数，分数越高，代表效果越好。从图中可知，仅经过了 100 代的进化，适应值就达到了 109 的高分，并保持稳定。基于上述优化，最终的压力和流量控制器为

$$C_{\mathrm{p}}(s)=41.8358\times\left(1+\frac{1}{34.5103s}\right) \tag{5-84}$$

$$C_{\mathrm{fw}}(s)=132.5724\times\left(1+\frac{1}{29.0841s}\right) \tag{5-85}$$

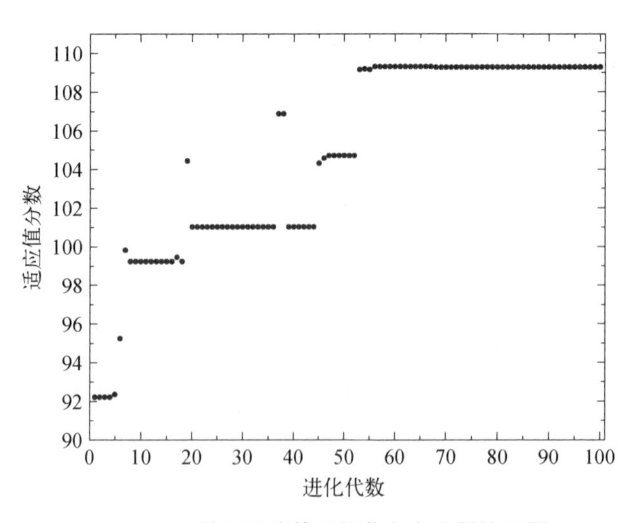

图 5-38 基于遗传算法的蒸汽发生器控制器参数优化的进化过程

而基于传统设计方法[24]得到的上述压力和流量控制器为

$$C_{\mathrm{p}}(s)=17.2\times\left(1+\frac{1}{16.6s}\right) \tag{5-86}$$

$$C_{\mathrm{fw}}(s)=1.35\times\left(1+\frac{1}{4.4s}\right) \tag{5-87}$$

图5-39给出了100%FP～25%FP大范围甩负荷工况下上述两种控制器控制效果的对比，可以看出，采用遗传算法对控制器参数优化之后，蒸汽压力的超调量显著降低、调节时间明显缩短，证明了将进化算法应用于控制器设计的有效性和先进性。

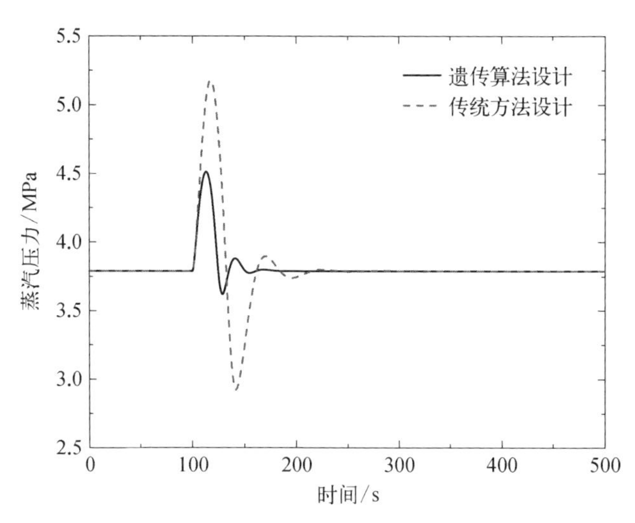

图5-39　采用不同控制器时100%FP～25%FP甩负荷过程中蒸汽压力的动态响应对比

参考文献

[1] 周刚，杨立，张大发. 核动力控制技术及其发展[R]. 中国核科学技术进展报告——中国核学会2009年学术年会论文集(第一卷·第2册)，中国核学会，北京，2009.

[2] Astrom K J. Implementation of an auto-tuner using expert system ideas[R]. Lund University, 1983.

[3] 李琦，程向丽，张猛，等. 电动舵机专家PID控制系统设计[J]. 电子测量技术，2020，43(14)：165-170.

[4] 王耀南. 智能控制系统：模糊逻辑·专家系统·神经网络控制[M]. 长沙：湖南大学出版社，1996.

[5] Zadeh L A. Fuzzy sets[J]. Information and Control, 1965, 8(3), 338-353.

[6] Akin H L, Altin V. Rule-based fuzzy logic controller for a PWR-type nuclear power plant[J]. IEEE Transactions on Nuclear Science, 1991, 38(2): 883-890.

[7] Kim D Y, Seong P H. Fuzzy gain scheduling of velocity PI controller with intelligent learning algorithm for reactor control[J]. Annals of Nuclear Energy, 1997, 24(10): 819 - 827.
[8] Fodil M S, Siarry P, Guely F, et al. A fuzzy rule base for the improved control of a pressurized water nuclear reactor[J]. IEEE Transactions on Fuzzy Systems, 2000, 8(1): 1 - 10.
[9] Iijima T, Nakajima Y, Nishiwaki Y. Application of fuzzy logic control system for reactor feed-water control[J]. Fuzzy Sets and Systems, 1995, 74(1): 61 - 72.
[10] 张化光,孟祥萍. 智能控制基础理论及应用[M]. 北京: 机械工业出版社,2005.
[11] 张乃尧,阎平凡. 神经网络与模糊控制[M]. 北京: 清华大学出版社,1998.
[12] 陈永义. 模糊控制技术及应用实例[M]. 北京: 北京师范大学出版社,1993.
[13] 席爱民. 模糊控制技术[M]. 西安: 西安电子科技大学出版社,2008.
[14] Zadeh L A. Outline of a new approach to the analysis of complex systems and decision processes[J]. IEEE Transactions on Systems Man Cybernetics-Systems, 1973, 3(1): 28 - 44.
[15] 何映思. 模糊控制的模糊推理算法研究[D]. 重庆: 西南师范大学,2005.
[16] 王国俊. 模糊推理的全蕴涵三 I 算法[J]. 中国科学 E 辑,1999,1: 43 - 53.
[17] 张泽旭. 神经网络控制与 MATLAB 仿真[M]. 哈尔滨: 哈尔滨工业大学出版社,2011.
[18] 喻宗泉,喻晗. 神经网络控制[M]. 西安: 西安电子科技大学出版社,2009.
[19] 蔡自兴,余伶俐,肖晓明. 智能控制原理与应用[M]. 北京: 清华大学出版社,2014.
[20] Ewald P W, Sussman J B, Distler M T, et al. Evolutionary control of infectious disease: prospects for vectorborne and waterborne pathogens[J]. Memorias Do Instituto Oswaldo Cruz, 1998, 93(5): 567 - 576.
[21] 周翔. 移动机器人自主导航的进化控制理论及其系统平台的开发与应用研究[D]. 长沙: 中南工业大学,1999.
[22] 郑浩然,何劲松,王煦法. 基于生命期引导的进化控制[J]. 计算机工程与应用,2002, 2: 23 - 24.
[23] 蔡自兴. 人工智能控制[M]. 北京: 化学工业出版社,2005.
[24] 万甲双. 先进小型压水堆控制系统研究[D]. 西安: 西安交通大学,2018.

第6章
小型压水堆复合智能控制

智能控制技术发展了一定的时间，在其实际应用过程中，研究者们发现单一智能技术在应对复杂控制问题时往往达不到预想的控制目标，因此，复合智能控制技术便应运而生。一般来说，复合智能控制包括两大类：第一类是将若干种智能控制方法或机理进行融合，构成混合的智能控制系统或智能控制技术，如模糊神经控制系统、模糊专家系统、基于遗传算法的模糊控制系统等；第二类是将传统的控制方法与智能控制技术相结合形成复合型智能控制器，如神经网络PID控制、模糊PID控制、神经网络最优控制等。本章内容主要阐述第一类复合智能控制在小型压水堆的研究情况。

6.1 模糊神经控制

模糊神经控制是“模糊神经网络控制”的简称，该方法利用了模糊控制和神经网络两者间的互补性和关联性。模糊控制适用于直接表示知识的逻辑，对于不确定性知识的处理能力较强，但本身不具备学习能力；神经网络具有自学习、自适应的能力，但是对于不确定性知识的处理能力较差。因此把模糊控制和神经网络结合起来将具有更好的控制能力。

6.1.1 模糊神经控制基本原理

模糊控制和神经网络主要有三种结合形式：

(1) 利用神经网络对模糊控制的模糊推理过程、结构参数、反模糊过程进行优化，模糊控制自身结构不变；

(2) 在神经网络中利用模糊逻辑方法提高神经网络的学习能力，使神经网络具有处理模糊知识和模糊化输出的能力，神经网络自身结构不变；

(3) 模糊控制和神经网络采用并联式独立工作方式，但是在控制总体上发挥各自优势达到统一控制的目的。

本节所述模糊神经控制器采用第一种形式。

6.1.1.1　模糊推理

模糊推理是对一个特定表述的解释过程，在模糊系统中，使用推理机制完成模糊输入集对所有模糊规则的模式匹配，并结合其响应产生模糊系统输出。

为便于说明模糊推理对应的模糊规则的表达形式，本节再次简要阐述模糊集合和隶属度函数的概念和表达方式。

模糊集合 A 的定义如下[1]。

如果 X 是 x 的集合，则在 X 的模糊集合 A 定义为有序对的集合：

$$A = \{(x,\ \mu_A(x) \mid x \in X)\} \tag{6-1}$$

式中，X 称作论域，由离散对象或连续空间组成。$\mu_A(x)$称为模糊集 A 的隶属度函数，把 X 中每一个元素映射成 0 与 1 之间的隶属度或隶属值。若 $\mu_A(x)$ 接近 1，表示 X 属于 A 的程度高；若 $\mu_A(x)$接近 0，表示 X 属于 A 的程度低。在论域为离散和连续的不同情况下，隶属度函数表示形式会有所不同。当论域离散且元素个数有限的情况下，隶属度函数可以用向量或表格形式表示。当论域连续时，隶属函数常用函数的形式来描述，常见的有三角形、梯形、高斯形等。

目前，在模糊推理方法中，常用的是 Mamdani 型推理和 Takagi - Sugeno 型推理。采用 Takagi - Sugeno(以下简称 T - S)型模糊推理时模糊规则的一般形式如式(6-2)所示。第 k 条规则：

$$\begin{gathered}\text{IF } x_1 \text{ is } A_1^k \text{ and} \ldots \text{ and } x_1 \text{ is } A_l^k \\ \text{THEN } y_{jk} = p_{j0}^k + p_{j1}^k x_1 + \cdots + p_{jl}^k x_l,\quad j = 1,\ 2,\ \cdots,\ m\end{gathered} \tag{6-2}$$

式中，“IF ...”作为前提部分(简称前件)，表示这条规则所描述的情况；“$x_1,\ \cdots,\ x_l$”是语言变量，作为模糊控制器的输入；“$A_1^k,\ \cdots,\ A_l^k$”是模糊集合；“and”是连接词，它的运算将决定这条规则对当前输入的适用度，根据需要可以定义为取最小、乘积等；“THEN ...”作为结论部分(简称后件)，表示这条规则的行为；y_{jk} 是模糊控制器输出；$p_{jl}^k(i = 0,\ 1,\ \cdots,\ l) \in \mathbf{R}$。

从式(6-2)可见，T - S 型模糊推理的结论部分没有采用模糊集合，直接将模糊系统的输入进行线性组合后输出。因此 T-S 型模糊推理系统描述的是系统输入/输出数据之间的数学关系，这一关系通过模糊集合和模糊规则实现连接，并经过模糊推理和结论中的线性组合，最终形成输入/输出之间的线性模型。由于大多数非线性系统可以采用局部线性化的方式建立线性化模型，因此 T-S 型模糊推理更有利于非线性系统的控制器设计。

6.1.1.2　T-S 型模糊神经网络方法

反应堆系统的单模块控制系统一般为多输入、单输出(MISO)型系统，因此本研究采用 MISO 条件下的 T-S 型模糊推理模型。在此条件下，采用式(6-2)所示的模糊规则，若输入量采用单点模糊集合的模糊化方法，则对于给定的输入 x，每条规则的适用度 α_j 可表示为

$$\alpha_j=\mu_{A_1^j}(x_1)\wedge\mu_{A_2^j}(x_2)\wedge\cdots\wedge\mu_{A_l^j}(x_l),\ j=1,\ 2,\ \cdots,\ m \tag{6-3}$$

式中，相关表达式的含义见式(6-1)和式(6-2)。

此时模糊系统的输出为

$$y=\frac{\sum_{j=1}^{m}\alpha_j y_j}{\sum_{j=1}^{m}\alpha_j}=\sum_{j=1}^{m}\bar{\alpha}_j y_j,\quad \bar{\alpha}_j=\frac{\alpha_j}{\sum_{j=1}^{m}\alpha_j} \tag{6-4}$$

式(6-4)表示整个 T-S 型模糊系统的输出量为每条规则输出量的加权平均。

根据 T-S 型模糊推理输入和输出模型的形式，可换一个角度来进行分析：如果认为系统输入都处在一定范围内(实际工程上每个参数均有一定量程)，从而构成一个闭合的模糊空间，那么模糊推理就将其划分成多个区域，即模糊子空间。对于 T-S 型模糊推理系统来说，在每个模糊子空间内，系统的输入/输出关系都可以用一个子线性模型来表示，而对位于不同模糊子空间中的子线性模型，同一输入具有不同的适用度，最终由各个适用度把所有的子线性模型进行加权平均，得到总的输出。这样一来，非线性模型就被分解成多个线性模型的加权组合，系统的输入/输出关系可以得到简化。

进一步来说，假设把整个核反应堆运行范围按照负荷水平分为不同小区间，在每个区间内，相比被控对象的全范围线性模型，可以认为被控对象在该区间上的子线性模型具有更高的近似精度。因此，针对该区间设计的子线性控制器相比针对全范围设计的线性控制器，应该具有更好的控制效果。如果

以保证各个区间上的控制效果为前提，预先设计好各个区间上的子控制器，然后通过T-S型模糊推理系统将几个区间上的子控制器组合成一个模糊控制器，也应当具有与单个控制相当的控制效果，从而使得全范围的整体控制效果得到提高。从模型近似角度来讲，这一方法就是用一个T-S型模糊模型近似多个线性控制器，近似精度越高，模糊控制器的控制性能越好。

T-S型模糊神经网络方法是用神经网络结构方式来表现和求解T-S型模糊推理的方法。为简化描述，假设模糊控制系统为两个输入和一个输出的系统，则设计出的基于T-S型模型的神经网络结构如图6-1所示。

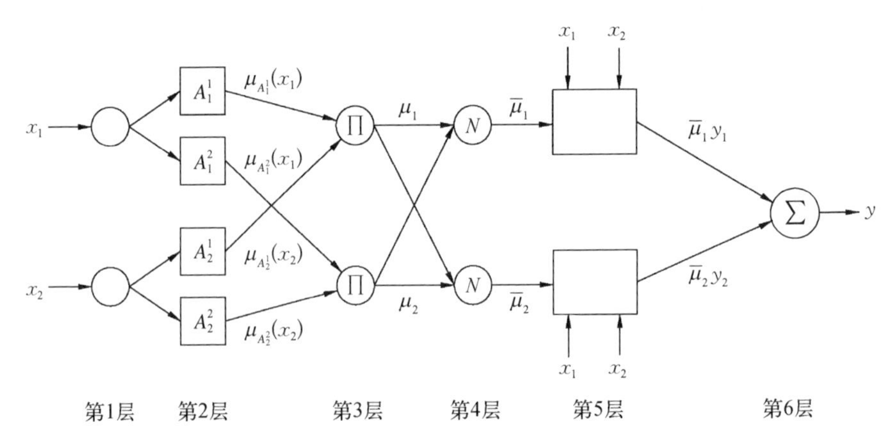

图6-1　基于T-S型模型的模糊神经网络结构图

(1) 第1层，该层节点为输入节点。

(2) 第2层，该层的每一个节点为前件中隶属函数$\mu_{A_i^j}(x_i)$，其输出确定了给定的x_i满足A_i^j的程度。

(3) 第3层，在该层节点把输入信号相乘，并输出乘积，表示规则的激励强度。

(4) 第4层，该层的节点标记为N，用于计算规则的归一化激励强度，即计算第j条规则激励强度与所有规则激励强度的比值，$\bar{\mu}_j=\mu_j/[\mu_{A_1^j}(x_1)+\mu_{A_2^j}(x_2)]$。

(5) 第5层，该层节点计算加权的结论值$\bar{\mu}_j y_j=\bar{\mu}_j(a_0^j+a_1^j x_1+a_2^j x_2)$，此处的$\{a_0^j,\ a_1^j,\ a_2^j\}$为需要调节的参数集，即模糊规则后件参数集。

(6) 第6层，该层有唯一节点，它把输入信号求和，获得整个系统的最终推理结果。

综上所述，对于类似图 6-1 所示的 T-S 型模糊神经网络，在各输入分量的模糊分割数(决定于每个语言变量取值的模糊名称的个数)已经确定的情况下，在得到数据训练样本后，需要学习的参数主要是网络第 2 层前件隶属函数的几何参数和网络第 5 层后件参数(组合系数)。一旦通过学习算法获得上述参数后，也就确定了 T-S 型模糊神经控制器的参数。

6.1.2 模糊神经控制系统设计

下面将从基于输入/输出数据集的 T-S 型模糊神经应用方法，输入/输出数据集获取，以及 T-S 型模糊神经控制器设计三部分来阐述模糊神经控制系统设计过程。

6.1.2.1 基于输入/输出数据集的 T-S 型模糊神经应用方法

在小型压水堆控制系统设计过程中，由于小型反应堆运行特性和大型核电厂存在差别，无法直接获取成熟的运行经验及操作知识以定义模糊规则，同时在反应堆未投运前也不可能获取现场数据。在这种情况下，可以考虑采用设计仿真方法，获得在不同运行工况下系统的输入/输出数据。与传统模糊系统相比，T-S 型模糊神经系统在数据处理方面有更灵活的一面。传统模糊系统的模糊集合与模糊推理机制由设计者预先指定好，输入数据经过它的处理后产生输出，而 T-S 型模糊神经系统的模糊集合在很大程度上是从对输入数据的挖掘分析和学习中产生的，其模糊推理的过程利用某种学习算法来完成，从而以“机器学习”的方式生成对当前输入/输出数据集的 T-S 型模糊模型描述。基于输入/输出数据集的 T-S 型模糊神经应用方法包括三个关键因素，即获取输入/输出数据集、生成模糊集合、控制器参数的学习。

6.1.2.2 有效获取输入/输出数据集

无论是被控对象还是控制器，从数据流的角度来说都可看作将输入数据进行处理后输出，因而在系统运行过程中采用仿真方法采集到的输入/输出数据，就可以描述这一处理过程的内涵和特征。如果以一定方法，对输入/输出数据进行“辨识”，那么辨识得到的数学模型就可作为被控对象或者控制器的数学模型，并且这一模型正是适用于控制系统设计的。输入/输出数据集所涵盖的运行范围越广，辨识所得数学模型的适用范围也越广。如果无法用一个模型对全工况的输入/输出数据进行完整描述，那么通过在全工况内不同区间上，对该区间的输入/输出数据进行辨识，所得到的多个系统子模型同样可以描述系统的整个运行工况。需要注意的是，用于辨识模型的各个分量可能处在彼此相差很大的数据范围内(物理量的数量级不同),比如一个阀门的开度和它的流量,处在小范围内的分量其变化幅度也小,而处在大范围内的分量其变化幅度可能很大。这就需要对各分量进行归一化处理,使之处于近似的范围内,保证辨识过程和所得模型对大幅度变化的分量和小幅度变化的分量具有相近的敏感度。

1) 生成模糊集合

传统的模糊系统中,模糊集合是由设计者给定的,主要是对人类的思维和行为模式的一种定量描述,而 T-S 型模糊神经系统的模糊集合主要是对输入数据及其中各分量关系的一种定量描述。网格划分法是最常用的一种方法,它将各输入分量所处的范围划分成多个子区间,并且数据越稠密、变化越激烈的区域,划分出的区间也越多;模糊集合的中心部分(隶属度为 1)位于该区间内,并且每个子区间只设置一个模糊集合。这样一来,整个输入数据集在其所处范围内被进行了模糊划分,数据越稠密的区域会分布越多的模糊集合,从而能够更细致地描述这一区域内输入数据与各模糊集合的隶属度关系,最后得到更多的模糊规则,使模糊推理所覆盖的工况更加完整,以满足模糊控制系统的完备性要求。

2) 参数的学习

将输入数据集进行模糊划分生成模糊集合后,T-S 型模糊神经模型的结构基本建立,其模糊规则的前提部分已经基本确定,而结论部分线性表达式的系数并没有给出。一般可以对这些系数进行简单初始化,再通过学习算法调整它们的值,学习的样本就是根据前述方法所获取的输入/输出数据,并且在输入数据集上,以所建 T-S 型模糊神经模型输出与真实输出的近似程度作为优化目标,最终的训练结果是使 T-S 型模糊神经模型与被控对象或者原控制器在相同输入数据集上的输出具有满意的近似精度。也就是说,可以用 T-S 型模糊神经模型来定量描述被控对象或原控制器。常用的学习算法为神经网络中常采用的梯度法,即基于梯度下降原理,使参数的调整向着性能指标最小化的方向进行,其中最小二乘法和误差反传法比较典型,而一并使用两种方法的“混合算法”,可以在利用最小二乘法调整结论部分线性系数的同时,对前提部分模糊集合的参数使用误差反传法进行调整,从而更有效地提高近似精度。

6.1.2.3 T-S 型模糊神经控制器设计

基于 T-S 型模糊神经方法的控制系统的设计步骤如下。

1）输入/输出变量的确定

设计T－S型模糊神经控制系统首先要根据被控对象运行特性和控制系统控制目标选择合适的输入/输出变量。在采用T－S型模糊神经控制系统替代传统的PID控制系统时，可参考原有控制系统的输入变量和输出变量情况，确定T－S型模糊控制系统的输入/输出变量。

如某小型压水堆的反应堆功率调节系统采用冷却剂平均温度为主控制量，二回路蒸汽流量作为前馈输入，输出是控制棒的棒速。此控制系统中，比较关注的是平均温度的瞬态和稳态指标。在设计该小型堆的反应堆功率调节系统T－S型模糊控制器时，在不改变原反应堆功率调节系统整体结构和不增加系统输入信号的前提下，设计的T－S型模糊神经控制器的输入为平均温度偏差(ET)、平均温度偏差微分[d(ET)/dt]、平均温度偏差的积分[int(ET)]和二回路蒸汽流量(F_S)，而输出控制量(u)即是控制棒棒速V。

2）基于控制对象运行工况范围的模糊区间划分

在确定模糊神经控制器基本输入/输出变量的基础上，需要获取输入/输出的数据进行控制器参数的训练。如前所述，考虑在控制对象运行的全工况范围内都能获得相应的数据进行模型的训练，此时应根据控制对象运行工况进行模糊区间划分。

如某小型压水反应堆功率调节系统的自动控制范围为20%FP～100%FP，可根据此运行范围进行模糊区间划分，按照功率大小分为若干个功率区间，代表高、中、低不同功率区间的情况。

3）工况子区间上输入/输出学习样本的获取

为获得较好的训练效果，所得到的学习样本应能反映控制系统输入变量和输出变量间较为合适的内在关系。在采用仿真数据作为训练数据的方式下，可以在划分多个模糊区间的基础上，在子区间内优化采用传统PID控制模式的控制方案，并利用优化后的控制方案，在相应区间内进行瞬态仿真，获得输入/输出的学习样本。

4）学习样本的模糊化变化

采用上述步骤获得的输入/输出学习数据中的参数变化范围为其实际的物理量的论域，如温度偏差变化ET为－2.5～3 ℃，温度偏差积分量的变化范围为－250～900 ℃。在设计模糊控制器时，进入模糊控制器的参量需要经过模糊化变换映射到模糊论域上。把输入参量从物理论域变换到模糊论域上的变换系数称为量化因子。根据模糊控制理论，若实际输入量的物理论域为

$[X_{\min}, X_{\max}]$，选定的模糊论域为$[U_{\min}, U_{\max}]$，在采用线性变换的情况下，量化因子 k 的计算式如下：

$$k=(U_{\max}-U_{\min})/(X_{\max}-X_{\min}) \tag{6-5}$$

若实际输入量为 x，则从物理论域变换到模糊论域后的输入量 x^* 为

$$x^*=\frac{U_{\min}+U_{\max}}{2}+k\left(x-\frac{X_{\min}+X_{\max}}{2}\right) \tag{6-6}$$

5）生成模糊集合

在完成参数的模糊化变化并映射到相应的模糊论域上后，需要生成初始的模糊集合。模糊集合的形式可采用三角形模糊集合、梯形模糊集合等多种形式。选定模糊集合形式并确定模糊区间后，根据输入变量的个数可以得到模糊神经控制器的模糊规则、前件参数、后件参数的具体数目。

6）模糊神经控制器对训练数据的学习

模糊神经控制器对训练数据的学习过程即控制器的模糊规则的生成过程。如式(6-4)所示，模糊神经控制器的输出为其输入的线性组合，线性系数即为模糊系统的后件参数。为便于说明，设某反应堆功率调节模糊神经控制器有 4 个输入、1 个输出。输入为平均温度偏差(ET)、平均温度偏差微分[d(ET)/dt]、平均温度偏差的积分[int(ET)]和二回路蒸汽流量(F_S)，而输出控制量(u)为控制棒棒速 V。模糊规则为 32 条，则线性系数共有 32 组，每组系数为 5 个，即$[c_k, p_k, q_k, r_k, s_k]$($k=1, \cdots, 32$)组成的数据对。模糊神经控制器通过对训练数据的学习，将最终获得这些线性系数的值。其中后件参数采用的学习算法简述如下。

为便于数学表达，设后件参数$[c_k, p_k, q_k, r_k, s_k]=w_k$　($k=1, 2, \cdots, 32$)。

前件参数为输入变量的集合，表示为$[\mathrm{ET}, \mathrm{int(ET)}, \mathrm{d(ET)}/\mathrm{d}t, F_S]=x_i$，$i=1, 2, 3, 4$。

取误差代价函数为

$$E=(u_d-u)^2/2 \tag{6-7}$$

式中，u_d 和 u 分别表示期望输出和实际输出。神经网络方法将先利用误差反传法计算 $\frac{\partial E}{\partial w_k}$，然后利用一阶梯度寻优计算 w_k。

$$\frac{\partial E}{\partial w_k}=\frac{\partial E}{\partial u}\frac{\partial u}{\partial u_k}\frac{\partial u_k}{\partial w_k}=-(u_{\mathrm{d}}-u)\bar{\alpha}_j x_i \tag{6-8}$$

式中，$\bar{\alpha}_j$ 的含义可参见式(6－4)，根据神经网络 BP 算法，设学习率为 β，可得到后件参数计算公式为

$$w_k(l+1)=w_k(l)-\beta\frac{\partial E}{\partial w_k}=w_k(l)+\beta(u_{\mathrm{d}}-u)\bar{\alpha}_j x_i \tag{6-9}$$

在采用仿真计算得到的大量输入/输出训练数据进行模糊神经控制器学习的情况下，是不大可能采用上述计算方法通过手工计算得到模糊控制器的后件参数和前件模糊集合的几何参数的，必须利用计算机仿真工具进行求解。

6.1.3 应用实例

本节在前面阐述模糊神经控制器设计方法的基础上，以小型压水堆为例说明其具体应用过程。

目前的小型压水堆多为一体化反应堆，采用直流蒸汽发生器(OTSG)。由于 OTSG 具有二次侧水容积小、蓄热能力较低的特点，使其给水控制系统的设计面临如下问题：

(1) 在外部负荷变化下，OTSG 中过热蒸汽的压力将迅速变化，要求给水流量必须快速跟踪负荷的变化，否则蒸汽品质便无法达到设计要求。

(2) 反应堆一侧的冷却剂蓄热量大，在发生快速工况变化时，如果反应堆热功率和 OTSG 给水量之间不能有效匹配，不仅会影响蒸汽品质，还可能使反应堆相关参数发生振荡。

因此，本节以某小型压水堆直流蒸汽发生器给水控制系统为研究对象，设计模糊神经控制器，验证模糊神经控制器的控制效果。

6.1.3.1 OTSG 模糊神经给水控制器输入/输出变量确定

根据某小型压水堆运行需求，OTSG 给水控制系统的主控制量为蒸汽压力，控制系统需要使蒸汽压力保持在规定范围内。根据理论分析结果，控制系统采用三冲量控制方式，即控制输入变量为蒸汽流量 F_{S}、给水流量 F_{W} 和蒸汽压力 P_{S}；控制输出变量为给水调节阀开度。在采用传统 PID 控制方法时，给水控制系统控制原理如图 6－2 所示，其中 P 为蒸汽压力定值，V_0 为给水流量需求信号。

图 6－2 中给水阀调节单元根据给水流量需求信号改变给水调节阀打开

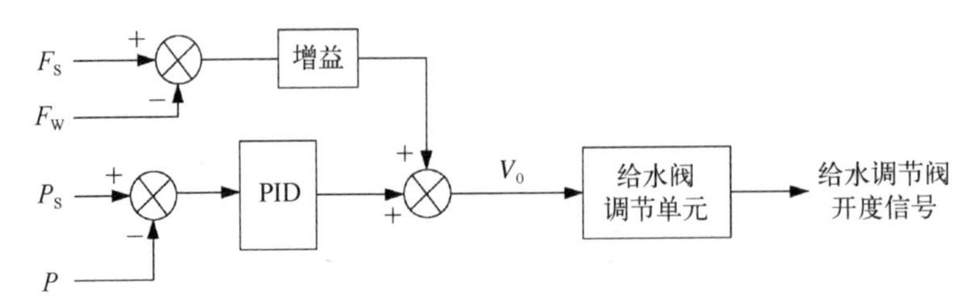

图 6-2 OTSG 给水控制原理图

或关闭的速度，并输出给水调节阀开度信号。由于给水调节阀实际能达到的关闭或打开速度受其固有结构的限制，因此该调节单元的响应特性不受控制系统结构的影响。基于此分析，在不改变原控制系统方案主结构的条件下，OTSG 模糊神经控制器的输入变量为蒸汽流量和给水流量间的流量偏差信号(EF)、蒸汽压力设定值和蒸汽压力测量值间的压力偏差信号(EP)、压力偏差信号的累积量[int(EP)]和压力偏差变化率[d(EP)]，模糊神经控制器的输出变量为 V_0。设计的 OTSG 模糊神经给水控制系统原理如图 6-3 所示。

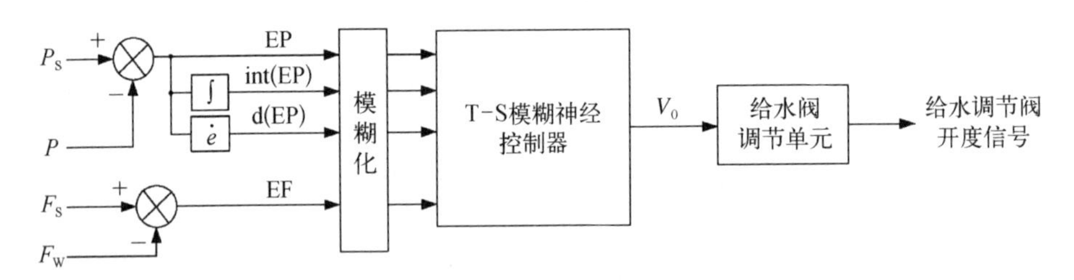

图 6-3 OTSG 模糊神经给水控制原理框图

设模糊神经控制器的输入向量 $\boldsymbol{x}=[\mathrm{EP},\ \mathrm{int(EP)},\ \mathrm{d(EP)},\ \mathrm{EF}]=[x_1,\ x_2,\ \cdots,\ x_n]^{\mathrm{T}}$，并设 $T(x_i)=\{A_i^1,\ \cdots,\ A_i^m\}$，其中 $A_i^j(j=1,\ \cdots,\ m_i)$ 是 x_i 的第 j 个语言变量值。上述 4 个输入变量均采用“正(P)”“负(N)”两个语言变量值，因此输入变量数 $n=4$；模糊分割数 $m_i=2$。输入变量模糊化时的隶属度均采用如下的梯形隶属度函数：

$$\mu_{A_{i,j}}(x_i)=\begin{cases}\dfrac{x_i-a_{i,j}}{b_{i,j}-a_{i,j}}, & a_{i,j}<x_i<b_{i,j}\\ 1, & b_{i,j}<x_i<c_{i,j}\\ \dfrac{d_{i,j}-x_i}{d_{i,j}-c_{i,j}}, & c_{i,j}<x_i<d_{i,j}\\ 0, & x_i\ \text{为其他值}\end{cases} \tag{6-10}$$

式中，$a_{i,j}$、$b_{i,j}$、$c_{i,j}$、$d_{i,j}$ 均为梯形隶属度函数的几何结构参数，$i=1, \cdots, n$；j 的取值同 i，则 OTSG 模糊神经控制器的结构如图 6-4 所示。

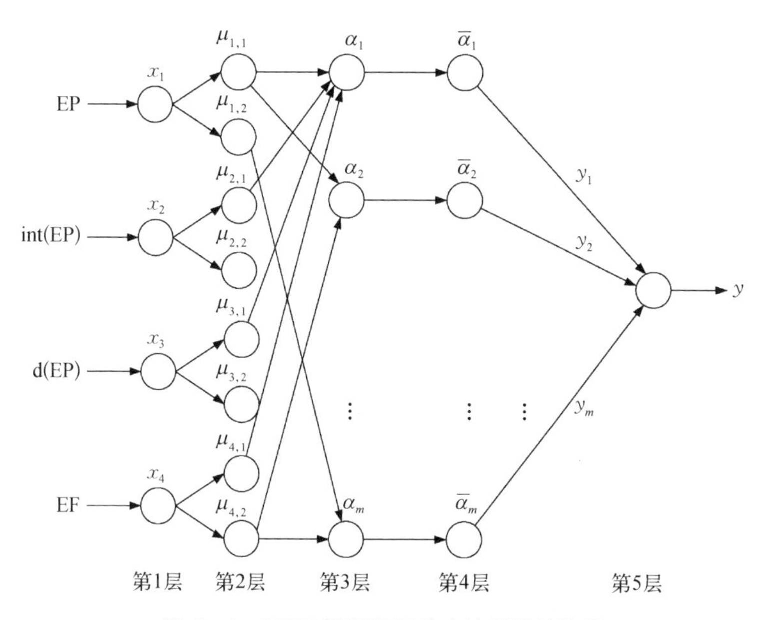

图 6-4　OTSG 模糊神经给水控制器结构图

如前所述，采用图 6-4 所示的 T-S 型模糊神经网络时，若各输入分量的模糊分割数已经确定，需要根据学习样本学习的参数，主要包括第 2 层隶属函数的几何参数值 $a_{i,j}$、$b_{i,j}$、$c_{i,j}$、$d_{i,j}$ 和第 5 层后件的线性系数 c_k、p_k、q_k、r_k、s_k（系数定义见 6.1.3.5 节）。一旦通过学习算法获得上述参数后，就可确定设计的 OTSG 模糊神经控制器的参数。

6.1.3.2　运行工况的模糊区间划分

按某小型压水堆控制系统总体设计要求，OTSG 给水控制系统投入自动运行的范围为 15%FP～100%FP。在设计模糊控制器时，考虑到工况边界的覆盖性，可将工况区间略向下扩展，即低功率区扩展至 10%FP，整个工况范围为 10%FP～100%FP。对 10%FP～100%FP 的工况范围进行模糊划分，采用梯形模糊隶属度函数，分为 6 个功率区间：L1 区至 L6 区，分别代表低、中低、中、中高、高、高高功率区运行的情况，且相邻区域之间两两重叠，如图 6-5 所示。

从图 6-5 可见，从 10%～100% 额定功率的功率运行范围可划分为 6 个运行工作子区间：L1（10%FP～25%FP）、L2（20%FP～35%FP）、L3（30%FP～65%FP）、L4（60%FP～75%FP）、L5（70%FP～85%FP）和 L6

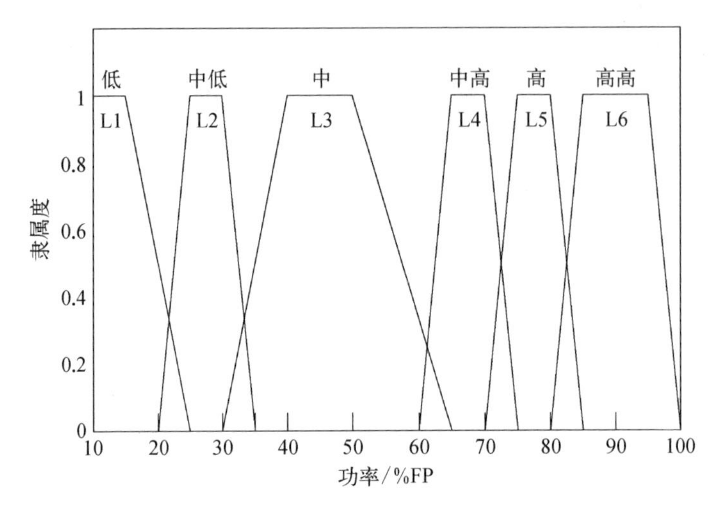

图 6－5　工况的模糊区间划分示意图

(80%FP～100%FP)。在划分区间时，区域边界两两重叠，使得最终得到的模糊神经控制器输出在跨区间处平稳过渡，并保证学习样本满足模糊规则的完备性要求。

6.1.3.3　输入/输出学习样本的获取及模糊化变换

在确定图 6－5 所示的工况区间基础上，采用工程整定法优化这些区间内 OTSG 给水控制系统在采用 PID 控制方案时的控制参数。在完成每个区间内的 PID 控制参数优化后，可采用仿真方式获得相应的学习样本。

根据控制器输入/输出变量的选取情况，构成模糊神经控制器参数学习样本所需的数据是在各个功率区间运行时，输入变量和输出变量组成的数据对。在每一个工况区间，为获取更多和更为有效的学习样本，采用了以下两种方式进行仿真试验。

方式 1：在工况区间选定一初始负荷点，进行负荷阶跃变化，阶跃变化幅值固定(如 5%FP)，按此条件进行瞬态仿真试验并收集数据。

方式 2：在工况区间选定一初始负荷点，进行负荷阶跃变化，阶跃变化幅值随机确定(最大不超过设定限值)，按此条件进行瞬态仿真试验并收集数据。

按照上述方式，通过瞬态仿真后获得了一定数量的学习样本。为便于设计的模糊神经控制器对获得的输入/输出学习样本进行有效学习，将模糊控制器的所有输入/输出变量的模糊论域定义到(－2, 2)的范围内，按式(6－5)和式(6－6)对得到的训练数据进行模糊化变换以映射到模糊论域上，从而获得训练所需的学习数据。

6.1.3.4　模糊集合的生成

如前所述，OTSG 模糊神经控制器 4 个输入变量的模糊集合均采用式(6-10)所示的梯形模糊集合的形式，同时 4 个输入变量的模糊集合均分为“负”“正”两个子区间。

4 个输入变量的初始梯形模糊集合参数[a b c d]设定如下。

EP：[−3　−2　−0.4　0.1]“负”

　　[−0.1　0.3　2　3]“正”

d(EP)/dt：[−3　−2　−0.2　0.1]“负”

　　[−0.1　0.25　2 3]“正”

int(EP)：[−3　−2　−0.5　0.1]“负”

　　[−0.1　0.08　2　3.5]“正”

EF：[−3.5　−2.5　−1.8　0.2]“负”

　　[−0.2　1.8　2　5.4]“正”

所设计的模糊神经控制器的模糊规则数目为 2×2×2×2＝16(条)，前件参数共(2＋2＋2＋2)×4＝32(个)，后件参数共 16×5＝80(个)。利用 MATLAB 模糊控制工具箱，对初始设计的模糊神经控制器建立系统模型。输入学习样本，采取网格划分的方法对初始模糊系统结构和参数进行调整和优化，经过网格划分后，优化后的各模糊集合参数[a b c d]如下。

EP：[−2.35　−1.617　−0.517 7　0.215 3]“负”

　　[−0.517 7　0.215 3　1.315　2.048]“正”

d(EP)/dt：[−3.001　−1.947　−0.364 4　0.690 3]“负”

　　[−0.364 4　0.690 3　2.272　3.327]“正”

int(EP)：[−3.234　−2.412　−1.179　−0.356 2]“负”

　　[−1.179　−0.356 2　0.877 2　1.699]“正”

EF：[−2.209　−1.252　0.183 4　1.14]“负”

　　[0.183 4　1.14　2.575　3.532]“正”

可以看到，通过有效的网格划分，输入集合按照学习样本中输入数据的实际分布情况进行了优化。通过数据比较，优化后的输入模糊集合中 EP、d(EP)/dt 和初始模糊集合相差不多，但 EF、int(EP)的初始模糊集合与优化后的模糊集合差异较大。这恰恰说明，如果不采用网格划分方式使得输入参数隶属度函数曲线在确保覆盖整个输入空间的基础上进行均匀分割，而直接采用初始假设进行模糊神经控制器学习，那么在数据实际分布和假设相差较大的情况下,将可能影响学习的精度和学习的速度。

6.1.3.5 模糊神经控制器对训练数据的学习

如前所述,OTSG 给水控制系统模糊神经控制器的输入参量设定为蒸汽-给水流量失配信号(EF)、压力设定值和压力测量值间的压力差(EP)、压力差微分[d(EP)/dt]和压力差积分[int(EP)],控制器输出 u 为给水阀速度单元前端信号 V_0。将该控制器写成线性组合的形式,即

$$u = V_0 = p\mathrm{EP} + q\,\mathrm{int}(\mathrm{EP}) + r\,\mathrm{d}(\mathrm{EP})/\mathrm{d}t + s\mathrm{EF} \tag{6-11}$$

考虑加入常数补偿项 C,以产生微调的作用,从而对式(6-11)进行优化。则 OTSG 给水控制系统建立的 T-S 型模糊神经控制器模型的输入为 EP、int(EP)、d(EP)/dt 及 EF,输出为 u,模糊规则具有如下形式:

$$\begin{aligned}&\text{Rule } k\text{: IF EP is } A_1^k \text{ and int EP is } A_2^k \text{ and d(EP)/d}t \text{ is } A_3^k \text{ and EF is } A_4^k\\&\text{THEN } u_k = c_k + p_k\mathrm{EP} + q_k\mathrm{int}(\mathrm{EP}) + r_k\mathrm{d}(\mathrm{EP})/\mathrm{d}t + s_k\mathrm{EF}\quad (k = 1, \cdots, K)\end{aligned} \tag{6-12}$$

由于 OTSG 给水控制系统模糊神经控制器的模糊规则为 16 条,则线性系数共有 16 组,每组系数为 5 个,即 $[c_k, p_k, q_k, r_k, s_k]$($k = 1, \cdots, 16$) 组成的数据对。模糊神经控制器通过对训练数据的学习,将最终获得这些线性系数的值。学习可利用 MATLAB 程序模糊逻辑工具箱的训练功能,基于收集的训练数据,利用混合算法分别通过误差反传法和最小二乘法对上述控制输入的模糊集合参数和控制输出的线性系数进行优化。

经过学习以后,设计的模糊神经控制器的输入模糊集合参数进一步得到优化,其参数[a b c d]如下。

EP:[−2.35 −1.617 −0.516 3 0.199 1]“负”

[−0.518 3 0.216 6 1.315 2.048]“正”

d(EP)/dt:[−3.001 −1.947 −0.364 5 0.690 2]“负”

[−0.364 1 0.690 3 2.272 3.327]“正”

int(EP):[−3.234 −2.412 −1.169 −0.322 7]“负”

[−1.179 −0.346 4 0.877 2 1.699]“正”

EF:[−2.209 −1.252 0.183 2 1.141]“负”

[0.138 8 1.14 2.575 3.532]“正”

同样,模糊神经控制器模糊规则中的线性系数经过学习,也分别得到了其优化值。

6.1.3.6　仿真验证

采用仿真程序对设计的T-S型模糊神经给水控制器的控制效果进行瞬态工况仿真验证。选取的工况为从20%FP线性升负荷至100%FP；从100%FP线性降负荷至20%FP；从100%FP甩负荷至17%FP。

图6-6～图6-8给出了上面3种工况下分别采用模糊神经控制器和PID控制器时，蒸汽压力测量值和蒸汽压力设定值间差值信号ΔP随时间变化的曲线。

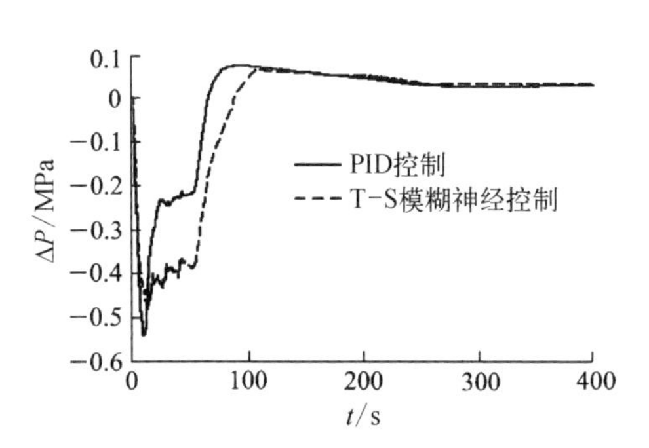

图6-6　20%FP线性升负荷至100%FP时的蒸汽压力曲线

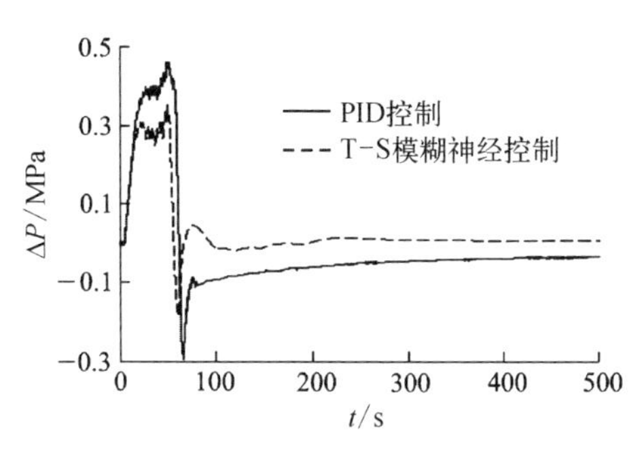

图6-7　100%FP线性降负荷至20%FP时的蒸汽压力曲线

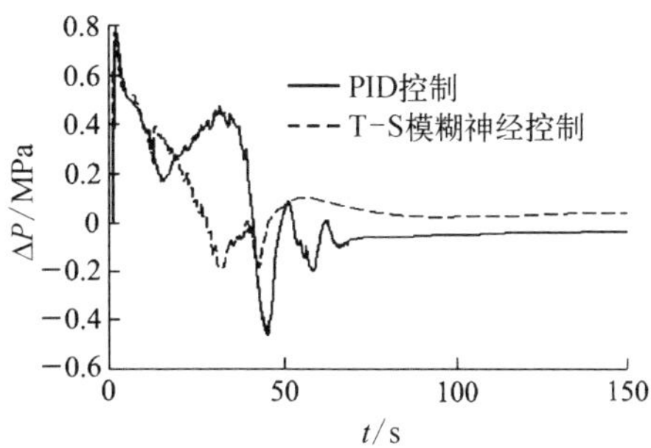

图6-8　从100%FP甩负荷至17%FP时的蒸汽压力曲线

从图6-6～图6-8的仿真结果可见，与采用PID控制器相比，采用T-S型模糊神经控制器可在线性升降负荷和甩负荷等工况下更好地控制OTSG蒸汽压力，在调节时间、超调量和稳态误差等指标上优于PID控制，T-S型模糊神经控制方法显示了良好的应用前景。

6.2　进化模糊控制

模糊控制系统的精度在很大程度上取决于其模糊控制规则的好坏，若能采用优化算法对模糊控制规则进行优化，可极大改善模糊控制的精度。进化算法是基于生物进化思想发展起来的一类智能计算方法，包括遗传算法、遗传规划、进化策略以及进化规划等，具有广泛的适用性。本节将介绍结合进化算法和模糊控制原理形成的进化模糊控制系统。

6.2.1 进化模糊控制系统设计

模糊控制规则与隶属度函数都将决定模糊控制器控制性能的好坏，传统模糊控制规则与隶属度函数的选择主要依赖专家经验。但对于复杂控制系统而言，经验有时难以转化成采用 if-then 表示的模糊控制规则，此时需要找寻新的方法，以实现模糊控制规则的自生成与自调整。将进化算法与模糊控制器相结合组成进化模糊控制器就是其中的一种方法。其中，基于遗传算法的进化模糊 PID 控制器原理如图 6－9 所示。与常规模糊 PID 控制器相比，该进化模糊 PID 控制器通过遗传算法实现模糊控制规则与隶属度函数的在线或离线生成，也意味着进化模糊 PID 控制器设计的主要工作就是如何利用遗传算法优化模糊规则或隶属函数。

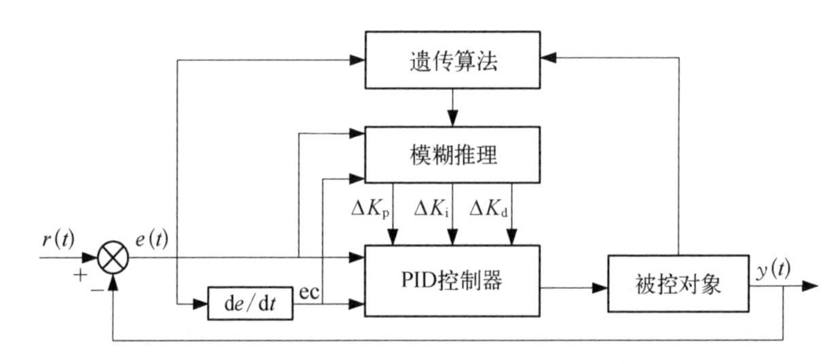

图 6－9　基于遗传算法优化的进化模糊 PID 控制系统原理框图

基于遗传算法的模糊规则的在线学习步骤如下：

（1）对模糊规则库进行编码；

（2）初始化群体，生成初代种群；

（3）确立适应度函数，计算个体的适应度；

（4）从种群中按照设定比例选择相应数量的个体参与选择/重组/变异过程；

（5）统计进化结果后，让种群所有个体直接进入下一代；

（6）解码输出参数，若找到最优个体则更新 PID 参数，并结束流程，否则转步骤(3)。

进化模糊控制系统中关键设计的操作步骤如下面两节所述。

6.2.1.1　编码

因为遗传算子只能对位串编码进行选择、重组和变异操作，所以需要对模糊规则进行编码。模糊规则的编码策略有二进制编码和整数编码等,下面采用二进制编码对模糊规则库进行编码。

此处采用五段式隶属度函数的模糊推理系统,其模糊集合中共有五个模糊语言,即

$$\{NL, NS, ZO, PS, PL\} \tag{6-13}$$

将其转化成3位二进制编码,可得

$$\{000, 001, 010, 011, 100\} \tag{6-14}$$

在完成模糊规则编码后,即可生成前文所述的初代种群。在编码过程中,要注意摒弃无用规则。其中,无用规则是指那些冗余的或对控制性能影响很小以及那些缺乏良好定义、引起冲突以致损坏控制性能的规则。

6.2.1.2　相关参数的设定

在正式执行进化计算前,必须提前确立一部分关键参数,这些参数的可靠性会影响整个优化系统的优化性能与正确性,因此在设定前需仔细考虑再做出决定。

1) 初始种群规模

本节所应用的模糊控制器中,输入参数有两个,分别为偏差 e 与偏差变化率 de/dt(记为 ec),经模糊控制器处理后的输出参数有三个,分别为 ΔK_p、ΔK_i、ΔK_d。又因为采用的是五段式隶属度函数,所以模糊推理系统共有75(5×5×3)条控制规则,生成的初代种群个体位串应为225位二进制编码。

为了减少计算量,种群规模不宜过大,同时,为了保证种群进化过程的合理性,规模也不宜过小。因此在权衡算法的计算效果与计算速度后,本节中规定群体规模 N 为30。同时,为防止搜索陷入局部解,影响解的质量,可采用适当增大进化次数等措施使每个个体都具备作为最优个体的可能。

2) 遗传算子设计

遗传算子包括选择算子、重组因子与变异因子。其中,选择算子会选择每一代中适应度处于前80%的个体遗传至下一代,去掉后20%的个体。前者还会产生20%的个体用来弥补个体数目的损失。重组算子选择的是单点重组,重组率为70%。变异算子选用离散变异,变异率取3%。此外,本节的遗传代数取值为30,所谓的遗传代数即图6-9中整个循环流程的次数。

3) 适应度函数的确立

遗传算法使用一个适应度函数来评估每个个体适合给定目标的程度。个体的适应度是通过个体的偏差函数来计算的,偏差越低的个体适应度越高。

以压水堆U形管蒸汽发生器液位控制为例，控制目标为保持液位恒定，由于其在输入变量阶跃变化瞬态过程中液位会在设定值上下波动，因此，偏差函数可由以下三个方程定义：

$$e_1=\int_0^T |y_d(t)-y(t)| dt \tag{6-15}$$

$$e_2=\int_0^T |\min\{y(t)-y_d(t), 0\}| dt \tag{6-16}$$

$$e_3=\int_o^T |\max\{y(t)-y_d(t), 0\}| dt \tag{6-17}$$

式中，$y_d(t)$和$y(t)$分别为预设的阶跃响应和实际输出响应；t为仿真时间(s)；e_1、e_2和e_3分别是绝对误差的总和、下冲绝对值和过冲绝对值[2]。在此基础上，可定义如下适应度函数：

$$F=\exp\left(\frac{\delta-e_t}{\rho}\right) \tag{6-18}$$

$$e_t=\alpha e_1+\beta e_2+\gamma e_3 \tag{6-19}$$

式中，e_t为总加权误差；α、β和γ为权重系数；δ和ρ为归一化系数。

6.2.2 应用实例

本节在前面阐述的进化模糊控制方法的基础上，以某反应堆的U形管自然循环蒸汽发生器为例，设计基于遗传算法优化的进化模糊PID液位控制器；再在额定工况下，对相关参量引入阶跃变化，将所设计的进化模糊控制器的控制性能与传统的模糊PID控制器进行对比分析。下面分别介绍进化模糊PID控制器设计的关键过程与仿真结果。

1) 适应度曲线

图6-10所示为适应度随遗传代数变化的曲线，可见适应度随着代数增加而不断增加，前几代增加迅速，随后增速放缓，最后在15代以后趋于稳定，即代表算法已经收敛。

2) 控制规则表

遗传算法的优化本质就是扩充既有的模糊控制规则库，在更多的模糊控制规则中选择性能更为优越的模糊控制语句来提升模糊控制系统的整体性能，从而达到优化的目的。经遗传算法优化过后的模糊控制规则表如表6-1～表6-3所示，其中ΔK_p、ΔK_i和ΔK_d为该UTSG液位PID控制器参数的调整量。

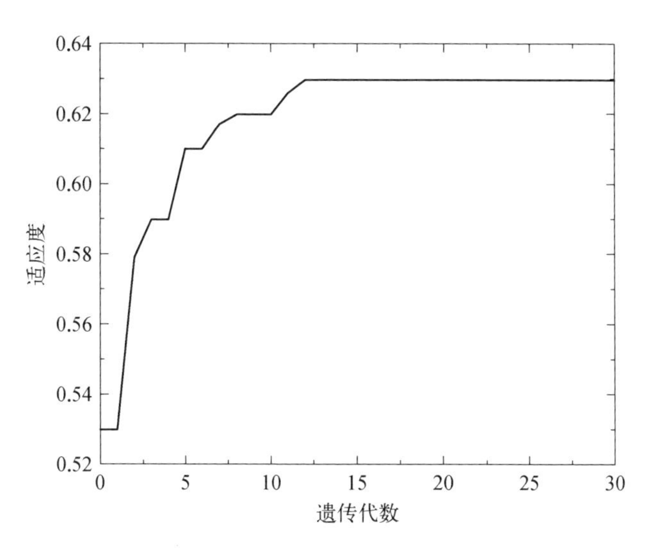

图 6-10　适应度变化曲线示意图

表 6-1　ΔK_p 的模糊控制规则表

e	ec				
	NL	NS	ZO	PS	PL
NL	NL	NL	NS	ZO	ZO
NS	NL	NS	ZO	ZO	PS
ZO	NS	NS	ZO	PS	PS
PS	NS	ZO	ZO	PS	PL
PL	ZO	PS	PS	PL	PL

表 6-2　ΔK_i 的模糊控制规则表

e	ec				
	NL	NS	ZO	PS	PL
NL	PL	PL	PS	PS	ZO
NS	PL	PS	ZO	ZO	NS

（续表）

e	ec				
	NL	NS	ZO	PS	PL
ZO	PL	NS	ZO	NS	NL
PS	PS	ZO	ZO	NS	NL
PL	ZO	NS	NS	NL	NL

表 6-3　ΔK_d 的模糊控制规则表

e	ec				
	NL	NS	ZO	PS	PL
NL	PL	PS	PS	PS	PL
NS	PS	PS	ZO	ZO	ZO
ZO	ZO	NS	NS	NS	ZO
PS	ZO	NL	NS	NS	PS
PL	PS	NL	NL	NL	PS

3）仿真结果

（1）在 $t=0$ s 时刻，蒸汽流量阶跃降低至稳态值的 50%，仿真结果如图 6-11 所示。

由图 6-11 可知，在原模糊 PID 控制器调节下，最大液位偏差为 0.61 m；采用基于遗传算法优化的模糊 PID 控制器后，最大液位偏差为 0.53 m，液位偏差减小了 13.1%，调节时间基本不变。

（2）$t=0$ s 时刻，蒸汽流量阶跃降低至稳态值的 20%，仿真结果如图 6-12 所示。

由图 6-12 可知，在原模糊 PID 控制器调节下，最大液位偏差为 0.82 m；采用基于遗传算法优化的模糊 PID 控制器后，最大液位偏差为 0.68 m，液位偏差减小了 17.1%，调节时间基本不变。

（3）在 $t=0$ s 时刻，一次侧入口温度阶跃降低 20 ℃，仿真结果如图 6-13 所示。

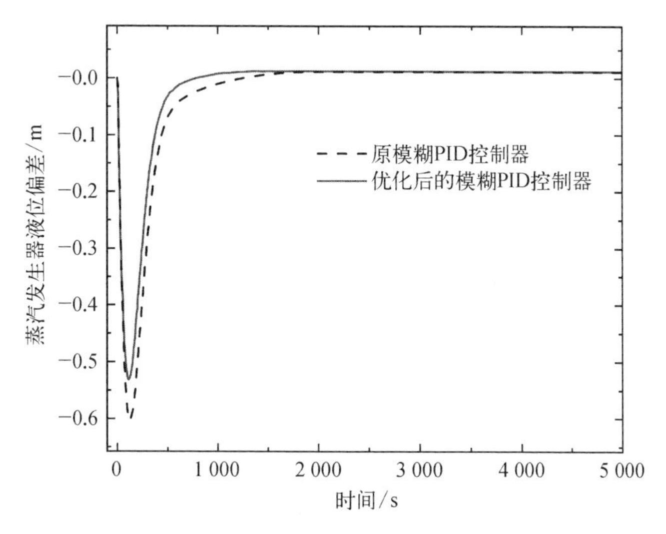

图 6－11　蒸汽流量阶跃降低至稳态值的 50%时液位变化曲线

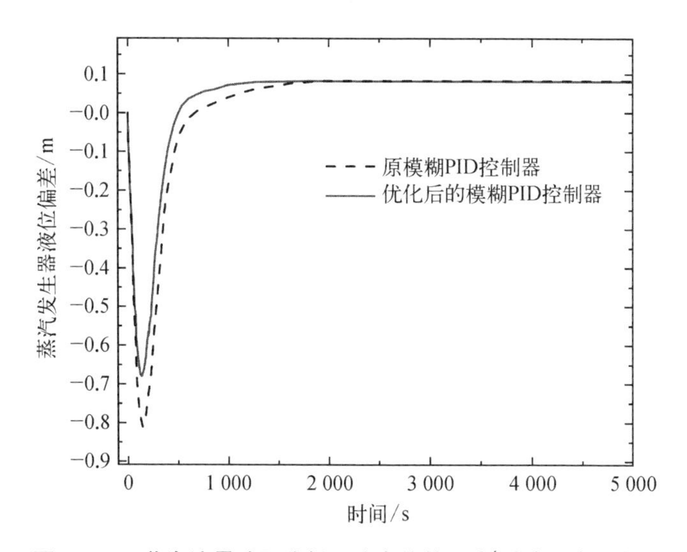

图 6－12　蒸汽流量阶跃降低至稳态值的 20%时液位变化曲线

由图 6－13 可知，在原模糊 PID 控制器调节下，最大液位偏差为 0.32 m；采用基于遗传算法优化的模糊 PID 控制器后，最大液位偏差为 0.24 m，液位偏差减小了 25%，调节时间小幅降低。

4）结果分析

综上，在原模糊 PID 控制器和基于遗传算法优化的模糊 PID 控制器调节下，上述瞬态工况下蒸汽发生器的最大液位偏差对比如表 6－4 所示。

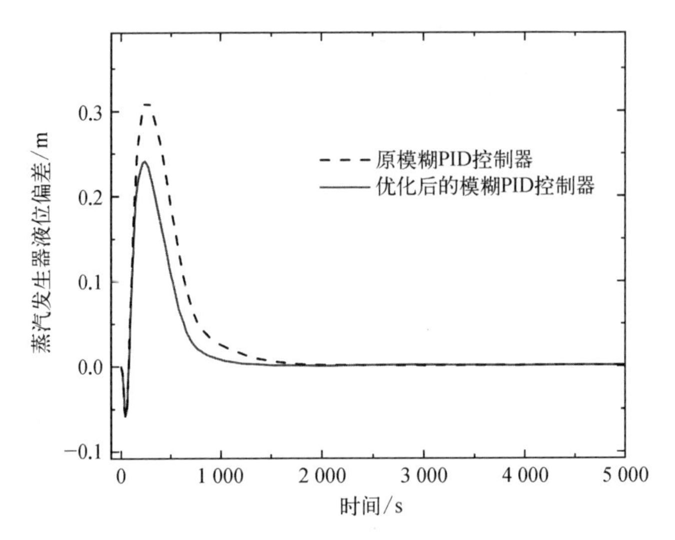

图 6-13　一次侧入口温度阶跃降低 20 ℃时液位变化曲线

表 6-4　不同工况下蒸汽发生器的最大液位偏差对比表

工　况	蒸汽发生器最大液位偏差		
	原模糊 PID 控制器/m	基于遗传算法优化的模糊 PID 控制器/m	优化幅度/%
蒸汽流量阶跃减小 50%	0.61	0.53	13.1
蒸汽流量阶跃减小 80%	0.82	0.68	17.1
入口温度阶跃降低 20 ℃	0.32	0.24	25.0

由表 6-4 可知，经过遗传算法优化后的模糊 PID 控制器的控制性能有了显著提升，最大液位偏差都有了不同程度的减小。因此，采用遗传算法等进化算法优化模糊控制器可有效提高模糊控制器的性能。

6.3　专家模糊控制

专家模糊控制是将专家系统技术与模糊理论相结合的一种智能控制方法。专家控制能够使控制系统快速进入稳定状态，但对噪声及干扰较为敏感。模糊控制对于复杂的控制问题较难形成完整的控制规则，单独的模糊控制无法适应复杂系统的不同运行状态。而专家控制与模糊控制组成的专家模糊控制综合了两种控制方法的优点，运用模糊逻辑和专家的知识经验以及求解控制问题时的启发式规则来构造控制策略，更有利于解决复杂系统的控制问题。模糊专家控制器具有鲁棒性强、不依赖于精确的数学模型的特点。目前，专家模糊控制在一些领域得到了广泛应用，如自动分析回声心动描记器的模糊专家系统、用于医疗诊断的模糊专家系统、用于石油勘探的模糊专家系统等。

6.3.1　专家模糊控制基本原理

众所周知，人类的大脑可以很容易接受、理解并处理模糊的信息，然后根据自身在生活中的经验对所接收到的信息做出反应，而这也是人脑相对于机器的一大优势，如何使机器也可像人脑一样处理类似于“差”“很好”等模糊类信息也是智能控制领域的关键问题。专家模糊控制系统就是将特定被控对象或过程的控制策略总结为一系列以“IF(条件)”“THEN(作用)”等形式表示的控制规则，通过模糊推理得到控制作用集作用于被控对象或过程。专家模糊控制具有以下特点[3]。

(1) 无须精确的数学模型。类似于人类大脑，模糊控制采用的是模糊性的知识和模糊化的人类经验，并根据这些经验设计控制模型，因而无须精确的数学模型。由此可以看出“人类经验”和“模糊规则的建立”对控制模型精度起着至关重要的作用。因而，往往需要引入某领域顶尖专家的知识作为对“人类经验”的重要补充。

(2) 模糊控制体现人类智慧。模糊推理的过程可以实现对“优”“良”“中”“差”等模糊化的语言进行处理并得到问题的最佳答案，是人脑智慧的体现。

(3) 更易于为人类理解。采用自然语言来描述模糊控制规则，相对于精确化的数字描述更易于为人所理解。

6.3.1.1　专家模糊控制结构

专家模糊控制系统原理如图 6-14 所示，实际值与设定值的偏差 e 和偏

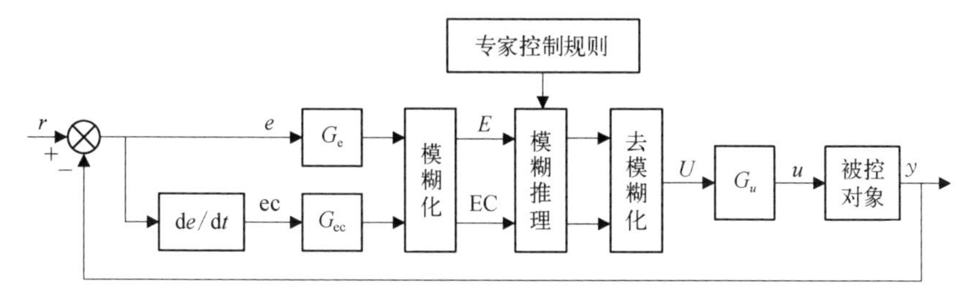

图 6-14　专家模糊控制系统原理图

差变化率 ec，经过模糊化处理后得到 E 和 EC，经过以专家控制规则为依据的模糊推理过程得到输出 U，再乘以增益系数 G_u 得到控制律 u。

6.3.1.2 专家模糊控制

PID 算法因鲁棒性好、算法简单和可靠性高等特点而应用广泛，但常规 PID 对于非线性、时滞严重的情况控制效果较差，而常规的模糊控制虽对解决延迟系统问题有较大优势，但又存在精度不够、调节速度慢且在给定值附近易发生周期性波动等问题。因此，吸取两种方法优点的基于专家规则的模糊 PID 控制应运而生，其控制原理如图 6－15 所示[4]。

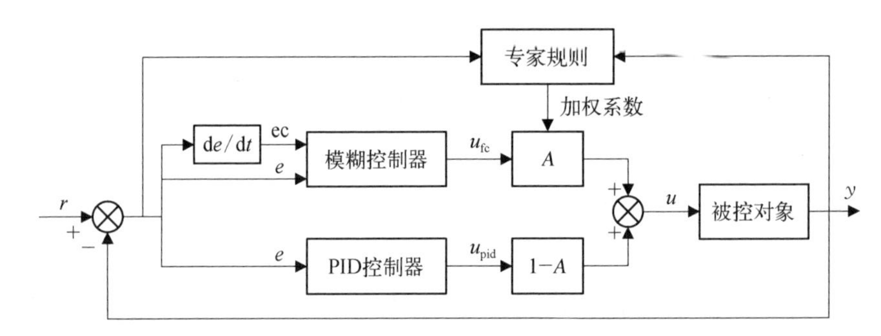

图 6－15　基于专家规则的模糊控制系统原理图

控制器输出为 $U=AU_{fc}+(1-A)U_{pid}$，即 $u(k)=Au_{fc}(k)+(1-A)u_{pid}(k)$，其中 $A\in[0,1]$。传统 PID 控制器的输出为

$$u(k)=K_p e(k)+K_i T_s\sum_{i=0}^{k}e(i)+(K_d/T_s)\Delta e(k) \qquad (6-20)$$

式中，T_s 为采样误差；k 为采样数；$e(k)$ 和 $\Delta e(k)$ 表示误差和误差的变化量；K_p、K_i、K_d 分别为比例、积分和微分系数。

对于位置式模糊控制器，其输出为

$$u(k)=\alpha k_u k_e e(k)+(1-\alpha)k_u k_{ec}[e(k)-e(k-1)]/T_s \qquad (6-21)$$

式中，α 为调整因子或加权因子，k_u 表示控制器输出 u 的比例因子，k_e 表示误差 e 的模糊量化因子，k_{ec} 表示误差变化率 ec 的模糊量化因子。

综合以上两式，专家模糊 PID 控制器输出为

$$u(k)=\widetilde{K}_p e(k)+\widetilde{K}_i T_s\sum_{i=0}^{k}e(i)+(\widetilde{K}_d/T_s)\Delta e(k)$$

其中：

$$\begin{cases}\widetilde{K}_{\mathrm{p}}=A\alpha k_u k_e+(1-A)K_{\mathrm{p}}\\ \widetilde{K}_{\mathrm{i}}=(1-A)K_{\mathrm{i}}\\ \widetilde{K}_{\mathrm{d}}=A(1-\alpha)k_u k_{\mathrm{ec}}+(1-A)K_{\mathrm{d}}\end{cases} \tag{6-22}$$

对于 A 的选取有以下两种规则：

（1）基于超调量的 A 选取规则。用 $M_{\mathrm{p}}(\%)$表示曲线的超调量。若在给定值扰动下，常规 PID 控制响应曲线的超调量为 M_{p}，则 A 可近似取 $M_{\mathrm{p}}/100$。相对应的 PID 控制量的加权值为 $1-M_{\mathrm{p}}/100$。若在加入模糊控制量后曲线呈现缓爬坡状，则说明控制作用太强，应适当减小 A；反之如果输出波动较大，就适当增大 A。

（2）基于偏差及偏差变化率对 A 实时微调。

6.3.2　专家模糊控制系统设计

专家模糊控制系统的运行流程：首先，对输入问题和已知条件进行模糊化处理，根据领域专家知识设定合适的模糊专家规则表；其次，对规则进行模糊推理，即将给定的输入映射到输出的过程；最后，将所得模糊集清晰化进行输出。因此，对专家模糊控制系统的设计包含以下几个方面。

6.3.2.1　确定模糊化方法

模糊控制器只能实现对模糊变量的处理，因此必须进行从输入信号的精确值到模糊量的模糊化过程。下面对模糊化过程进行阐述。

设某一变量误差的基本论域为$[-e,\ e]$，所谓基本论域是指该变量误差的实际范围，e 表示实际误差大小；误差模糊集论域是基本论域在模糊集上的对应范围，取为$\{-n,\ -n+1,\ \cdots,\ 0,\ \cdots,\ n-1,\ n\}$，$n$ 为在 $0\sim e$ 范围内取的量化档数，n 值大小视具体情况而定。准确量到模糊量的转化通过量化因子 k_e 完成，其表达式为

$$k_e=\frac{n}{e} \tag{6-23}$$

在完成准确量和模糊量的转换之后，需要借助隶属函数进行运行处理。设 V 和 U 两个论域，笛卡尔乘积 $U\times V=\{(x,\ y)\mid x\in U,\ y\in V\}$ 之中的模糊集为模糊关系 R，$\mu_R(x,\ y)$表示为 R 的隶属函数。若 $U=\{x_1,\ x_2,\ \cdots,\ x_m\}$，$V=\{y_1,\ y_2,\ \cdots,\ y_n\}$，则 $\mu_{ij}=\mu_R(x_i,\ y_j)$ 表示 U 中 x_i 与 V 中 y_i 的关联程度。若 $\mu_{ij}\in(0,\ 1)$，则 μ_{ij} 越接近 1，表明关联程度越大，反之关联程度越小。隶属度函数是模糊控制的应用基础，能否构造合理的隶属度函数对于控

制本身起着至关重要的作用。隶属函数的幅宽大小对系统性能影响较大。幅宽窄，则模糊子集形状较陡，输出变化剧烈，控制灵敏度高；幅宽宽，则模糊子集形状较平缓，输出变化缓慢，稳定性好。在偏差较小或接近0的区域，选择窄幅宽的隶属函数；在偏差较大时选择宽幅宽的隶属函数。三角形和梯形隶属函数是最常用的隶属函数，这两种隶属函数数学表达和运算简单，占用内存空间小，在输入值发生变化时，相对正态分布或钟形分布有更大的灵敏性，当存在偏差时，能很快做出反应产生相应的调整量输出。下面简要介绍几种隶属度函数。

1）三角形隶属函数

三角形曲线形状由三个参数 a、b、c 确定，其中参数 a 和 c 确定三角形的“脚”，参数 b 确定三角形的“峰”，其表示方程为

$$f(x, a, b, c)=\begin{cases}0, & x \leqslant a \\ \dfrac{x-a}{b-a}, & a<x \leqslant b \\ \dfrac{c-x}{c-b}, & b<x \leqslant c \\ 0, & x>c\end{cases} \tag{6-24}$$

2）梯形隶属函数

梯形曲线由 a、b、c、d 四个参数确定形状，其表示方程如下：

$$f(x, a, b, c, d)=\begin{cases}0, & x \leqslant a \\ \dfrac{x-a}{b-a}, & a<x \leqslant b \\ 1, & b<x \leqslant c \\ \dfrac{d-x}{d-c}, & c<x \leqslant d \\ 0, & x>d\end{cases} \tag{6-25}$$

3）S形隶属函数

S形隶属函数形状由参数 a 和 c 决定，其中参数 a 的正负决定了S形隶属函数的开口方向，用来表示“正大”或“负大”的概念，其函数式如下：

$$f(x, a, c)=\frac{1}{1+\mathrm{e}^{-a(x-c)}} \tag{6-26}$$

4）广义钟形隶属函数

广义钟形隶属函数由 a、b、c 三个参数确定，其函数式如下：

$$f(x, a, b, c)=\frac{1}{1+\left|\frac{x-c}{a}\right|^{2b}} \tag{6-27}$$

5）高斯型隶属函数

高斯型隶属函数由 σ 和 c 两个参数确定形状，其中参数 σ 通常为正，参数 c 用于确定曲线的中心，其函数式如下：

$$f(x, \sigma, c)=\mathrm{e}^{-\frac{(x-c)^2}{2\sigma^2}} \tag{6-28}$$

将模糊量进行类似“优”“良”“中”“差”等分档，分档越多，对事物描述越准确，越有利于制定控制规则，最终的控制效果越好。但分档过多也会使控制变得复杂，使编程困难，占用存储量大，因此分档数量要控制在合适的范围内。

6.3.2.2　确定控制规则

模糊控制规则是专家模糊控制器的核心，模糊控制规则的合适与否与可调性大小直接决定了控制器的性能优劣。控制规则的获取有经验归纳法、推理合成法、在通用控制规则的基础上适当修正得到控制规则等多种方法。模糊规则的形成依靠人的直觉和经验，一般没有成熟固定的设计过程和方法。在专家模糊控制系统中，一般根据专家的经验设定模糊专家规则表。

例如，将模糊量分为五个档级，正大(PL)、正小(PS)、零(ZO)、负小(NS)、负大(NL)，则根据专家经验可建立模糊专家规则表(见表 6-5)。

表 6-5　模糊专家规则表

e	ec				
	PL	PS	ZO	NS	NL
PL	NL	NL	NS	NS	ZO
PS	NL	NS	NS	ZO	PS
ZO	NS	NS	ZO	PS	PS
NS	NS	ZO	PS	PS	PL
NL	ZO	PS	PS	PL	PL

6.3.2.3 选取推理方法

实现模糊推理的方法有多种，如基于模糊关系矩阵的曼德尼(Mamdani)推理合成法、Mamdani 直接推理法、拉森推理法、鲍德温(Baldwin)推理法、模糊推理直接法等方法，推理的结果为一个模糊向量[5]。下面简要介绍 Mamdani 模糊推理方法[6]。

Mamdani 提出条件命题的最小运算规则，用 R_c 表示，其定义为

$$R_c = (A \times B) = \int_{U \times V} [\mu_A(u) \wedge \mu_B(v)]/(u, v) \tag{6-29}$$

对于广义的肯定前件的假言推理，其结论 B'_c 可由下式求得：

$$B'_c = A' \circ R_c = A' \circ (A \times B) = \int_V \bigvee_U [\mu_{A'}(u) \wedge (\mu_A(u) \wedge \mu_B(v))]/u \tag{6-30}$$

对于广义的否定后件的假言推理，其结论 A'_c 可由下式求得：

$$A'_c = B' \circ R = \int_U \bigvee_V [(\mu_A(u) \wedge \mu_B(v)) \wedge \mu_{B'}(v)]/u \tag{6-31}$$

式中，$\mu_A(x) = \begin{cases} 1, & x \in A \\ 0, & x \notin A \end{cases}$，$A'_c$ 为 A 的补集。

6.3.2.4 确定清晰化方法

清晰化方法又称为模糊判决方法、解模糊方法，常用的模糊判决方法有最大隶属度法、加权平均法、重心法。这些方法已在 4.1 节“基于模糊逻辑的控制系统参数优化”中详细介绍，在此不再赘述。

6.4 智能预测控制

工业过程往往存在非线性、耦合性、大时滞和不确定性等特点，这也使得经典的线性控制理论难以满足工业过程中进一步提升控制性能的需求。20 世纪 70 年代以来，考虑到被控对象建模精确度和不确定性扰动的影响，学者们开始打破传统控制思想的约束，针对实际工业过程的特点，寻找各种能解决非线性问题的优化控制算法。模型预测控制(model predictive control, MPC)就是从工业实践过程中应运而生的一种先进控制方法，其由于具有较好的动态控制效果和较强的鲁棒性，被广泛应用于工业领域。

模型预测控制(以下简称预测控制)是以对象模型为基础,优化为核心的先进控制策略,其向智能化方向的发展不仅是工业优化控制的必然结果,也是预测控制发展过程的必然结果。所谓智能预测控制,是融合了智能化思想与预测控制原理的先进控制方法,将两者的优点相结合,以实现更快更准确的对象控制。

6.4.1 预测控制基本原理

与经典控制方案的三要素——模型、优化和控制策略相对应,预测控制也具有三大本质特征,即预测模型、滚动优化和反馈校正。预测控制的基本原理如图 6-16 所示。其中,k 表示当前时刻序列,u 表示控制策略,y 表示对象实际输出信息,y_m 表示预测模型输出,y_c 表示校正后预测输出,y_r 表示期望输出。

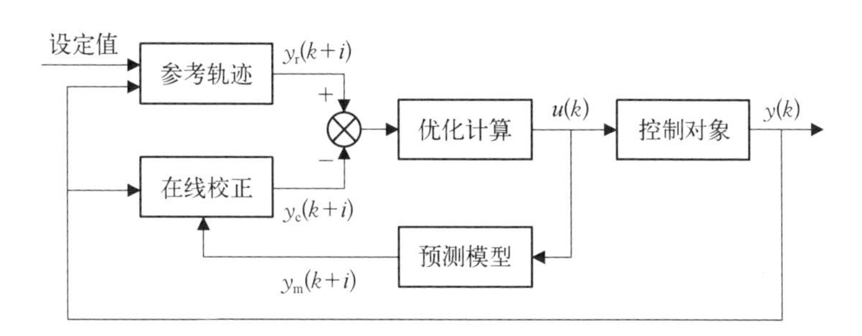

图 6-16　预测控制算法原理框图

所谓“预测”,就是基于先验知识以及过去和当前的信息,总结研究对象的规律,进而对未来可能出现的信息进行推测的过程。从图 6-16 中可看出,不同的控制策略 $u(k)$施加在预测模型上会产生不同的趋势走向 y_m,控制的核心都是选取最优的控制量,使得预测模型未来的变化趋势逼近所期望的方向,即 y_r。在预测控制中,滚动优化与传统优化方法不同的是,滚动优化是在每一时刻,将当前时刻所得的最优控制量送到执行机构中,在下一个计算时间,不采用上一时刻的控制量,而是基于当前新的时间节点,重复之前有限时域内的最优控制求解过程。而反馈校正则是在每一次滚动优化求解之后,根据实际的系统输入、输出信息,对控制对象未来动态变化的预测值进行修正,得到 y_c,从而实现闭环控制。

6.4.1.1　预测模型

模型是控制策略的载体,模型品质的高低决定着控制品质的好坏[7]。建模方法通常分为机理建模和系统辨识两种方法。机理建模是基于系统的基本物理定律提出物质和能量的守恒性和连续性定理，以及基于系统的结构数据推导出系统的数学模型。系统辨识是根据系统的运行和实验数据建立系统的模型，包括模型的结构和模型的参数。

小型反应堆由于工况复杂，一、二回路耦合性强，其包含的热工水力过程难以用准确而简洁的数学关系式表达，因此难以用机理分析的方法建立其精确的参数模型。随着科技的进步和发展，反应堆中大部分输入、输出数据和状态参数是可测的，因此采用系统辨识的方法建立非线性对象模型具有一定的优越性。

传统的系统辨识方法包括以最小二乘法、以脉冲响应为基础的辨识方法和极大似然法等。在预测控制中，经典的动态矩阵控制(dynamic matrix control, DMC)是采用实际工业过程控制中比较容易获得的阶跃响应模型，该方法适用于渐进稳定的线性对象。如文献[8]采用经典预测控制动态矩阵控制建立反应堆对象模型时指出：动态矩阵算法主要针对线性系统设计，对于小型反应堆功率这样的非线性系统，只有在所选平衡功率点附近时才近似符合算法要求，需针对不同的局部运行工况设计对应的线性预测控制器，建模过程较为烦琐。广义预测控制(generalized predictive control, GPC)由自校正算法发展而来，包含了自校正算法的基本原理，即可以在控制的过程中，通过实时的输入、输出数值对模型的参数进行在线估计，并依据此影响控制律。但是由于在线参数估计的复杂性，在很多情况下广义预测控制都不采用自适应的机制。这些经典的预测控制方法对于线性或弱非线性的系统能满足需求，但由于缺乏对小型反应堆数学模型的深度匹配，难以适用于复杂大规模系统。

近年来，随着系统的复杂化和对模型精确度要求的提高，神经网络系统辨识法、模糊逻辑系统辨识法、多层递阶系统辨识法及群体智能优化系统辨识法等一些非线性系统辨识方法在不断发展，为非线性系统的辨识提供了新思路。

1) 神经网络系统辨识法

人工神经网络能逼近任意非线性函数，能并行分布式处理与存储信息，可以由多维的输入和输出对大量样本进行学习以适应环境的变化。神经网络辨识不要求建立实际系统的辨识格式，可省去系统结构建模这一步骤，且辨识的收敛速度只与神经网络本身结构及其所采用的学习算法有关，不依赖待辨识系统的维数[9]。

2）模糊逻辑系统辨识

模糊逻辑基于人类模糊性思维方式，能模仿人的思维方式接收信息后进行推理，然后用经验及思维去工作，是一种建立在模糊语言变量、模糊集合论及模糊逻辑推理上的计算机数字辨识方法。模糊辨识能够有效地辨识大时滞、时变和多输入的非线性复杂系统，当模糊空间划分得足够细致时，理论上模糊逻辑系统可以无限逼近任意对象。

6.4.1.2　滚动优化

为了实现可行的、保证运行性能的控制，优化是控制中不可回避的问题。美国工程院院士何毓琦曾指出："任何控制与决策问题本质上均可归结为优化问题。"由此可见，优化是控制的核心。预测控制的核心在于滚动优化，即基于优化性能指标，求取使得未来各项指标相对最优的策略——最优控制律。因此，预测控制本质上可以解释为一个最优化的问题。

传统的优化方法已经有了成熟的理论体系和数学基础，但多用于具有连续性、可导的小规模简单问题，对于复杂大系统的优化控制则显示出了一定的局限性。智能优化算法起源于自然现象规律和生物群体的社会性，在一定程度上提高了优化技术适用的范围，为解决非线性问题提供了新的思路。智能优化算法包括神经网络、模糊控制以及群体智能算法，如遗传算法、粒子群算法等。

1）遗传算法

遗传算法不依赖于梯度信息，而是同时使用多个搜索点的搜索信息，搜索效率较高，具有良好的灵活性。遗传算法的操作对象是一组二进制串，每一个二进制串称为染色体，每个染色体都对应问题的一个解。该算法有三个基本操作——选择、交叉和变异，从初始种群出发，采用基于适应值比例的选择策略在当前种群中选择个体，并使用交叉和变异来产生下一代种群，如此一代代进化下去，直到满足期望的终止条件[10]。

2）粒子群算法

粒子群算法与蚁群算法、鸟群算法类似，是根据生物现象和群体社会性衍生出来的。粒子群算法利用群体中的个体信息传递实现信息的共享，使得整个群体的运动在解空间中产生从随机搜寻到有趋向性搜寻的演化过程，从而获取最优解。与遗传算法相比，由于其采用实数编码，算法原理简单，且没有选择、交叉与变异等操作，运行速度快，较易实现。

6.4.1.3 反馈校正

反馈校正是以系统真实状态为参照，利用系统实时检测到的信息构成反馈，其目的是使预测模型符合实际对象的变化趋势，为优化控制提供较为可靠的模型基础。若实测信息是状态信息，则反馈校正可直接通过对状态的更新来实现。若实测信息是系统的输出，则需要基于实测输出与预测输出的误差，修正输出预测值的算法，使之接近真实状态。广义上看，直接利用实时输入/输出信息辨识、修正预测模型中的相关参数，也属于反馈校正的方式。

6.4.2 智能预测控制系统设计

现有小型压水堆的控制系统方案的核心是基于经典控制论的单输入、单输出闭环及串级回路PID控制。这一方案不需要依据控制对象的精确数学模型，而是通过控制变量偏差的变化幅度、累积效果和趋势及控制变量间简单的相互影响关系等，使控制变量输出逐渐趋近预期轨迹的控制效果。这种控制方式对于多变量、强耦合系统虽然能满足运行需求，但其响应速度、超调量等指标仍可进行进一步优化。智能预测控制提供了一种更为广义的控制系统框架，通过不断地滚动优化产生控制指令，使当前及预测结果逐渐趋近预期轨迹，达到预期的控制指标。这一广义的控制系统框架为多变量、强耦合控制系统设计提出了一种可行的解决方案，若引入不需要控制对象解析模型的智能预测模型和智能优化算法，对小型压水堆的控制尤其适用，因此本节将对此进行重点介绍，为小型压水堆的控制提供新思路。

6.4.2.1 在线自适应模糊预测模型

对于T－S型模糊推理系统来说，在每个模糊子空间内，系统的输入/输出关系都可以用一个子线性模型来表示，而对位于不同模糊子空间中的子线性模型，同一输入具有不同的适用度，最终由各个隶属度把所有的子线性模型进行加权平均，得到总的输出。这样一来，非线性模型就被分解成多个线性模型的加权组合，系统的输入/输出关系得到了简化。

每个子系统可由下列形式的模糊规则来描述：

$$\text{Rule } k\text{: If } x_1 \text{ is } A_1^k \text{ and} \ldots\ x_l \text{ is } A_l^k$$
$$\text{Then } y_k = p_0^k + p_1^k x_1 + \cdots + p_l^k x_l$$

其中，k 代表规则数；$x_i(i=1, 2, \cdots, l)$ 是当前输入；$A_i^k(i=1, 2, \cdots, l)$ 是第 k 条规则对应的模糊集合；$p_i^k(i=1, 2, \cdots, l)$ 是第 k 条模糊规则结论中的

第 i 个参数，y_k 是该子模型的输出。

最终形成的输入/输出关系表示为

$$y=f(x)=\sum_{k=1}^{K}\bar{R}_k(x)\bar{\boldsymbol{P}}_k^{\mathrm{T}}\bar{x}=\frac{\sum_{k=1}^{K}w_k(x)\bar{\boldsymbol{P}}_k^{\mathrm{T}}\bar{x}}{\sum_{k=1}^{K}w_k(x)} \tag{6-32}$$

其中，$\bar{x}=(1,\ x)$；w_k 是每条规则的适用度；$\bar{R}_k$ 是第 k 条规则的隶属度，由 w_k 归一化得到。

为了利用仿真中的实时信息进行辨识，采用带外部输入的非线性自回归模型(NARX)来描述输入/输出的响应关系：

$$y(k+P)=f[x(k+P-1)],\quad P=1,\ 2,\ \cdots \tag{6-33}$$

式中，k 表示当前时刻，P 表示预测步长。

传统的 T-S 型模糊辨识方法存在计算量大，收敛速度较慢，辨识过程复杂等问题。且对于工况复杂的小型压水堆系统，离线的模糊模型不能根据实时信息进行模型参数和结构的学习和调整，难以实现对实际输出的精确跟踪。

在模糊系统建模研究初期，主要根据专家知识和经验获取模糊规则，但是随着信息量的增长以及专家知识的不完备，基于数据驱动式的建模方法逐渐展现出了优势。该模型的数据中包含对象动态特性的特征和信息，所谓“数据驱动”，是根据对象系统输入/输出样本点集合提取对象特征。具体到模糊系统，这种输入/输出映射关系可以表现为模糊规则的提取和优化。

因此，本节采用一种基于在线数据驱动的模糊模型规则生长与修剪算法，实现 T-S 型模糊辨识模型参数和结构的在线自整定，以期更精确地跟踪实际输出。生长与修剪是对增加和减少模糊规则数的一种描述。在辨识研究对象时，根据当前时刻数据集调整辨识规则：如果当前所有规则的学习能力无法达到建模精度要求时，则增加一个足够提升辨识精度的规则；反之，则减少一个对辨识精度影响较小(冗余)的规则。在每个训练时刻根据输入/输出信息重复上述步骤，则整个辨识模型的规则数就会呈现增加或减少，或保持不变的情形[11]。如此一来，模糊模型的参数将在训练中不停地发生变化，其复杂程度就能够适应小型压水堆系统复杂工况的变化，这也是一种广义的反馈校正方案。

模糊规则生长与修剪的具体操作过程如下。

将每一时刻的模型输入作为候选规则中心。若当前输入与距其最近的规则中心的距离大于ε_i，且增加新的规则中心后，模型精度大于e_c，则增加一条规则。根据上述判据，增加一条规则的数学表达式为

$$\| x_i - \mu_{ir} \| > \varepsilon_i \text{ and } \frac{(\kappa \| x_i - \mu_{ir} \|)^l \ |\bar{e}_i^{\mathrm{T}} \bar{x}_i|}{\sum_{k=1}^{K} \sigma_k^l + (\kappa \| x_i - \mu_{ir} \|)^l} > e_c \tag{6-34}$$

且新增规则的参数为

$$\begin{gathered} p_1^{k+1} = e_i = (y_i - \hat{y}_i, \ 0, \ \cdots, \ 0)^{\mathrm{T}}_{(j+1)\times 1} \\ \mu_{K+1} = x_i \\ \sigma_{K+1} = \kappa \| x_i - \mu_{ir} \| \end{gathered} \tag{6-35}$$

若不满足式(6 - 34)则无须增加规则，仅对最近的规则采用扩展卡尔曼滤波器(EKF)进行参数优化以提高模型准确度。扩展卡尔曼滤波器具有良好的处理非线性问题的能力，并且方法简便、快速，每一步迭代只需利用当前的训练数据对，降低了计算量，非常适于在线实时的参数估计。如此一来，模糊模型的参数就可以实现在线更新，完成反馈校正，提升模型的精确度。

若参数优化后，精度提升较小，则修剪掉该规则。其数学表达式如下：

$$\frac{\sigma_{ir}^l \ |(p_1^{ir})^{\mathrm{T}} x_i|}{\sum_{k=1}^{K} \sigma_k^l} \leqslant e_c \tag{6-36}$$

为了较直观地反映输入向量关于模糊规则中心向量的欧氏距离和宽度的模糊度量，本节选取高斯函数作为隶属度函数，即 $\bar{R}_k = \exp\left[-\frac{1}{2\sigma_k^2}(x_i - \mu_k)^2\right]$。

6.4.2.2 滚动粒子群优化算法

本节采用粒子群优化算法(PSO)求解最优控制量。该算法是基于群体并行搜索策略，通过速度和位置的不断更新，实现在整个空间内的寻优操作，具体思路如下。

假设在D维空间中，每个维度有个粒子，每个粒子都代表控制量在解空间的一个候选解。每个粒子都有一个初始位置，并在解空间中以设定的速度v向个体最优解(pbest)和全局最优解(gbest)的位置随机移动，每个粒子的位置相对于目标函数都有一个目标值。粒子每移动一次后，记录当前的位置，并与该粒子的个体最优位置进行比较，若当前值更优，则用当前位置更新该粒子个体最优位置。再比较所有粒子到目前时刻所记录的个体最优位置，更新全

局最优位置。如此,移动 k 次后结束算法,得到最终的全局最优位置,即所求的最优解。

其中,为了克服PSO算法早熟收敛的问题,采取改进惯性权重[12]对传统粒子群方法进行改进。粒子群每次移动的速度和位置更新公式可以表示为

$$
\begin{gathered}
v_{\text{in}}^{k+1}=wv_{\text{in}}^{k}+c_1\text{rand}_1^k(\text{pbest}_{\text{in}}^k-x_{\text{in}}^k)+c_2\text{rand}_2^k(\text{gbest}_{\text{in}}^k-x_{\text{in}}^k)\\
w=w_{\max}-\frac{w_{\max}-w_{\min}}{K}\cdot k \qquad (6-37)\\
x_{\text{in}}^{k+1}=x_{\text{in}}^{k}+v_{\text{in}}^{k+1}
\end{gathered}
$$

式中,v_{in} 表示粒子的速度;c_1、c_2 为加速度常数;w 表示速度线性递减的惯性权重;rand为随机数;K 和 k 分别表示最大迭代次数和当前迭代次数。根据式(6-37)可知,右边第一项为粒子的惯性部分,即粒子有沿着上一代速度继续前进的趋势,惯性权重线性递减,表明随着迭代次数的增加,搜索将由大范围的广泛搜索变为小范围的精细搜索,提高了算法的效率。w 取值范围一般控制在[0, 1]之间;第二项为认知部分,代表粒子自身学习与经验,因此是反映单个粒子对自身最优历史信息的学习程度;第三项为社会部分,粒子能够向整个种群中最优秀的粒子学习,因此全局学习因子表示了粒子间的信息共享与互相协助[13]。

粒子群算法的迭代次数 K 表示粒子群的移动次数。种群粒子数 m 表示粒子的总数量。当 m 取值过大时,解空间内搜索粒子数目多,搜寻得到最优解的概率增大,但是收敛速度会非常慢。反之,当 m 取值过小时,粒子群陷入局部最优的可能性较大,且不可能跳出。

除此之外,粒子的初始位置、最大速度以及维数等参数需要根据研究对象和研究目标灵活确定,且参数的初值对搜寻效率有较为明显的影响。初始位置就是粒子在解空间中开始移动时的位置。若已知粒子最优解的大致范围,使粒子群在最优解附近进行搜索寻优,粒子群的搜索效率则会大大提升。最大速度决定了粒子每次移动的最大距离。若最大速度较小,则粒子每次移动的距离较短,能搜索的范围就较窄,因此可能错过全局最优解。若最大速度过大,可能出现跳变现象,不利于对象的稳定。粒子群维数即未知解的数量,在预测控制中代表预测时域,即单步预测中,粒子群维数为1,而在多步预测控制中,维数为 P。

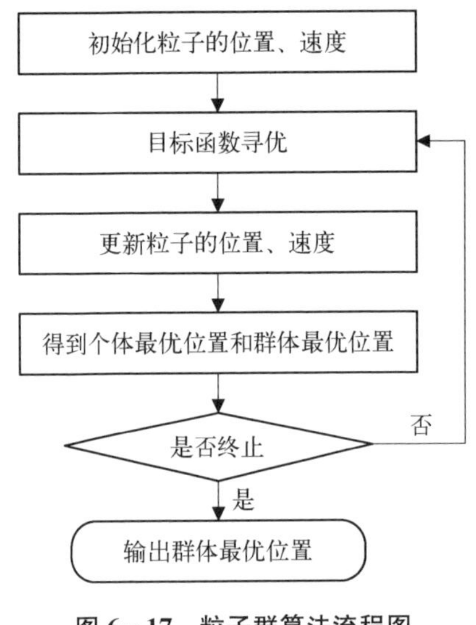

图 6-17 粒子群算法流程图

粒子群算法的基本原理如图 6-17 所示。算法的具体步骤如下：

(1) 设置相关初始参数,如种群数、迭代次数、初始位置、最大速度等;

(2) 开始迭代,粒子每次移动后,评价各粒子当前位置的目标函数值,并将其与历史个体最优位置相比较,若当前目标函数值更优,则用当前位置更新个体最优位置;

(3) 将每个粒子的个体最优位置与群体(全局)最优位置相比较,更新群体最优位置;

(4) 迭代结束后,将最优控制序列即粒子群群体最优位置的第一项反馈到控制系统中进行控制;

(5) 下一时刻,转步骤(1)。

迭代结束后,根据滚动优化的原理,将最优控制序列即粒子群群体最优位置的第一项反馈到控制系统中进行控制。

6.4.2.3 基于参数自适应的反馈校正

实际被控对象往往存在强非线性、不确定性、外界干扰等因素,基于物理表达式建立的模型会与实际对象存在较大的偏差,导致预测的不准确,从而影响优化方案的性能,甚至导致系统不稳定。因此,有必要采用附加的补偿手段弥补模型预测精度不足的问题,即反馈校正。

本节根据预测模型与实际输出的误差,对预测模型中模糊规则数进行更新和参数优化,是一种广义的反馈校正模式。如图 6-18 所示,其中,k 表示当前时刻序列,u 表示控制策略,Y_a 表示对象实际输出,Y 表示预测模型输出,e 表示预测模型与实际对象的输出偏差,w 表示设定值。每一时刻,实施控制量 u 之后,反馈校正部分根据小型压水堆实测输出 Y_a 与预测模型输出 Y 的误差 e,基于规则可生长与修剪的算法对模糊模型中的参数进行在线更新,如图 6-18 中(3)反馈校正所示。而预测模型采用更新参数后的解析式进行新一轮的预测。

6.4.3 应用实例

6.4.3.1 研究对象简介

反应堆功率控制系统是小型压水堆最重要的控制系统之一,主要用于实

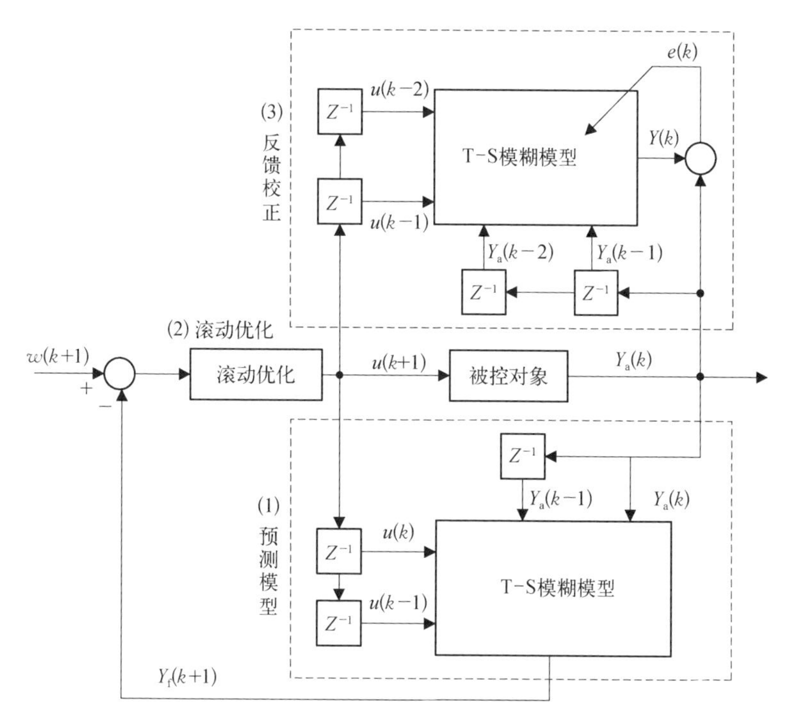

图6-18　智能预测控制器原理图

现小型压水堆正常运行期间对反应堆功率的自动控制，保持一回路系统和二回路系统之间的能量平衡。

在正常功率运行工况下，某小型反应堆功率控制原理如下：由反应堆出入口温度计算得到的反应堆冷却剂平均温度为主控制量，将其与参考平均温度（设定值）的偏差送入PI控制器并与二回路负荷相加，再利用其反应堆核功率 N 的偏差在棒速程序中计算出棒速 R_s，形成“闭环串级-前馈”的控制回路，用于调节控制棒组中调节棒组的棒速和棒位，从而改变反应堆堆芯的反应性及核功率 N，实现小型反应堆功率的自动控制。反应堆功率控制原理如图6-19所示。

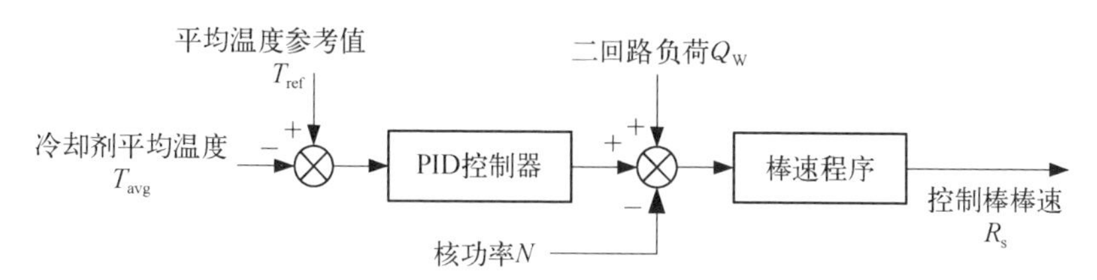

图6-19　某小型反应堆功率控制原理图

因此，根据控制需求，反应堆功率调节系统的控制优化指标可表述为

$$f=\min\{(Q_w-N),\ ET\}$$

6.4.3.2 智能功率预测控制器的设计

智能功率预测控制器设计方法如下。

(1) 针对某小型反应堆功率控制系统，当前及过去时刻的输入信息包括了核功率 N、反应堆平均温度偏差(ET)、二回路负荷和需求功率，并考虑到一、二回路之间的耦合性，将二回路蒸汽流量(F_S)、给水流量(F_W)引入反应堆功率控制系统预测模型。预测信息为核功率和反应堆平均温度偏差。

输入/输出的响应关系表示为

$$N(n+P)=f(x_{n+P})$$
$$ET(n+P)=g(x_{n+P})$$

$$x_{n+P}=[N(n+P-1),\ \cdots,\ N(n+P-d),\ ET(n+P-1),\ \cdots,\ ET(n+P-d),\ F_S(n+P-1),\ \cdots,\ F_S(n+P-d),\ F_W(n+P-1),\ \cdots,\ F_W(n+P-d),\ Q_W(n+P-1),\ \cdots,\ Q_W(n+P-d),\ u(n+P-1),\ \cdots,\ u(n+P-d)]$$

该预测模型表明未来 P 个时刻的输出可以根据当前和过去时刻的输入/输出信息依次递推得到，此处选取 $P=3$。

根据采样的相关输入/输出数据，模型根据式(6-34)～式(6-36)对规则数进行增加、减少或修正，实现对小型反应堆控制对象模型的建立，并根据在线数据进行自适应与自校正。

(2) 设置粒子群算法最大迭代次数为30，种群个体数为30，初始惯性权重 w 为1，变化范围为[0.4, 1]，c_1、c_2 均设为2，粒子最大速度取0.001，搜索维数 $P=3$。由优化性能指标可知，粒子群求得的需求功率要跟踪二回路负荷，因此可取粒子群初始位置为当前时刻的实际二回路负荷值 Q_W，提高求解效率。

未来 P 步($P=3$)的目标函数如下。

第一步的优化指标为

$$\min J_1=\min\{|Q_W(k+1)-N(k+1)|+|ET(k+1)|\} \tag{6-38}$$

其中，$Q_W(k+1)$为已知。

$$N(k+1)=f[N(k),\ ET(k),\ F_S(k),\ F_W(k),\ Q_W(k),\ u(k),\ N(k-1),$$

$$\mathrm{ET}(k-1),\ F_S(k-1),\ F_W(k-1),\ Q_W(k-1),\ u(k-1)]$$

$$\mathrm{ET}(k+1)=g[N(k),\ \mathrm{ET}(k),\ F_S(k),\ F_W(k),\ Q_W(k),\ u(k),\ N(k-1),\ \mathrm{ET}(k-1),\ F_S(k-1),\ F_W(k-1),\ Q_W(k-1),\ u(k-1)]$$

第二步的优化指标为

$$\min J_2=\min\{|Q_W(k+2)-N(k+2)|+|\mathrm{ET}(k+2)|\} \tag{6-39}$$

其中，$Q_W(k+2)$为已知。

$$N(k+2)=f[N(k+1),\ \mathrm{ET}(k+1),\ F_S(k+1),\ F_W(k+1),\ Q_W(k+1),\ u(k+1),\ N(k),\ \mathrm{ET}(k),\ F_S(k),\ F_W(k),\ Q_W(k),\ u(k)]$$

$$\mathrm{ET}(k+2)=g[N(k+1),\ \mathrm{ET}(k+1),\ F_S(k+1),\ F_W(k+1),\ Q_W(k+1),\ u(k+1),\ N(k),\ \mathrm{ET}(k),\ F_S(k),\ F_W(k),\ Q_W(k),\ u(k)]$$

同理，第三步的优化指标为

$$\min J_3=\min\{|Q_W(k+3)-N(k+3)|+|\mathrm{ET}(k+3)|\} \tag{6-40}$$

其中，$Q_W(k+3)$为已知。

$$N(k+3)=f[N(k+2),\ \mathrm{ET}(k+2),\ F_S(k+2),\ F_W(k+2),\ Q_W(k+2),\ u(k+2),\ N(k+1),\ \mathrm{ET}(k+1),\ F_S(k+1),\ F_W(k+1),\ Q_W(k+1),\ u(k+1)]$$

$$\mathrm{ET}(k+3)=g[N(k+2),\ \mathrm{ET}(k+2),\ F_S(k+2),\ F_W(k+2),\ Q_W(k+2),\ u(k+2),\ N(k+1),\ \mathrm{ET}(k+1),\ F_S(k+1),\ F_W(k+1),\ Q_W(k+1),\ u(k+1)]$$

本节中，综合性能指标 $\min J$ 采用确定性指标建立，可针对抗干扰性或跟踪性能等设定优化基准，从而控制系统的相应性能。Swanda 提出了用调节时间和绝对误差积分(IAE)作为设定值变化时的性能指标[14]：

$$\mathrm{IAE}=\int_0^T T_0\ |e(t)|\ \mathrm{d}t$$

其值越小，说明整个过程总的超调量越小，系统具有适当的阻尼和良好的瞬态响应。同理，对于离散系统，预测三步的性能指标为

$$\min J=\beta_1\ |\min J_1|+\beta_2\ |\min J_2|+\beta_3\ |\min J_3| \tag{6-41}$$

在无明显优化偏重的情况下，此处取 $\beta_1=\beta_2=\beta_3=1$。

采用粒子群算法在解空间中并行搜索一个三维最优控制序列，使综合性能指标最优。初始时刻，三维空间中各生成指定数量的粒子，以设定速度移动，每移动一次，记录下三维空间中粒子各自的位置，对应该位置，可求解综合性能指标。迭代结束后，得到使综合性能指标最优的粒子群位置，即为基于当前时刻求解出未来三步的最优控制量。

(3) 实施 u_k 后，在$(k+1)$时刻，更新实时输入/输出信息，基于实际输出与在线模糊 T-S 型模型辨识的当前时刻的输出误差，修正模糊模型中的参数，使其更准确，再进行新一轮的预测和滚动优化。

6.4.3.3 仿真验证

采用对象建模程序建立小型反应堆仿真对象模型，利用 MATLAB/SIMULINK 完成控制系统的建模。通过程序接口实现仿真对象模型和控制系统模型的数据交互，从而实现闭环仿真。

以某小型压水堆大范围线性变负荷为初始训练工况，采集 600 组离线训练样本，从无到有，基于采集的数据样本，对预测模型进行训练。将训练好的模型用于在线预测和控制，仿真结果显示误差小于 1%，因此预测精度满足控制对模型的要求。

小型反应堆快速线性变负荷会引起一、二回路温度和压力的大幅变化，在该瞬态过程中，不允许触发安全保护（二回路蒸汽安全排放、稳压器蒸汽排放等），且须保证反应堆功率调节的稳态品质。因此有必要进行不同功率变化范围下的快速变负荷工况仿真，以验证智能预测控制方案的可行性和有效性。

将基于智能预测控制方案的仿真结果与原控制系统采用的经典 PI 控制方案的仿真结果进行对比分析，如图 6-20 和图 6-21 所示。

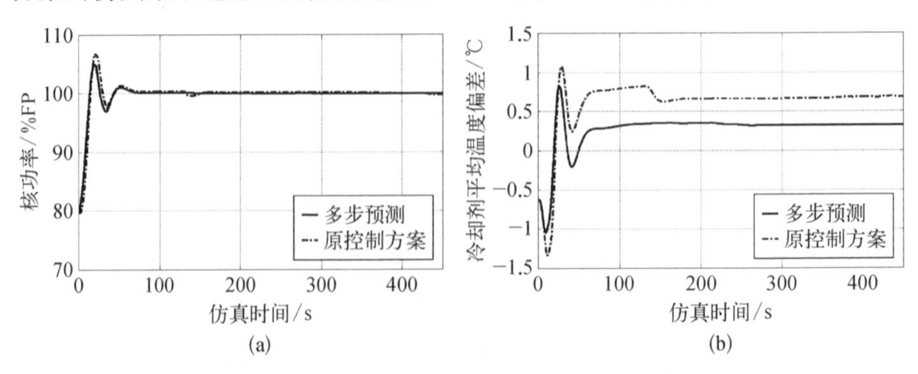

图 6-20 小范围线性升负荷下核功率与冷却剂平均温度偏差曲线

(a) 核功率；(b) 冷却剂平均温度与设定值偏差

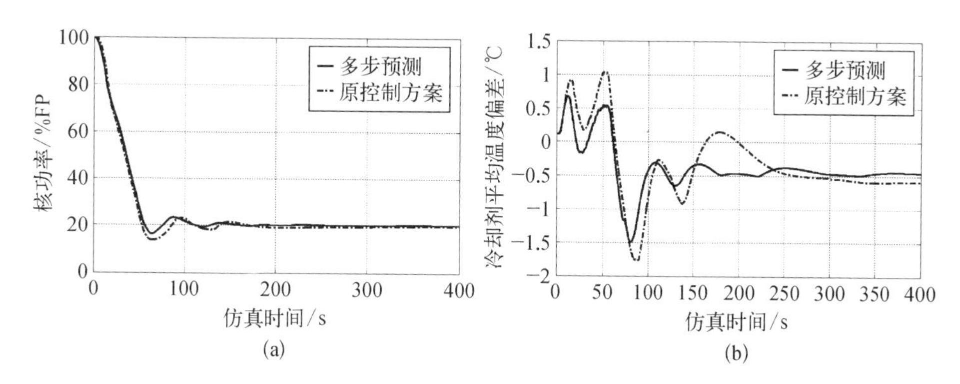

图 6 - 21　大范围线性降负荷下核功率与冷却剂平均温度偏差曲线

(a) 核功率;(b) 冷却剂平均温度与设定值偏差

1) 小范围线性升负荷

快速升负荷瞬态初期,由于二回路负荷快速线性上升,一、二回路平衡被打破,二回路温度和压力下降,一回路温度和压力也略有下降。随后,在反应堆功率控制系统的调节作用下,反应堆功率上升,一回路温度和压力也开始上升。在瞬态过程中,随着反应堆功率的稳定,一、二回路的温度、压力等参数逐步趋于稳定,最终达到一个新的稳定运行工况。

2) 大范围线性降负荷

快速降负荷瞬态初期,由于二回路负荷快速线性下降,一、二回路平衡被打破,二回路温度和压力上升,一回路温度和压力也略有上升。随后,在反应堆功率控制系统的调节作用下,反应堆功率下降;一回路温度和压力也开始下降。在瞬态过程中,随着反应堆功率的稳定,一、二回路的温度和压力等参数逐步趋于稳定,最终达到一个新的稳定运行工况。

从图 6 - 20 和图 6 - 21 中可知,与原 PI 控制器相比,智能预测控制的核功率与平均温度偏差的曲线都更为平缓,波动范围、调节时间、超调量均更优。这是因为传统的 PID 控制由于存在积分项,会使得控制在积分误差消除后才能显现出比例项快速消除误差的作用,因此可能存在一定的控制滞后时间。而预测控制中,实时输入/输出信息送入控制器中后,能较快速地预测未来输出,并及时校正模型精度,搜寻最优控制量,实现一、二回路快速的能量平衡。

综上所述,针对某小型压水堆正常变负荷工况,智能预测控制方案能实现反应堆的稳定运行,并具有较为明显的控制优化效果。

参考文献

[1] 李人厚. 智能控制理论和方法[M]. 西安：西安电子科技大学出版社，2005.

[2] Cnin T C, Qi X M. Genetic algorithm for learning the rule base of fuzzy logic controller[J]. Fuzzy Sets and Systems, 1998, 97(1): 1-7.

[3] 赵淋海. 发动机泵站专家模糊控制系统设计与实现[D]. 北京：北京工业大学，2017.

[4] 陈哲盼，焦嵩鸣. 大滞后系统的专家-模糊 PID 控制器设计[J]. 计算机仿真，2014，31(11)：386-389.

[5] 蔡自兴，[美] 约翰・德尔金，龚涛. 高级专家系统：原理、设计及应用[M]. 北京：科学出版社，2005.

[6] 王士同. 模糊推理理论与模糊专家系统[M]. 上海：上海科学技术文献出版社，1995.

[7] 方梦圆. 面向工业模型预测控制的高精度系统辨识方法研究[D]. 杭州：浙江大学，2018.

[8] 吴天昊. 核反应堆功率的模糊预测控制[D]. 哈尔滨：哈尔滨工程大学，2016.

[9] 蔡宛睿，夏虹，杨波. 基于 BP 神经网络的堆芯三维功率重构方法研究[J]. 原子能科学技术，2018，52(12)：2130-2135.

[10] 唐文琦，曾千敏，刘泽宇. 浅谈遗传算法及其部分改进算法[J]. 科技风，2019，12：57.

[11] 廖龙涛. 基于可生长与修剪 T-S 型模糊模型的非线性系统建模与控制[D]. 上海：上海交通大学，2007.

[12] 张晓莉，王秦飞，冀汶莉. 一种改进的自适应惯性权重的粒子群算法[J]. 微电子学与计算机，2019，36(3)：66-70.

[13] 刘欣蔚，王浩，雷晓辉，等. 粒子群算法参数设置对新安江模型模拟结果的影响研究[J]. 南水北调与水利科技，2018，16(1)：69-74，208.

[14] Swanda A P, Seborg D E. Controller performance assessment based on setpoint response data[C]//American Control Conference, San Diego, 1999.

第7章
小型压水堆智能运行支持技术

随着能源的愈发短缺，未来的世界能源中，核能将占据愈发重要的地位，而安全又是发展核电事业的前提条件。据美国、日本等六个国家近年来联合进行的调研，相关国家的有关事件人因失误平均占比超过60%，最高达85%。三起核事故后的经验反馈也显示人因失误在事故中占有很大的比重。之所以发生这些人因差错，主要是核反应堆系统在发生异常时，操纵员利用传统的盘台判断系统状态难度较大，且要承受很大的精神压力，这种情况下操纵员常会被不正确的思维方式或者不完整的数据引入歧途，在不了解电厂真实运行状态下做出错误的决定。要避免这一问题，一方面需加强对操纵员的培训，提高其对运行状态和异常情况的识别能力；另一方面也要开发相应的操纵员运行支持系统，从而帮助操纵员快速确认异常征兆，执行诊断和恢复正常操作，做出正确的决策。本章将重点介绍反应堆智能运行支持技术，包括信息融合状态监测、智能故障诊断和智能运行决策三个方面。

7.1 概述

由于航天、军工等的需求，美国国家宇航局在20世纪60年代初最早提出了状态监测、设备故障诊断等技术。20世纪70年代，以克拉克特为首的“英国机器保健中心”对这方面的相关技术进行了发展完善。目前，状态监测与故障诊断技术已发展了四十余年，在诸多领域，如核能、航空、航天、化工等行业得到了广泛的研究和成功的应用。尤其是近年来，随着科学技术的不断进步和发展，状态监测与故障诊断已逐步成为一门较为完善的新兴边缘综合性工程学科和国际上的一大热门学科。但是由于核动力系统复杂而庞大，依靠单个传感器进行状态监测和故障定位的能力显然非常有限。需使用多传感器技术进行多种特征量的监测，并对这些传感器的信息进行融合，以提高状态监测与故障定位的准确性和可靠性。信息融合技术的出现为解决这些问题提供了有力的工具，为状态监测与故障诊断的发展和应用开辟了广阔的前景。并且，当前人工智能技术发展迅速，将人工智能和故障诊断相结合可以得到新的产物——智能故障诊断。它可以根据观察到的状况、领域知识和经验，推断出系统、部件或设备的故障原因，以便尽可能发现和排除故障，提高系统或装备的可靠性。因此在故障多样复杂的核动力系统中，智能故障诊断技术具有良好的应用前景。

智能决策的概念最早由美国学者波恩切克(Bonczek)等人于 20 世纪 80 年代提出，它既能处理定量问题，又能处理定性问题。其核心思想是将人工智能与其他相关科学成果相结合，使运行决策系统具有人工智能特点。智能决策理论和方法建立在信息科学、系统科学、管理科学、人工智能以及社会学、数学、心理学、行为科学、经济学等领域科学的基础上，在政治、经济、军事、科技、文化等方面具有广泛的指导意义和应用价值。从单人决策到群体决策、从单目标决策到多目标决策、从静态决策到动态决策，智能决策理论和方法已经发生了巨大的变化。随着决策者获取的决策信息特征的不断变化，决策环境已经由确定型向不确定型转变，决策过程正在由结构化向非结构化过渡，而相应的决策系统也从集中式向分布式发展。在核动力系统中，传统的运行决策系统智能化程度较低，仍需要人为判断操作，因此由于人为误操作引发事故的占比仍会较高，而智能运行决策的应用可以提供更正确规范的决策支持，使事故概率大大降低。

7.2 信息融合状态监测

由于核动力系统的复杂性，每时每刻都有各式的传感器产生海量的数据和信息，为更加准确地监测系统的运行状态，及时发现故障以便做出决策，需要更加高效和智能的信息处理系统。传统的经典信号处理方法与单传感器信号处理无疑具有极大的局限性，而运用信息融合技术，则可以充分利用各信息资源，通过信息的优化组合更有效地监测核动力系统的运行状态。

7.2.1 状态监测技术概述

状态监测是指通过测量和监视设备运行状态信息和特征参数(例如振动、

温度、压力等)，来判断其状态是否正常。例如，当特征参数小于允许值时便认为是正常，否则为异常。还可以用超过允许值的多少来表示故障的严重程度，当它达到某一设定值(极限)时就应停机检修。这个过程的前半部分就是状态监测。状态监测可对系统或部件的测量信号进行特性提取、趋势分析和监测，支持检查和维修计划的改进。在状态监测应用之前，要进行前期工作，包括对系统“健康”参考状态的研究，充分、适宜和有效的特性识别，受运行影响和由故障引起的特性变异的辨别，警戒水平的识别，以及整个数据处理的自动化。

7.2.1.1　监测方法

目前，在状态监测领域所使用的限值监测法几乎是在19世纪末与机械式仪表一起出现的，1935年之后，墨水指针记录仪几乎成了电厂监测的标准配置。1960年左右，基于晶体管放大器的模拟控制器和基于硬接线设备的程序控制器开始应用，但是依然采用限值监测法。简单和可靠是经典限值监测法的最大优点。在设置阈值时，必须在检测异常偏离大小(漏报警)和因为变量的正常波动造成的误报(误报警)之间做出妥协。对于大规模的系统，例如核电厂，限值法还会带来另外一个问题：一个严重的异常或故障可能在短时间内触发多个警报，操纵员在精神高度紧张和雪崩式的报警涌现下很难去伪存真地从众多报警中迅速确定引起异常的原因，从而延误缓解事故的校正行动。

1960年，在线操作过程计算机的应用推动了监测方法的改进。1969年，第一台可编程逻辑控制器替代了硬接线控制器。随着1971年微型计算机的诞生及其日益广泛的应用，基于软件的异常监测算法开始应用在航空器和化工厂。目前，工程实际应用的状态监测方法主要是限值监测法、间接限值法，另外尚有一些处于研究阶段的监测方法，如图7-1所示。下面对几种主要的状态监测方法进行介绍。

1) 单一信号限值法

单一信号限值法(又称“上下限监测法”)是目前工业系统中主要使用的信号检测方法，具有简单实用等优点，其基本思路如下。

(1) 取参数的观测值 $y(t)$ 在正常状态时的期望值为

$$\bar{y}(t)=\frac{y_{\min}(t)+y_{\max}(t)}{2} \tag{7-1}$$

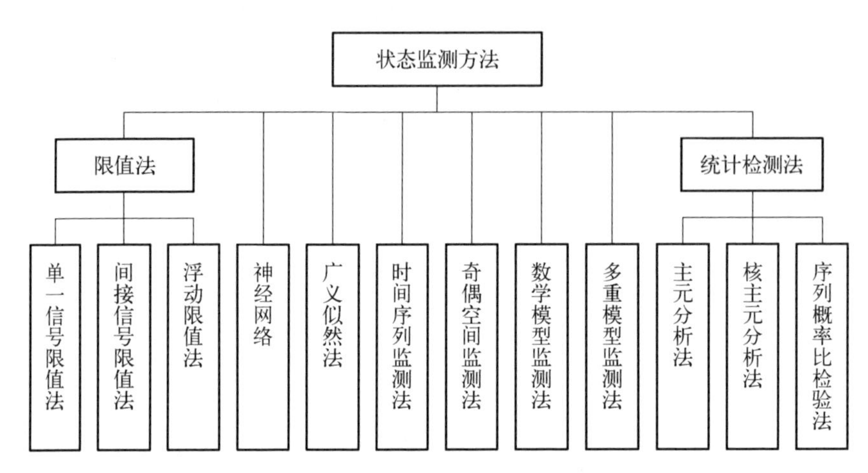

图 7-1　状态监测方法分类图

(2) 取误差阈值为

$$a=\frac{y_{\max}(t)-y_{\min}(t)}{2} \tag{7-2}$$

(3) 将测量信号的误差值定义为

$$\Delta y(t)=y(t)-\bar{y} \tag{7-3}$$

(4)则误差检测式可表示为

$$|\Delta y(t)|<a \tag{7-4}$$

由式(7-4)可以看出,限值法实际是对信号误差进行绝对值检验,以判断是否存在故障。

2) 间接信号限值法

在工程实际中,极限法也可以推广到间接测量信号。这些间接测量信号由可测信号计算,然后用极限法进行测试,从而实现系统运行的故障检测。在核反应堆系统中,该方法通常用于反映设备运行性能的各种特征参数,如发电机效率、汽轮机蒸汽消耗率、单位时间泵的功耗或单位时间旋转机械设备的磨损。这些参数的检测可以有效地检测设备的磨损、泄漏等故障,与单信号限值法相比更加全面,因此也具有更好的检测效果。

3) 奇偶空间监测法

对于具有多个参数输出的系统,无论参数是否有冗余校验,都可以通过理论关系建立冗余关系,一般认为是解析冗余。通常,系统输出参数具有内部一致性。如果设备发生故障,并且其输出参数受到影响而更改,则该参数与系统内其他参数的内在一致性将被破坏。奇偶方程可以反映这种内在一致性关系,因此异常参数的检测可以通过检测奇偶方程来实现。

4）数学模型监测法

通常人们根据系统运行的物理规律建立数学模型来描述一个系统,以一定的物理参数确定系统变量间的函数关系。系统异常时,描述系统的物理规律将发生变化,数学模型随之改变,从而导致物理参数的改变。通过比较数学模型前后的变化,可以快速监测到异常参数和导致异常的原因。然而,这种方法也有一些缺点:第一,它依赖于精确的数学模型,而现有的数学模型难以满足精度要求;第二,计算机数据处理速度有限,即使有精确的数学模型,也难以满足状态监测和实时计算的要求;第三,其可解释性不明确,需要专门描述。

5）多重模型监测法

多重模型监测方法的基本原理是多重模型自适应滤波技术,系统的正常运行过程和故障用一组线性模型来描述,从而形成一个多重数学模型,在此基础上,设计一组卡尔曼滤波器,并将其用于故障检测。在应用这种方法时,需要考虑系统非线性和系统突变所引起的检测问题等。目前,该理论已广泛应用于控制领域,但在核电领域应用较少。

6）神经网络

人工神经网络是由大量类似神经元的简单处理单元组成的非线性大规模自适应动态系统。它在非线性辨识与估计、图像识别等领域取得了许多成功的应用。目前,在核电领域,一些专家学者利用神经网络对核反应堆系统的瞬时状态进行识别,并取得了相关成果,然而,它具有学习时间长、识别状态有限的缺点。此外,神经网络技术属于黑箱模型,缺乏透明度和数学理论基础,因此很难解释和评价其识别结果[1]。

7.2.1.2　特征提取及优化

特征提取是数据降维过程,通过此过程,可将原始数据集简化为更容易处理的集合。大型数据集具有多变量的特点,在数据分析过程中会占据很多计算资源。特征提取是一种将变量映射到特征的方法,该方法可以在有效地降低数据量的同时,准确且完整地描述原始数据集。

特征提取是属性约简过程,实际上转换了属性,变换后的属性或特征是原始属性的另外一种表达形式。基于提取的特征构建的模型可能具有更高的质量,因为数据由更少更有意义的属性描述。特征提取可以把维度较高的数据集投影到较低的维度上,有利于数据可视化。特征提取还可用于提高监督学习的速度和有效性。

特征提取的常用方法有偏最小二乘法、多线性主成分分析、主成分分析、非线性降维、多因素降维、自动编码器等[2]。

特征优化是模式识别中必不可少的一个环节,特征优化的目的就是为了获得尽可能高的识别率和尽可能少的特征维数。对于评判特征优劣的重要依据主要体现在两个方面:识别率和特征维数。采集得到的信号一般都要经某种信号处理方法,去掉对识别分类无效或容易造成混淆的特征,并且提取出数目比原始波形样点少的综合性特征用于分类识别,该思想称为特征优化。目前,常用的优化算法中比较经典的有最优搜索算法、次优搜索算法,新方法包括模拟退火算法、遗传算法等。

1) 最优搜索算法

最优搜索算法也称分支界定搜索算法,是到目前为止能得到最优结果的搜索算法,也是一种具有回溯功能的自上而下的算法,可使所有的特征组合都被考虑到。利用可分离性判据的单调性可以合理地组织搜索过程。

最优搜索算法的流程如图 7-2 所示,具体实施步骤如下。

步骤 1:原始波形样本经预处理,如过零点计算、时域分析、分析后提取特征,得到原始特征样本,再将原始特征样本分为两部分,一部分为训练样本,一部分为测试样本。

步骤 2:每一个训练样本都与剩余的训练样本进行欧氏距离的计算,把所有训练样本中到其余各样本距离之和最小的样本作为初始标准样本。

步骤 3:对初始标准样本与测试样本进行基于相关的匹配测试,计算识别率。

步骤 4:根据识别率采取特征循环搜索法优化特征,即从谐波、相位、波形趋势和幅值四个特征组合中选取识别率最高的组合方式。

步骤 5:选择识别率最高且识别率大于或等于特定值 S 的特征组合作为优化特征,其中 $S \in [0.95, 1)$;如果最高识别率小于 S,则改变或增加新特征,重复步骤 4,直到满足识别率要求为止。确定标准样本的维数及特征参数,形成优化特征。

步骤 6:建立相对最优标准样本与识别码(即工作状态编码的对应关系),

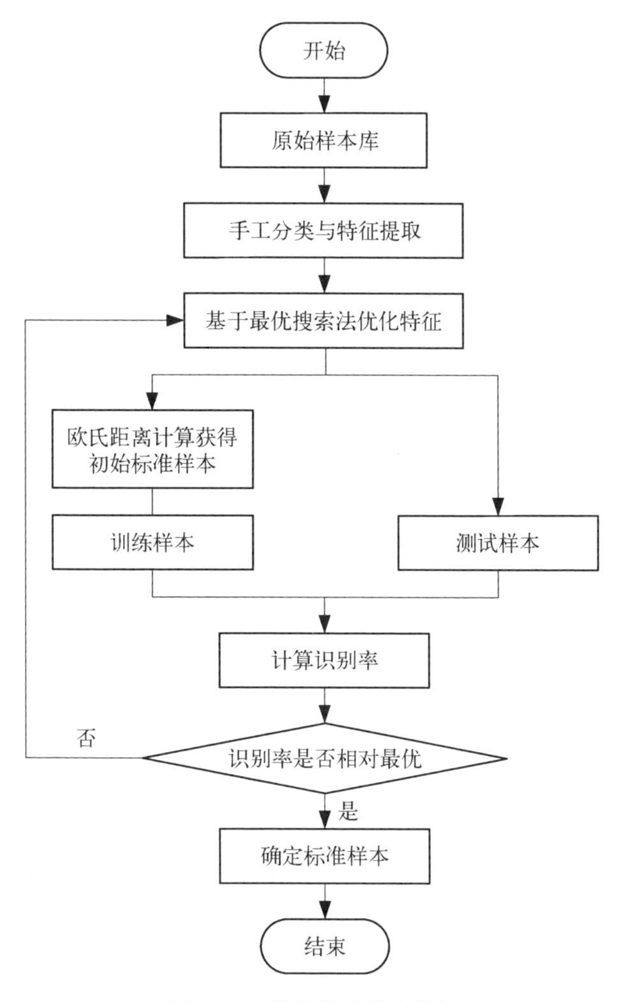

图7-2　最优搜索算法流程

生成标准状态样本库[3]。

2）次优搜索算法

次优搜索算法是相较于最优搜索算法计算量较小的一种算法。常用的次优搜索算法有顺序前进算法(sequential forward selection，SFS)和顺序后退算法(sequential backward selection，SBS)。顺序前进算法是每次加入一个特征，一直到规定特征的最大数目或者满足了其他的搜索停止条件为止，是添加一个“最优”的特征。顺序后退算法是每次都减掉一个特征，一直到满足条件停止，是每次去掉一个“最差”的特征。

7.2.1.3 决策方法

工艺过程，如带有流动介质、旋转或运动部件的过程，或物理参数变化的动态响应过程，通常均装有监测和控制仪表。这种测控系统不仅测量稳态信号，还测量瞬态或参数波动（噪声信号）中包含的动态信号。从这两种测量信号中可以提取数值（特性）并用于趋势分析。当特性的物理意义已知（根据实验和模型计算）时，可确定阈值的正负偏差并用于监测。因此，可以计算时域和频域特性及识别特征，并设置每个特性的单独警告级别，以观察其与正常条件下特性的偏差，作为早期故障或异常的指示。也就是说，可以在线估计核动力装置部件、过程或系统的状态。当核动力系统运行时，故障原因和潜在危险的早期检测、定位和识别是正确诊断的前提，这样才能及时向维修人员提供有用的信息，使他们有足够的时间在深入分析后做出正确的决策。状态监测系统不仅使用一种特性而且可用一组特性来描述部件的“健康”状态，这称为基线参考向量。通过比较实际特征向量和参考向量，可以监测扰动状态。每个单独特性的趋势应处在阈值范围内，用详细的物理知识（可从模型模拟和实验中推断）分析特性趋势，可以判断未来停机时所需的检查和维修计划是否合适[4]。

7.2.1.4 状态监测难点

从目前的状态监测技术来看，对反应堆保护设备的检修工作和系统的自我检修能力还存在不足，因此，有必要加强对设备监测与检修技术的研究与开发。一是基于计算机建立完善的状态监测系统，利用现代传感器技术在线采集数据，并通过网络通信技术将采集到的数据传输给系统，合理利用和挖掘数据的价值，从而实现对系统的远程控制和维护。二是提高设备的智能化、自动化控制能力，加强设备的整体自动化控制。

小型压水堆的预期工作环境（如深海、偏远地区）通常比较恶劣，且结构复杂、紧凑，其运行依赖于各种系统或设备的紧密配合，系统相关性较强，通常一个系统或设备出现故障会影响装置的整体状态，进行诊断时所需的信号繁多且相互之间耦合性强。核反应堆系统一般处于正常工况运行，难以获取其故障知识和数据，虽然国内外在其状态监测与故障诊断方面已经做了一些研究工作，但许多还处于理论阶段。此外，核电机组的许多设备都设有密封保护，传感器的安装和布置十分困难，而且如何在监测过程中减少系统输入误差和测量噪声的影响也需要进一步研究[5]。

7.2.2　多源信息融合理论基础

多源信息融合是人类和其他生物中普遍存在的一种基本功能。人类本能地具有将身体上各种功能器官(眼、耳、鼻和四肢)所探测的信息(景物、声音、气味和触觉)与先验知识进行综合的能力,以便对周围的环境和正在发生的事件做出估计。由于人类的感官具有不同度量特征,因而可测出不同空间范围内发生的各种物理现象,并通过对不同特征的融合处理将其转化成对环境有价值的解释。

单传感器(或单源)信号处理或低层次多源数据处理是对人脑信息处理过程的低级模仿,而多源数据融合系统通过有效利用多源数据获取资源,能最大限度地获取被检测目标和环境的信息。多源数据融合与经典信号处理方法也有本质区别,关键在于,经过信息融合处理的多源数据具有更为复杂的形式,并且通常出现在不同的信息层次上,即信息融合具有层次化的特点[6]。

7.2.2.1　信息融合的基本原理

多源信息融合实际上是对人脑综合处理复杂问题的一种功能模拟。在多传感器(或多源)系统中,各信息源提供的信息可能具有不同的特征：时变的或者非时变的、实时的或者非实时的、快变的或者缓变的、模糊的或者确定的、完整的或者不完整的、可靠的或者不可靠的、相互支持的或者互补的等,也可能是相互矛盾或冲突的。多源信息融合过程就像人脑综合处理信息的过程一样,充分利用多个信息资源,通过对多种信源及其观测信息的合理使用,根据某种优化准则,将各种信源在空间和时间上的互补与冗余信息组合起来,以产生对观测环境的一致性解释和描述。信息融合的目标是将观测信息从各信源中分离出来,通过信息的优化组合得到更多更有效的信息。这是最佳协同效应的结果,其最终目标是利用多个信源协同工作的优势,提高整个系统的有效性[7]。

7.2.2.2　信息融合的组成部分

1) 检测级融合

检测级融合是信号处理级的信息融合,同时也是一个分布检测问题。它通常是根据所选择的检测准则形成最优化检测门限,以产生最终的检测输出。检测级融合的结构模型主要有5种,即分散式结构、并行结构、串行结构、树状结构和带反馈的并行结构。近几年的主要研究方向包括传感器向融合中心传送经过某种处理的检测和背景杂波统计量,然后在融合中心直接进行分布式虚警检测;相关高斯/非高斯环境下同时优化局部决策规则和融合中心规则的分布式检测融合;异步分布式检测融合等。

2) 位置级融合

位置级融合是直接在传感器的观测报告或测量点迹和传感器的状态估计上进行的融合,包括时间上的融合、空间上的融合以及时空上的融合。它通过综合来自多传感器的位置信息建立目标的航迹和数据库,获得目标的位置和速度,主要包括数据校准、数据互联、目标跟踪、状态估计、航迹关联、估计融合等。该融合主要有集中式、分布式、混合式和多级式结构。对于分布式、混合式和多级式系统,其局部节点也经常接收来自融合节点的反馈信息以提高局部节点的跟踪能力。

3) 目标识别融合

目标识别(属性)融合也称属性分类或身份估计,它是指对来自多个传感器的目标识别(属性)数据进行组合,以得到对目标身份的联合估计。依据融合采用的信息层次,目标识别融合主要有决策级融合、特征级融合和数据级融合 3 种方法。

目标识别级融合结构的新进展是 Dastrathy 提出的五级结构,即"数据入-数据出""数据入-特征出""特征入-特征出""特征入-决策出"和"决策入-决策出"。该方法的优点是可用于构建灵活的信息融合系统结构,对于实际的应用研究也有指导意义。

4) 态势估计

态势是一种状态,一种趋势,是一个整体和全局的概念。态势估计包括态势元素提取、当前态势分析和态势预测,主要涵盖以下几个方面: ① 提取态势估计中需要考虑的各种要素,为态势推理做好准备;② 分析并确定事件发生的深层次原因;③ 根据过去发生的事件预测未来可能发生的事件;④ 形成态势分析报告,为操纵人员提供辅助决策信息。

5) 威胁估计

以压水堆为例,威胁估计的任务是在态势估计的基础上,综合各方面信息和先验知识,估计出反应堆故障出现的可能性及严重性。

6) 精细处理

精细处理包括评估、规划和控制,主要由以下内容构成:

(1) 性能评估,通过对信息融合系统的性能评估,达到实时控制和/或长期改进的目的;

(2) 融合控制要求，主要包括位置/身份要求、势态估计要求、威胁估计要求等；

(3) 信源要求的有效性度量，主要包括传感器任务、合格数据要求、参考数据要求等；

(4) 任务管理，主要包括任务要求和任务规划等；

(5) 传感器管理，用于控制融合数据收集，规划观测和最佳资源利用，包括传感器的选择、分配及传感器工作状态的优选和监视等。

7.2.2.3　信息融合的系统结构[8]

根据输入信息的抽象层次或融合输出结果的不同，信息融合的系统结构可分为以下几种。

(1) 第一种系统结构为三级模型，它依据输入信息的抽象层次将信息融合分为三级，包括数据级(或称像素级)融合、特征级融合和决策级融合。其中，数据级融合的主要优点是尽可能多地保持现场数据，并提供其他层次无法提供的信息；主要缺点是传感器数量多、数据通信容量大、处理成本高、处理时间长、实时性差、抗干扰能力差，其典型代表是像素级图像融合。决策级融合的优点是对信息传输带宽要求低、通信容量小、抗干扰能力强、融合中心处理成本低；缺点是预处理成本高，信息损失大。特征级融合是介于数据级和决策级融合之间的一种融合。这种三级模型可用在不同的应用层面，例如，在进行分布式检测融合时，既可在特征级融合，也可在决策级融合；在目标识别层融合时，则可在这三级的任一级进行。

(2) 第二种系统结构也是三级模型，它是美国国防部实验室理事联合会(Joint Directors of Laboratories, JDL)根据信息融合输出结果所进行的分类，包括位置估计与目标身份识别、态势估计、威胁估计三级。JDL 提出这种信息融合分级方法为信息融合理论的研究提供了一种较为通用的框架，得到了广泛的认可和应用。该模型的一个不足是划分过粗，例如，目标识别和位置估计无论从研究特点和所采用的方法上都有很大差别，把它们放在一级不是很合适；另一个不足是没有包括常用的分布式检测融合。

(3) 第三种系统结构是信息融合的五级分类模型，如图 7-3 所示，包括检测级融合 、位置级融合、目标识别(属性)级融合、态势估计、威胁估计这五级。它是在 JDL 模型结构的基础上提出的，与三级模型相比，主要区别在于增加了检测级融合，且将位置级融合与目标识别级融合分开。因而，这种信息融合功能分类模型对实际研究具有更好的指导性。

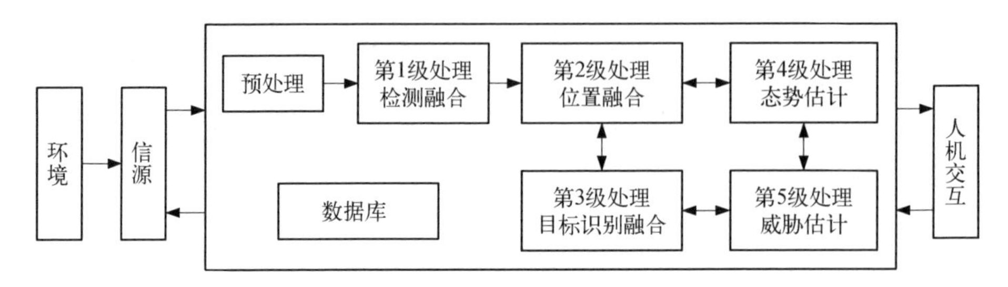

图 7-3 信息融合系统五级分类模型简化框图

(4) 第四种系统结构是 JDL 提出的四级融合模型,如图 7-4 所示,它是信息融合三级功能模型的新进展,在原来的三级模型上又增添了"精细处理"的第四级。需要注意的是,在图 7-4 中,第 4 级的一部分在信息融合领域范围外。JDL 提出的四级融合模型相对于其他模型更强调了人的主观能动作用。该模型的一个不足是前三级分类较粗,同时,分布式检测融合作为一种重要的信息融合,主要用于判断目标存在与否,在四级分类模型中并没有找到它对应的位置。

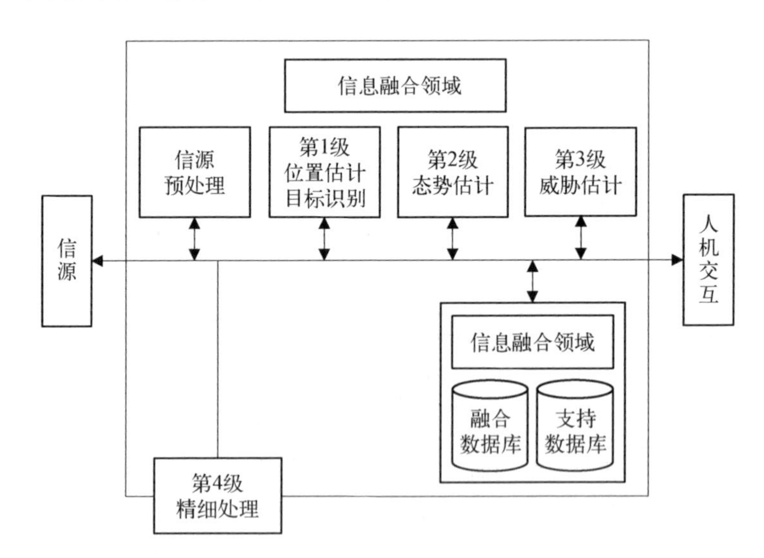

图 7-4 信息融合系统四级分类模型简化框图

(5) 第五种系统结构是六级融合模型(见图 7-5),它是在综合五级分类模型和四级分类模型优点的基础上提出的。图 7-5 中左边是信息源及要监视/跟踪的环境。融合功能主要包括信源预处理、检测级融合(第 1 级)、位置级融合(第 2 级)、目标识别级融合(第 3 级)、态势估计(第 4 级)、威胁估计(第 5 级)以及精细处理(第 6 级)。该模型既包含了四级模型的优点,突出了精细处理，强调了人在信息融合中的作用，又包含了五级模型的优点，对从检测到威胁估计的整个过程给出了清晰划分，还恰当地包含分布式检测融合，避免了三级模型和四级模型的不足，从而更便于指导人们对信息融合理论的研究。

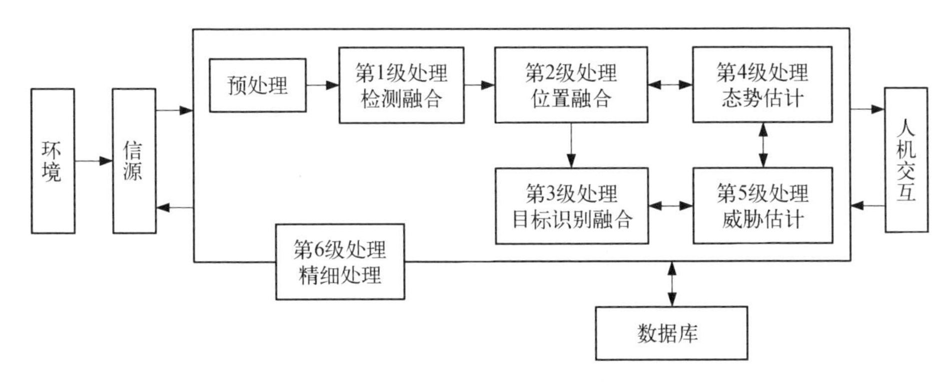

图7-5 信息融合系统六级分类模型简化框图

7.2.2.4 信息融合的方法[8]

在信息融合的众多方法中，有两种基本的观点：嵌入约束和证据组合。

嵌入约束观点认为多源信息是客观环境在某种映射下的像，信息融合过程就是通过像求解原像，即对客观环境加以了解。用数学语言来说，信息融合就是求解上述映射的逆映射。但由于传感器的局限性，上述映射是多到一的映射，也就是说所有传感器的全部信息也只能描述环境的某些方面特征，而具有这些特征的环境却有很多。要使映射为一一映射，必须对映射的原像和映射本身加约束条件，使问题有唯一的解。

证据组合的观点认为，完成一项智能任务就是根据环境某一方面的信息做出若干可能的决策，多源信息在一定程度上反映了环境的这一方面。因此，研究者需要分析支持某种决策的每个数据的支持程度，并将不同信源数据的支持度进行组合（即证据组合），再将组合证据支持度最大的决策作为信息融合的结果进行分析。

上述两种观点衍生了多种信息融合方法，主要包括以下几种方法。

（1）D-S方法。D-S方法是Dempster和Shafer在20世纪70年代提出的一种证据理论。该理论建立了命题与集合的一一对应关系，将命题的不确定性转化为集合的不确定性，而证据理论处理的正是集合的不确定性。D-S证据推理在信息融合中的基本应用过程如下：首先，计算各个证据的基本概率赋值函数m_{I}、信任度函数$\mathrm{Bel}_{\mathrm{I}}$和似然函数$\mathrm{Pls}_{\mathrm{I}}$；然后，用D-S组合规则计算所有证据联合作用下的基本概率赋值函数、信任函数和似然函数;最后,根据一定的决策规则,选择联合作用下支持度最大的假设。

(2) 基于信息论的融合算法。有时信息融合并不需要用统计方法直接模拟观测数据的随机形式,而是依赖观测参数与目标身份之间的映射关系来对目标进行标识,这类方法称为基于信息论的融合方法。例如,聚类分析法是一组启发式算法,在模式数目不是精确知道的标识性应用中,这类算法很有用处。它按某种聚类准则将数据分组(聚类),并由分析员把每个数据组解释为相应的目标类。聚类分析主要有以下几个步骤:① 从观测数据中选择一些样本数据;② 定义特征变量集合以表征样本中的实体;③ 计算数据的相似性并按照一个相似性准则划分数据集;④ 检验划分成的类对于实际应用是否有意义;⑤反复将产生的子集加以划分,并对划分结果使用第④步,直到再没有进一步的细分结果,或者直到满足某种停止规则为止。

(3) 基于认识模型的融合算法。基于认识模型的信息融合方法试图模仿人类辨别实体的识别过程模型,如模糊集合方法。由 Zadeh 提出的模糊集合理论的中心思想是隶属度函数,隶属度函数主观上是由知识启发、经验或推测过程确定,对它的评定没有形式化过程。尽管如此,精确的隶属函数分布形状对根据模糊演算得出的推理结论影响不大,因此也可以解决证据不确定性或决策中的不准确性等问题。模糊集合理论在信息融合中的实用价值在于它扩展到模糊逻辑。通过模糊命题的表示,利用综合规则建立演绎推理,并将模糊概率应用于推理,由此方便地建立起模糊逻辑。模糊逻辑是一种多值逻辑,隶属度可以看作是数据真值的不精确表示。因此,信息融合过程中的不确定性可以直接用模糊逻辑表示,然后利用多值逻辑推理,根据各种模糊演算将各种命题(即每个传感器提供的数据)进行合并,从而实现信息融合。当然,要得到一致的结果,必须首先系统地建立命题以及算子到[0, 1]区间的映射,并适当地选择合并运算所使用的算子。

(4) 用于信息融合的人工智能方法。按照信息融合的层次,在决策级融合要处理大量的反映数值数据间关系、含义的抽象数据(如符号),因此推断或推理技术是不可或缺的。而智能技术的符号处理功能正好可用于获得这些推断或推理能力。智能技术在信息融合中的应用表现在以下几个方面:使用多个互相协作的专家系统以便真正利用多个领域的知识进行信息综合,使用先进的立体数据库管理技术为决策级推理提供支撑,使用学习系统以便自动适应各种态势的变化。

7.2.3　基于信息融合的小型压水堆状态监测技术

当下压水堆的状态监测重点在于目标识别融合，前文对目标识别融合的介绍中已经提到，该层级主要包括数据级融合、特征级融合和决策级融合等，具体介绍如下。

1）信号特征提取

信号特征提取是根据观测时间、报告位置、传感器类型、信息的属性和特征来分选和归并反应堆运行数据，主要是进行信号处理、信号分选、过程分配、像素级误差补偿或信号级数据关联与归并等，其输出主要是信号、特征等。在多源数据融合系统中，对信息的预处理及信号特征提取可避免融合系统过载，也有助于提高融合系统性能，保证反应堆系统状态监测的准确性。

多源信息特征提取的目的是获得与原始样本相互对应的低维表示。根据变换方式不同，多源信息特征提取可分为线性特征提取方法和非线性特征提取方法。

典型的线性特征提取方法主要包括主成分分析法（principal component analysis，PCA）、多维尺度分析法（multi-dimensionality scaling，MDS）、线性判别分析法（linear discriminant analysis，LDA）、最大间距准则法（maximum margin criterion，MMC）等。

非线性特征提取方法有局部线性嵌入法（locally linear embedding，LLE）、等距映射法（isometric mapping，ISOMAP）、局部切空间整合法（local tangent space alignment，LTSA）、拉普拉斯特征映射法（Laplacian eigenmap，LE）、核学习法、先进监督流形学习法（advanced supervised manifold learning methods，ASMLM）、最大边界投影法（maximum margin projection，MMP）等。

2）多源信息数据层融合

数据级融合主要是指在原始信息采集后的融合，它直接对反应堆系统不同类型传感器所采集到的原始信息进行融合处理，其目的主要是消除输入样本中的噪声，与后两级融合相比，数据级融合的融合级别属于较低层次，因此也称为低等水平融合。然而，这一级别的融合可以提供更详细的信息，并且信息丢失或损坏的程度较小，因此分析结果的准确性很高。这一级融合的特点是必须在信息同质的前提下进行融合，不同质信息在此阶段不能进行融合。在数据级融合阶段，常用的方法有加权平均法、特征匹配法等传统方法。

3）多源信息特征层融合

特征级融合主要是在提取原始信息的特征值后，采用基于特征值比较的方法进行融合。其特点是可以在不同质信息范围内进行融合，但不能对融合结果做出判断并做出合理的决策。在特征级融合技术阶段，通常采用分类法、卡尔曼滤波法、聚类法等方法。

分类法是信息分析的一种重要形式，它首先利用给定的训练集构造一个分类模型，然后利用该分类模型对数据库中类标号未知的样本的类别进行估计。分类是一种监督学习方法，一般分为学习阶段和分类阶段。最常用的方法主要包括惰性学习分类法（lazy learner classification，LLC）、决策树分类法（decision tree classification，DTC）、贝叶斯分类法（Bayesian classification，BC）、支持向量机分类法（support vector machine classification，SVMC）、神经网络分类法（artificial neural networks classification，ANNsC）等。

卡尔曼滤波是一种最优随机滤波技术，它能较好地消除噪声对信号的干扰。通常，卡尔曼滤波主要用于动态传感器所获信息的特征融合。它使用具有统计特性的测量模型递推地估计统计意义下的最优结果，特别是在线性动态模型系统和符合高斯白噪声模型的误差系统中，该估计值为最优值。常见的卡尔曼滤波改进方法主要包括扩展的卡尔曼滤波（extended Kalman filter，EKF）、无迹卡尔曼滤波（unscented Kalman filter，UKF）等。

4）多源信息决策层融合

决策级融合是对经过特征值提取和识别的不同质信息分配可信度，从而做出最优决策。它的特点是能够对传感器采集到的信息进行独立决策，能够判别和分析多个独立的决策结果，形成一致的、综合的决策建议。与前两种融合相比，决策级融合是最复杂的信息融合。该融合系统不仅具有良好的容错性能，而且适用范围广。常见决策级融合方法有贝叶斯网络推理法（Bayesian networks inference，BNI）、专家系统（expert system，ES）等。

BNI是一种基于概率分析和图论的不确定性知识表达和推理方法。它利用贝叶斯定理，用概率方法构造一个信度网络，即贝叶斯网络，然后根据网络中某些节点的已知先验概率，调整其他节点的概率分布，最终得到决策结果。该方法可以融合多个传感器采集到的不确定信息，但由于观测对象需要具有给定独立性的先验概率，因此其应用范围往往受到限制。常见的BNI扩展方法主要包括精确推理方法、近似推理方法、动态贝叶斯网（dynamic Bayesian networks，DBN）、定性贝叶斯网（qualitative Bayesian networks，QBN）等[9]。

7.3　智能故障诊断

核动力系统是一个复杂而庞大的系统，运行期间可能会发生执行器卡死、传感器漂移、设备换热恶化、弹棒事故、破口事故等各种故障或事故。基于系统运行原理，通过分析反应堆监测系统收集的大量数据从而判断反应堆运行状态，对故障原因进行识别并找到故障位置，即为故障诊断过程。故障诊断技术起源于美国。三哩岛核事故后，核电厂故障诊断与先进操纵员辅助系统的研究与开发工作越发得到重视，各种故障诊断方法被不断提出。目前故障诊断方法主要有基于模型、基于数据和基于信号的方法等。随着人工智能技术的发展，大量数据驱动的智能故障诊断方法被提出，如基于神经网络、支持向量机、深度学习等人工智能技术的故障诊断方法。智能故障诊断方法不过分依赖于相关系统的显式数学模型，而是采用多元统计方法和机器学习工具，建立系统内相关测量值的关系，对于反应堆这种复杂的非线性系统具有良好的实用性。

7.3.1　动态系统故障诊断的基本原理

针对不同复杂程度的动态系统，其故障诊断原理也不尽相同。通常对于较为简单、机理模型清晰明确的系统，通过对一些可测参数、变量或信号进行统计分析，比较其与理想值的偏差即可完成故障诊断。而对于核反应堆这种复杂的系统，由于其系统庞大、复杂多变，很难构建完全准确的数学模型，而且对于一些参数、变量的预测也没有确定的计算公式，这就给故障诊断带来很大的困难。基于数据驱动的智能算法可以在很大程度上规避这方面的缺陷，利用之前的经验或数据进行智能学习，构建相关经验关系式，完成相关参数或变量的预测，实现故障的准确诊断；或是构建状态与故障间的关系树、因果树等数据库，据此判断某种状态对应的故障。

7.3.1.1　动态系统的数学模型

动态系统可以用一组微分方程来描述，它描述系统状态变量的时间历程。考虑系统所有可能的传感器故障、系统元件故障、参数故障及执行器故障，对于线性时不变动态系统，可由下式构建其状态空间形式的数学模型：

$$\dot{\boldsymbol{x}}(t)=\boldsymbol{A}\boldsymbol{x}(t)+\boldsymbol{B}\boldsymbol{u}(t)+\boldsymbol{E}\boldsymbol{d}(t)+\boldsymbol{F}\boldsymbol{f}(t) \tag{7-5}$$

$$\boldsymbol{y}(t)=\boldsymbol{C}\boldsymbol{x}(t)+\boldsymbol{D}\boldsymbol{u}(t)+\boldsymbol{G}\boldsymbol{d}(t)+\boldsymbol{H}\boldsymbol{f}(t) \tag{7-6}$$

式中，$\boldsymbol{x}\in\mathbf{R}^{n}$ 为状态向量；$\boldsymbol{u}\in\mathbf{R}^{r}$ 为输入向量；$\boldsymbol{d}\in\mathbf{R}^{p}$ 为干扰向量；$\boldsymbol{y}\in\mathbf{R}^{m}$ 为输出向量；$\boldsymbol{f}\in\mathbf{R}^{q}$ 为故障向量，它的每一个元素 $f_i(t)(t=1,2,\cdots,q)$ 对应于某具体的故障形式。在故障诊断时，$\boldsymbol{f}(t)$ 看作未知的时间函数；$\boldsymbol{A}$、$\boldsymbol{B}$、$\boldsymbol{C}$、$\boldsymbol{D}$、$\boldsymbol{E}$、$\boldsymbol{F}$、$\boldsymbol{G}$、$\boldsymbol{H}$ 为具有相应维数的矩阵。由于系统的状态变量常常是不可完全测量的，而对于故障诊断，输入与输出通常都是可知的，因而利用系统的输入输出关系来描述系统的运行过程有较大的方便性。线性时不变系统的输入输出形式的数学模型为

$$\boldsymbol{A}(p)\boldsymbol{y}(t)=\boldsymbol{B}(p)\boldsymbol{u}(t)+\boldsymbol{G}(p)\boldsymbol{d}(t)+\boldsymbol{H}(p)\boldsymbol{f}(t) \tag{7-7}$$

式中，p 代表微分算子；$\boldsymbol{A}(p)$、$\boldsymbol{B}(p)$、$\boldsymbol{G}(p)$、$\boldsymbol{H}(p)$ 为相应维数的微分算子 p 的函数矩阵。输入输出形式的系统方程通常用其频域形式来表示，即

$$\boldsymbol{y}(s)=\boldsymbol{G}_u(s)\boldsymbol{u}(s)+\boldsymbol{G}_d(s)\boldsymbol{d}(s)+\boldsymbol{G}_f(s)\boldsymbol{f}(s) \tag{7-8}$$

式中，$\boldsymbol{G}_u(s)$ 为系统的输入传递函数；$\boldsymbol{G}_d(s)$ 为系统的干扰传递函数；$\boldsymbol{G}_f(s)$ 为系统的故障传递函数。对于单输入单输出系统，有

$$\boldsymbol{G}_u(s)=\frac{\boldsymbol{B}(s)}{\boldsymbol{A}(s)} \tag{7-9}$$

$$\boldsymbol{G}_d(s)=\frac{\boldsymbol{G}(s)}{\boldsymbol{A}(s)} \tag{7-10}$$

$$\boldsymbol{G}_f(s)=\frac{\boldsymbol{H}(s)}{\boldsymbol{A}(s)} \tag{7-11}$$

对于多输入多输出系统，将其状态方程式进行拉普拉斯(Laplace)变换，可得

$$\boldsymbol{G}_u(s)=\boldsymbol{C}(s\boldsymbol{I}-\boldsymbol{A})^{-1}\boldsymbol{B}+\boldsymbol{D} \tag{7-12}$$

$$\boldsymbol{G}_d(s)=\boldsymbol{C}(s\boldsymbol{I}-\boldsymbol{A})^{-1}\boldsymbol{E}+\boldsymbol{G} \tag{7-13}$$

$$\boldsymbol{G}_f(s)=\boldsymbol{C}(s\boldsymbol{I}-\boldsymbol{A})^{-1}\boldsymbol{F}+\boldsymbol{H} \tag{7-14}$$

对应于微分方程形式的系统方程，可以用差分方程来描述系统离散变量的各种数学关系。用差分方程描述的系统称为离散系统，其状态空间方程表达式为

$$x(k+1)=\boldsymbol{A}x(k)+\boldsymbol{B}u(k)+\boldsymbol{E}d(k)+\boldsymbol{F}f(k) \tag{7-15}$$

$$y(k)=\boldsymbol{C}x(k)+\boldsymbol{D}u(k)+\boldsymbol{G}d(k)+\boldsymbol{H}f(k) \tag{7-16}$$

式中，$y(k)$、$x(k)$、$u(k)$、$d(k)$、$f(k)$分别为向量$\boldsymbol{f}(k)$、$\boldsymbol{y}(t)$、$\boldsymbol{x}(t)$、$\boldsymbol{u}(t)$、$\boldsymbol{d}(t)$、$\boldsymbol{f}(t)$在时刻$t=k\Delta t(k=0, 1, 2, \cdots)$的采样值；$\Delta t$表示采样周期或时间步长(s)。离散系统的输入输出方程可写为

$$\boldsymbol{A}(q^{-1})y(k)=\boldsymbol{B}(q^{-1})u(k)+\boldsymbol{G}(q^{-1})d(k)+\boldsymbol{H}(q^{-1})f(k) \tag{7-17}$$

式中，q^{-1}为滞后算子。

以上几种数学模型将可以控制的系统输入量定义为系统输入，将不可控制的各种外界输入定义为干扰输入，而将故障效应用故障输入来加以描述。这种应用故障输入来描述的故障效应，主要反映了传感器故障和控制系统的执行器故障。在更复杂的情况下，故障效应将同状态变量及输入变量相耦合[10]。

7.3.1.2　系统故障的数学表示

动态系统的模型预测量与实际观测量之间的差别称为系统的余差，反映了系统运行状态偏离理想状况的程度。如果系统的正常运行状态可以由数学模型以很高的精度加以描述，则在系统正常运行时余差或其均值应趋于零。而当系统出现故障运行状态时，系统的运行特性偏离数学模型，因而余差就会增加。因此，余差往往作为检测和诊断动态系统故障的重要依据。对于确定性系统，余差通常由状态观测器得到。设一系统：

$$\begin{cases}\dot{\boldsymbol{x}}(t)=\boldsymbol{A}\boldsymbol{x}(t)+\boldsymbol{B}\boldsymbol{u}(t)\\ \boldsymbol{y}(t)=\boldsymbol{C}\boldsymbol{x}(t)\end{cases} \tag{7-18}$$

式中，$\boldsymbol{x}\in\mathbf{R}^{n}$，$\boldsymbol{y}\in\mathbf{R}^{m}$，$\boldsymbol{u}\in\mathbf{R}^{p}$。如果该系统可观测，而其状态向量$\boldsymbol{x}$不能直接测量，则由输出向量$\boldsymbol{y}$可以将$\boldsymbol{x}$计算出来。状态观测器就是利用$\boldsymbol{y}$和$\boldsymbol{u}$对$\boldsymbol{x}(t)$进行估计的数学方程。用$\hat{\boldsymbol{x}}(t)$表示$\boldsymbol{x}(t)$估计值，则系统的余差可定义为

$$\Delta\boldsymbol{y}(t)=\boldsymbol{y}(t)-\boldsymbol{C}\hat{x}(t)=\boldsymbol{C}\boldsymbol{x}(t)-\boldsymbol{C}\hat{x}(t) \tag{7-19}$$

将系统状态向量的估计值取为

$$\dot{\hat{\boldsymbol{x}}}(t)=\boldsymbol{A}\hat{\boldsymbol{x}}(t)+\boldsymbol{B}\boldsymbol{u}(t)+\boldsymbol{H}\Delta\boldsymbol{y}(t) \tag{7-20}$$

式中，$\boldsymbol{H}$为待定矩阵，则

$$\dot{\boldsymbol{x}}(t)-\dot{\hat{\boldsymbol{x}}}(t)=(\boldsymbol{A}-\boldsymbol{HC})[\boldsymbol{x}(t)-\hat{\boldsymbol{x}}(t)] \tag{7-21}$$

用 $\Delta\boldsymbol{x}(t)=\boldsymbol{x}(t)-\hat{\boldsymbol{x}}(t)$ 表示状态向量误差，则有

$$\Delta\dot{\boldsymbol{x}}(t)=(\boldsymbol{A}-\boldsymbol{HC})\Delta\boldsymbol{x}(t) \tag{7-22}$$

其解为

$$\Delta\boldsymbol{x}(t)=\mathrm{e}^{(\boldsymbol{A}-\boldsymbol{HC})t}\Delta\boldsymbol{x}(0) \tag{7-23}$$

因此，若选取待定矩阵 $\boldsymbol{H}$ 使得矩阵 $\boldsymbol{A}-\boldsymbol{HC}$ 稳定，则有 $\lim\limits_{t\to\infty}\Delta\boldsymbol{x}(t)\to 0$。

由于系统能观测，因此可以选择 $\boldsymbol{H}$ 将 $\boldsymbol{A}-\boldsymbol{HC}$ 的极点配置到左半复平面，极点的位置决定误差衰减为零的速率。在系统不是完全能观测时，只要不可观测部分是稳定的，仍然可以构造出观测器。

基于上述分析，当状态观测器达到稳态时，在系统无故障的状态下，余差向量为零，即

$$\Delta\boldsymbol{y}(t)\to 0,\ t\to\infty \tag{7-24}$$

由此得到系统的基本状态观测器为[10]

$$\begin{cases}\dot{\hat{\boldsymbol{x}}}=(\boldsymbol{A}-\boldsymbol{HC})\hat{\boldsymbol{x}}+\boldsymbol{Bu}+\boldsymbol{Hy}\\ \hat{\boldsymbol{y}}=\hat{\boldsymbol{x}}\end{cases} \tag{7-25}$$

7.3.1.3 故障诊断方法[11]

动态系统的故障诊断一般可以分为三大类：基于系统解析模型的方法、基于信号处理的方法和基于数据的方法。

1）基于系统解析模型的主要方法

（1）状态估计法。该方法首先根据被控系统的数学模型重构被控系统的状态，并与可测变量进行比较，形成残差序列，在此基础上采用统计检验法对故障进行检测，并进行故障分离和估计。这种方法需要精确的系统数学模型，因此在实践中往往很难实现。目前，该方法的研究主要集中在降低噪声和扰动对系统的影响以及系统对早期故障识别的灵敏度等方面。

（2）参数估计法。该方法根据系统模型参数与物理参数的对应关系，对故障进行检测和分离。首先，建立系统过程的输入输出参数模型，并建立模型参数与物理参数之间的关系；其次，根据系统输入输出序列估计模型参数，从而确定物理参数的变化序列，并根据参数序列的统计特征检测和分离故障。该方法有利于故障分离，也可与观测器等其他基于系统解析模型的方法相

结合。

(3) 等价空间法。该方法通过对系统输入和输出的实际测量值验证系统数学模型的等效性(即一致性),从而检测和分离故障。该方法与基于观测器的状态估计方法在结构上是一致的。

2) 基于信号处理的主要方法

(1) 主元分析法(principle component analysis, PCA)。该方法利用系统的历史数据,在正常情况下建立系统的主成分模型。如果监测数据偏离主成分模型,则通过对监测数据的分析来分离故障。当监测数据包含大量相关冗余信息时,该方法可以取得良好的效果。

(2) 小波变换法。该方法对系统的输入输出信号进行小波变换,得到信号的奇异点。由于噪声小波变换的模极大值随尺度的增大而增大,因此分析不同尺度下信号的变换结果可以区分噪声对应的奇异点,进而去除输入突变引起的奇异点,剩余的奇异点即对应于系统的故障状态。该方法不需要系统的数学模型,对输入信号要求低,抗噪声能力强,灵敏度高。小波变换法在对机械零件内部变化的诊断中具有良好的效果,已成为一种热门的研究方法。

(3) 基于信息融合的方法。该方法通过对系统多种信息的综合处理,度量系统的变化,判断系统故障。

(4) 自适应滑动窗格滤波器的方法。该方法的思想是取一个滑动窗格内的系统输入输出数据,利用自适应滤波器产生残差序列,通过分析故障引起残差序列的均值或方差变化来检测系统故障。

(5) 基于信号模态估计的方法。该方法根据系统的闭环特征方程,找到每个物理参数变化对应的根轨迹集,用最小二乘法估计系统的模态参数,并用模式识别方法将其与物理参数对应的根轨迹集进行匹配,以便将故障分离出来。

3) 基于数据的故障诊断方法

(1) 基于专家系统的方法。该方法使用产生式规则表示检测参数和故障之间的关系。在专家模块对系统进行详细分析后,用“if ... then ...”形式将诊断知识条理化,形成规则,诊断时便根据这些规则进行推理。该方法形式简单,可以继承已有操作经验、积累知识。缺点是对于复杂过程缺乏有效的方法来表达规则,对于核动力系统这样的大型系统,很难建立一个完整有效的规则库,无法诊断规则库中未包含的现象和故障,且诊断速度受规则库大小的限制。

(2) 基于神经网络的方法。人工神经网络是近年来迅速发展的一个研究课题,其应用已渗透到智能控制、模式识别、计算机视觉、自适应滤波与信号处理、知识处理、自动目标识别、传感技术与机器人、生物医学工程等领域。人工神经网络具有许多优点,可以克服传统专家系统的缺陷,故可以很好地应用于故障诊断系统。

(3) 模式匹配法。该方法将每种故障对应的症状作为该故障的特征模式,故障诊断便成为系统异常症状的模式匹配问题,其本质上是一个分类过程,常用的方法有几何度量分类法、概率分类法等。几何度量分类法根据当前系统症状与各种故障模式之间的距离来判断最接近的类型。概率分类法使用贝叶斯公式计算当前症状下某种故障的发生概率。具有分类器功能的人工神经网络也可以实现故障模式匹配,并且具有并行计算的优点,可以弥补模式匹配抗干扰能力差、信号不完整时诊断不准确的缺陷。

(4) 故障树法。该方法将故障原因和信号参数以树的形式表示,在诊断过程中,沿着故障树从上到下推导(不同于概率安全评估中的故障树),判断可能发生的故障。该诊断系统的优点是简单明了,易于计算机表达、推理和判断,具有较强的实用性;缺点是太过简单,无法表达一些特殊问题,无法处理未事先考虑的故障或参数。

(5) 基于遗传算法的诊断。遗传算法通过模拟生物系统的自然选择和遗传机制,获得最优群体。在故障诊断中,系统的信号状态映射到二进制个体位串,以生成初始种群并控制遗传过程。该方法具有算法简单、易于编程的优点,能部分克服知识缺乏和信号不完整的问题;缺点是诊断结果的准确性受初始群体的质量影响,并且不容易确定位串的适应值。

(6) 基于模糊逻辑的方法。当系统测量值较少,无法得到精确的数学模型,或系统中存在大量定性知识时,宜采用模糊理论进行诊断。基于模糊推理的诊断方法主要有基于模糊模型的方法、基于自适应模糊阈值的残差评价方法、基于模糊聚类的残差评价方法等。模糊逻辑方法一般与其他方法结合使用,例如模糊人工神经网络方法。

4) 基于因果网络的诊断方法和基于结构与功能模型的诊断方法

对于实际系统,被监测的参数之间通常存在一定的因果关系。此时,诊断知识可由故障传播模型表示,该模型是表示因果关系的网络图,例如符号有向图。还有一类用树结构表示因果知识的方法,可以将其看作退化的因果网络。例如,美国电力研究所开发的干扰分析系统使用因果树来描述故障初始原因与系统观测量之间,以及各系统观测量之间的因果时序关系。这些系统知识一般来源于系统分析的结果，具有成本低、快速成型的特点，但缺点是知识库的维护比较复杂。

7.3.2 基于神经网络的故障诊断技术

神经网络作为近年来研究的热点，广泛应用于各个方面，前文已经对神经网络做了很详细的描述。作为一种不过分依赖模型的智能学习算法，通过数据训练，神经网络可以构建某些参数与故障间的非线性关系，而不必考虑具体的机理过程，从而可以实现复杂系统的故障诊断。

7.3.2.1 诊断原理

利用核反应堆系统的实际故障监测数据或仿真故障数据训练神经网络，使其能够识别不同的故障类型，用于对系统的离线或在线故障诊断。或以正常数据训练神经网络模型，通过监测核反应堆系统实际运行参数与神经网络模型预测值之间的偏差来确定系统是否发生故障，若某一参数偏差超过阈值，即可由推理机得到该参数对应的故障类型。

7.3.2.2 诊断方法

1）基于BP神经网络的诊断方法

目前广泛应用的基于BP神经网络的故障诊断模型主要包括以下三层。

（1）输入层。此层输入实际系统的各种监测数据。

（2）隐含层。此层根据网络输出值与期望值的误差，采用误差反向传播算法，不断调整连接权系数，将输入的监测数据转化为相应的诊断数据。

（3）输出层。此层针对输入的故障形式，将隐含层的数据经过权系数运算后，输出诊断结果。基于网络输出结果，可以使用二进制[0,1]来区分是否存在故障，或根据其大小进行排序，以确定故障类别。基于BP神经网络的故障诊断流程如图7-6所示[12]。

图7-6 基于BP神经网络的故障诊断流程图

人工神经网络需要进行样本学习，一个构造不合理的样本集将很难保证神经网络的学习效果。因此，所选择的训练样本必须能反映大多数故障情况下的系统状态与参数变化。样本可划为训练集和测试集，用训练集对神经网络进行训练，训练收敛后，用测试集测试已训练的网络，以确保该网络具有预期的故障诊断功能。训练BP神经网络的学习样本应在已定义的系统故障类的每一类中选择，同时必须覆盖整个系统的工作范围，样本的数目必须足够，以确保学习的有效性。测试集的样本必须覆盖所有的故障模式，在系统工作范围内随机分布，并且未在训练集中出现过。

2）基于模糊神经网络的诊断方法[13]

在第6.1节“模糊神经控制”中已经对模糊神经控制做了较为翔实的介绍，模糊神经网络的诊断方法也与之类似。

该方法首先对被诊断系统的监测参量进行模糊量化，然后输入BP神经网络进行计算。模糊系统的显著特点是能够直接地表达逻辑，适用于直接的或高一级的知识表达，具有较强的逻辑功能，这一点可以弥补神经网络的缺陷，有效地解决知识不确定性导致的诊断不确定性问题。

经过训练的BP神经网络，其输出层输出形式可表示为

$$\boldsymbol{y}_p = [y_{p1},\ y_{p2},\ \cdots,\ y_{pn}] \tag{7-26}$$

若 $\boldsymbol{y}_p$ 是发生第 i 类故障时模型的理想输出，则有

$$\begin{cases} y_{pi} = 1 \\ y_{pj} = 0, \quad j \neq i,\ j = 1,\ 2,\ \cdots,\ n \end{cases} \tag{7-27}$$

3）基于径向基网络的诊断方法[14]

关于径向基神经网络，在5.3节“神经网络控制系统”中对其进行了介绍，相比BP神经网络，该网络具有全局逼近的能力，不存在局部最小化问题。通常，径向基神经网络输入层到隐含层是权值为1的固定连接，隐含层到输出层为全连接。

隐含层的基函数一般选取高斯函数：

$$R(\boldsymbol{x}) = \mathrm{e}^{-\frac{\| x - c_i \|^2}{2\sigma^2}} \tag{7-28}$$

式中，$\boldsymbol{x}$ 为输入向量；$c_i \in \mathbf{R}^n$ 为隐含层第 i 个基函数的中心；σ 为基函数围绕中心的宽度。

径向基神经网络主要依靠在学习过程中确定的隐含层基函数中心、方差和隐含层至输出层的连接权值等关键参数，建立输入与输出之间的映射关系[15]。

4）基于神经网络的两种故障诊断思路

思路一：直接利用故障数据训练神经网络，得到某种故障的某种征兆对

应的输出值，具体应用时，便可根据神经网络的输出值反向推导出系统的故障，其原理如图 7 - 7 所示。

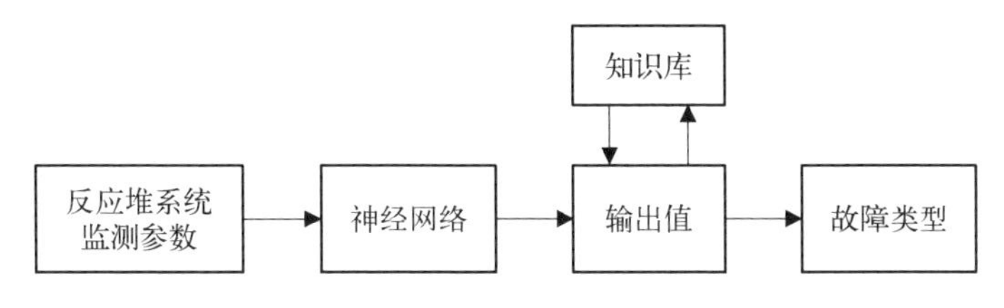

图 7 - 7　基于神经网络的直接故障诊断流程图

思路二：采用正常运行数据训练神经网络，由此得到系统参数的神经网络预测模型，构建基于神经网络的状态观测器，比较预测输出和实际输出的残差，即可完成故障诊断。

设某一系统的状态空间表达式如下[12]：

$$\begin{cases} x(k) = f[x(k),\ u(k)] \\ y(k) = g[x(k)] \end{cases} \tag{7-29}$$

式中，$u \in E^1$，$y \in \mathbf{R}^m$，$x \in \mathbf{R}^n$ 为由输入量 u 和输出量 y 估计出的系统状态，可构建如图 7 - 8 所示的基于神经网络的自适应状态观测器，其动态方程为

$$\begin{cases} Z(k) = h[Z(k),\ u(k),\ y(k)] \\ \hat{y}(k) = g[Z(k)] \end{cases} \tag{7-30}$$

式中，$Z(k) \in \mathbf{R}^n$，是基于神经网络的动态系统状态。

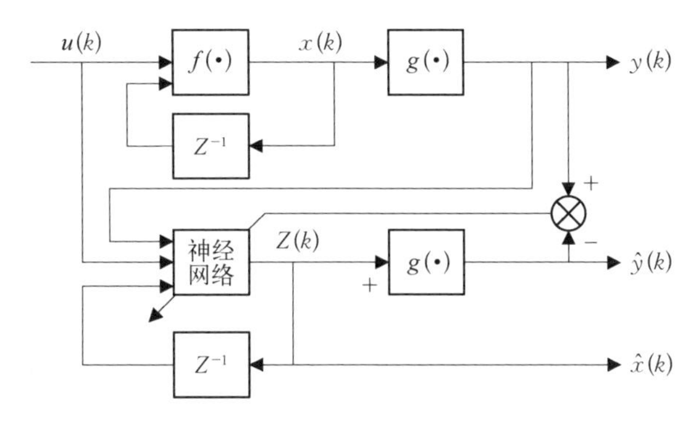

图 7 - 8　基于神经网络的自适应状态观测器原理图

根据此状态观测器，预测下一步系统的输出，再基于实际值与预测值的残

差进行故障诊断,即

$$\boldsymbol{\varepsilon}(k+1)=\boldsymbol{y}(k+1)-\hat{\boldsymbol{y}}(k+1) \tag{7-31}$$

式中,$\hat{\boldsymbol{y}}$ 为输出 $\boldsymbol{y}$ 的预测值,$\boldsymbol{\varepsilon}(k)$为残差,正常情况下残差将很快衰减为0。当故障发生时,系统模型发生改变,而神经网络的自学习需要一个过程,因此其对故障时刻系统状态的跟踪能力下降,导致系统的输出残差突变,利用这种突变可以实现故障的检测。设:

$$\gamma(k)=\boldsymbol{\varepsilon}(k)^{\mathrm{T}}\boldsymbol{W}\boldsymbol{\varepsilon}(k) \tag{7-32}$$

式中,$\gamma(k)$为残差特征量;$\boldsymbol{W}$ 为对角加权矩阵,可根据实际问题的具体特征选取。则故障诊断规则可表示为

$$\begin{cases}\gamma(k)\leqslant T, & \text{无故障}\\ \gamma(k)>T, & \text{故障}\end{cases} \tag{7-33}$$

式中,T 为故障检测的阈值。

7.3.2.3 应用实例

1) 对象简介

本节以小型压水堆控制系统的传感器和执行器故障为例,建立基于BP神经网络的故障诊断模型。依托于所建立的小型压水堆仿真平台上可观测的数据,本节选取多个变量构成小型压水堆故障诊断模型的输入向量,包括反应堆功率设定值和实际输出功率,冷却剂进口和出口温度,蒸汽发生器给水流量、蒸汽流量和蒸汽压力,汽轮机进汽流量,控制棒棒速,给水阀开度和压降以及蒸汽旁排阀开度。利用仿真平台分别对蒸汽压力传感器、蒸汽流量传感器、冷却剂进出口温度传感器等传感器以及控制棒驱动机构、给水阀等执行器设置不同时间、不同类型、不同程度的故障,对输出信号在时域上进行采样,采样频率根据具体的诊断任务确定。将可测的多维信号通过以上方式制作成数据集,预处理后输入故障诊断网络中。

由于压水堆系统的故障具有复杂性和不确定性,需要设定在不同功率水平下的不同时间、不同位置、不同程度的故障,而且在瞬态过程中还需考虑阶跃和线性升降功率、甩负荷等多种情况。因此,需要设置典型的故障模式,以降低样本生成的难度,并保证良好的训练代表性和效果。为了更加全面地反映核反应堆系统不同类型、不同位置和不同程度的故障,此处采用了文献[16]提出的小型压水堆传感器和执行器故障样本标签字典,实现多维标签与传感

器和执行器的故障模式、位置和程度的映射，如表7-1所示。通过对这些故障信息的准确诊断，可为后续控制系统的介入和操纵员干预提供更加精准的信息，能够及时地处理故障元件从而避免由于控制系统故障导致更加严重的事故的发生。

表7-1　小型压水堆传感器和执行器故障样本标签字典

标签		故障类型
第一位数字	1	无故障
	2	有故障
第二位数字	1	蒸汽压力传感器(SP)
	2	蒸汽流量传感器(SF)
	3	堆芯冷却剂出口温度传感器(THOT)
	4	给水阀(FF)
	5	控制棒驱动机构(ROD)
第三位数字	1	恒偏差
	2	恒增益
	3	卡死

标签		SP		SF		THOT		FF		ROD	
		偏差/MPa	增益	偏差/%	增益	偏差/℃	增益	偏差/%	增益	偏差	增益
第四位字母	A, a	±0.1	1.1, 0.9	±2	1.1, 0.9	±5	1.1, 0.9	±2	1.1, 0.9	±0.1	1.1, 0.9
	B, b	±0.2	1.2, 0.8	±4	1.2, 0.8	±10	1.2, 0.8	±4	1.2, 0.8	±0.2	1.2, 0.8
	C, c	±0.3	1.3, 0.7	±5	1.3, 0.7	±15	1.3, 0.7	±5	1.3, 0.7	±0.3	1.3, 0.7
	D, d	±0.4	1.4, 0.6	±6	1.4, 0.6	±20	1.4, 0.6	±6	1.4, 0.6	±0.4	1.4, 0.6
	E, e	±0.5	1.5, 0.5	±10	1.5, 0.5	±25	1.5, 0.5	±10	1.5, 0.5	±0.5	1.5, 0.5
	F, f	±0.6	1.6, 0.4	±12	1.6, 0.4	±30	1.6, 0.4	±12	1.6, 0.4	±0.6	1.6, 0.4

(续表)

标签		故障类型									
		SP		SF		THOT		FF		ROD	
		偏差/MPa	增益	偏差/%	增益	偏差/℃	增益	偏差/%	增益	偏差	增益
第四位字母	G，g	±0.7		±14		±35		±14		±0.7	—
	H，h	±0.8		±16		±40		±16		±0.8	—
	I，i	±0.9		±18		±45		±18		±0.9	—
	J，j	±1.0		±20		±50		±20		±1.0	—

表 7-1 中故障样本标签的具体说明如下：使用三位阿拉伯数字加上一个字母来表征故障，如 211A，其中第一位数代表是否发生故障(1—无故障；2—有故障)。第二位数代表故障位置(1—蒸汽压力传感器；2—蒸汽流量传感器；3—堆芯冷却剂出口温度传感器；4—给水阀；5—控制棒驱动机构)。第三位数代表故障类型(1—恒偏差故障；2—恒增益故障；3—卡死故障)，第四位字母代表故障程度(在压力传感器的恒偏差故障中，A～J 代表 0.1～1.0 MPa 的正偏差故障，a～j 代表 0.1～1.0 MPa 的负偏差故障；在阀门传感器的恒偏差故障中，A～J 代表 2%～20%的正偏差故障，a～j 代表 2%～20%的负偏差故障；在恒增益故障中，A～D 代表 1.1～1.4 倍的增益故障，a～d 代表 0.9～0.6 倍的增益故障，其中卡死故障统一用 X 表示)。上述 211A 标签表示在蒸汽压力传感器中发生了+0.1 MPa 的恒偏差故障。1000 代表无故障。

2) 数据及其预处理

为了统一和对比说明，接下来在基于支持向量机的故障诊断技术和基于深度学习的故障诊断技术的应用实例中，均采用上述对象的数据和标签字典。

网络的训练数据和测试数据分别如表 7-2 和表 7-3 所示。其中，每个样本均包含 12×2 991 个数据，12 表示有 12 种监测信号，2 991 表示每种信号都进行了长度为 300 s 频率为 10 Hz 的数据采集。每个样本共有 35 892 个数据，如果直接输入，对于 BP 神经网络的输入层来说过于冗余，因此需要预先提取一些特征作为输入。本研究选取了部分经典的时域特征，包括每个信号的均值、最大值、最小值、标准差、方差和均方根 6 个特征，因此输入数据转变为 12×6 维数据。

表 7-2　训练数据

<table>
<tr><th>位　置</th><th>发生时间/s</th><th>类　型</th><th>数　目</th><th>总　数</th></tr>
<tr><td rowspan="2">蒸汽压力传感器</td><td rowspan="2">100～200</td><td>恒偏差</td><td>61</td><td rowspan="5">183</td></tr>
<tr><td>恒增益</td><td>61</td></tr>
<tr><td rowspan="3">给水阀门</td><td>100</td><td>恒偏差</td><td>24</td></tr>
<tr><td>100</td><td>恒增益</td><td>24</td></tr>
<tr><td>50～150</td><td>卡死</td><td>13</td></tr>
</table>

表 7-3　测试数据

<table>
<tr><th>位　置</th><th>发生时间/s</th><th>类　型</th><th>数　目</th><th>总　数</th></tr>
<tr><td rowspan="2">蒸汽压力传感器</td><td rowspan="2">随机</td><td>恒偏差</td><td>26</td><td rowspan="5">63</td></tr>
<tr><td>恒增益</td><td>19</td></tr>
<tr><td rowspan="3">给水阀门</td><td rowspan="3">随机</td><td>恒偏差</td><td>3</td></tr>
<tr><td>恒增益</td><td>2</td></tr>
<tr><td>卡死</td><td>13</td></tr>
</table>

3）网络框架

本节中神经网络故障诊断模型的基本框架如图 7-9 所示，主要包括以下几个方面。

（1）输入层。由数据预处理可知，网络输入层由 72 个特征数据组成，因此有 72 个神经元输入。

（2）隐含层。隐含层决定了网络结构的复杂度，太复杂会导致过拟合和训练时间过长，太简单会导致无法成功学习，在研究中可以针对训练结果进行层数调整，此处先暂定隐含层神经元数量为 30 个。

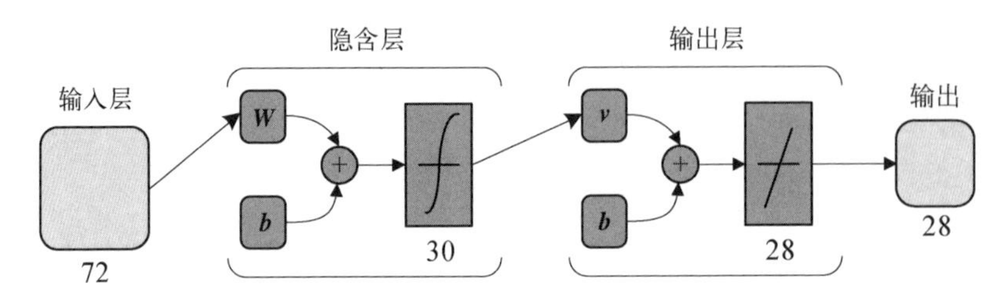

W 和 **v** 分别为隐含层和输出层的权重矩阵；**b** 为偏阵矩阵。

图 7-9　神经网络故障诊断模型的结构示意图

(3) 输出层。样本中共有 28 种不同的标签，因此网络输出层共有 28 个神经元，对应各输出标签。

4) 训练结果

网络训练时，采用交叉熵损失函数；当训练次数达到 1 000 次或验证集损失值连续 20 次不下降时，可以认为网络到达了过拟合，停止训练，取验证集损失最小一次的权重。

针对具有不同隐含层神经元的神经网络独立训练 50 次，在测试集中测试得到的训练结果如表 7-4 所示。

表 7-4　不同隐含层神经元训练 50 次的训练结果

隐含层神经元数目	最大准确率/%	最小准确率/%	平均准确率/%
10	88.79	30.7	71.56
30	**94.19**	38.58	74.48
50	91.28	35.26	**75.92**
70	89.21	18.67	72.37
90	92.11	**43.98**	71.93

从表 7-4 中可以看出，随着隐含层神经元数目的增加，平均诊断准确率呈现出先增后减的趋势，这表明网络并非越复杂越好。隐含层神经元个数太少，会导致网络无法很好地进行分类；太多会导致网络的过拟合，泛化性能较差。最大准确率和最小准确率有一定的随机性，有部分参考价值。因此，在本例中，隐含层神经元数目的最佳取值范围为 30～50 个。

7.3.3　基于支持向量机的故障诊断技术

支持向量机(support vector machine, SVM)[17]是一种基于数据训练的较为简单的算法。利用该方法,可以对检测到的数据进行智能分类,进而判断识别故障数据,实现故障诊断。

7.3.3.1　诊断原理

支持向量机是一种十分常见的分类器,其故障诊断的基本原理是通过把训练数据从原始空间映射到一个更高维的特征空间,使其在该特征空间内线性可分,并得到一个合适的划分超平面,再通过检测数据落在超平面的哪一边来实现诊断故障的目的。支持向量机只需正常样本即可完成训练,一定程度上可以不用过多考虑故障样本较少的情况。同时,支持向量机适用于小样本、非线性强的场景,是一种有效的故障诊断方法。

7.3.3.2　诊断方法

在样本空间中,划分超平面可通过如下线性方程来描述:

$$\boldsymbol{w}^{\mathrm{T}}\boldsymbol{x}+b=0 \tag{7-34}$$

其中,$\boldsymbol{x}$ 为训练数据向量;$\boldsymbol{w}=(w_1, w_2, \cdots, w_d)$ 为法向量,代表了超平面的方向;b 为位移项,代表超平面与原点之间的距离。

令 $\phi(\boldsymbol{x})$ 表示将 $\boldsymbol{x}$ 映射后的特征向量,则划分超平面的模型可表示为

$$f(\boldsymbol{x})=\boldsymbol{w}^{\mathrm{T}}\phi(\boldsymbol{x})+b \tag{7-35}$$

显然,$(\boldsymbol{w}, b)$ 决定了一个超平面,任意点到超平面的距离可表示为

$$r=\frac{|\boldsymbol{w}^{\mathrm{T}}\phi(\boldsymbol{x})+b|}{\|\boldsymbol{w}\|} \tag{7-36}$$

间隔越大,划分效果越好,因此分离超平面的最大间隔可表示为

$$\rho=\max_{\boldsymbol{w}, b:\ y_i(\boldsymbol{w}^{\mathrm{T}}\boldsymbol{x}_i+b)\geqslant 0}\ \min_i \frac{|\boldsymbol{w}^{\mathrm{T}}\phi(\boldsymbol{x}_i)+b|}{\|\boldsymbol{w}\|}=\max_{\boldsymbol{w}, b}\min_i \frac{y_i[\boldsymbol{w}^{\mathrm{T}}\phi(\boldsymbol{x}_i)+b]}{\|\boldsymbol{w}\|} \tag{7-37}$$

对于最大间隔的 $(\boldsymbol{w}, b)$,$y_i[\boldsymbol{w}^{\mathrm{T}}\phi(\boldsymbol{x}_i)+b]=1$,可以得到SVM的基本模型如下:

$$\begin{cases}\min\limits_{w,b} \dfrac{1}{2}\|\boldsymbol{w}\|^2 \\ \text{s. t.}\quad y_i[\boldsymbol{w}^{\mathrm{T}}\phi(\boldsymbol{x}_i)+b]\geqslant 1,\quad i=1,2,\cdots,m\end{cases} \tag{7-38}$$

利用拉格朗日乘子法，可以得到上述基本模型的对偶问题：

$$\begin{cases}\max\limits_{\alpha}\sum\limits_{i=1}^{m}\alpha_i-\dfrac{1}{2}\sum\limits_{i=1}^{m}\sum\limits_{j=1}^{m}\alpha_i\alpha_j y_i y_j\phi(\boldsymbol{x}_i)^{\mathrm{T}}\phi(\boldsymbol{x}_j) \\ \text{s. t.}\quad \sum\limits_{i=1}^{m}\alpha_i y_i=0,\ \alpha_i\geqslant 0,\ i=1,2,\cdots,m\end{cases} \tag{7-39}$$

式中，α_i 为拉格朗日乘子。

式(7-39)包含了 $\phi(\boldsymbol{x}_i)^{\mathrm{T}}\phi(\boldsymbol{x}_j)$ 的计算，可能使映射后的空间维度过高，导致直接计算困难较大。为便于计算，定义如下核函数：

$$\kappa(\boldsymbol{x}_i,\boldsymbol{x}_j)=\langle\phi(\boldsymbol{x}_i),\phi(\boldsymbol{x}_j)\rangle=\phi(\boldsymbol{x}_i)^{\mathrm{T}}\phi(\boldsymbol{x}_j) \tag{7-40}$$

关于核函数的具体定义可参考 Schölkopf[18] 的论文，则式(7-39)可改写为

$$\begin{cases}\max\limits_{\alpha}\sum\limits_{i=1}^{m}\alpha_i-\dfrac{1}{2}\sum\limits_{i=1}^{m}\sum\limits_{j=1}^{m}\alpha_i\alpha_j y_i y_j\kappa(\boldsymbol{x}_i,\boldsymbol{x}_j) \\ \text{s. t.}\quad \sum\limits_{i=1}^{m}\alpha_i y_i=0,\ \alpha_i\geqslant 0,\ i=1,2,\cdots,m\end{cases} \tag{7-41}$$

从之前的推理可以看出，映射后高维特征空间的好坏在很大程度上决定了支持向量机的性能，核函数的选择则隐式地定义了这个高维特征空间。

常用核函数如表 7-5 所示。

表 7-5　常用核函数表

名　称	表 达 式	参　数
线性核	$\kappa(\boldsymbol{x}_i,\boldsymbol{x}_j)=\boldsymbol{x}_i^{\mathrm{T}}\boldsymbol{x}_j$	
多项式核	$\kappa(\boldsymbol{x}_i,\boldsymbol{x}_j)=(1+\boldsymbol{x}_i^{\mathrm{T}}\boldsymbol{x}_j)^d$	$d\geqslant 1$ 为多项式的次数
高斯核	$\kappa(\boldsymbol{x}_i,\boldsymbol{x}_j)=\exp\left(-\dfrac{\|\boldsymbol{x}_i-\boldsymbol{x}_j\|^2}{2\sigma^2}\right)$	$\sigma>0$ 为高斯核的带宽

（续表）

名　　称	表　达　式	参　　数
拉普拉斯核	$\kappa(\boldsymbol{x}_i, \boldsymbol{x}_j)=\exp\left(-\frac{\Vert \boldsymbol{x}_i-\boldsymbol{x}_j \Vert}{\sigma}\right)$	$\sigma>0$
Sigmoid 核	$\kappa(\boldsymbol{x}_i, \boldsymbol{x}_j)=\tanh(\beta \boldsymbol{x}_i^{\mathrm{T}} \boldsymbol{x}_j+\theta)$	$\beta>0$, $\theta<0$

上述支持向量机要求所有样本均满足约束式(7-41)，随着数据量的增加，很大可能解不出超平面；即便解得超平面，也会造成过拟合，因为训练集的准确率一定为100%。因此，需要允许某些样本不满足约束，通过引入松弛变量 $\xi_i \geqslant 0$，存在样本使得

$$y_i[\boldsymbol{w}^{\mathrm{T}} \phi(\boldsymbol{x}_i)+b] \geqslant 1-\xi_i \tag{7-42}$$

将式(7-42)代入式(7-38)中，可以得到如下 SVM 模型：

$$\begin{cases} \min\limits_{w, b, \xi_i} \dfrac{1}{2}\Vert \boldsymbol{w} \Vert^2+C\sum\limits_{i=1}^{m} \xi_i^p \\ \text{s.t. } y_i[\boldsymbol{w}^{\mathrm{T}} \phi(\boldsymbol{x}_i)+b] \geqslant 1-\xi_i, \ \xi_i \geqslant 0, \ i=1, 2, \cdots, m \end{cases} \tag{7-43}$$

式中，$C>0$，是一个常数，当 C 无穷大时，所有样本均满足约束；当 C 为有限值时，一些样本不满足约束，一般通过 n 折交叉验证来获得；p 为常数，不同的 p 代表折页(hinge)损失的次数。

hinge 损失函数为最常用的损失函数，表达式为

$$\begin{gathered} \ell_{\text{hinge}}(z)=\max(0, 1-z) \\ z=y_i[\boldsymbol{w}^{\mathrm{T}} \phi(\boldsymbol{x}_i)+b] \end{gathered} \tag{7-44}$$

其他常用的损失函数如下。

(1) 0/1 损失函数：

$$\ell_{0/1}=\begin{cases} 1, & z<0; \\ 0, & \text{其他} \end{cases} \tag{7-45}$$

(2) 指数损失函数：

$$\ell_{\exp}(z)=\exp(-z) \tag{7-46}$$

(3) 对数损失函数：

$$\ell_{\ln}(z)=\ln[1+\exp(-z)] \tag{7-47}$$

同样，通过拉格朗日乘子法，可以得到式(7-43)所示 SVM 模型的对偶问题：

$$\begin{cases}\max\limits_{\alpha}\sum\limits_{i=1}^{m}\alpha_i-\dfrac{1}{2}\sum\limits_{i=1}^{m}\sum\limits_{j=1}^{m}\alpha_i\alpha_j y_i y_j\boldsymbol{\kappa}(\boldsymbol{x}_i,\ \boldsymbol{x}_j)\\ \text{s.t.}\ \sum\limits_{i=1}^{m}\alpha_i y_i=0,\ C\geqslant\alpha_i\geqslant 0,\ i=1,\ 2,\ \cdots,\ m\end{cases} \tag{7-48}$$

注意到式(7-48)有不等式约束，上述过程需满足卡罗需-库恩-塔克(Karush-Kuhn-Tucker, KKT)条件，通过求解可以得到所需的超平面($\boldsymbol{w}$, b)，从而进行故障的分类。

从上面的介绍可以看出，SVM 只计算了一个超平面，划分了两块区域，是一个典型的二分类器。但在故障诊断中，往往有许多种故障，需要一个多分类器。目前有两种思路：一种是修改目标函数，一次性求得多个超平面的参数，这种方法看似简单，但其计算复杂度比较高，实现起来比较困难，只适合用于相对简单的问题；另一种是将多个二分类器组合成一个多分类器，这种方法[20]主要又分为两个思路，一对一(one-against-one)和一对全(one-against-all)。

一对一法，也称成对分类法，将多个类中的任意两个单独提取出来训练，可以得到一个超平面，之后将所有超平面组合，形成一个多分类器。假设一共有 k 个分类，t、j 为其中两个分类，则其中一个 SVM 模型问题可写为

$$\begin{cases}\min\limits_{\boldsymbol{w}^{tj},\ b^{tj},\ \xi^{tj}}\ \dfrac{1}{2}\|\boldsymbol{w}^{tj}\|^2+C\sum\limits_{t=1}^{m}\xi_i^{tj}\\ \text{s.t.}\ (\boldsymbol{w}^{tj})^{\mathrm{T}}\boldsymbol{\phi}(\boldsymbol{x}_i)+b^{tj}\geqslant 1-\xi_i^{tj},\quad y_i=t\\ \qquad(\boldsymbol{w}^{tj})^{\mathrm{T}}\boldsymbol{\phi}(\boldsymbol{x}_i)+b^{tj}\leqslant -1+\xi_i^{tj},\quad y_i=j\\ \qquad\xi_i^{tj}\geqslant 0,\quad i=1,\ 2,\ \cdots,\ m\end{cases} \tag{7-49}$$

因此，上述问题一共需要训练 $\dfrac{1}{2}k(k-1)$ 个分类器，决策函数为

$$\begin{gathered}y_{\text{new}}=\operatorname{sign}[(\boldsymbol{w}^{tj})^{\mathrm{T}}\boldsymbol{\phi}(\boldsymbol{x}_{\text{new}})+b^{tj}]\\ t,\ j=1,\ 2,\ \cdots,\ k\end{gathered} \tag{7-50}$$

图 7 - 10 为一对一分类法的示意图，图中包含一些二维数据，被分为 3 类。d_{12} 为采用 1 类和 2 类计算出的超平面，一共三个超平面，划分出了四个空间。如果测试数据落入中间狭小区域，则简单地选择索引较小的那个类别作为分类。

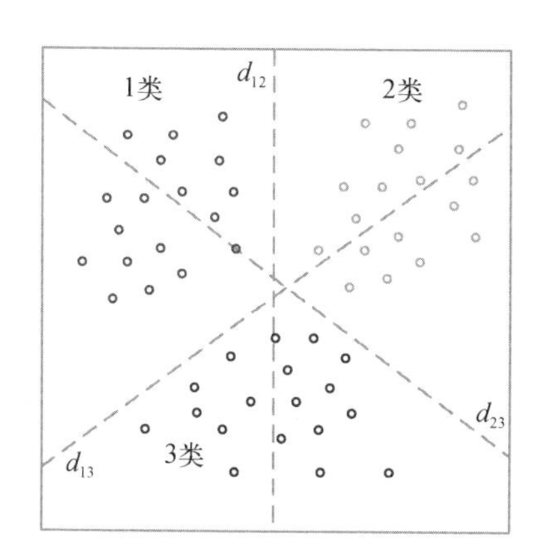

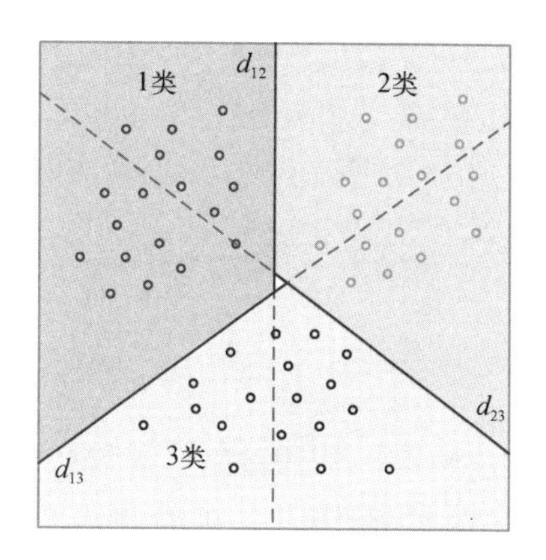

图 7 - 10　一对一分类法示意图

一对全分类法是将多分类中的一个分类与其他所有分类比较，得到一个超平面，之后将所有超平面组合形成一个多分类器。假设取第 t 个分类，其标签为正，其余标签为负，则 SVM 模型可写为

$$\begin{cases} \min\limits_{w^t,\ b^t,\ \xi^t} \dfrac{1}{2}\parallel \boldsymbol{w}^t \parallel^2 + C\sum\limits_{t=1}^{m}\xi_i^t \\ \text{s. t.}\ (\boldsymbol{w}^t)^{\mathrm{T}}\phi(\boldsymbol{x}_i) + b^t \geqslant 1 - \xi_i^t, \quad y_i = t \\ \qquad (\boldsymbol{w}^t)^{\mathrm{T}}\phi(\boldsymbol{x}_i) + b^t \leqslant -1 + \xi_i^t, \quad y_i \neq t \\ \qquad \xi_i^t \geqslant 0, \quad i = 1,\ 2,\ \cdots,\ m \end{cases} \tag{7-51}$$

因此，上述问题需要训练 k 个分类器，决策函数为

$$y_{\text{new}} = \operatorname{argmax}_{t=1,\ 2,\ \cdots,\ k}[(\boldsymbol{w}^t)^{\mathrm{T}}\phi(\boldsymbol{x}_{\text{new}}) + b^t] \tag{7-52}$$

图 7 - 11 为一对全分类法的示意图，图中包含一些二维数据，被分为 3 类。d_1 表示 1 类与其他所有类计算出的超平面，一共三个超平面共同组成了多分类器。如果测试数据落入中间区域，则离哪一类的分类器较近，就选择最近的类别作为分类。

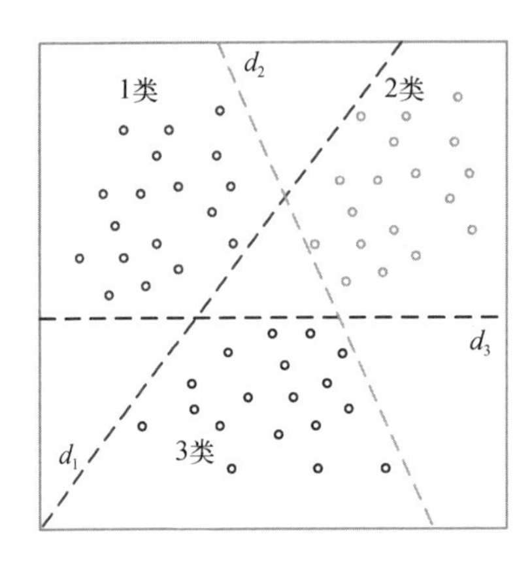

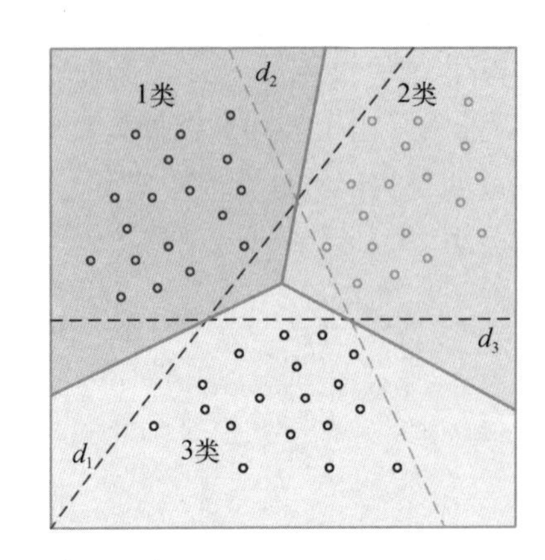

图 7-11　一对全分类法示意图

7.3.3.3　应用实例

在本节中，应用对象以及数据预处理与 7.3.2.3 节相同；每个样本包含 12×6 维数据，因此基础空间为 72 维。本研究选择了采用纠错输出编码(error-correcting output codes, ECOC)[20]的一对一 SVM 模型，损失函数选择一阶的 hinge 函数，核函数为线性函数，所得测试集结果如图 7-12 所示。对图示结果分析可知，SVM 模型在区分恒偏差与恒增益故障时有所不足。

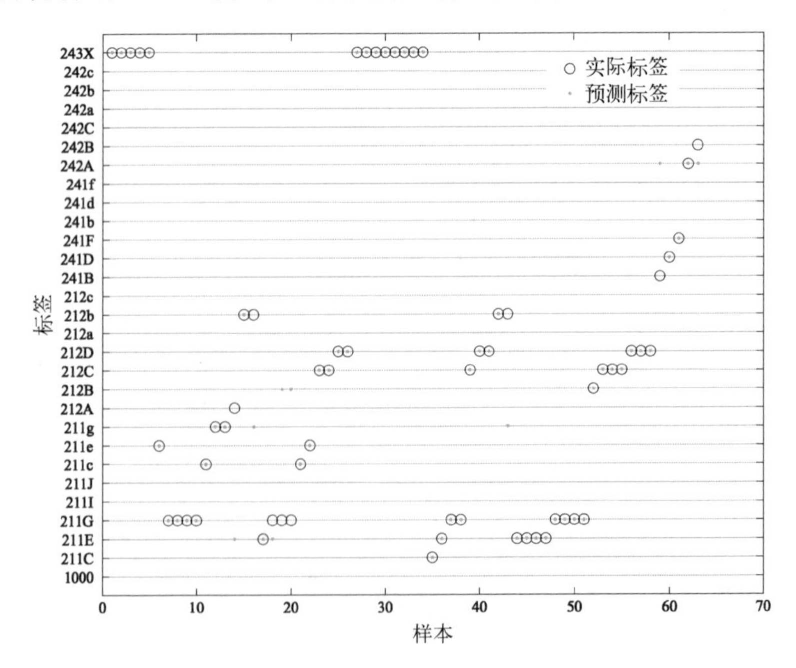

图 7-12　SVM 模型测试集结果

SVM模型在测试集中的识别准确率为87.3%，且与神经网络不同，该结果是由计算得出的，多次训练不会对其产生影响。总体来讲，SVM模型的诊断准确率高于BP神经网络模型的平均准确率，但稍低于其最高准确率。

核函数对应了映射的高维空间，是SVM模型的一个关键参数，表7-6给出了采用不同核函数得到的测试集准确率。从表中可以看出，采用三阶多项式核函数的SVM模型所映射的高维空间有较好的分类特性，准确率最高，达到了93.11%。

表7-6　采用不同核函数的SVM模型训练结果

名　　称	表达式	测试集准确率/%
线性核函数	$\kappa(\boldsymbol{x}_i, \boldsymbol{x}_j) = \boldsymbol{x}_i^{\mathrm{T}}\boldsymbol{x}_j$	87.30
高斯核函数	$\kappa(\boldsymbol{x}_i, \boldsymbol{x}_j) = \exp(-\lVert \boldsymbol{x}_i - \boldsymbol{x}_j \rVert^2)$	77.58
一阶多项式核函数	$\kappa(\boldsymbol{x}_i, \boldsymbol{x}_j) = (1+\boldsymbol{x}_i^{\mathrm{T}}\boldsymbol{x}_j)$	89.65
二阶多项式核函数	$\kappa(\boldsymbol{x}_i, \boldsymbol{x}_j) = (1+\boldsymbol{x}_i^{T}\boldsymbol{x}_j)^2$	82.75
三阶多项式核函数	$\kappa(\boldsymbol{x}_i, \boldsymbol{x}_j) = (1+\boldsymbol{x}_i^{\mathrm{T}}\boldsymbol{x}_j)^3$	93.11

7.3.4　基于深度学习的故障诊断技术

近几年，深度学习方法作为新兴的机器学习方法，以其强大的函数映射能力在机械、化工等领域的复杂系统设计和设备故障诊断中得到了广泛的应用。与传统的故障诊断方法相比，基于深度学习的故障诊断方法主要具有以下优势：一是深度学习具有强大的特征提取能力，能够通过逐层抽象的方式从大量样本中自动提取特征，减少了对专家经验和信号处理技术的过于依赖，降低了传统方法中人工参与的资源消耗；二是通过深层网络的构建，能够很好地表征信号与健康状态之间的复杂映射关系，非常适合大数据背景下多样性、非线性、高维健康监测数据分析的要求。

深度学习可以分为三类：生成型深度结构、判别型深度结构和混合型深度结构。下面分别对这三种深度学习结构进行介绍。

(1) 生成型深度结构主要分析收集到的事件信息的高阶相关属性，或讨论数据分析过程中事件信息及其类别的联合概率分布。由于带标签的数据并非分析所必需,因此通常使用无监督学习方法来分析数据。在分析模式识别问题的过程中,需要生成相关模型结构,其中预训练是一个非常重要的环节。当训练数据量有限时,低层次网络的训练很难达到理想的效果。因此,在训练过程中,通常首先训练低层次网络,再训练高层次网络,一般通过逐层贪婪训练法实现从底层向上层的学习。目前,生成型深度结构的常用模型有栈式自编码器、受限制玻尔兹曼机、深度置信网络等。

(2) 判别型深度结构主要分析现有数据类别的后验概率分布,计算模式分类模型的分辨率。目前常用的判别型深度结构模型有卷积神经网络、深凸网络等。

(3) 混合型深度结构是一种包含了生成型深度结构和判别型深度结构的混合结构,主要用于信息判别。在该结构中,采用生成型结构对数据进行判别,并在预训练阶段对判别模型网络的权值进行优化。深度置信网络是一种典型的混合型深度结构,通过预训练初始化网络,然后用 BP 算法调优。

本节主要介绍基于卷积神经网络中长短期记忆网络的故障诊断方法。

7.3.4.1 诊断原理

由于核动力系统具有非线性、时变性、复杂性等特点,特别是系统大数据在时间上高度相关,下一时刻的系统状态往往十分依赖于上一时刻甚至多个时刻前的状态。传统的神经网络由于自身结构限制,训练数据时无法处理数据在时间上的相关信息,无法利用前面的场景去干预后面的预测,导致训练结果往往不如人意,在核动力系统故障诊断方面的应用具有很大的局限性。而循环神经网络(recurrent neural network, RNN)的出现解决了这一问题。RNN 是一类以序列(sequence)数据为输入,在序列的演进方向进行递归(recursion)且所有节点(循环单元)按链式连接的递归神经网络,允许信息持续存在[21],其结构如图 7-13 所示。

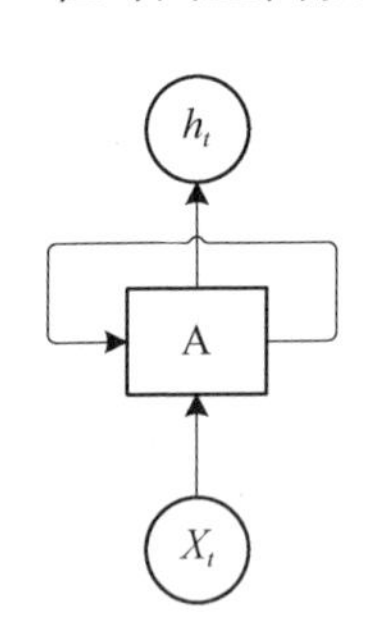

图 7-13 RNN 结构示意图

在图 7-13 中,一组神经网络 A 接收某些输入 X_t(如核动力系统传感器的测量信号),并输出一个值 h_t,循环允许信息从网络的一个步骤传递到下一个,如图 7-14 所示。

这些链状循环使得系统上一刻的数据信息传递到下一刻,可以认为一个循环神经网络是同一个网络的多个副本,每一个都传递一个消息给后继者。当系统中某一传感器或者执行器发生故障后,当前时刻系统的状态在时间维

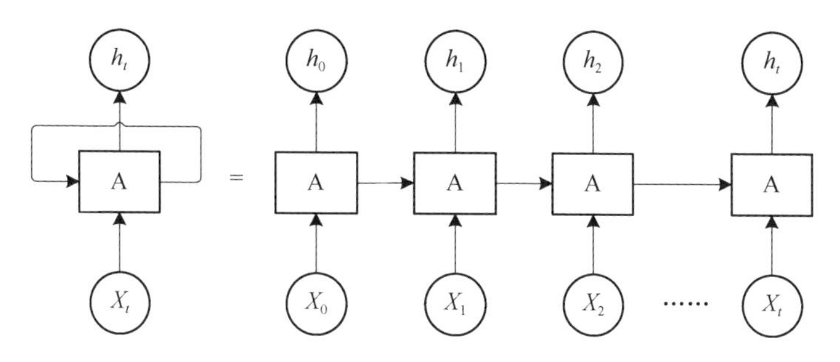

图 7-14　RNN 工作原理示意图

度上就会一直传递下去,帮助网络做出更加准确的预测,这就是 RNN 循环卷积网络。在过去几年中,许多科技的进步都依赖它,特别是在语音识别、语言建模、翻译、图像字幕等领域。而核动力系统数据与上述数据具有共性特点,例如时间相关性,因此对于核动力系统,RNN 循环卷积网络是较好的处理工具。

长短期记忆(long short-term memory, LSTM)网络是一种特殊的时间循环神经网络[22],由 Hochreiter & Schmidhuber 在 1997 年提出[23],可以解决一般的 RNN 存在的长期依赖问题。所有的 RNN 都具有一种重复神经网络模块的链式形式,在传统 RNN 中,这个重复的结构模块只有一个非常简单的结构,例如一个 tanh 层,当序列较长,利用反向传播算法训练网络时,由于回传值的大小会呈指数下降,导致网络权重更新变慢而无法学习到较早时间的信息。而 LSTM 神经网络由于其独特的设计结构,适用于处理和预测时间序列中间隔和延迟非常长的重要事件。在核动力系统中,存在许多延时单元,普通的 RNN 网络处理这些数据时,存在梯度消失的可能,即传递的信息会逐渐消失,而 LSTM 神经网络在处理这些数据时表现更好。因此,LSTM 深度学习神经网络是核动力系统故障诊断的一种强大工具。

7.3.4.2　诊断方法

LSTM 旨在避免长期依赖性的问题。长时间记住信息实际上是神经单元的默认行为,而不是难以学习的内容。所有递归神经网络都具有神经网络重复模块链的形式。在标准 RNN 卷积神经网络中,该重复模块将具有非常简单的结构,例如单个 tanh 层,如图 7-15 所示。其中每一个 RNN 神经元将以当前时刻的状态输入 X_t 和上一个神经元的输出 h_{t-1} 作为输入,对信息进行处理后输出到下一个神经元当中,这样 RNN 网络就得到了上一时刻的信息。因此,传统的 RNN 循环神经网络具备一定的处理时间序列的能力,然而对于长时间的特征依赖,处理能力就减弱了。

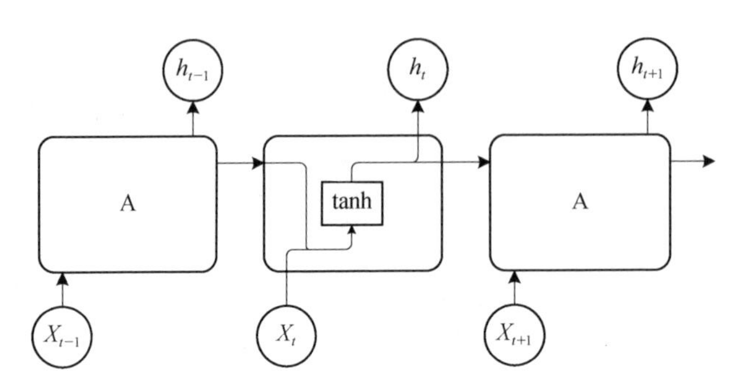

图 7-15　标准 RNN 中的重复模块结构示意图

所有的递归神经网络都是由重复神经网络模块构成的一条链，可以看到它的处理层非常简单，通常是一个单 tanh 层，通过当前输入及上一时刻的输出来得到当前输出。与神经网络相比，经过简单的改造，它已经可以利用上一时刻学习到的信息进行当前时刻的学习。LSTM 的结构与上面标准 RNN 相似，不同的是它的重复模块更加复杂。如图 7-16 所示，与标准 RNN 卷积神经网络中重复模块简单的单层结构相比，LSTM 重复模块包含四层，相互之间以特殊的方式进行交互。

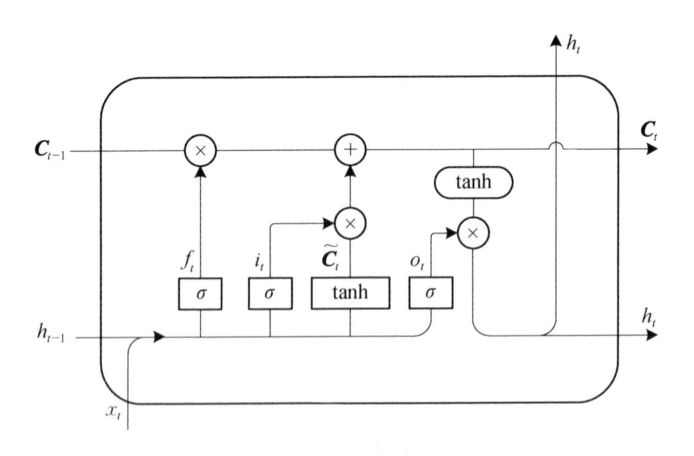

图 7-16　LSTM 网络细胞状态示意图

LSTM 网络的关键是细胞状态，细胞的状态类似于输送带（见图 7-16）。表示细胞状态的这条线水平地穿过图的顶部，在整个链上运行，只有一些小的线性操作作用其上，信息很容易保持不变地流过整个链。

LSTM 具有删除或添加信息到细胞状态的能力，这个能力是由称为门(gate)的结构所赋予的。门是一种可选地让信息通过的方式，它由一个

Sigmoid 神经网络层和一个点乘法运算组成。

Sigmoid 神经网络层输出 0 和 1 之间的数字，这个数字描述每个组件有多少信息可以通过，0 表示不通过任何信息，1 表示全部通过。LSTM 通过三个这样的门结构来保护和控制细胞的状态，包括遗忘门、输入门和输出门。

(1) 遗忘门。LSTM 工作的第一步是决定要从细胞状态中丢弃什么信息，该决定由遗忘门的 Sigmoid 层实现，它会读取 h_{t-1}（前一个输出）和 x_t（当前输入），并为单元格状态 $\boldsymbol{C}_{t-1}$（上一个状态）中的每个数字输出 0 和 1 之间的数值。1 代表完全保留，而 0 代表彻底删除。LSTM 遗忘门的数学描述为

$$f_t = \sigma(\boldsymbol{W}_f[h_{t-1},\ x_t] + b_f) \tag{7-53}$$

式中，h_{t-1} 表示上一个细胞的输出；x_t 表示当前细胞的输入；σ 表示 Sigmoid 函数。

(2) 输入门。LSTM 工作的第二步是决定要在细胞状态中存储什么信息。实现过程分为两步：首先，输入门的 Sigmoid 层决定哪些信息更需要；其次，由 tanh 层创建候选向量 $\widetilde{\boldsymbol{C}}_t$，也就是备选的用来更新的内容，该向量将会被加到细胞的状态中。把这两部分联合起来，可完成对细胞状态的更新。该过程的数学描述为

$$\widetilde{\boldsymbol{C}}_t = \tanh(\boldsymbol{W}_{\boldsymbol{C}}[h_{t-1},\ x_t] + b_{\boldsymbol{C}}) \tag{7-54}$$

上述过程完成之后，还需要更新旧细胞状态，即将 $\boldsymbol{C}_{t-1}$ 更新为 $\boldsymbol{C}_t$，具体过程为用上一个状态值乘以 f_t，以此表达期待忘记的部分；之后将得到的值加上 $i_t\widetilde{\boldsymbol{C}}_t$，得到新的候选值，该值根据研究者决定更新每个状态的程度进行变化。该过程的数学描述为

$$\boldsymbol{C}_t = f_t\boldsymbol{C}_{t-1} + i_t\widetilde{\boldsymbol{C}}_t \tag{7-55}$$

(3) 输出门。输出门需要决定要输出什么。此输出将基于细胞状态，但将是一个过滤版本。首先，需要运行一个 Sigmoid 层，它决定了要输出细胞状态的哪些部分。然后，将单元格状态通过 tanh 层（将值规范化到 −1 和 1 之间），并将其乘以 Sigmoid 门的输出，至此只输出了决定的那些部分。该过程的数学描述为

$$\begin{cases} o_t = \sigma(\boldsymbol{W}_o[h_{t-1},\ x_t] + b_o) \\ h_t = o_t\tanh(\boldsymbol{C}_t) \end{cases} \tag{7-56}$$

通过上述这些门控的开关，LSTM 能够有效地解决 RNN 网络无法适用于长期依赖序列建模的问题。研究表明，在很多序列建模任务中，LSTM 比 RNN 表现得更加强大。

7.3.4.3 应用实例

在本节中，应用对象以及数据预处理与 7.3.2.3 节相同，但与 BP 神经网络和 SVM 不同的是，深度学习可以采用大量的原始数据，不需要进行特征提取。因此，用于 LSTM 网络训练的每个样本的数据维度为 12×2 991，数据中包含了完整的时域信息。

基于 LSTM 的小型压水堆控制系统故障诊断模型如图 7－17 所示[16]。诊断流程如下：

(1) 将故障仿真数据或实际工程数据划分为训练集和测试集；

(2) 构建多层 LSTM 网络作为小型压水堆控制系统传感器和执行器故障的诊断模型，并对相关参数进行初始化；

(3) 利用训练集数据对 LSTM 故障诊断模型进行训练和调整，包括前向传播、反向调优以及参数的调整；

(4) 诊断结果的分析与总结。

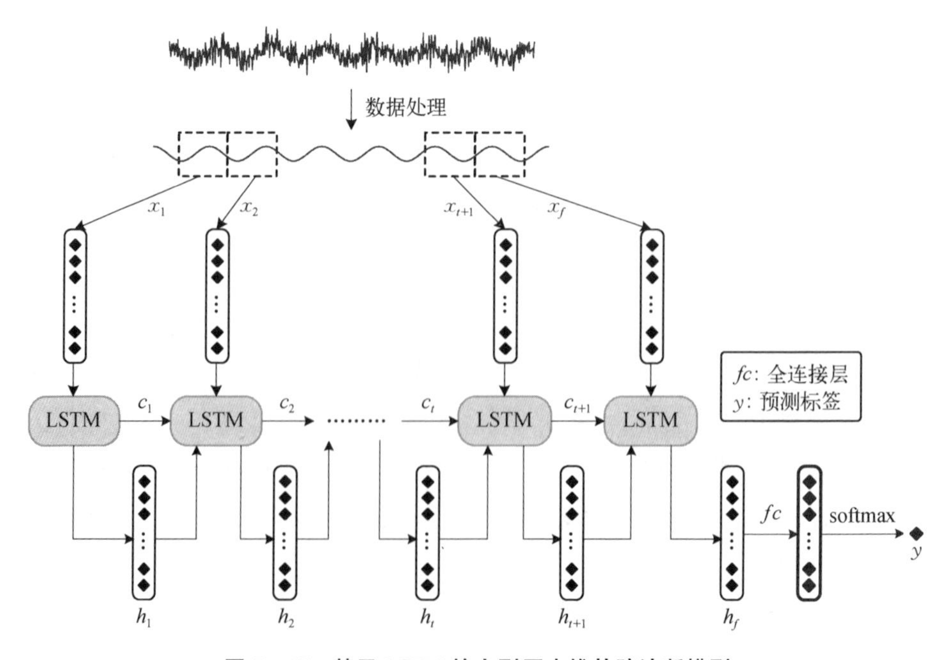

图 7－17　基于 LSTM 的小型压水堆故障诊断模型

在所建立的LSTM网络中，优化算法采用Adam算法；梯度阈值设置为2，以防止梯度爆炸；学习率为0.001。采用不同隐含层神经元个数的LSTM网络在测试集中的诊断准确率如图7-18所示[16]，通过对比可知，采用256个隐含层神经元时，网络的性能最佳，诊断准确率高达95%，高于前文中基于BP神经网络和SVM的故障诊断模型的最高诊断准确率(分别为94.19%和93.11%)，表明LSTM网络具有更好的诊断性能。

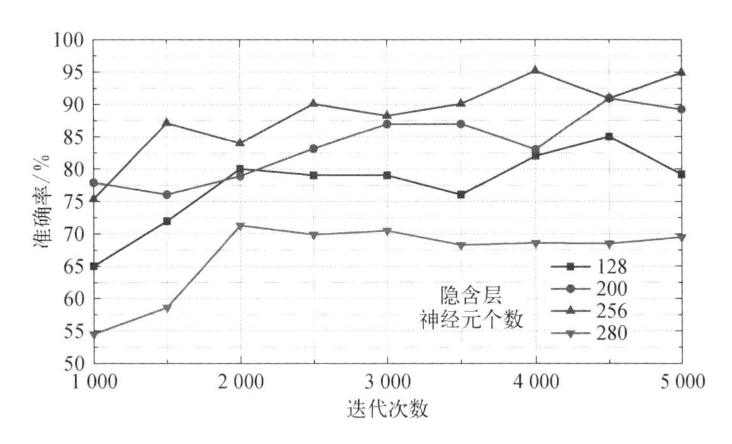

图7-18　不同隐含层神经元个数的LSTM网络在测试集中的诊断准确率

利用前文训练好的采用256个隐含层神经元的LSTM故障诊断模型，可基于仿真平台将在线时间窗300 s内的数据输入该模型中进行在线诊断，下面分别对不同工况下典型故障的诊断结果进行分析。

图7-19[16]展示了当小型压水堆在70%稳态工况运行时发生两类典型故障的在线诊断结果，即蒸汽压力传感器分别在75 s发生了+0.33 MPa的恒偏差故障以及1.43倍的恒增益故障。由图7-19(a)可知，当211C类故障发生后，在线诊断系统迅速响应做出预警，并在故障发生5.1 s后完成对故障类型的准确预测，300 s内故障预测准确率为98.3%。由图7-19(b)可知，当212D类故障发生后，诊断系统迅速响应做出预警，并在故障发生0.1 s内完成对故障的正确预测，300 s内故障预测准确率为100%。上述结果表明，在小型压水堆稳态运行过程中控制系统发生传感器和执行器故障时，基于LSTM的在线故障诊断模型能够实现快速、准确的故障诊断。

图7-20[16]展示了当小型压水堆在50%FP～60%FP阶跃升负荷运行过程中发生两类典型故障的诊断结果，即蒸汽压力传感器在70 s时发生了1.23倍的恒增益故障以及给水阀门在66 s时发生了卡死故障。由图7-20(a)可

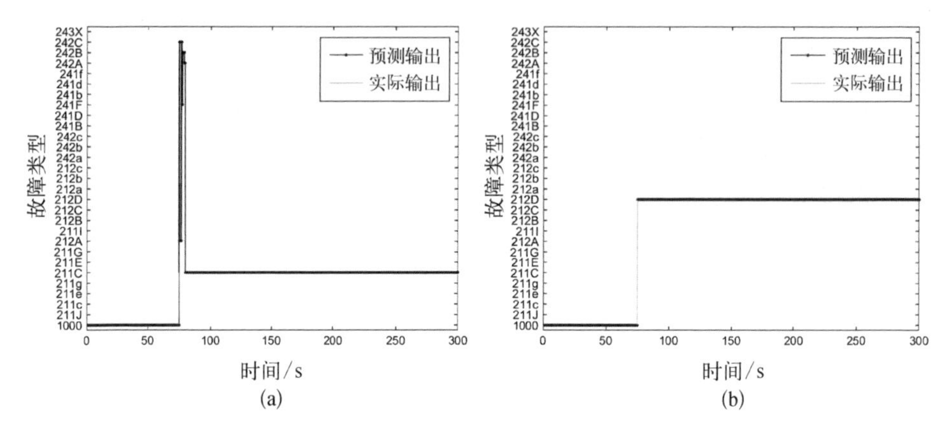

图 7-19　小型压水堆 70%FP 稳态运行过程中 211C 和 212D 型故障的在线诊断结果图

(a) 211C 类型故障；(b) 212D 类型故障

知，当 212B 类故障发生后，在线诊断系统迅速响应做出预警，并在故障发生 2.4 s 后完成对故障类型的准确预测，300 s 内的故障预测准确率为 99.2%。由图 7-20(b)可知，当 243X 类故障发生后，在线诊断系统迅速响应做出预警，并在故障发生 7.8 s 后完成对故障类型的准确预测，在 300 s 内故障预测准确率为 97.4%。上述结果表明，在小型压水堆系统阶跃变负荷瞬态运行过程中控制系统发生传感器和执行器故障时，基于 LSTM 的在线故障诊断模型能够快速、准确地诊断故障。

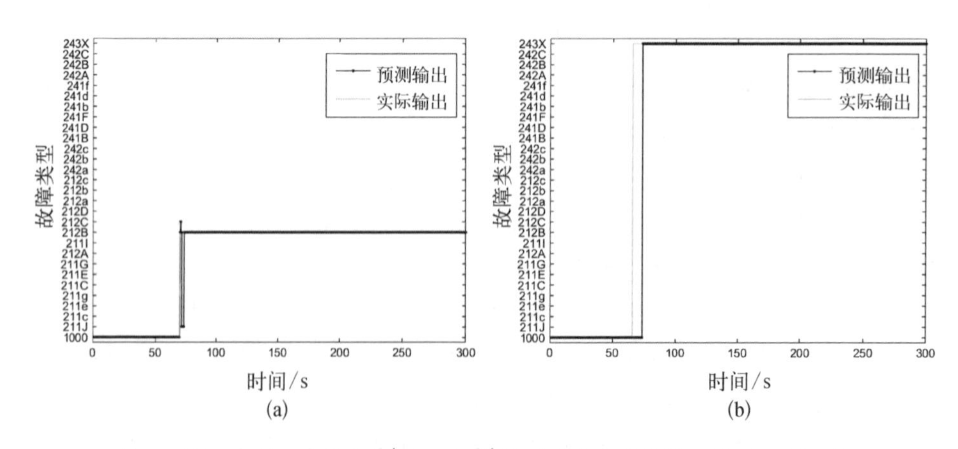

图 7-20　小型压水堆 50%FP～60%FP 阶跃升负荷瞬态过程中 212B 和 243X 型故障的在线诊断结果图

(a) 212B 类型故障；(b) 243X 类型故障

图7-21[16]展示了当小型压水堆在100%FP～30%FP甩负荷运行过程中发生两类典型故障的诊断结果，即给水阀门在95 s发生了卡死故障和蒸汽压力传感器75 s时发生了-0.34 MPa的恒偏差故障。由图7-21(a)可知，当243X类故障发生后，在线诊断系统迅速响应做出预警，并在故障发生1.9 s后完成对故障类型的准确预测，在300 s内的故障预测准确率为99.4%。由图7-21(b)可知，当211c类故障发生后，在线诊断系统迅速响应做出预警，并在故障发生0.3 s后完成对故障类型的准确预测，在300 s内的故障预测准确率为99.9%。上述结果表明，在小型压水堆甩负荷瞬态运行过程中控制系统发生传感器和执行器故障后，基于LSTM的在线故障诊断模型能够进行快速、准确的故障诊断。

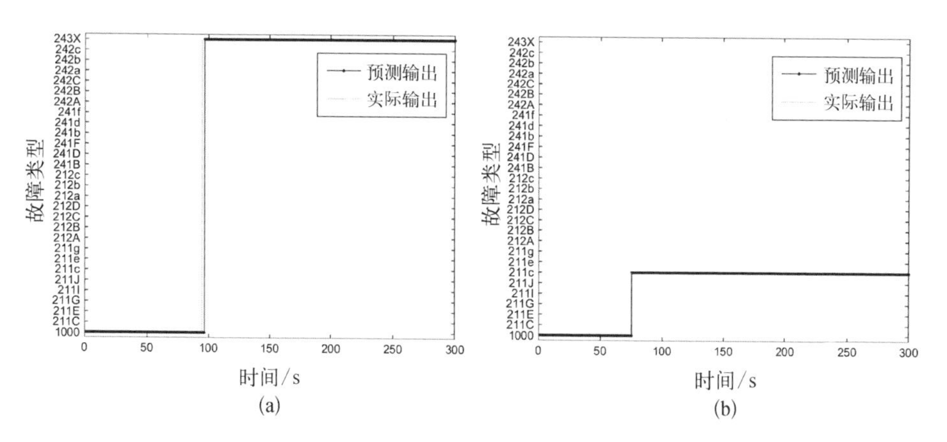

图7-21　小型压水堆100%FP～30%FP甩负荷瞬态过程中243X和211c型故障的在线诊断结果图

(a) 243X类型故障；(b) 211c类型故障

7.4　智能运行决策

前文所述的状态监测、故障诊断是发现问题的过程，本节研究问题出现后的一种可行的解决方案，即智能运行决策。核反应堆是一个复杂的工程系统，具有技术密集、结构复杂、运行环境恶劣等特点。因此，故障或事故发生后，面对海量的报警信号，运行操纵员想要在短时间内采取有效的措施来排除异常问题无疑是一个巨大挑战，因此需要一套有效的运行决策系统来辅助操纵员进行决策。传统的反应堆运行决策系统多依赖于具体对象的运行手册，功能单一,自主性、智能化程度不高,依赖于操纵员自己的判断与经验。而智能运行决策可增强人机交互,给予操纵员实时可行的指导,大大提高运行决策的效率和准确率。

7.4.1 核反应堆系统智能运行决策内涵及方法

核反应堆系统智能运行决策主要分为两种：正常运行决策和故障运行决策。正常运行决策提供装置在正常运行时所需的操作规程和操作提示等信息[24],主要工况包括启堆、稳态工况、功率转换以及停堆等。故障运行决策则依据故障诊断系统,在异常或事故情况下提供恢复相应系统功能的办法或应急规程,供操纵员参考。具体的实现模块可分为规程知识库、推理机、监督机、参数数据库和管理子系统[25]。规程知识库主要用于存储领域专家提供的规程知识,包括反应堆启动、停堆和各种典型事故的规程信息。推理机利用规程知识的信息和装置实时数据进行推理,结合状态监测单元和故障诊断单元的结果,提取规程为操纵人员提供操作指导信息。监督机对装置状态和规程的执行进行监测。管理子系统负责操作指导单元的系统维护和数据管理等。

7.4.2 基于专家系统的智能运行决策

专家系统是具有大量专门知识与经验的计算机程序系统,通过推理和判断来解决那些需要人类专家才能解决的复杂问题。简而言之,专家系统是一种模拟人类专家解决领域问题的计算机程序系统。专家系统具有以下几种特性[25]：

(1) 专家系统具有启发性、透明性和灵活性。

(2) 专家系统不受时间、空间和环境的影响。

(3) 专家系统能够解决单个人类专家无法解决的复杂问题。

专家系统的具体构成如图 7-22 所示,其在控制系统中的应用已经在 5.1 节“专家控制系统”中进行了详细介绍,这里不再赘述。

实际上,基于专家系统的智能运行决策与专家控制系统在很多方面有相似性,控制系统的各种参数调整及相应控制动作亦是一种决策。不同的是,此处论述的智能决策重点在于系统故障工况下的运行策略或故障解决办法,而控制系统则更多致力于系统的正常稳定运行,两者的知识库、数据库及推理机存在很大不同。基于专家系统的智能运行决策主要通过以下几个步骤来完成。

(1) 知识获取和建立知识库。知识获取来源一般是国家核安全局法规文件 HAF103《核动力厂运行安全规定》及相应的导则和运行限值。通常核电厂

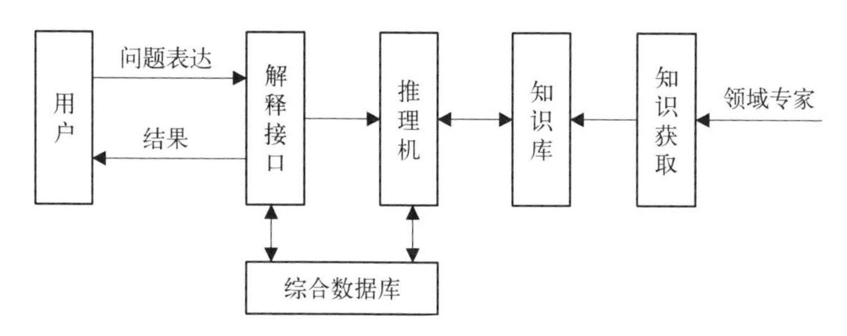

图7-22　专家系统的一般框架示意图

的运行指导系统包括正常运行指导系统、事故运行指导系统和严重事故应急运行指导系统。

正常运行指导系统以《核动力厂运行安全规定》为依据，并结合与其对应的国家核安全局发布的核安全导则、核电厂运行限值和条件、核电厂调试程序、核电厂堆芯和燃料管理、核电厂运行期间的辐射防护、核电厂安全运行管理等形成。事故运行指导系统以中华人民共和国国务院条令《核电厂核事故应急管理条例》为依据，并结合相关实施细则形成[26]。

知识库的构建流程如图7-23所示。

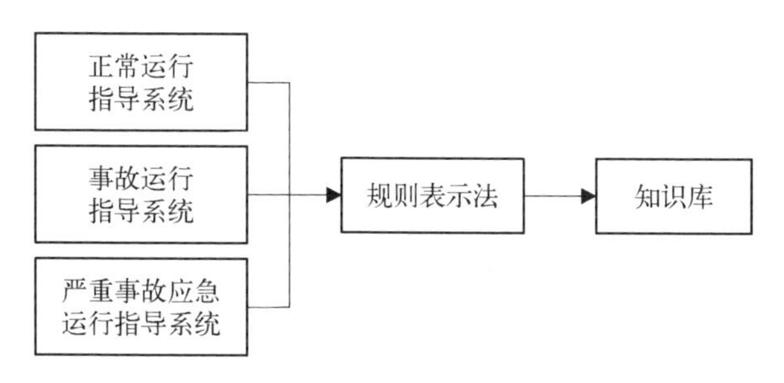

图7-23　知识库构建流程示意图

(2) 构建综合数据库系统。可参考核电厂以往的运行数据库、维修数据库、故障排除优先顺序数据库等构建综合的数据库系统。

(3) 推理机。具体的设计方法已在5.1节“专家控制系统”中进行了详细介绍，其中，MYCIN推理方法应用较广，在构建小型压水堆智能决策系统时可以采用。

推理机获取来自故障诊断系统的故障信息，并与知识库和数据库中的规则相匹配，从而给出对应故障的解决办法。若检测到多个故障，则需判断各故障之间的联系，如故障指向的单一性判断、关联性判断、上下级判断等，找到最关键的故障信息，优先针对其做出响应。

(4) 人机交互界面设计。

7.4.3 基于模糊逻辑的智能运行决策

目前，核反应堆系统基本上都采用数字化仪控系统，执行器、传感器等硬件故障是控制系统失效的主要诱因之一。一般情况下，执行器和传感器主要有三种故障行为，分别是恒偏差故障、卡死故障和恒增益故障。在恒偏差或恒增益故障下，执行器的性能出现偏差，但依然具有调节能力，因此利用合理的容错控制方法能够保证故障下系统的安全稳定性和一定的控制性能。而在执行器卡死故障下，执行器完全丧失调节能力，无法执行控制系统发出的调节指令，系统无法维持原状态，如果不采取合适的故障调节方法，系统的安全性和稳定性无法保证。在执行器卡死故障下，动态调整系统目标负荷使其降性能运行是一种可行的解决方案。由于小型压水堆是一个多变量、强耦合的非线性系统，其执行器卡死故障具有时空、强度不确定性，基于有限的故障征兆和诱因难以建立准确的数学模型或解析方法对其目标负荷进行准确的在线整定。因此，本研究利用具有强不确定性处理能力的模糊逻辑建立小型压水堆目标负荷的变论域模糊整定系统，实现执行器卡死故障下目标负荷及控制系统设定值的在线整定，保证系统安全稳定运行。执行器卡死故障下系统降性能运行目标负荷的模糊整定系统原理如图 7－24 所示[27]，具体研究方法如下。

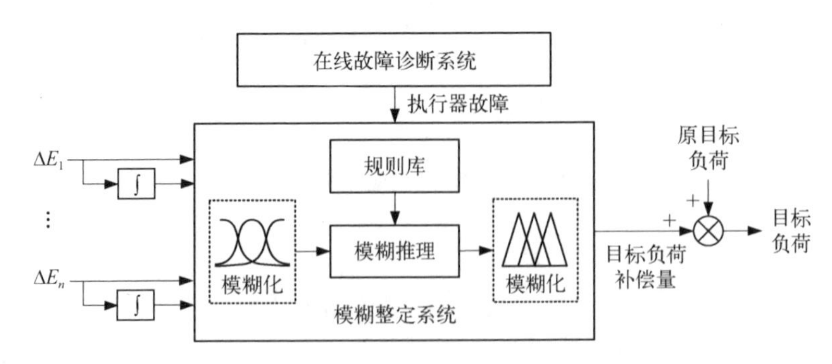

图 7－24　反应堆目标负荷模糊整定系统原理图

(1) 输入变量的选取。用于控制系统设定值模糊整定的故障征兆变量应满足以下条件：能够完整准确地描述系统的运行状态，在实际运行中易于测量或计算。基于上述条件，可将所选取的故障征兆变量与其参考值或标准值的偏差及其积分作为模糊整定逻辑模型的输入变量。偏差积分量包含偏差随时间的变化特征，但易使微小的模型误差或随机误差随时间积累，从而引起整定系统的误动作；偏差只能反映系统在特定时刻的运行状态，能够避免微小的模型误差或随机误差引起的误整定；两者形成互补，作为系统运行状态的多时间尺度定量描述输入模糊整定系统。

(2) 模糊整定逻辑建模。压水堆核动力装置将原子核裂变反应产生的能量转化为热能、电能等，通过控制系统设定值的在线整定，可提高故障下系统能量的产生、传递和输出过程的协调性和安全性。控制系统设定值模糊整定的核心内容就是基于系统能量平衡建立合理的模糊整定逻辑模型，包括输入量的模糊化、模糊推理和输出量的解模糊。首先，确定输入、输出量的基本论域，定义相应的语言变量，并确定语言变量的隶属度函数。其次，基于对小型压水堆的动态特性和能量平衡的理论分析和仿真研究，总结得出一定量的模糊条件语句，构成模糊整定规则库，模糊推理的过程就是基于输入语言变量的模糊子集选择对应的模糊规则得到输出语言变量集。最后，根据得到的输出变量的模糊子集采用加权平均法进行模糊判决，计算得到控制系统设定值的补偿量，将其与原设定值叠加后得到新的整定值。

本节将针对小型压水堆的控制棒驱动机构卡死故障，设计相应的目标负荷整定系统。以采用双恒定控制策略的小型压水堆系统为例，其冷却剂平均温度需在运行过程中保持恒定。当控制棒驱动机构发生卡死故障后，反应堆功率控制系统丧失调节能力，导致冷却剂平均温度与其设定值之间存在一定偏差，该偏差及其积分可在一定程度上表征故障的程度。因此，本节构建的反应堆目标负荷(功率设定值)模糊整定系统以冷却剂平均温度测量值与其设定值的偏差及积分作为输入，对反应堆功率设定值进行模糊整定，具体设计过程如下。

7.4.3.1　输入模糊化

输入模糊化是指对输入信号进行模糊化，将其精确数值转化为模糊信号。在控制棒驱动机构故障下的反应堆目标负荷模糊整定系统中，输入变量为冷却剂平均温度测量值与其设定值的偏差及积分。当系统达到新的平衡状态后，冷却剂平均温度偏差变为零，但是其积分量是偏差随时间的积累，最后保持在特定值上，最终导致存在一定的目标负荷补偿量。因此，在诊断出故障后，模糊整定单元根据冷却剂平均温度偏差及其积分信号自动调整反应堆目标负荷，使系统自主降性能运行，无须人为干预。

以4.1.3节中的小型压水堆为研究对象，经理论分析与仿真研究，其冷却剂平均温度偏差 ET 的模糊论域可取为[−5 ℃, 5 ℃]，对应的模糊子集定义为{NS(负小),ZO(零),PS(正小)};其冷却剂平均温度偏差积分量int(ET)的模糊论域取为[−500, 500],其模糊子集定义为{NL(负大),NS(负小),ZO(零),PS(正小),PL(正大)};目标负荷补偿量 δP_{n} 的模糊论域取为[−50%FP,50%FP],其模糊子集定义为{NL(负大),NS(负小),ZO(零),PS(正小),PL(正大)};同时,选择易于实现且应用广泛的三角隶属度函数作为输入输出变量的隶属度函数。

7.4.3.2 设计模糊规则

基于理论分析和研究者的经验,在控制棒驱动机构故障下,根据不同的冷却剂平均温度偏差(ET)及其积分[int(ET)]整定系统目标负荷的具体原则如下。

(1) 当ET为正时,冷却剂平均温度大于设定值,表明反应堆产生的瞬时功率大于系统负荷。由于此时控制棒驱动机构卡死,反应堆功率控制系统丧失调节能力,为维持系统能量平衡并将冷却剂平均温度调整回设定值,目标负荷应增加。

(2) 同理,ET为负时,冷却剂平均温度小于设定值,表明反应堆产生的瞬时功率小于系统负荷。在控制棒驱动机构卡死导致无法调节反应堆功率的情况下,为维持系统能量平衡并将冷却剂平均温度调整回设定值,目标负荷应减小。

(3) 同时,目标负荷补偿量应该与冷却剂平均温度偏差积分正相关。

根据上述原则,本研究制定的相对功率设定值模糊控制规则如表7-7所示[27]。在整定模糊规则后,模糊推理根据所制定的如表7-7所示的设定值模糊整定规则,将模糊输入量演变为模糊输出量,该演变过程是模糊控制器的核心功能。

表7-7 反应堆目标负荷模糊整定规则

ET	int(ET)				
	NL	NS	ZO	PS	PL
NS	NL	NL	NL	NS	NS
ZO	NS	NS	ZO	PS	PS
PS	PS	PS	PL	PL	PL

7.4.3.3 解模糊化

由于被控对象只能接收精确的控制信号,需要通过解模糊化操作将模糊控制器的输出量转化为精确值。常见的解模糊化方法有加权平均法、最大隶属度法、重心法等。本研究将面积重心法作为模糊整定逻辑的解模糊化方法，其表达式已在 4.1.2 节中给出并解释，此处不再赘述。

7.4.3.4　应用实例

本节以 4.1.3 节中的小型压水堆为研究对象，将所设计的反应堆目标负荷模糊整定系统集成于其核蒸汽供应系统仿真平台，并选取两种典型工况，验证该模糊整定系统的有效性。

工况一：初始时刻，反应堆在 100%FP 稳定运行；第 50 s，堆芯相对功率设定值(目标负荷)阶跃降低至 90%FP；之后，第 100 s，引入控制棒驱动机构卡死故障。该工况下，堆芯相对功率、冷却剂平均温度、蒸汽压力的动态响应如图 7-25 所示。从图中可知，在前 100 s 内，系统正常运行，模糊整定逻辑并未

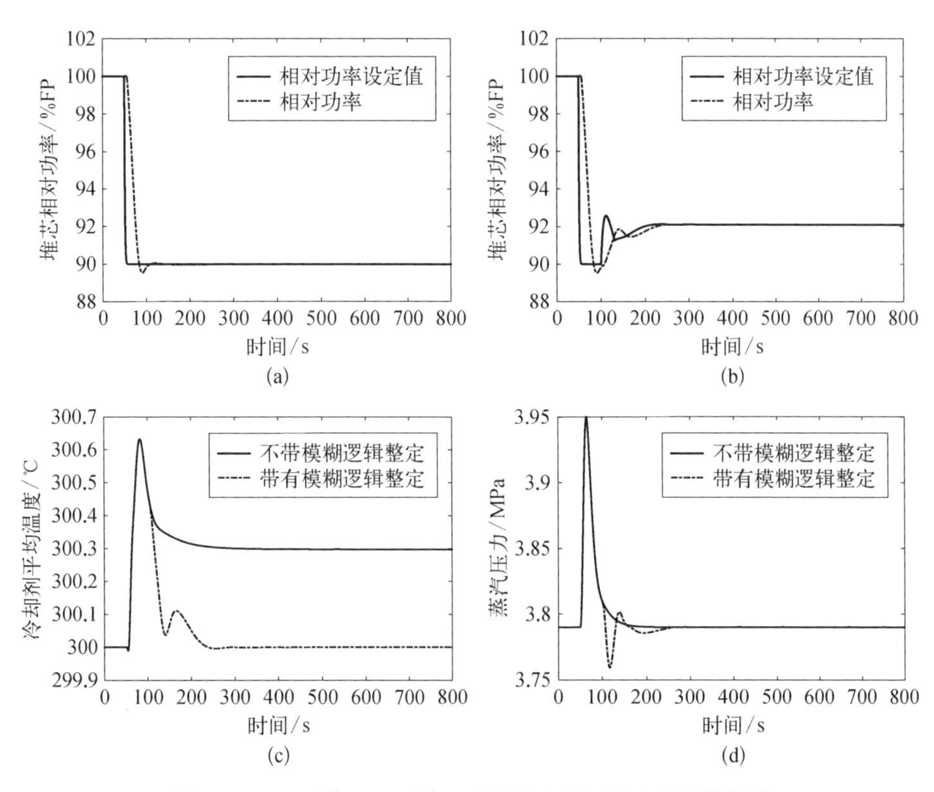

图 7-25　100%FP～90%FP 阶跃降负荷过程中控制棒驱动机构卡死时反应堆系统响应

(a) 原设计下堆芯相对功率响应；(b) 采用目标负荷模糊整定系统后堆芯相对功率响应；(c) 冷却剂平均温度响应；(d) 蒸汽压力响应

起作用，因此带模糊整定的控制系统与不带模糊整定的控制系统响应一致。在 100 s 时刻，控制棒驱动机构卡死，控制棒棒速突然变为零，棒位保持不变，在模糊整定系统作用下，系统目标负荷自动上提，最终与反应堆功率在新的设定值达到平衡，冷却剂平均温度也恢复到原始设定值；而在原有控制系统作用下，冷却剂平均温度的最终稳定值高于其设定值。

工况二：初始时刻，反应堆在 100%FP 稳定运行；第 50 s，堆芯相对功率设定值以 10%FP/min 的速率线性下降至 70%FP；之后，第 200 s，引入控制棒驱动机构卡死故障。该工况下，堆芯相对功率、冷却剂平均温度、蒸汽压力响应如图 7-26 所示。从图中可知，该工况下，在控制棒驱动机构发生卡死故障后，所建立的目标负荷模糊整定模型依然能使系统目标负荷自动上提，并与反应堆功率在新的设定值达到平衡，冷却剂平均温度也恢复到原始设定值，而原有设计无法使冷却剂平均温度恢复到其设定值。

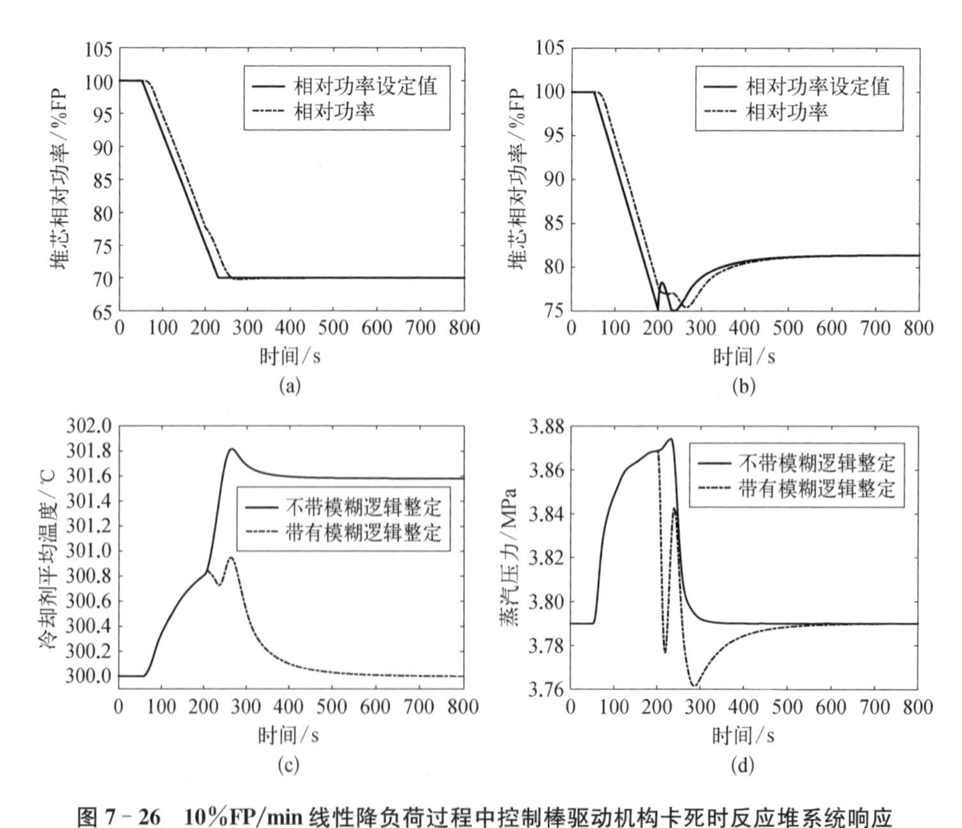

图 7-26　10%FP/min 线性降负荷过程中控制棒驱动机构卡死时反应堆系统响应

(a) 原设计下堆芯相对功率响应；(b) 采用目标负荷模糊整定系统后堆芯相对功率响应；(c) 冷却剂平均温度响应；(d) 蒸汽压力响应

上述结果表明，本研究所提出的反应堆目标负荷模糊整定方法能够在控制棒驱动机构卡死故障下实现反应堆系统的自主变性能运行，使反应堆产生的功率和输出的负荷达到新的平衡，并保证冷却剂平均温度、蒸汽压力等关键参数恢复到其设定值。研究表明，该方法亦可应用于反应堆系统其他执行器卡死故障后目标负荷的自动调整，如蒸汽发生器给水阀卡死故障[27]，是一种有效的反应堆智能运行决策方法。

参考文献

[1] 朱荣旭. 核动力装置分布式状态监测技术研究[D]. 哈尔滨：哈尔滨工程大学，2012.

[2] 马心童. 核动力装置智能状态监测与故障诊断方法研究[D]. 哈尔滨：哈尔滨工程大学，2019.

[3] 刘酩. 家用电器状态监测若干关键技术的研究[D]. 合肥：安徽建筑工业学院，2012.

[4] 盛焕行，李红霞. 核反应堆故障早期检测和在线状态监测方法[J]. 核动力工程，2005，26(2)：175－178.

[5] 冯玲，张春良，岳夏. 核动力设备状态监测技术的研究[J]. 机械工程与自动化，2009，4(1)：112－114.

[6] 罗俊海，王章静. 多源数据融合和传感器管理[M]. 北京：清华大学出版社，2015.

[7] 李均阁. 多源信息融合及其应用[J]. 甘肃科技，2013，29(2)：62－67.

[8] 涂小强. 信息融合的原理与方法概述[J]. 电讯技术，2000，4 (3)：1－6.

[9] 王洪波. 多源信息特征提取与融合及其在信息管理中的应用[D]. 合肥：合肥工业大学，2015.

[10] 张育林，李东旭. 动态系统故障诊断理论与应用[M]. 长沙：国防科技大学出版社，1997.

[11] 李晓冬. 大亚湾核电站故障诊断系统的研究[D]. 北京：清华大学，2003.

[12] 闻新，张兴旺，朱亚萍，等. 智能故障诊断技术：MATLAB应用[M]. 北京：北京航空航天大学出版社，2015.

[13] 刘永阔，夏虹，谢春丽，等. 基于模糊神经网络的核动力装置设备故障诊断系统研究[J]. 核动力工程，2004，25(4)：328－331.

[14] 房超，李博西，段崇瑞. 基于 RBF 神经网络的一回路核动力装置典型故障诊断[J]. 科技视界，2016(18)：235－236.

[15] 宋辉，陆古兵，金传喜. 基于 Labview 的核动力蒸汽发生器故障诊断系统研究[J]. 四川兵工学报，2015，36(2)：80－83.

[16] Wang P F, Zhang J X, Wan J S, et al. A fault diagnosis method for small pressurized water reactors based on long short-term memory networks[J]. Energy, 2021, 239: 122298.

[17] 于淼. 核动力装置故障诊断研究[D]. 哈尔滨：哈尔滨工业大学，2020.

[18] Schölkopf B, Smola A J. Learning with kernels: support vector machines, regularization, optimization, and beyond[M]. Cambridge: The MIT Press, 2001.

[19] Hsu C W, Lin C J. A comparison of methods for multiclass support vector machines [J]. IEEE Transactions on Neural Networks, 2002, 13(2): 415 - 425.

[20] Escalera S, Pujol O, Radeva P, et al. On the decoding process in ternary error-correcting output codes[J]. IEEE Transactions on Pattern Analysis & Machine Intelligence, 2010, 32(1): 120 - 134.

[21] Qian Q, Qin Y, Wang Y, et al. A new deep transfer learning network based on convolutional auto-encoder for mechanical fault diagnosis[J]. Measurement, 2021, 178: 109352.

[22] Lei J H, Liu C, Jiang D X. Fault diagnosis of wind turbine based on long short-term memory networks[J]. Renewable Energy, 2019, 133: 422 - 432.

[23] Hochreiter S, Schmidhuber J. Long short-term memory[J]. Neural Computation, 1997, 9(8): 1735 - 1780.

[24] Ogino T, Nishizawa Y, Morioka Y, et al. Intelligent decision support systems for nuclear power plants in Japan[J]. Reliability Engineering & System Safety, 1988, 22(1 - 4): 387 - 399.

[25] 王文林.基于专家系统的核动力装置故障诊断方法研究[D].哈尔滨：哈尔滨工程大学,2016.

[26] 陈登科,张大发.分布式智能核动力运行决策支持系统研究[C]//先进制造技术高层论坛暨第六届制造业自动化与信息化技术研讨会论文集,2007: 92 - 96.

[27] Wang P F, Jiang Q F, Zhang J X, et al. A fuzzy fault accommodation method for nuclear power plants under actuator stuck faults[J]. Annals of Nuclear Energy, 2022, 165: 108674.

第 8 章 自主控制

自主控制的提出首先始于航天控制系统的研究。自主控制是智能化的自动控制(automatic control),其目的是实现系统在不确定的对象和环境下,不依赖人的干预自主选择最优决策,持续地完成使命的能力[1]。本书第 4 章至第 7 章阐述了智能控制技术的基础理论及在小型压水堆上的应用情况,而自主控制作为小型压水堆未来的发展方向,目前越来越受到关注,本章将围绕小型压水堆自主控制系统的总体结构、关键技术、仿真平台、仿真实验等内容开展论述。

8.1 内涵与研究概况

本节将从自主控制的基本概念出发,介绍国内外自主控制方面的研究成果。

8.1.1 自主控制内涵

1) 基本概念

自动控制系统精确地按照计划执行任务,而自主控制系统可以在外界和自身条件发生变化的情况下,根据自身具备的决策知识决定自身行为以完成使命,具有自适应、自学习和自决策能力。作为一种高度智能化的控制理论,自主控制已成为移动机器人[1-2]、无人机[3-4]、智能车辆[5]等领域的研究前沿和热点。

航天器需要在空间中长期运行,其飞行的轨道、姿态等只能依赖控制系统自主控制,以应对航天器在不确定环境中及内部结构和参数变化时的运行控制。因此,航天器可以说是自主控制最重要和典型的应用场合,其技术现状具有很好的代表性。

航天器自主控制系统在设计时需要综合考虑任务的执行层次、系统的故障诊断与重构以及紧急情况的处理等，同时系统还需具有智能性和全局性，其功能包括总体规划和智能决策；系统状态识别、分析判断、逻辑推理、故障分析和处理；获取现场信息，具体执行各种智能控制指令。

自主运行就是不需要人工干预的完全自主决策和自动控制运行。自主运行最能体现智能性，是航天器能够在太空超长期运行中自主完成任务的关键。航天器的自主运行功能中非常重要的是故障诊断与重构以及智能自适应控制。故障诊断与重构是保证航天器在不可修情况下长期运行的重要措施，它通过对故障诊断与重构模块的数据进行诊断和分析，从整个系统的性能状态和工作情况方面进行考虑，然后通过配置切换模块进行部件配置的转换，使航天器的功能恢复到正常功能的状态。

故障诊断与重构就是发现航天器的故障，鉴别故障类型，定位故障源，隔离故障，阻止其进行传播，并且将故障信息和数据发送给自主运行模块。故障诊断与重构包含系统级故障诊断与重构和子系统级故障诊断与重构。故障诊断与重构主要通过软件和硬件两个方面来实现，软件主要涉及故障诊断算法，硬件方面除了要求各部件本身的可靠性，还通过部件冗余来实现。

2）航天器自主控制的典型——美国“勇气号”“机遇号”火星车

美国“勇气号”“机遇号”火星车装备了基于 CLARAty 软件环境的自主控制架构。其决策层将总目标分解为子目标，基于状态和约束建立顺序任务，并评估功能层执行后的响应，类似于在小型压水堆中将反应堆“投运”这一总目标分解为“启堆”这一子目标，再根据启堆各顺序步骤的条件和运行约束要求，实施充水、赶气、达临界、升温升压等任务。其功能层采用面向对象的层次结构，提供对设备的访问，作为决策层与受控对象的接口。在这一架构下提出了“粒度”(granularity)，即指令复杂度这一自主控制的概念：

（1）系统层级越多则指令粒度越高；

（2）智能程度越低则信息量越大、指令粒度（复杂度）越低、指令分辨率（精细度）越高；

（3）智能程度越高则信息量越小（信息融合）、指令粒度（复杂度）越高、指令分辨率（精细度）越低；

（4）简单指令可由决策层直接控制设备，复杂指令则由功能层分解后由不同系统执行。

基于这一概念形成了自主控制的递阶结构，如图 8-1 所示。

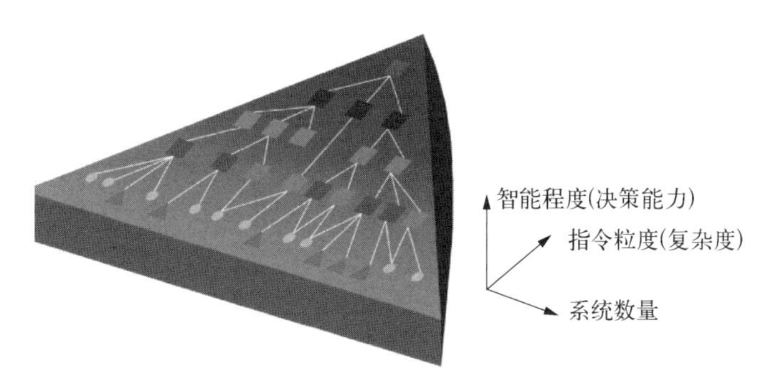

图 8-1　自主控制的递阶结构

3）航天器自主控制的国内研究情况

当前我国在航天器控制领域中已经不同程度地实现了在轨自主控制。从卫星自主控制的发展现状可以发现：首先，关键部件的冗余是提高系统可靠性和容错能力的主要手段，诊断预测模型等解析手段仍然是一种提供冗余度的辅助手段；其次，卫星故障诊断是在线实时进行的，其主要目的是隔离故障部件，以便控制系统重构，并未提及分析故障原因，这是比较符合卫星使用场景的；再次，地面对卫星具有较强的干预能力，这一点对有海洋使用及隐蔽需求的潜航器来说非常困难；最后，卫星的自主控制系统也是一项复杂的综合工程，是系统架构、设备及系统故障诊断、控制策略、容错技术等多方面基础技术、数据积累及试验验证的综合集成。

8.1.2　反应堆自主控制研究概况

由于具有潜在放射性危险，核动力系统的控制系统设计具有明显的保守性，目前在运和在建的装置依然采用已被广泛验证的基于经典控制论的传统控制方法，但早在 20 世纪 90 年代研究者就已经提出先进的自主控制理念[6]。之后，许多国内外学者针对不同类型的核动力系统开展了自主控制及相关方面的研究，包括以下几个方面。

1）国外自主控制研究情况

文献[7]详细阐述了核动力系统自主控制的理念、必要性和可行性，提出了将智能控制理论与传统控制方法相结合更易实现复杂系统自主控制的观点。文献[8]提出了具有控制策略重构和控制参数自调整能力的核动力系统自主控制引擎(见图 8-2)的设计理念和方法。文献[9]和文献[10]阐述了第四代模块式反应堆(SMR)自主控制理论体系的分层设计思想和方法(见图 8-3)。文献[11]和文献[12]分析了空间堆的结构和运行特点,论述了自主控制是空间堆的必然和最佳选择。上述研究表明,研究者们对核动力系统自主控制理念的理解逐渐深入,提出了日趋完善的自主控制方法,但停留在原理方案阶段。

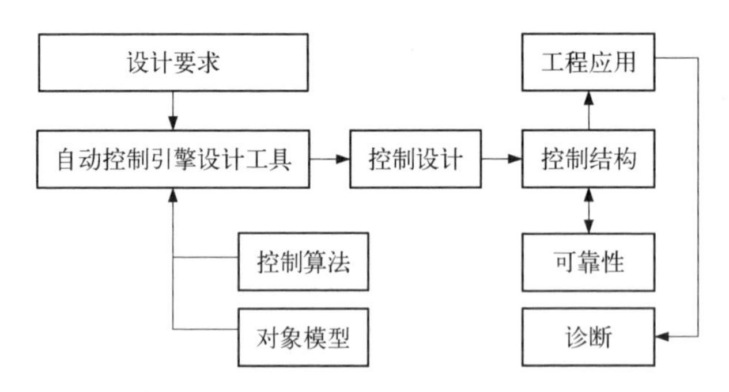

图 8-2 自主控制引擎工作流程图

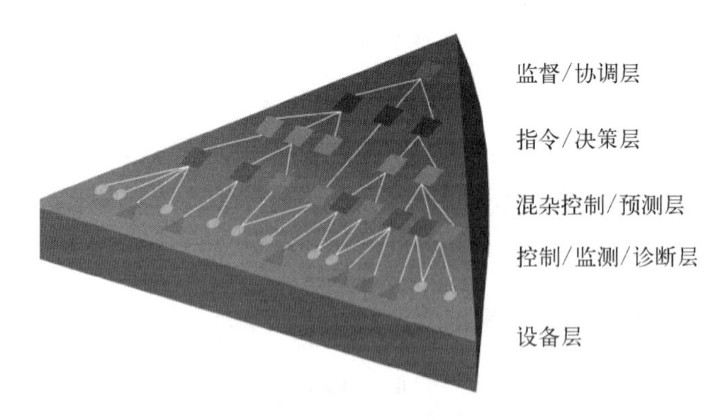

图 8-3 SMR 自主控制结构示意图

文献[13]提出了一种小型压水堆的鲁棒/弹性综合控制策略(见图 8-4),利用有限状态机和无扰滤波器实现了正常工况的鲁棒控制器与故障工况的弹性控制器之间的无扰切换,并通过对 IRIS(international reactor innovative and secure)系统的仿真研究证明了该策略能够保证系统在正常和故障工况下实现设定的控制目标,具有一定的自主控制能力。但该研究未考虑故障诊断,并且对故障下功率设定值的调整具有很大主观性。

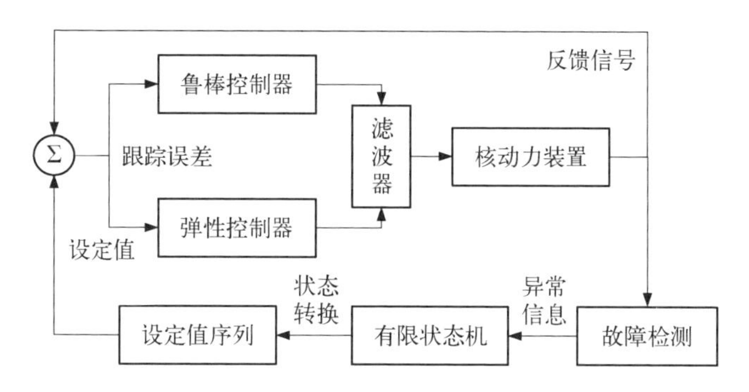

图 8-4　小型压水堆的鲁棒/弹性综合控制系统

文献[14]提出了一种包含系统状态观测、在线故障检测与诊断、模型预测控制(MPC)、弹性控制等功能模块的小型压水堆自主控制策略，将其应用于IRIS 系统，并通过仿真研究证明了其在传感器或执行器故障下的可行性。但该策略依然通过主观分析调整故障工况控制系统的设定值，缺乏理论依据支撑。上述研究表明，国外研究者已经开始针对特定的小型压水堆和具体的问题设计自主控制方案，并通过理论分析、系统建模、动态仿真等方法进行初步的方案论证。但目前的研究仅考虑了传感器、执行器等单故障情形，没有考虑故障下控制系统设定值的整定问题或缺乏合理的整定方法，并且在控制器设计时大多注重故障后系统的稳定性，而较少关注动态特性等性能的优化。

2）国内相关研究情况

在国内目前公开发表的文献中尚未见类似上述小型压水堆自主控制理念和系统研究的报道，但部分学者对故障诊断、容错控制等相关的关键技术开展了单独研究，主要总结如下。

现有研究大部分针对核动力系统的传感器、执行器等单故障的诊断和控制问题。文献[15]针对一体化小型压水堆堆芯的传感器或执行器故障，引入了基于数学模型的故障两级诊断方法，研究并对比了基于鲁棒特征结构配置的被动容错控制方法和采用状态反馈控制律重构的主动容错控制方法。文献[16]以核反应堆功率控制系统为研究对象，采用了面向静态增益优化的容错控制方法进行控制重构，改善了系统在传感器故障下的控制性能。文献[17] 在蒸汽发生器水位控制系统中利用强跟踪滤波器对传感器故障偏差进行估计，在线诊断故障并重构了测量值，实现了容错控制。文献[18]针对核电厂稳压器和蒸汽发生器控制系统的传感器故障开展了在不同功率水平下传统和智能容错控制方法研究。文献[19]提出了基于 BP 神经网络的蒸汽发生器水位传感器故障诊断方法，获得了其控制律的重构方法，改善了传感器故障后系统的控制性能。

少部分学者已关注到小型压水堆的多故障诊断问题。文献[20]提出了一种基于分布式诊断策略的小型压水堆多故障诊断方法，并通过仿真证明了该方法的准确性和可靠性。文献[21]提出了一种概率因果模型和模拟退火算法相结合的故障诊断方法，用于复杂船用小型压水堆多故障诊断研究。

综上所述，国内外学者针对核动力系统自主控制的相关关键技术开展了研究，并取得了一定的成果，但以下问题还有待深入研究。

(1) 当前研究主要针对传感器、执行器等单故障工况，缺乏对危害更大且更难处置的并发多故障工况的系统研究。核动力系统，尤其是受狭小建造空间限制的船用核动力系统，结构紧凑且复杂，各模块之间耦合作用强，任一模块发生故障都可能经过层层传播被放大并引起其他模块的故障，造成复杂的并发多故障情形，并且多故障之间往往相互耦合，导致对其诊断和控制难度大增，针对单故障工况设计的控制策略不一定能够保证多故障下系统的安全稳定性。因此，开展核动力系统的自主控制研究时考虑执行器、传感器等并发多故障工况很有必要。

(2) 当前研究大多没有考虑故障下控制系统设定值的整定问题或缺乏合理的整定方法。故障会破坏核动力系统能量的产生、传递和输出过程的平衡，使系统产生非预期的瞬态响应，并可能严重削弱控制系统的执行能力或设备性能，导致系统难以维持原工作状态。此时，若不及时地基于系统的能量平衡过程对控制系统设定值进行调整，系统参数会产生剧烈波动，可能导致系统失稳甚至发生安全事故。因此，通过研究故障对核动力系统能量的产生、传递和输出过程的影响规律，提出合理的控制系统设定值整定方法具有必要性。

(3) 当前研究在控制器设计时大多注重故障后系统的稳定性而较少关注动态特性等性能的优化。海洋小型压水堆往往需要满足供电、供热、海水淡化、船舶推进等多种用途，运行工况灵活多变，并且部分核动力船舶或平台对机动性的要求也很高，这就决定了在故障发生后不仅需要维持系统的安全稳定，而且需要满足特定的动态性能要求。因此，设计控制器时，需要在保证故障系统稳定性的基础上获得满意的动态性能。

8.2 总体架构

在 8.1 节所述的小型压水堆及其他领域的自主控制研究现状基础上，本节主要对小型压水堆自主控制系统的体系结构及相关关键技术进行介绍。

8.2.1　小型压水堆自主控制系统体系结构

自主控制系统仍然属于控制系统范畴，包含测量、控制及执行机构，其显著特点是具有自适应、自学习和自决策的自主控制能力，可以在外界和自身条件发生变化的情况下，根据系统具备的决策知识决定自身行为以完成使命。自主控制系统首先仍然要采集测量信号，按照控制策略来执行控制动作，但相比自动控制系统而言，其自主控制策略体现在把各种测量信号组合成可表征系统状态的信息，然后根据各种信息进行诊断和决策后产生控制动作，而非传统自动控制系统直接利用测量信号进行运算即产生控制动作。由于不再依赖操纵员的判断决策，自主控制系统除了执行正常工况下的自动控制任务，还要替代操纵员进行任务规划、全局协调及异常事件、事故的处置等，以满足不同使命下对反应堆的运行要求，并保证反应堆的安全稳定运行。

在这一总的设计思路的指引下，小型压水堆自主控制系统的设计首先要确定其设计准则，并基于主要功能的详细设计，进而开展系统结构设计。

1）设计准则

（1）自主控制功能设计准则：应按已分解的运行目标和任务顺序执行控制动作；应对影响控制性能的相关设备进行故障检测和隔离；应利用冗余的测量通道实现信号甄别，利用冗余设备实现主备切换；正常运行期间，闭环自动控制应对系统不确定性和控制对象特性变化做出自适应调节；在检测到故障并隔离后，通过控制器重构维持一定的控制性能，或利用其他控制自由度维持控制，延缓系统运行状态的劣化。

（2）自主控制结构设计准则：自主控制系统一般采用组织规划层、动作协调层和实时执行层的三层式控制结构。

组织规划层应按照系统的总体运行目标、任务规划及要求约束，收集系统运行信息及动作协调层的任务反馈，判断确定运行控制目标及应执行的任务，向动作协调层下达任务指令；特殊情况下也可直接向实时执行层的具体控制部位下达操纵指令；设置远程控制与组织规划层的人机接口，且具有最高优先级操纵具体控制部位。

动作协调层应接收组织规划层下达的任务指令，对相关系统状态进行检测辨识、逻辑推理、故障检测、分析判断，并按照该任务下既定的顺序控制、自适应控制或容错控制策略，向实时执行层下达各系统的控制指令及控制器调参、重构信息，同时向组织规划层反馈任务执行情况。

实时执行层应收集现场实测参数，执行系统各回路的开环、闭环自动控制，应接收动作协调层控制指令及控制器调参、重构信息，产生具体的控制动作，调整控制器参数或结构以实现自适应控制或容错控制，同时向动作协调层反馈动作执行情况；特殊情况也可接收实时执行层对具体控制部位下达操纵指令。

(3) 自主控制技术要求：高度智能化，不依赖人为干预长期运行；实现在线故障检测；在控制系统的各个环节应提供足够的冗余度，尽可能减少切换时的扰动；对正常运行期间的不确定性和性能变化应自适应；应平滑地从正常控制切换至容错控制；容错控制应延缓系统运行状态的劣化；控制对象预测模型应实时计算，并应在线校核。

2) 主要功能

自主控制系统的主要功能应包括以下几个方面。

(1) 顺序控制：事先设计分解反应堆运行的总目标、子目标及任务，确定每项任务的条件和约束，由控制系统自动按顺序执行每一步的控制动作。以压水堆为例，如反应堆投运，则首先要启堆，其具体任务为充水、赶气、达临界、升温升压……充水任务的条件为各项检查正常，执行充水时应满足一回路压力的约束条件，随后赶气直至有水溢出再进入下一步。

(2) 故障检测：传感器方面，至少对反应堆温度传感器和堆外核探测器进行故障检测，若出现故障则隔离其测量信号，并记录故障信息。执行器方面，至少对控制棒驱动机构进行故障检测，确定是否拒动、误动及性能劣化。控制设备方面，通过数字化控制器的在线自检功能对主控制器、输入/输出(I/O)板卡、通信卡等进行检测。

(3) 冗余切换：传感器方面，冗余多通道测量信号用于反应堆保护，从中甄别选取有效信号用于自动控制，检测到故障的通道被隔离。控制设备方面，主控制器、I/O 板卡、通信卡等根据具体板卡的故障情况分别进行隔离和主备切换。

(4) 智能优化运行：正常运行期间，至少建立控制系统需求功率与反应堆温度、核功率、电功率或二回路热负荷之间关系的在线预测模型，且该模型能够通过实测数据在线校核，反映控制对象特性的定量响应关系及其不确定性和结构参数的变化；建立在线自适应控制律，通过期望值与预测值的偏差或相关性能指标函数，在线优化控制量，依据控制对象的定量响应关系实施控制，并克服不确定性和结构参数的变化，使控制系统稳定跟踪能量转换装置热端参考温度及需求负荷。智能优化运行功能如图 8-5 所示。

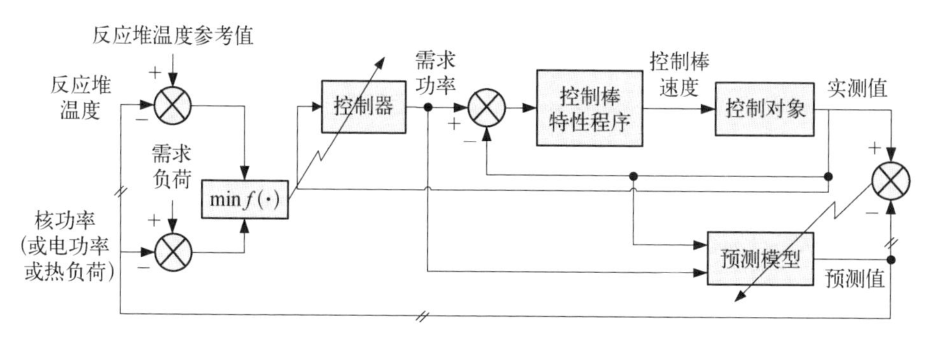

图 8-5　智能优化运行功能框图

(5) 容错重构：若传感器部分故障，则剩余有效通道参与控制；若传感器全部故障，则完全通过控制对象预测模型的预测值进行控制，同时不再校核更新预测模型。若部分控制设备故障，则切换至其备件继续工作。若控制棒拒动且持续一定时间后，则通过其他控制系统的调节机制尽可能达到需求负荷，反应堆只能进行自稳自调；若控制棒误动，则应立即停止其动作，再次尝试后仍误动的话，则按上述拒动事件处置。控制设备故障由冗余切换处理。

控制系统其他部位的故障将引起控制对象特性的变化，由在线预测模型辨识后，通过自适应及重构控制策略修改控制器参数或结构，产生容错控制动作。

3) 系统结构

自主控制系统采用组织规划层、动作协调层和实时执行层的三层式控制结构，这是一种逻辑结构，与软硬件无直接对应关系，结合仪控系统总体结构来设计时，可以分步实施，也可集成实施。

(1) 组织规划层：组织规划层是各项功能的顶层入口，负责执行反应堆的运行规程，运行规程以任务为载体，每项任务包括入口条件、出口条件、操作内容等，通过系统运行信息及动作协调层的任务反馈，判断任务的跳转，向动作协调层下达要执行的具体任务。特殊情况下及对反应堆进行远程操纵时，可直接操纵具体控制部位。

(2) 动作协调层：动作协调层是组织规划层具体任务的入口，接受组织规划层下达的任务指令，利用知识库中的规则判断要执行的任务分支。一种是按顺序执行操作，向实时执行层的具体控制部位下达操纵指令，如控制棒动作，泵阀投切或调节等；另一种是投入闭环自动控制，这是反应堆持续时间最长的运行模式，利用预测模型输出值求解全局运行优化问题，得到控制动作的最优解，并将其作为控制回路的设定值下达到实时执行层，从而实现全局自适应控制，以应对包括故障在内的控制对象特性变化；还有一种是检测到故障后的操作，包括故障的确认，相关信号、设备等的隔离，冗余切换及容错重构控制指令的生成等，故障信息需反馈到组织规划层，以从当前规程任务中触发跳转到对应的故障相关规程及任务，同时容错重构设置标志需下达到实时执行层。

(3) 实时执行层：实时执行层是组织规划层的直接操纵指令，以及动作协调层的顺序操纵指令、控制回路优化设定值和容错重构设置标志的入口。其接收这些信号后，一是操纵具体控制部位的设备；二是采用接收到的设定值参与各回路闭环自动控制，其各回路也设计有自适应控制器来应对正常运行中的不确定性和特性变化，并与接收到的设定值一起，共同执行自动控制动作；三是采用接收到的容错重构设置标志来调整自适应控制器的参数或结构。同时，该层各回路还有其自己的控制回路，会将相关测量参数、设备状态等反馈到动作协调层参与控制决策。整个自主控制系统的结构如图 8-6 所示。

4) 系统运行

自主控制系统的运行从接收到反应堆启堆指令开始，首先判断满足启堆任务的条件后，再判断满足进入各项子任务的条件后，下达任务指令到动作协调层；动作协调层主要执行顺序操作，按相应的规则条件产生操作，并下达动作指令到实时执行层；实时执行层驱动设备动作，并将测量参数、设备状态等反馈到动作协调层；动作协调层根据这些反馈按操作规则进行判断，满足条件则继续下一步操作，否则进入其他操作分支，当前任务所有操作执行完成后将任务状态反馈至组织规划层；组织规划层确认满足该任务出口条件后进行下一步任务，直到启堆任务完成。

启堆完成后，组织规划层进行功率运行任务，同样按上述方式下达任务到动作协调层；动作协调层此时执行智能运行优化操作，将大量备选初始控制量和实测参数送入预测模型，计算出大量预测值，从中选取与运行指标偏差最小的最优预测值所对应的控制量作为中间解，利用智能优化算法迭代多步直至搜索到控制量的最优解，随后将这一最优解作为实时执行层闭环控制回路的设定值送到实时执行层；实时执行层利用这一设定值参与自身的闭环控制运

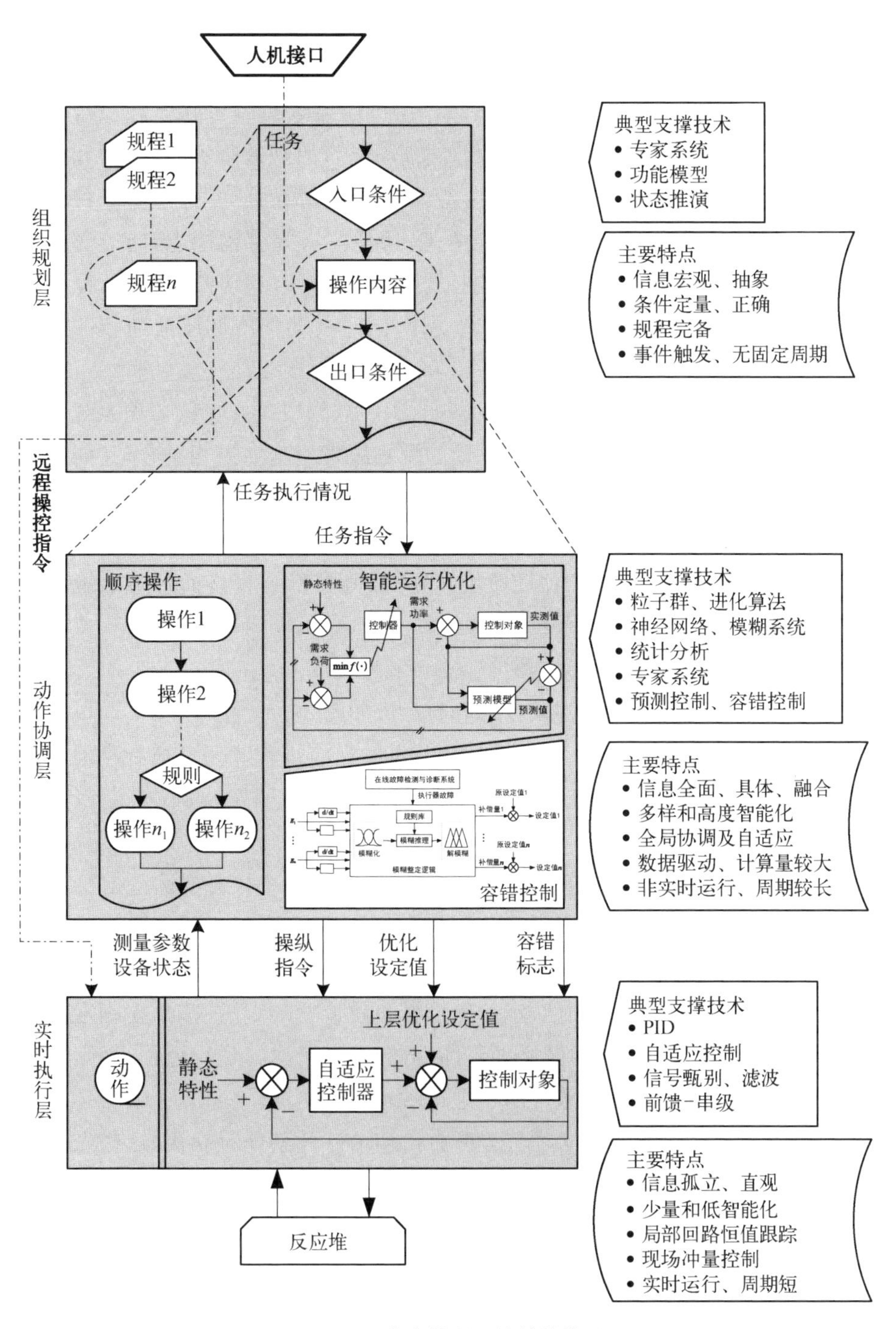

图 8-6　自主控制系统的结构图

算，最终产生对应设备的控制量，同时也将测量参数、设备状态等反馈到动作协调层，参与智能运行优化的计算。

从投入自主控制系统运行开始，动作协调层持续监测传感器和执行器的相关参数和状态，通过在线故障检测算法判断是否出现故障；若传感器和执行器出现故障，则进行冗余通道、控制设备、调节方式等切换，并通过容错控制策略计算出容错控制设定值、信号隔离要求、切换要求等容错标志，向实时执行层发送；实时执行层接收到容错控制标志后，实施隔离和切换、调整其控制器参数、改变其设定值等，实施容错控制动作，同时向动作协调层反馈相关参数和状态。

此外，从投入自主控制系统运行开始，组织规划层也在持续监测系统总体运行参数和状态，并与动作协调层反馈的设备故障检测结果相结合，共同判断是否有新的事件发生，从而按照运行规程进入相应事件的任务，如升降功率、各种预期事故后处置(触发保护动作的除外)。

当远程控制中心直接干预反应堆运行时，则其指令直接通过组织规划层下达至实时执行层驱动对应设备动作。

5) 技术特点

自主控制系统的各层级具有不同的特点，如图 8 - 6 所示。

(1) 组织规划层：事件触发、无固定周期。所有规程和任务被有序地连接起来，实现反应堆工况转换及事件处置，因此是事件触发，没有固定控制周期的。

信息宏观、抽象，条件定量、正确。主要关注反应堆的宏观运行信息及下一层级判断抽象后的任务执行情况的结论，再依据由规程要求及运行经验等定性、抽象描述提炼而成的定量条件，对这些信息进行判断，执行预先确定好的任务。受规程和经验准确性、定量化水平和数量的限制，这些预先确定的任务也是有限、较为抽象的，但其必须正确，不能进入错误的运行过程，否则作为顶层控制策略，其错误将导致下面层次一系列的误操作。

规程完备、知识驱动。必须包含所有预期事件及其处置规程，这些先验知识越完备越有利于反应堆的正确运行。

(2) 动作协调层：信息融合。动作协调层要收集所有局部信息，实现反应堆的综合控制，显然其掌握的信息是最全面又具体的，而这些来自不同控制部位的信息还无法反映系统的总体运行情况，需要建立不同的信息组合，经信息融合后辨识出所反映的运行特征，从而用于操纵规则判断、故障检测等。

多样和高度智能化、非实时。在智能运行优化的预测模型方面，由于反应堆是一个强非线性、多变量耦合且具有时变参数和不确定性的复杂系统，控制对象响应关系的辨识难以通过机理模型取得，因此要预测控制对象输出，选择数据驱动的智能模型更为实用，但其精度需要在线校核，也就是需要在线对智能模型进行训练。在智能运行优化的寻优算法方面，鉴于反应堆在正常运行期间的自稳自调性、热惯性等，其运行变化趋势相比控制设备的控制周期缓慢得多，因此不必在每个控制周期时刻关注运行趋势的变化，而可以占用多个控制周期的时间，采用计算数据量较大、算法复杂、迭代步数多的智能寻优算法，非实时地计算出运行优化的控制设定值，这对充分利用大量信息进行全局运行优化具有重要意义。

数据驱动、全局协调及自适应。组织规划层基于有限的知识，按既定的运行控制策略处置确定性的预期事件，而动作协调层则要通过智能算法的全局协调作用，从基于数据的建模、预测及寻优中，优化难以解析的耦合控制问题，并在反应堆环境、热工水力特性、老化等多方面的不确定性下，实现运行控制的自适应，维持反应堆的可靠、有效运行。两者相结合，使控制系统既有应对确定性事件的控制模式，也有应对复杂、不确定性事件的控制模式，更加符合复杂系统的运行控制规律，更有利于为无人值守运行提供更加完善的控制策略。

(3) 实时执行层：信息孤立、直观，现场冲量控制。该层的控制功能是分布在不同控制回路中的，每个控制回路基本上只关注本回路的信息，直接采用现场测量参数参与控制计算，其输入及输出是直接对应现场的测点和控制部位的。

实时运行、周期短，局部回路恒值跟踪。现场的测量信号处于快速、频繁的变化中，而执行器每时每刻都需要控制器输出的控制信号，因此该层的控制回路必须采用简单但可靠的控制器，以少量的数据计算量，实时输出控制信号，并通过快速、频繁地改变控制信号来响应测量信号的变化，才能使得执行器每时每刻都能接收到正确有效的控制信号。基于此，每个控制回路主要是经典控制论范畴中的闭环反馈回路控制，主要是将设定值与反馈实测值之间的偏差送入控制器，产生消除偏差的控制作用，从而使实测值跟踪设定值。

少量和低端的智能化。每个回路的控制器具有明确的结构和少量控制参数，通过一定调节机制使控制器具有自适应能力，并能够重构以实现容错。这些调节机制同样需要快速响应，以短周期实时运行，而复杂智能算法的大数据量和迭代计算难以在该层发挥作用，对局部控制回路的调节也不必要，因此只能采用少量和较低端的智能方法。

8.2.2 小型压水堆自主控制关键技术

自主控制系统的各层级所需支撑技术如图 8－6 所示。

1) 组织规划层

组织规划层需要的关键技术主要包括专家系统、功能模型和状态推演。专家系统负责为所有任务及其按条件分支的迁移关系提供开发平台；功能模型负责定义每项任务具体的入口、出口及操作，并作为任务迁移关系中的一个节点在专家系统上建模，节点之间用连线表示其迁移关系；状态推演以仿真方式选取一定条件触发任务，将后续任务的迁移关系动态地展示出来，从而评估事件进程，验证任务设计的正确性和完备性。

2) 动作协调层

动作协调层需要的关键技术主要包括专家系统、统计分析方法、智能算法、预测控制、容错控制。专家系统为顺序控制的条件、操作等流程提供开发平台；统计分析方法对预测模型的估计值、残差提供故障征兆判据；智能算法用于建立控制对象的智能预测模型，并实现智能运行优化的寻优探索；预测控制综合预测模型、滚动优化、反馈校正，为智能运行优化提供理论框架；容错控制为故障后的运行设定值调整、控制器重构提供方法。

3) 实时执行层

实时执行层需要的关键技术主要包括信号甄别滤波、控制回路设计、自适应控制。信号甄别滤波为控制回路提供有效、可靠的测量信号；控制回路设计主要设计控制回路结构，对各环节及控制器进行选型，提供控制参数的整定方法；自适应控制是在控制回路基础上，设计控制器的调节机制。

8.3 原型系统设计

在 8.1 节和 8.2 节所述的自主控制内涵与总体架构的基础上，本节开展自主控制在小型压水堆系统中的初步应用研究，包括小型压水堆自主控制系统的设计与仿真实验。

8.3.1 小型压水堆自主控制系统设计

在上述自主控制系统的体系结构中，基于智能化方法建立控制对象预测模型和寻优控制器是自主控制系统的核心，本节将首先针对小型压水堆动力输出和能量转换回路上三个重要的典型耦合控制系统——反应堆功率调节系统、蒸汽发生器水位控制系统、冷凝器压力控制系统进行特性和控制需求分析，确定预测模型的辨识对象，并采集各工况下的运行数据用于辨识参数和结构的训练，确定预测模型初始参数，并在线进行模型参数的自整定，以保证对实际小型压水堆的精确跟踪；其次，针对三个耦合回路系统的控制性能需求和约束条件，确定多目标优化指标，利用优化求解策略得出帕累托最优（Pareto optimality）解集，再根据实际需求选取一组最优解付诸实施；在当前时刻，根据小型压水堆控制系统被控对象的实测参数与预测模型输出参数误差进行预测优化控制器在线反馈校正。最后，将多目标智能预测优化控制器与小型压水堆控制对象仿真模型连接，在典型工况仿真中对本项目的控制方法进行验证和优化，保证小型压水堆控制的准确性和运行的安全性。

8.3.1.1　控制对象简介

本节所述的小型压水堆采用分散型布置方案，反应堆冷却剂系统是其主要系统，采用双环路布置，由一座反应堆及两条冷却剂并联环路组成，包括两台蒸汽发生器、两台冷却剂泵（主泵）和冷却剂管道及测量仪表。

给水系统主要功能是根据小型压水堆运行的需要将符合给水水质要求的凝结水送入蒸汽发生器。来自抽气器出口的两路凝结水汇合为一条管路之后，进入给水系统。进入给水系统后，凝结水分别经过两个并联的给水泵支路，每个给水泵支路布置一台给水泵和相应的隔离阀。从两条给水泵支路流出的给水汇入给水母管，在给水母管上连接一台给水加热器。给水流经给水加热器管侧，经过给水加热器壳侧的乏汽加热后，流出给水加热器。此后，分为两条给水支路，经过给水阀、过滤器、止回阀和截止阀通向两台蒸汽发生器。

冷凝器接收来自主汽轮机的乏汽、汽轮机的多级抽汽、蒸汽发生器排放的蒸汽、给水加热器的疏水及其他耗汽的疏水等。冷凝器压力主要通过循环水的流量大小来控制。冷凝器水位通过相连的热井及相关阀门来进行调节。

8.3.1.2　原控制系统描述

1）反应堆功率调节系统

反应堆功率调节系统的主要功能如下：

（1）使反应堆输出功率和需求负荷相适应，维持一、二回路之间的能量平衡。

（2）当反应堆及一回路系统内外产生扰动时，消除扰动作用，使反应堆按给定的稳态运行特性运行，保持小型压水堆的主要参数在规定范围内。

(3) 在动态过程中，反应堆功率调节系统克服设计范围内的反应性扰动，使反应堆功率能够迅速自动跟踪负荷的瞬态变化，并确保不引起事故停堆和稳压器安全阀动作。

在原控制方案中，蒸汽流量 F_S 用于表征二回路负荷，反应堆平均温度 T_{avg} 与参考平均温度 T_{ref} 的偏差 e_T 经过 PI 控制单元计算后，与 F_S 相加得出反应堆需求功率 u，进而将需求功率 u 与实际核功率 N 进行比较，当反应堆核功率高于需求功率并且超过调节棒组动作死区时，反应堆功率调节系统向棒控棒位系统发出调节棒组下插信号，向堆芯引入一定的负反应性，使反应堆功率下降以匹配需求功率，反之则发出提棒信号引入正反应性，从而实现核功率和平均温度的控制。其原理如图 8-7 所示。

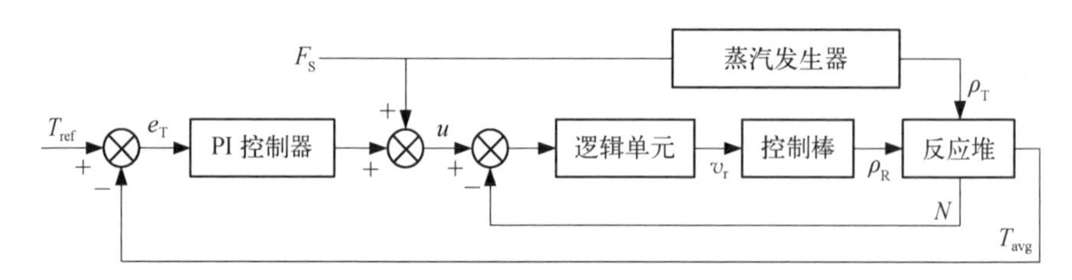

图 8-7 反应堆功率调节系统原理图

从上述描述中可以看出，反应堆功率调节系统的核心是基于经典控制论的单输入单输出闭环及 PI 控制，这一方案简单可靠，不需要依据控制对象的精确数学模型，而是通过控制变量偏差的变化幅度、累积效果及控制变量间简单的相互影响关系等，使控制变量输出逐渐趋近预期轨迹的控制效果。蒸汽发生器出口蒸汽流量 F_S 作为前馈引入副环路，用以表征二回路负荷的变化，实现对二回路负荷的快速跟踪。主环路通过 PI 控制器实现对冷却剂平均温度的细调。其中，PI 控制器采取变参数的策略，在热工水力参数差异较大的工况下，根据经验设定不同的 PI 参数，以满足全工况范围的控制要求。

此外，蒸汽发生器出口蒸汽流量 F_S 作为蒸汽发生器给水控制系统的关键变量，也反映了二回路的热工水力状态和变化趋势，将其作为前馈量引入反应堆功率调节系统的副环路可实现一、二回路的协调控制。

2) 蒸汽发生器水位控制系统

蒸汽发生器水位控制系统的功能是通过控制给水调节阀的开度，将蒸汽发生器二次侧的水位维持在设定值。

在原控制方案中，蒸汽发生器水位控制采用三冲量控制方式，三冲量包含蒸汽发生器水位、蒸汽流量和给水流量。一方面，控制系统根据用以表征二回路负荷的蒸汽流量信号得到蒸汽发生器水位设定值，进而与蒸汽发生器水位实测值进行比较，并将偏差通过 PID 控制器处理得到控制输出；另一方面，控制系统将蒸汽流量与给水流量比较，得出汽水失配信号。控制系统将两个控制输出进行加权和计算，得到给水调节阀控制信号，驱动给水调节阀动作，调节给水支路上的给水流量，使蒸汽发生器水位恢复到设定值。

蒸汽发生器水位控制原理如图 8－8 所示。

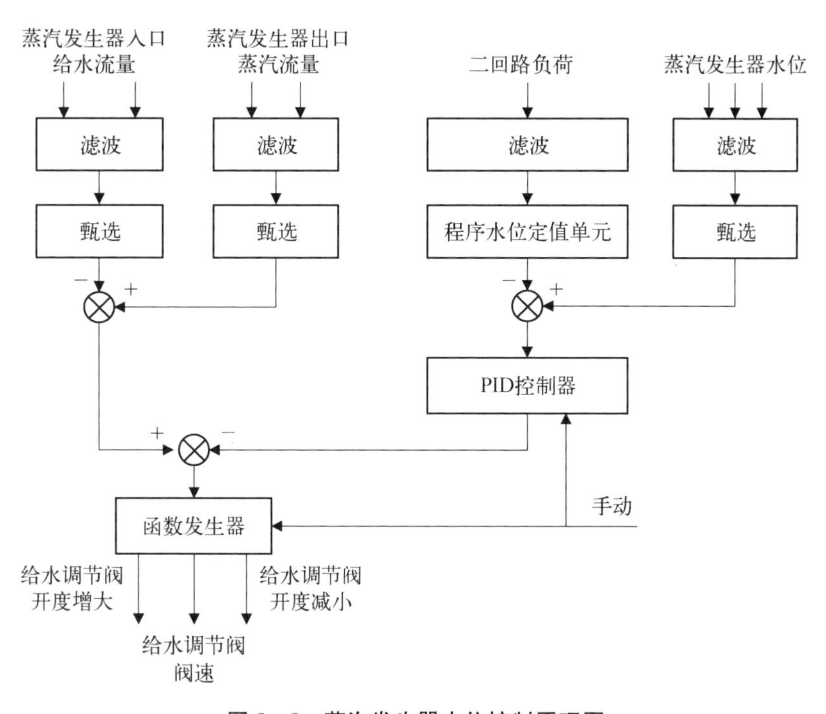

图 8－8　蒸汽发生器水位控制原理图

从上述描述中可以看出，蒸汽发生器水位控制的核心也是基于经典控制论的单输入单输出闭环及 PID 控制。蒸汽发生器入口给水流量 F_W 与蒸汽发生器出口蒸汽流量 F_S 的偏差作为前馈引入副环路，用以表征需求负荷与实际负荷的失配程度，当二回路需求负荷发生变化，出口蒸汽流量相对地也发生变化，给水流量与蒸汽流量的较大失配引入较大的前馈控制量，从而较大程度地调整给水控制器的控制效果，达到快速的粗调。主环路通过 PID 控制器实现对蒸汽发生器水位的控制，实现精确的细调。

3）冷凝器压力控制系统

冷凝器是核动力系统二回路中最主要的冷源。在核动力系统正常运行时，从汽轮机排出的乏蒸汽经过冷凝器冷凝生成凝结水，凝结水被加热后，由主给水泵送入蒸汽发生器二次侧再被一次侧冷却剂加热完成一次循环，从而实现二回路工质的循环与能量的转换，并且为前端汽轮机提供一个稳定和较低的背压。

冷凝器的控制主要包括水位控制、压力控制和凝水过冷度控制。其中，冷凝器压力控制系统是根据壳侧蒸汽区压力偏差和蒸汽排汽量 F_{pq}，将压力控制在参考压力（P_{ref}）附近，原控制方案原理如图 8－9 所示。

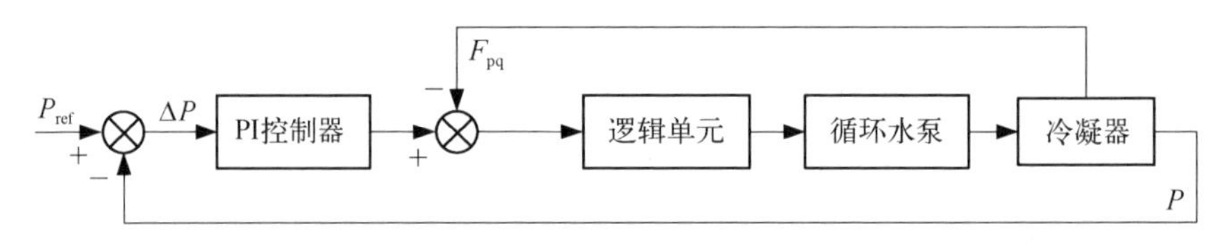

图 8－9　冷凝器压力控制系统

从上述描述中可以看出，冷凝器压力控制的核心是基于经典控制论的前馈＋串级 PI 控制。当主蒸汽压力过大时，蒸汽排放阀开启，蒸汽排放入冷凝器，冷凝器压力发生较大变化，因此，蒸汽排放流量作为前馈引入副环路可较快速地调整冷凝器压力控制器的控制效果。而主环路则通过 PI 控制器实现对冷凝器压力的精确细调。

在小型压水堆正常运行过程中，各控制系统运行控制目标的侧重是不同的，反应堆功率调节系统主要实现冷却剂平均温度和核功率的控制，蒸汽发生器给水控制系统主要实现蒸汽发生器水位和给水流量的控制，冷凝器压力控制系统主要实现冷凝器压力的控制。各控制回路的瞬态特性存在较大差异，且控制参数耦合紧密，如蒸汽发生器水位控制系统的相关控制量 F_S 作为前馈引入功率调节系统，其变化会直接影响功率调节系统的控制效果。

由此可知，在反应堆运行过程中，热工水力过程复杂，各系统参数关联性较强，控制系统进行优化时，各性能指标如超调量、调节时间、稳态误差等无法同时达到最优，一个指标的改善可能引起其他性能指标的降低，而同时使所有目标的所有调节指标都达到最优是几乎不可能实现的，只能在各目标之间进行协调和折中。

综上所述，有必要对不同系统的多个指标进行统一考虑，综合优化，使多个控制系统最大限度地趋近预期效果，从而实现小型压水堆整体控制性能的改善。

8.3.1.3　智能预测优化控制

1）系统结构

在原控制方案中，将反应堆功率调节、蒸汽发生器给水控制以及冷凝器压力控制系统解耦为单个子系统进行控制。考虑到小型压水堆系统间的耦合性，可采取多层次递阶控制的方案，在控制系统的不同层次上设计多回路多目标预测优化的控制策略，实现核动力系统间的综合最优化控制。

本节中基于多层次递阶的小型压水堆控制系统，按照功能和需求可划分为协调层和执行层。控制顶层的智能优化控制器为协调层，通过综合感知当前运行状态以及存储的历史信息，预测反应堆未来变化趋势，分析、推理、规划任务，使对象按照期望的方向变化，并将指令和符号语言转换为执行层中各传统控制器所能接受的控制信号。它不需要精确的模型，但需具备一定的学习功能以便适应时变的控制环境，具有一定的智能程度。在本节中，顶层协调层接收执行层的实时反馈，一方面将实时参数信息与历史数据信息进行融合，对各参数未来趋势进行预测。另一方面，根据实时信息对上一计算时刻的预测模型进行反馈校正，以更好地预测当前及未来时刻输出，使系统具有自学习和自适应的能力。除此之外，协调层统筹系统总体的控制需求，转化为反应堆功率调节系统、蒸汽发生器水位控制系统以及冷凝器压力控制系统间的协调优化策略，实现任务的规划与分配。根据各子系统相关原理和特性进行推理和分析，确定未来时刻控制需求、优化指标和约束等，建立表述多系统综合性能优化指标的解析式，通过智能优化算法，在线搜寻最优控制解集。

控制底层为执行层，与硬件连接，接收来自协调层的控制指令，并将得到的控制策略通过模拟量输出到各驱动机构，通过驱动机构的动作改变反应堆运行状态。执行层直接控制局部对象模型完成子任务，即将协调层推理得到的最优前馈量与各子系统 PI(D)控制器的输出进行逻辑计算，将模拟量输送到控制棒驱动机构、给水阀以及循环水泵阀，从而调节反应性的引入、给水流量和循环水流量大小，使各系统回复稳态。

控制方案结构如图 8－10 所示，图中 C1、C2、C3 分别表示三个闭环控制回路的控制器，P1、P2、P3 分别表示三个闭环控制回路的控制对象。

本节基于仿真平台的计算模拟反应堆的实际运行过程。在计算仿真中，顶层协调层基于智能优化算法实现模型预测和智能优化，而智能算法的迭代速度相较于平台仿真的计算速度慢很多。一般情况下仿真平台设定每 0.2 s

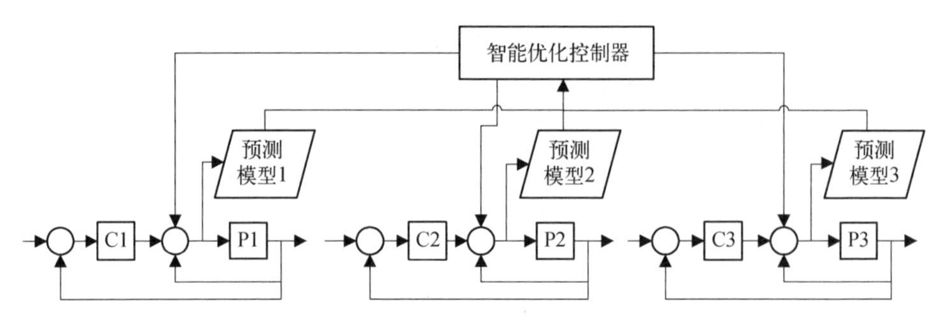

图 8-10　多目标智能预测优化控制方案结构

迭代计算一次，而实际相关参数在 0.2 s 内变化幅度不大，为了节省计算资源，可适当降低协调层的控制精度，取预测模型的计算周期 T_s 为平台仿真周期 T 的正整数倍，即 $T_s = nT$，$n \in \mathbf{N}^*$。其中，n 的值根据计算需求和速度人为确定，解决计算实时性与最优性的均衡问题。即在 $k = T_s$ 时刻，智能优化控制器对反应堆功率调节系统、蒸汽发生器给水控制系统以及冷凝器压力控制系统相关参数进行一次预测和滚动优化，计算出相应的前馈控制量并实施。在 $k \neq T_s$ 时刻，保持上一周期前馈控制量。

2) 控制原理

控制系统接收当前时刻来自测量系统的输入输出相关数据和数据库存储的过去时刻的相关数据，如核功率、反应堆平均温度、蒸汽发生器水位、给水流量、蒸汽流量、冷凝器压力、循环水流量等信号。执行结构包括控制棒驱动机构、给水调节阀和汽动循环水泵的进汽阀。其中，控制棒驱动机构通过上提/下插控制棒向反应堆引入反应性，给水调节阀开度的变化直接改变给水流量，汽动循环水泵进汽阀的开度变化直接改变循环水的流量，从而影响冷凝器压力变化。

反应堆功率调节系统、蒸汽发生器水位控制系统、冷凝器压力控制系统的控制原理分别如图 8-11～图 8-13 所示。

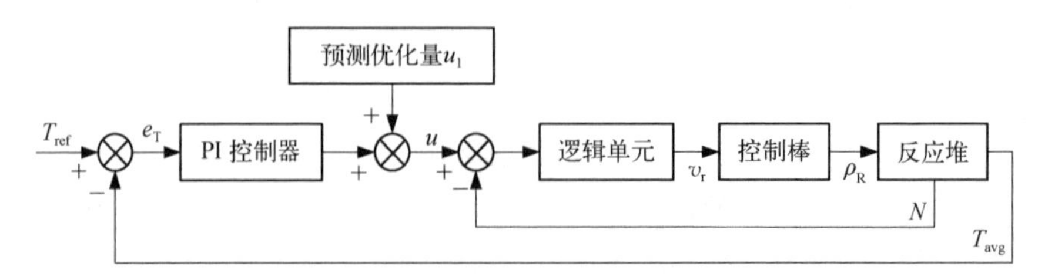

图 8-11　反应堆功率调节系统原理图

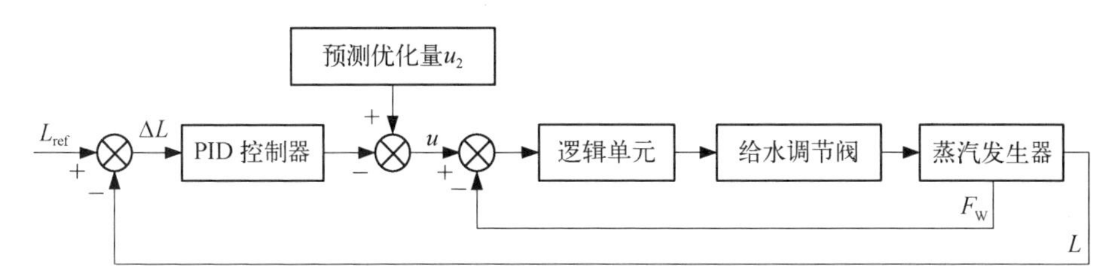

图 8－12　蒸汽发生器水位控制系统原理图

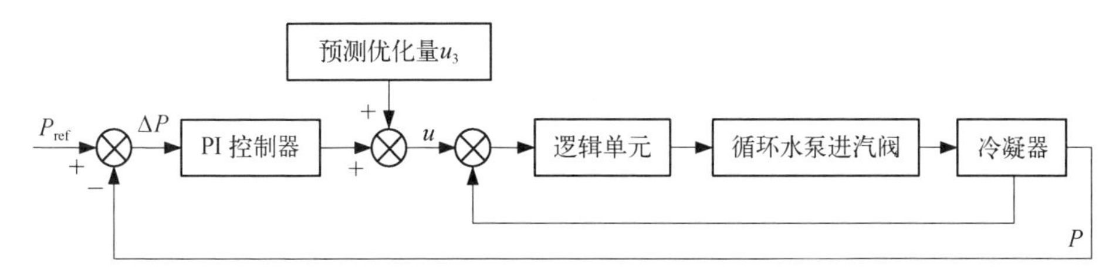

图 8－13　冷凝器压力控制系统原理图

控制系统将冷却剂平均温度与参考平均温度进行比较，经过比例积分环节处理，计算出反应堆功率控制系统主环路控制量。控制系统将蒸汽发生器水位与参考水位进行比较，偏差经过 PID 控制器处理，计算出蒸汽发生器水位控制系统主环路控制量。控制系统将冷凝器压力与参考压力进行比较，偏差经过 PI 控制器处理，计算出冷凝器压力控制系统主环路控制量。

顶层智能控制器基于预测控制原理实现，主要包括预测模型、滚动优化和反馈校正三部分，如图 6－16 所示。预测模型基于当前控制策略及过去时刻的相关参数如核功率、需求功率、平均温度偏差、蒸汽流量、给水流量、蒸汽发生器水位、循环水流量、排汽流量以及冷凝器压力等相关信号，推测各子系统未来的状态或输出，进而判断该输出是否满足约束条件，与期望的轨迹偏差是否满足需求，为比较不同控制策略的优劣打下基础。滚动优化将稳态优化与动态优化相结合，通过优化算法求解出当前及未来有限时域内的最优前馈控制策略 $[u_1, u_2, u_3]$，仅将当前时刻的控制模拟量输送到执行层。在下一时刻，更新当前所有信息，再重新基于当前时刻的有限时域进行预测和优化。这种特点增强了预测控制的鲁棒性，而且突破了传统的全局一次优化的局限，使它尤其适用于复杂时变系统的控制。预测模型根据实时信息进行反馈校正，以更准确地跟踪实际对象输出，增强了系统应对不确定性的能力。

智能预测优化控制器计算出的反应堆功率调节系统的前馈量和冷却剂平均温度偏差经过 PI 控制器计算出的控制量进行逻辑计算，得到最终反应堆功率控制系统的需求功率；智能预测优化控制器计算出的蒸汽发生器水位控制系统前馈量与PID控制器计算出的控制量进行逻辑计算，得到给水需求；智能预测优化控制器计算出的冷凝器压力控制系统前馈量与PI控制器计算出的控制量进行逻辑计算，得到冷凝器压力控制需求。

将需求功率与反应堆实际运行功率进行比较，当反应堆核功率高于需求功率并且超过调节棒组动作死区时，反应堆功率调节系统向棒控棒位系统输出调节棒组下插信号，向堆芯引入一定的负反应性，使反应堆功率下降以匹配需求功率，反之则发出提棒信号引入正反应性。当反应堆功率与负荷一致，而且冷却剂平均温度恢复到定值范围时，控制棒稳定到适当位置，装置在一个新的功率水平稳定运行。

将需求给水与实际给水流量进行比较，当实际给水流量高于需求给水流量时，减小给水阀门开度，降低给水流量；反之增大给水阀门开度，增加给水流量。当给水流量与蒸汽流量匹配且蒸汽发生器水位稳定后，给水调节阀开度稳定在适当位置。

将冷凝器需求压力信号与实际冷凝器压力信号进行比较，当实际压力高于需求压力时，调节循环水泵调压阀使循环水流量降低，从而冷凝器压力降低。反之，调节循环水泵调压阀使循环水流量增加，从而冷凝器压力增加。当冷凝器压力上升到与设定值相匹配后，循环水流量保持在适当稳定值。

3）系统运行

在基于反应堆功率调节系统、蒸汽发生器水位控制系统以及冷凝器压力控制系统的预测模型中，智能预测控制器采集当前及过去时刻输入输出相关数据，对控制参量如核功率、反应堆平均温度、蒸汽发生器水位、给水流量、蒸汽流量、冷凝器压力、循环水流量等进行预测，通过顶层智能优化控制器实现各系统前馈控制量的计算，采用前馈-反馈的混合控制方法实现小型压水堆的综合优化控制。实施控制量后，根据实际输出与预测输出之间的偏差，对预测模型进行校正，提升预测和优化性能。

小型压水堆运行过程中，在二回路负荷发生变化时，瞬态初期，由于一、二回路热能失去平衡，系统相关参数发生波动。控制系统运行过程如下。

(1) 在 k 时刻，采集当前和过去 d 个时刻的相关数据，包括核功率测量信号 N，需求功率信号 N_0，反应堆进、出口温度测量信号 T_{in} 和 T_{out}，给水流量测量信号 F_W，蒸汽发生器水位信号 L，蒸汽总流量测量信号 F_S，蒸汽压力 P_S，冷凝器压力测量信号 P_{con}，循环水流量 F_{xhs}，排汽流量 F_{pq} 等。

(2) 对数据进行预处理和归一化,包括甄别平均温度信号,根据二回路负荷的蒸汽流量信号得到平均温度设定值 T_{ref}、蒸汽发生器水位设定值 L_{ref} 等。进而求取平均温度与设定温度的偏差 $\Delta T = \frac{T_{in} + T_{out}}{2} - T_{ref}$,蒸汽发生器实测水位与设定水位的偏差 $\Delta L = L - L_{ref}$,冷凝器的压力偏差 $\Delta P = P_{con} - P_{ref}$。将处理后的数据整合,得到当前和过去 d 个时刻的输入输出参数集 $[x(k), x(k-1), \cdots, x(k-d)]$。

(3) 在 k 时刻,根据当前采集的数据集,得到各系统的瞬态预测模型。

预测模型 1:

$$\begin{cases} x = [N, \Delta T, F_S, F_W, N_0] \\ \tilde{y}_1 = f[x(k), x(k-1), \cdots, x(k-d), u_1(k)] \end{cases}$$

预测模型 2:

$$\begin{cases} x = [F_S, F_W, P_S, \Delta T, \Delta L] \\ \tilde{y}_2 = f[x(k), x(k-1), \cdots, x(k-d), u_2(k)] \end{cases}$$

预测模型 3:

$$\begin{cases} x = [F_W, F_{xhs}, F_{pq}, F_{con}] \\ \tilde{y}_3 = f[x(k), x(k-1), \cdots, x(k-d), u_3(k)] \end{cases}$$

(4) 根据顶层控制需求 $\min J = \min\{J_1, J_2, J_3, u_1, u_2, u_3\}$ 和相关约束,设定智能优化算法搜索速度、范围。

(5) 通过智能优化算法搜寻出使得 $\min J$ 最优的控制量:

$$[u_1(k), u_2(k), u_3(k)]$$
$$[u_1(k+1), u_2(k+1), u_3(k+1)]$$
$$[u_1(k+2), u_2(k+2), u_3(k+2)]$$
$$\cdots\cdots$$

(6) 将 $u_1(k)$作为前馈量输送到反应堆功率控制系统中,与经 PI 计算出的主环路控制量进行加权和逻辑计算,得到的需求功率与实际核功率进行比较,得到的功率偏差信号输送到控制棒驱动机构中,通过控制棒的插提向反应堆中引入反应性,平衡一、二回路能量。

将 $u_2(k)$作为前馈量输送到蒸汽发生器水位控制系统中,与经过 PID 控制器计算出的主环路控制量进行加权和逻辑计算,得到的控制量送入函数发生器中进行相关逻辑处理,得到调节水阀门的开度信号,通过调节给水流量的大小,实现二回路给水流量和蒸汽流量的匹配。

将 $u_3(k)$输送到冷凝器压力控制系统中,通过逻辑计算得到循环水泵调压阀信号。通过对循环水泵调压阀的控制,实现冷凝器压力的平衡和稳定。

(7) 在下一时刻,更新当前输入输出数据,根据实际输出与预测模型前一时刻预测输出的偏差,对预测模型进行校准,以提高其精确度,并返回运行过程(1)。

上述控制系统运行过程如图 8-14 所示。

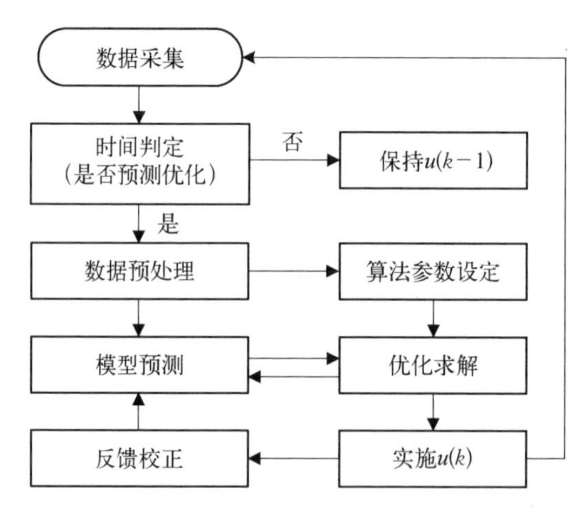

图 8-14　预测控制原理框图

在小型压水堆运行过程中,由于外界环境的变化,可能会出现撞击或晃动,导致参数波动。智能预测控制器采集当前时刻参数,与预测模型上一时刻对相关参数的预测结果进行比较,基于预测与实际的偏差对预测模型进行更新与修正,使其适应当前时刻运行状态的变化趋势并对未来时刻运行状态进行分析与推理,采用智能算法搜寻出未来有限时域内的最优解集,依据滚动优化的原理,仅实施下一时刻的最优解。在下一时刻,继续采集该时刻数据信息,再次对预测模型进行更新与修正,并基于更新后的预测模型再次求解最优解。如此逐渐消除扰动,使反应堆回复稳态。此外,反应堆包含的热工水力现象非常复杂,仿真平台建立的反应堆及一、二回路模型难以精确还原实堆运行状态,因此基于仿真平台离线训练好的模型与实堆必然存在偏差。而智能预测控制器是基于在线控制的原理,会不断采集实时运行参数进行预测和滚动优化，使其在运行过程中逐渐消除离线模型与实际对象的偏差，不断逼近实际输出。

综上所述，当环境发生扰动或出现不确定性因素时，系统根据各子系统实际输出与模型预测输出的偏差及时对预测模型进行校准，以适应当前环境，具有自学习和自适应能力。基于当前时刻的预测模型，采用滚动优化的策略，将稳态优化与动态优化相结合，求解出未来多个时刻的最优控制量，仅对各子系统实施下一时刻的控制量，在下一采样周期，更新系统输入输出信息，再重新基于当前时刻的有限时域进行预测和优化。这样既增强了预测控制的鲁棒性，也突破了传统的全局一次优化的局限，使该控制方案更适用于复杂时变的运行环境。

8.3.2　小型压水堆自主控制仿真实验

本节对8.3.1节中设计的小型压水堆智能预测控制系统进行了仿真验证，包括控制对象辨识和智能预测优化控制的动态仿真与分析。

8.3.2.1　控制对象辨识

1）辨识工况

当出现较明显的工况变化时，输入样本较之前也会有较大偏差，可能导致辨识模型对模糊参数的较大调整，引起辨识准确度的波动。因此，选取不同功率区运行工况，引入±10%左右的阶跃负荷，可验证模型在出现较大扰动情况下的辨识性能。另外，针对小型压水堆不同功率区正常变负荷工况进行仿真，模拟变负荷工况下辨识模型对小型压水堆输出的跟踪，验证辨识模型可靠性。综上所述，本节选取仿真工况如下。

工况1：高功率区稳态运行工况下，向仿真模型引入±10%左右的阶跃负荷信号；

工况2：中功率区稳态运行工况下，向仿真模型引入±10%左右的阶跃负荷信号；

工况3：低功率区稳态运行工况下，向仿真模型引入±10%左右的阶跃负荷信号。

2）辨识对象

分别针对反应堆功率调节系统、蒸汽发生器水位控制系统和冷凝器压力控制系统的控制对象，采集其过去时刻输入输出，对辨识模型进行在线训练和仿真，并验证其辨识精度。

(1) 反应堆功率调节系统控制对象。采集当前和过去 d 个时刻的核功率 N、反应堆平均温度偏差 ΔT(设定平均温度与平均温度高选值相减所得偏差)、蒸汽流量 F_S、给水流量 F_W 及需求功率 N_0,将参数归一化,构成所需的训练样本。本文选取延迟步数 $d=2$,再大则样本输入维数过高,计算负荷大。

$x=[N(n-2), \Delta T(n-2), F_S(n-2), F_W(n-2), N_0(n-2), N(n-1), \Delta T(n-1), F_S(n-1), F_W(n-1), N_0(n-1)]$,选取 $y=[N(n), \Delta T(n)]$ 作为训练样本的输出,从规则数为零开始对模型进行训练。

(2) 蒸汽发生器水位控制系统控制对象。采集当前和过去 d 个时刻的蒸汽流量 F_S、给水流量 F_W、蒸汽压力 P_S 及平均温度偏差 ΔT,将参数归一化,构成所需的训练样本:

$$
\begin{aligned}
x=[&F_S(n-2), F_W(n-2), P_S(n-2), \Delta T(n-2),\\
&F_S(n-1), F_W(n-1), P_S(n-1), \Delta T(n-1)]
\end{aligned}
$$

选取 $y=F_S(n)$ 作为训练样本的输出,从规则数为零开始对模型进行训练。

(3) 冷凝器压力控制系统控制对象。采集当前和过去 d 个时刻的给水流量 F_W、循环水流量 F_{xhs}、排汽流量 F_{pq} 及冷凝器压力 P_{con},将参数归一化,构成所需的训练样本:

$$
\begin{aligned}
x=[&F_W(n-2), F_{xhs}(n-2), F_{pq}(n-2), P_{con}(n-2),\\
&F_W(n-1), F_{xhs}(n-1), F_{pq}(n-1), P_{con}(n-1)]
\end{aligned}
$$

选取 $y=P_{con}(n)$ 作为训练样本的输出,从规则数为零开始对模型进行训练。

3) 仿真试验

(1) 辨识工况 1。零时刻高功率区稳态工况,核功率约为 93%FP,从零时刻起,控制二回路负荷减小 10%FP,向对象模型引入激励信号。瞬态初期,由于负荷减小,一、二回路热能失去平衡,随后,在控制系统的调节作用下,反应堆功率下降,一回路温度和压力也开始下降。随着反应堆功率的稳定,一、二回路温度和压力逐步趋于稳定,最终达到新的稳定运行工况,核功率约为 84%FP。随后,控制二回路负荷增大 10%FP,向对象模型引入激励信号。瞬态初期,由于负荷增大,一、二回路热能失去平衡。随后,在控制系统的调节作用下,反应堆功率上升。随着反应堆功率的稳定,一、二回路温度和压力逐步趋于稳定，最终达到新的稳定运行工况。

辨识模型输出与实际输出的比较如图 8-15 所示。

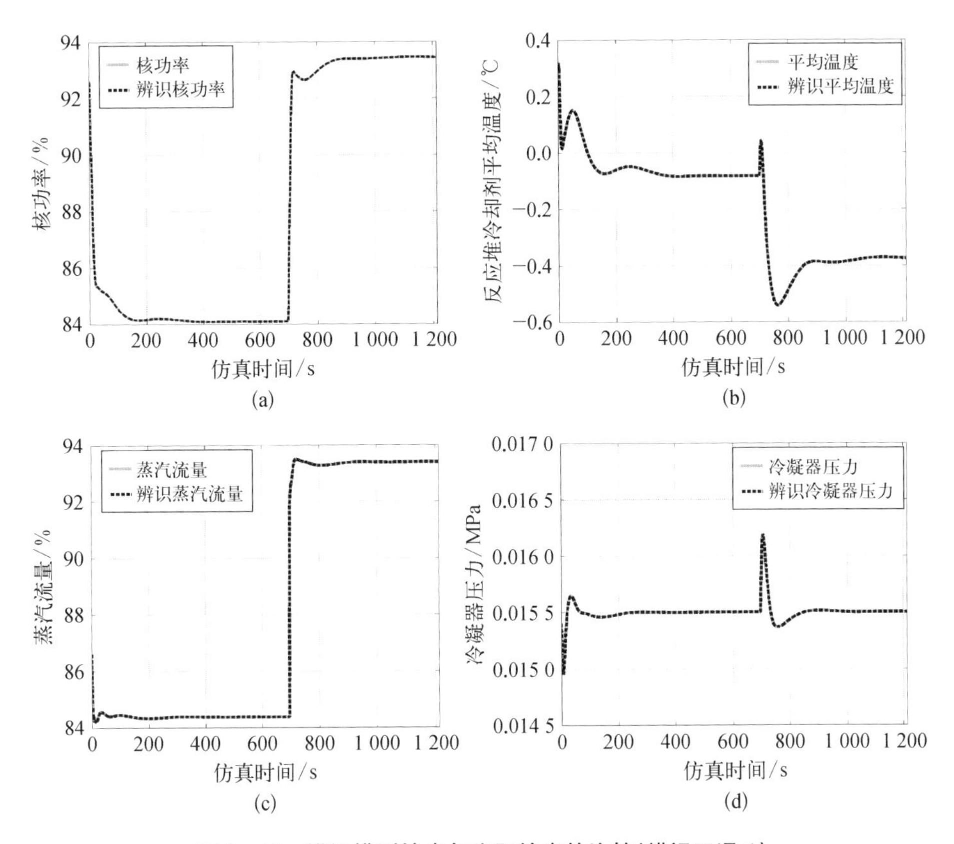

图 8-15　辨识模型输出与实际输出的比较(辨识工况 1)

(a) 核功率对比；(b) 平均温度偏差对比；(c) 蒸汽流量对比；(d) 冷凝器压力对比

由图 8-15 可知，从零规则数开始训练的在线辨识模型与仿真模型输出拟合度高。在高功率区阶跃变负荷瞬态仿真过程中，辨识模型与仿真模型核功率偏差峰值低于 0.3%FP，平均温度辨识偏差峰值低于 4×10^{-3}℃，蒸汽流量辨识偏差峰值低于 1%，冷凝器压力辨识偏差峰值小于 8×10^{-5} MPa。

(2) 辨识工况 2。零时刻中功率区稳态工况，初始核功率约为 52%FP，从零时刻起，控制汽轮机负荷增大 10%FP，向对象模型引入激励信号。瞬态初期，由于汽轮机负荷增大，一、二回路热能失去平衡。随后，在控制系统的调节作用下，反应堆功率上升，一回路温度和压力也开始上升。随着反应堆功率的稳定，一、二回路温度和压力逐步趋于稳定，最终达到新的稳定运行工况，核功率约为 63%FP。随后，控制汽轮机调节阀，使负荷减小 10%FP，向对象模型引入激励信号。瞬态初期，由于负荷减小，一、二回路热能失去平衡。在控制系统的调节作用下，反应堆功率下降，一回路温度和压力也开始下降。随着反应堆功率的稳定，一、二回路温度和压力逐步趋于稳定，最终达到新的稳定运行工况。

辨识模型输出与实际输出的比较如图 8-16 所示。

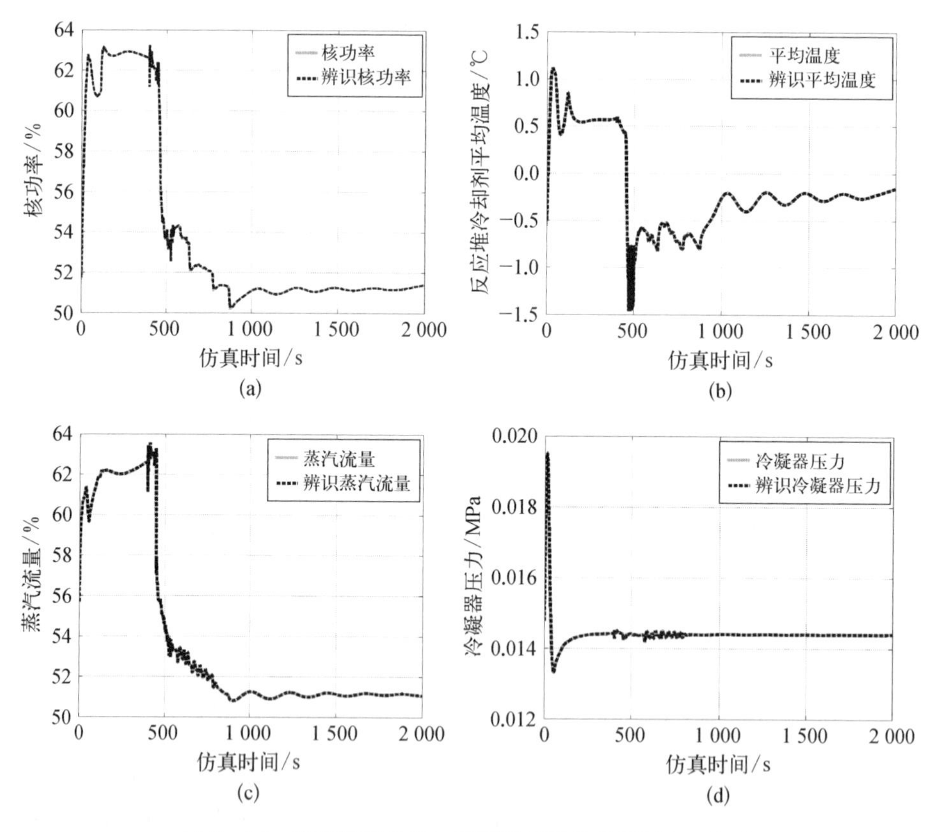

图 8-16　辨识模型输出与实际输出的比较(辨识工况 2)

(a) 核功率对比；(b) 平均温度偏差对比；(c) 蒸汽流量对比；(d) 冷凝器压力对比

由图 8-16 可知，辨识模型与仿真模型输出拟合度较高。在中功率区阶跃变负荷瞬态仿真过程中，辨识模型与仿真模型核功率最高偏差峰值低于 1.5%FP，平均温度辨识偏差峰值低于 0.06 ℃，蒸汽流量辨识偏差峰值低于 2%，冷凝器压力辨识偏差峰值小于 5×10^{-4} MPa。

(3) 辨识工况 3。零时刻低功率区稳态工况，核功率约为 37%FP，从零时刻起,控制二回路负荷减小10%,向对象模型引入激励信号。瞬态初期,由于负荷减小,一、二回路热能失去平衡。在控制系统的调节作用下,反应堆功率下降,一回路温度和压力也开始下降。随着反应堆功率的稳定,一、二回路温度和压力逐步趋于稳定,最终达到新的稳定运行工况,核功率约为32%FP。随后,控制二回路负荷增大10%,向对象模型引入激励信号。瞬态初期,由于二回路负荷增大,一、二回路热能失去平衡。随后,在控制系统的调节作用下,反应堆功率上升,一回路温度和压力也开始上升。随着反应堆功率的稳定,一、二回路温度和压力逐步趋于稳定,最终达到新的稳定运行工况。

辨识模型输出与实际输出的比较如图8-17所示。

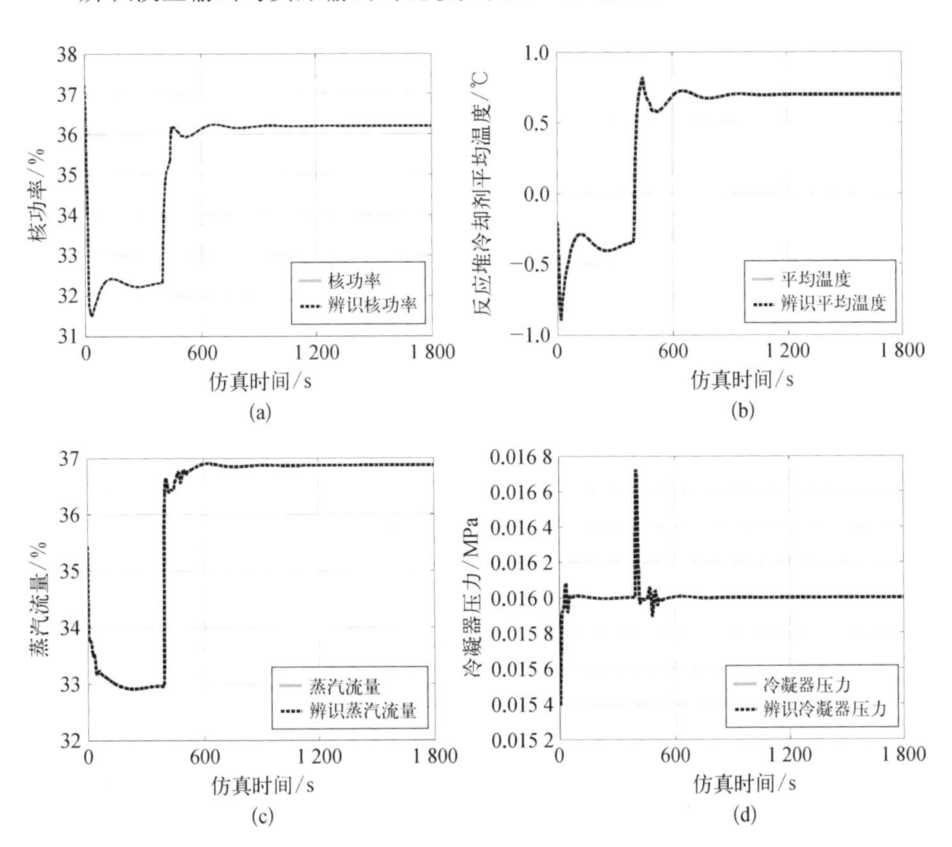

图8-17　辨识模型输出与实际输出的比较(辨识工况3)

(a) 核功率对比;(b) 平均温度偏差对比;(c) 蒸汽流量对比;(d) 冷凝器压力对比

由图8-17可知,辨识模型与仿真模型输出拟合度高。在低功率区阶跃变负荷瞬态仿真过程中，辨识模型与仿真模型核功率偏差峰值低于0.25%FP，平均温度辨识偏差峰值低于0.015 ℃，蒸汽流量辨识偏差峰值低于0.6%，冷凝器压力辨识偏差峰值小于 3×10^{-5} MPa。除了在负荷变化初始时刻有偏差波动以外，其余时刻辨识输出几乎与实际输出相符。

综上所述，在训练过程中，辨识模型规则数从零开始，不断根据工况的变化进行自适应增加和减少，在3种仿真工况中，辨识模型均能较好地跟踪实际输出，满足辨识精度要求。

8.3.2.2 智能预测优化控制

小型压水堆运行过程中工况发生转变时，反应堆参数也会发生波动。智能预测控制方法在参数动态变化过程中，需要具备较精确的预测能力，并将相关参数控制在安全限值内，使反应堆较快较优地到达平衡状态。因此，针对不同工况的转换过程进行控制仿真是必要的。

结合小型压水堆原方案进行过的仿真工况，本节选取的仿真工况包括快速降负荷工况、快速升负荷工况以及甩负荷工况。

1）快速降负荷工况

初始工况：汽轮机满负荷运行，反应堆核功率约93%FP。

最终工况：反应堆核功率约37%FP。

仿真结果如图8-18所示。从图中可见，瞬态初期，由于汽轮机负荷减少，一、二回路热能失去平衡，导致二回路压力和温度上升。随后，在控制系统的调节作用下，反应堆功率下降；一回路温度和压力也开始下降。随着汽轮机功率、反应堆功率的稳定，一、二回路温度和压力逐步趋于稳定，最终达到稳定运行工况。

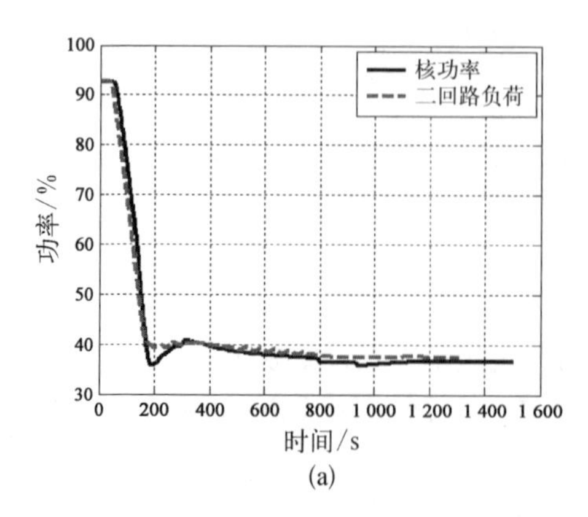

(a)

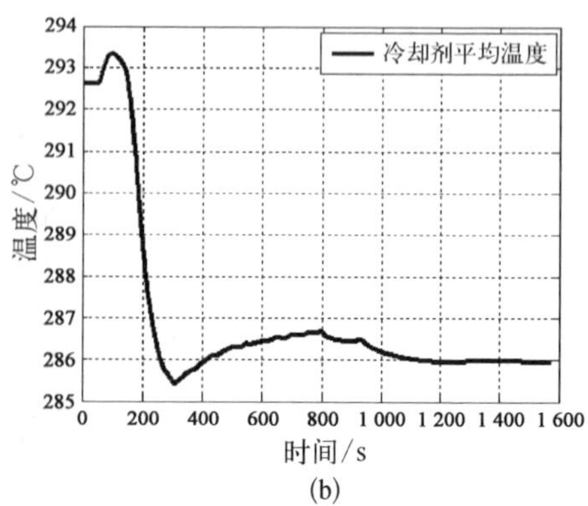

(b)

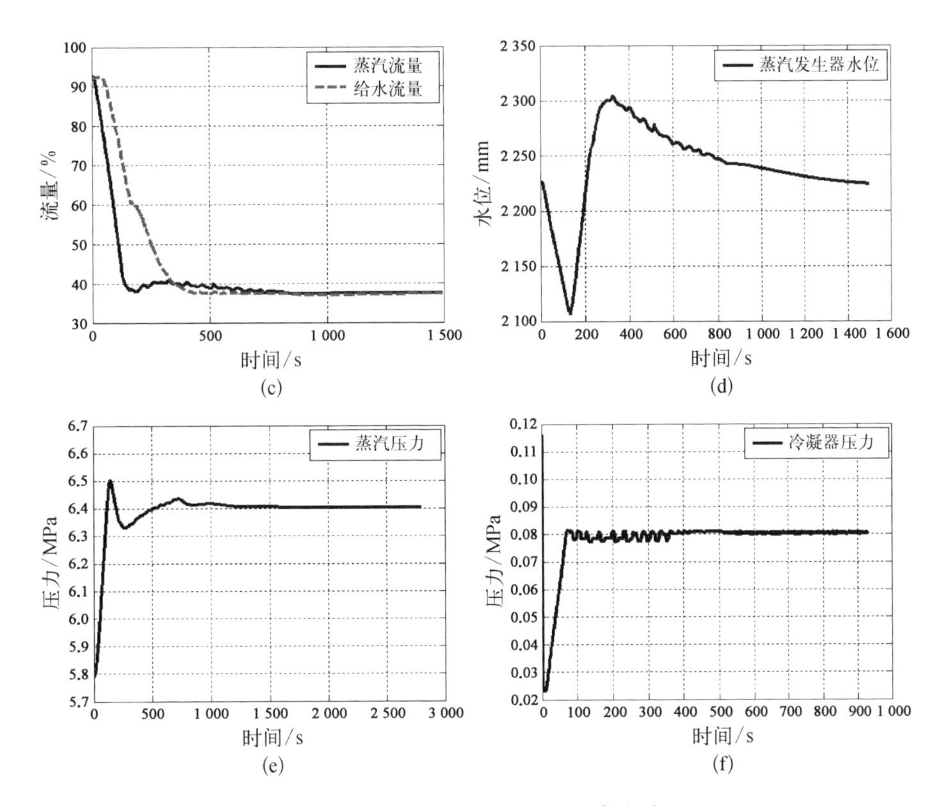

图 8-18　快速降负荷工况仿真实验

(a) 核功率与二回路负荷;(b) 冷却剂平均温度;(c) 蒸汽流量与给水流量;(d) 蒸汽发生器水位;(e) 蒸汽压力;(f) 冷凝器压力

2) 快速升负荷工况

初始工况：反应堆核功率约 37%FP。

最终工况：汽轮机满负荷运行,反应堆核功率约 93%FP。

仿真结果如图 8-19 所示。从图中可见,瞬态初期,由于汽轮机负荷上升,一、二回路热能失去平衡,导致二回路压力和温度下降,蒸汽发生器水位迅速上升。随后,在控制系统的调节作用下,反应堆功率上升;一回路温度和压力也开始上升,蒸汽发生器水位开始下降。随着反应堆功率的稳定,一、二回路温度和压力逐步趋于稳定,最终达到满负荷稳定运行工况。

3) 甩负荷工况

初始工况：汽轮机满负荷运行,反应堆核功率约 93%FP。

最终工况：反应堆核功率约 30%FP。

仿真结果如图 8-20 所示。从图中可见,瞬态初期,由于二回路负荷迅速

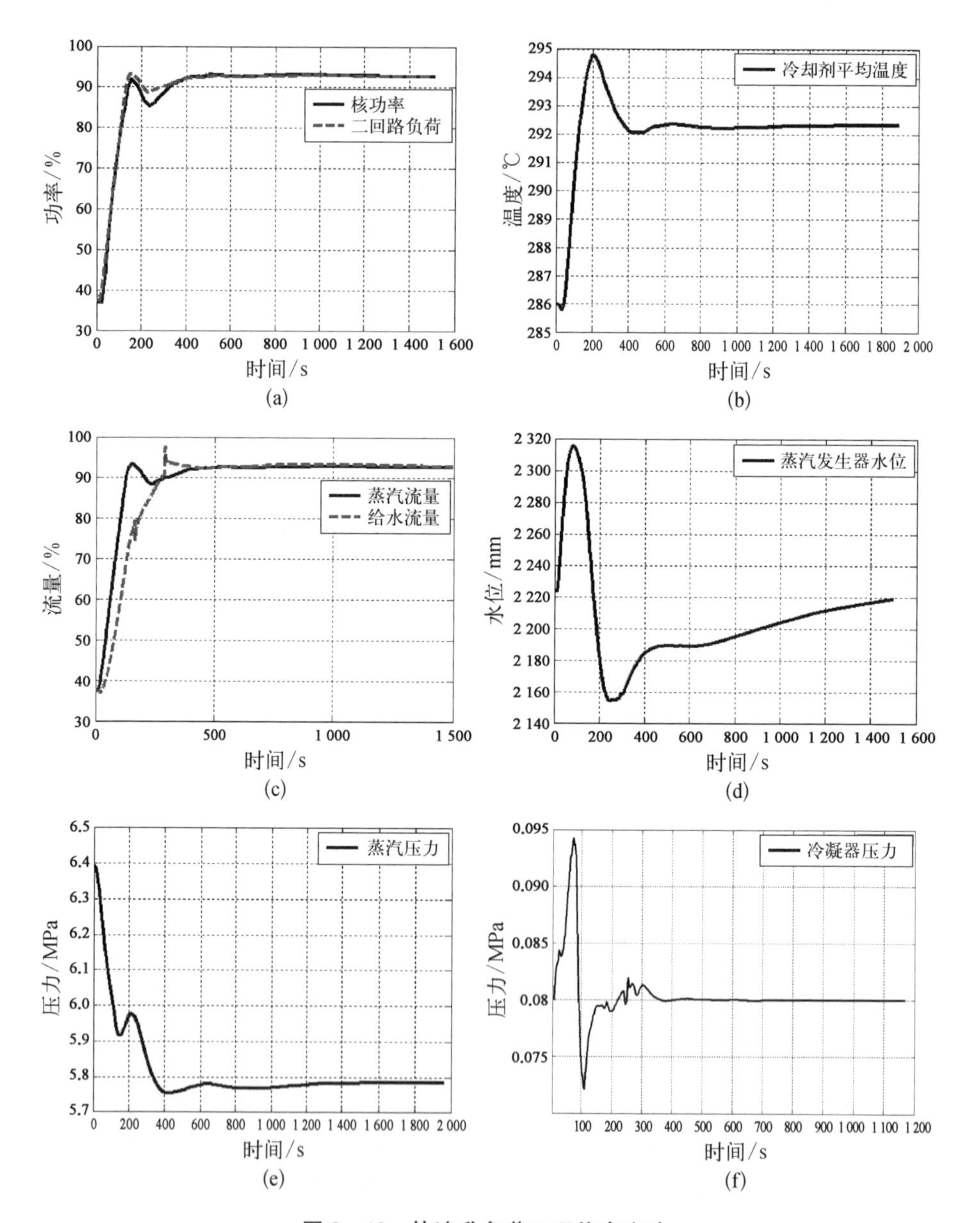

图 8-19 快速升负荷工况仿真实验

(a) 核功率与二回路负荷;(b) 冷却剂平均温度;(c) 蒸汽流量与给水流量;(d) 蒸汽发生器水位;(e) 蒸汽压力;(f) 冷凝器压力

减少,一、二回路热能失去平衡,一回路热能不能及时散发,导致一、二回路压力和温度上升,蒸汽发生器水位下降。随后,在控制系统的调节作用下,反应堆功率快速下降;一回路温度和压力也开始下降,蒸汽发生器水位开始上升。

随着反应堆功率的稳定，一、二回路温度和压力逐步趋于稳定，最终达到稳定运行工况。瞬态过程中，由于一、二回路的功率差，触发了蒸汽排放，同时由于压力的上升，会引起喷雾阀的启闭动作。

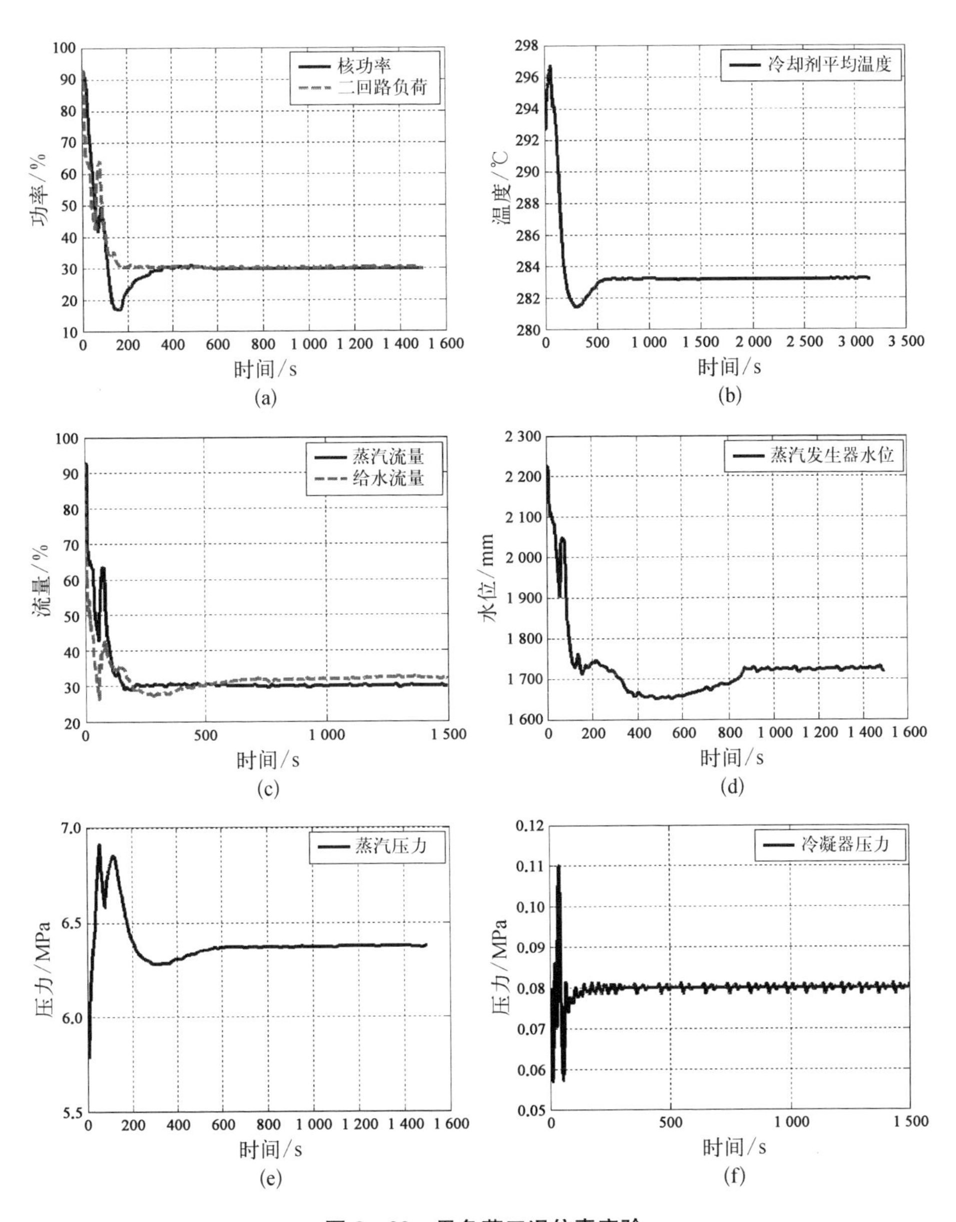

图8-20 甩负荷工况仿真实验

(a) 核功率与二回路负荷；(b) 冷却剂平均温度；(c) 蒸汽流量与给水流量；(d) 蒸汽发生器水位；(e) 蒸汽压力；(f) 冷凝器压力

综上可见，在正常工况的瞬态过程中，反应堆核功率、冷却剂平均温度、蒸汽流量、给水流量、蒸汽压力以及冷凝器压力等主要参数均能经过瞬态波动后迅速趋于稳定，控制系统具有较好的控制性能。

参考文献

[1] 沈林成，徐昕，朱华勇，等. 移动机器人自主控制理论与技术[M]. 北京：科学出版社，2011.

[2] Quintero C P, Fomena R T, Shademan A, et al. Interactive teleoperation interface for semi-autonomous control of robot arms[C]. Canadian Conference on Computer and Robot Vision, Montreal: 2014.

[3] Aljehani M, Inoue M. Communication and autonomous control of multi-UAV system in disaster response tasks[C]. KES International Symposium on Agent and Multi-Agent Systems, Vilamoura: 2017.

[4] 沈林成，牛轶峰，朱华勇. 多无人机自主协同控制理论与方法[M]. 北京：国防工业出版社，2013.

[5] Alcala E, Puig V, Quevedo J, et al. Autonomous vehicle control using a kinematic Lyapunov-based technique with LQR - LMI tuning[J]. Control Engineering Practice, 2018, 73: 1 - 12.

[6] Berkan R C, Upadhyaya B R, Tsoukalas L H, et al. Advanced automation concepts for large-scale systems[J]. IEEE Control System Magazine, 1991, 11(6): 4 - 12.

[7] Basher H, Neal J S. Autonomous control of nuclear power plants[R]. ORNL/TM - 2003/252, Oka Ridge National Laboratory, 2003.

[8] March-Leuba J, Wood R T. Development of an automated approach to control system design[J]. Nuclear Technology, 2003, 141(1): 45 - 53.

[9] Wood R T, Brittain C R, March-Leuba J, et al. Autonomous control for generation IV nuclear plants[C]. Proceedings of the 14th Pacific Basin Nuclear Conference, Hawaii: 2004.

[10] Wood R T, Upadhyaya B R, Floyd D C. An autonomous control framework for advanced reactors[J]. Nuclear Engineering and Technology, 2017, 49(5): 896 - 904.

[11] Wood R T, Neal J S, Brittain R, et al. Autonomous control capabilities for space reactor power systems[C]//AIP Conference Proceedings, 2004, 699(1): 631.

[12] Wood R T. Enabling autonomous control for space reactor power systems[C]//Proceedings of the 5th International Topical Meeting on Nuclear Plant Instrumentation, Controls and Human Machine Interface Technology, Albuquerque, 2006.

[13] Jin X, Ray A, Edwards R M. Integrated robust and resilient control of nuclear power plants for operational safety and high performance[J]. IEEE Transactions on Nuclear Science, 2010, 57(2): 807.

[14]　Hines J W, Upadhyaya B R, Doster J M, et al. Advanced instrumentation and control methods for small and medium reactors with IRIS Demonstration[R]. Knoxville: The University of Tennessee, 2011.
[15]　王佳. 小型反应堆故障诊断与容错控制方法研究[D]. 哈尔滨：哈尔滨工程大学，2007.
[16]　王红玲. 容错控制在小型压水堆中的应用研究[D]. 西安：西安交通大学，2007.
[17]　张伟，邓志红，夏国清，等. 蒸汽发生器故障诊断和容错控制中强跟踪滤波的应用研究[J]. 核动力工程，2011，32(6)：23－27.
[18]　李金阳. 反应堆控制系统容错控制方法研究[D]. 哈尔滨：哈尔滨工程大学，2013.
[19]　朱少民. 蒸汽发生器水位控制系统容错控制方法研究[D]. 哈尔滨：哈尔滨工程大学，2016.
[20]　谭翔. 小型压水堆一回路分布式多故障诊断方法研究[D]. 哈尔滨：哈尔滨工程大学，2013.
[21]　朱尧，周婷，李伟，等. 基于模拟退火算法的船用核动力装置故障诊断研究[J]. 数学的实践与认识，2015，45(13)：187－191.

索　　引

S

T

W

X

Y

Z